中国烟草
发展历史重建

——中国烟草传播与中式烟斗文化

白远良 撰

四川中烟工业有限责任公司 编

华夏出版社
HUAXIA PUBLISHING HOUSE

图书在版编目（CIP）数据

中国烟草发展历史重建：中国烟草传播与中式烟斗文化／白远良撰；四川中烟工业
有限责任公司编．－－北京：华夏出版社有限公司，2022.8
ISBN 978－7－5222－0114－6

Ⅰ．①中… Ⅱ．①白… ②四… Ⅲ．①烟草－文化史－中国 Ⅳ．①TS4－092

中国版本图书馆 CIP 数据核字（2022）第 059158 号

中国烟草发展历史重建——中国烟草传播与中式烟斗文化

撰　　者	白远良
编　　者	四川中烟工业有限责任公司
责任编辑	霍本科

出版发行	华夏出版社有限公司
经　　销	新华书店
印　　装	三河市万龙印装有限公司
版　　次	2022 年 8 月北京第 1 版　2022 年 8 月北京第 1 次印刷
开　　本	880×1230　1/16 开本
印　　张	26
字　　数	580 千字
定　　价	198.00 元

华夏出版社有限公司　社　　址：北京市东直门外香河园北里 4 号　　邮　　编：100028
　　　　　　　　　　　　　网　　址：www.hxph.com.cn　　　　　　　　电　　话：010－64663331（转）
　　　　　　　　　　　　　投稿邮箱：hbk801@163.com　　　　　　　　互动交流：010－64672903
若发现本版图书有印装质量问题，请与我社营销中心联系调换。

谨以此书献礼

中国烟草总公司成立四十周年

撰　稿

白远良

参编人员

黄　霞　张　良　文　雅　纪　锋
杨俊媛　张　聪　张　全　叶　皖
王一曲　李　娜　邹　希　曾庆苗

序　言

烟草文化不同于制度文化、心理文化，是大千世界丰富多彩的物质文化中的一种可见的显性文化，这种文化的个性和特质体现在烟草生产、消费的全过程。研究烟草文化，特别是建设现当代中国烟草文化，离不开对烟草发展历史、烟具发展历史的研究，以及对民族传统文化的认同。四川中烟组织开展的"中国烟草传播与中式烟斗文化历史重建"研究，对引导社会和民众科学、客观、理性认识中国烟草与烟文化发展历史，营造理性控烟环境，促进烟草行业高质量发展，维护好国家利益和消费者利益，提升烟草行业软实力都具有重要意义。

《中国烟草发展历史重建——中国烟草传播与中式烟斗文化》一书分为三大部分，在整体结构上有着清晰的脉络：第一部分，它回答了原产美洲的烟草是如何通过西班牙、葡萄牙的大航海事业扩张到了中国沿边和沿海地区，并给出了具体路线和大致时间，指明了中国烟草传播海外路径的起始；第二部分，它将烟草进入中国后的传播进程划分为四个阶段，重点解答了烟草在启蒙阶段、普及阶段的传播路线与时间；第三部分，它重建了三类典型中式烟斗——旱烟斗、水烟壶和鼻烟壶发展的历史脉络，提炼了与中国传统文化相融合的中式烟斗医学文化、烟趣文化、礼俗文化、青楼与闺阁文化等。

完成上述课题的研究，不仅需要存史、存实，以大量的原始资料重建烟草传播和烟草文化历史，更需要去粗取精、去伪存真，展现出积极的批判和创新勇气。例如，在烟草传播到中国边境的路线与时间重建过程中，撰稿人敢于突破依据中国历史典籍的关于烟草"内源学"与"外源学"的"内循环"陷阱，以全球化、国际化的视野，将西班牙、葡萄牙大航海时代的扩张历程，葡萄牙征服非洲、印度洋、马六甲，渗透远东，巴布尔征伐印度，中国联通海外的陆上丝绸之路和海上丝绸之路、茶马古道等与烟草传播路径结合起来，在遵循历史事实与逻辑必然的过程中，回答了中国烟草来自哪里，同时理清了烟草抵达中国边境的不同路径和时间范围；在中国烟草启蒙阶段的传播路线与历史重建中，撰稿人利用16世纪与17世纪初国内零星的烟草医学记载、历史典籍定位了烟草在不同地区的规模种植时间，借助丝绸之路、茶马古道国内路线，以及海盐商路、运河粮路和移民活动路线与这些烟草种植区域的联通路径，构建出烟草在中国国内的启蒙传播路线与时间。至此，一张涵盖欧洲、美洲、非洲、印度洋、太平洋、亚洲，以及中国国内不同区域的烟草传播历史网络图景第一次清晰地呈现在读者面前。这是撰稿人敢于突破窠臼，对烟草传播脉络和烟草商业扩张脉络进行科学统合的重要成果。

烟草作为一种具有显著医疗效果的草本药物，一进入中国就得到了传统中医学的高度重视；"质轻而价昂"让其迅速成为远途贸易商人们所钟爱的商品物资，两者的追捧促进了烟草的启蒙与扩张。烟草得到人们的喜爱，不仅在于它的成瘾性特征、医疗效果以及舒缓精神压力的作用，更在于其"烟趣"带来的文化娱乐享受。"烟以趣胜"，独具中国特色的烟斗文化即为烟趣之一。探寻中式烟斗文化，探寻中式烟斗发展的历史脉络、形制、发展过程，特别是传统烟斗、烟草烟丝的制作工艺——这实际上也是中国非物质文化遗产中传统手工艺的重要组成部分，可以感受烟草发展与社会发展的爱恨交织。探寻烟草医学文化、礼俗文化、青楼文化，可以体会到中国传统文化与烟文化的水乳交融，感受中华优秀传统文化的兼收并蓄、博大精深。中国烟草传播与中式烟斗文化历史重建，反映了500多年来中国社会的历史变迁和各领域的文化发展，又与当前烟草行业高质量发展和新时代中国特色社会主义文化建设相联系，给人以启迪：

其一，关于控烟政策制订。烟草进入中国伊始就存在争议，在传统"重农抑商"的思想下，烟草与"粮棉蔬谷"相比非生活之必需，禁烟具有天然的道德优势，也更容易赢得道德上的支持。本书举出的乾隆年间禁烟酒的史实以及形成的最终决策，对当前控烟政策的制订仍具有参考价值。正如直隶总督孙嘉淦所言，1739年直隶地区的禁烟酒之策犹如"以饮食之故，举万千无罪之人，驱而纳之桁杨捶楚之下"，实施的效果犹如"夺民之资财而狼藉之，毁民之肌肤而敲扑之，取民之生计而禁锢之"，禁烟酒之小事几乎酿成动摇国体之大事。惊骇之下，乾隆最终接受了江西巡抚陈宏谋的建议，采取了"搁置争议、道德劝说、引导发展"的控烟政策。《尚书》云："无稽之言勿听，弗询之谋勿庸。"乾隆年间禁烟的历史教训启迪我们，对于今天的非理性控烟言行仍要保持清醒的判断。

其二，关于烟草产业融入"双循环"发展新格局。烟草进入中国的艰难历程中，遇到的一大障碍就是明朝的禁海政策。虽然对外贸易、海上贸易受到严重干扰，但仍然未能阻止跨区域、跨国家之间的贸易和烟草传播，直接恶果是非法贸易取代了合法贸易，严重损害了国家和民众利益。殷鉴不远，面对百年未有之大变局、百年未有之大机遇，烟草行业要"以国内大循环为主体"，积极融入"国内国际双循环相互促进的新发展格局"，主动打破政策藩篱，积极作为，培育新形势下我国烟草产业参与国际合作和竞争的新优势，促进烟草行业高质量发展。

其三，关于烟草流行的认知。在烟草进入中国的16世纪初叶，中医"丹溪学派"就对其热毒性带来的不良医学后果展开了广泛论证，将其视为一种完全有害于健康的热性物质。但面对"滋阴"理论不能有效治疗的各种疑难杂症，部分江浙医家开始尝试采用烟草，特别是张景岳创立"温补学派"后，烟草作为一种具有独特疗效的药物得到越来越多医学家的认同和推崇，日常吸烟行为随之上升到养生的高度，解除了人们健康之忧，传统中医学的认可为烟草的普遍流行奠定了基础。在中国传统礼俗文化约束下，烟草的吸食、使用行为得到了规范，融入尊长及幼、馈赠与宾礼、婚恋等中国优秀传统礼俗文化之中，形成了具有中国特色的烟草文化历史和文化内涵，这对坚持和发展中国烟草优秀传统文化，克服中国烟草发展与烟草文化认知中存在的历史虚无主义具有重要价值。

本书撰稿人秉持推动新时代烟草行业文化建设、助推烟草企业高质量发展的人文情怀，以坚定的文化自信，在完成业务工作之余，长期致力于世界烟草历史、中国烟草历史与烟具文化史料的整理与收集工作，资料瀚如烟海，语言涉及中文、英文、西班牙文、葡萄牙文、日文等，领域涵盖西班牙和葡萄牙航海史、中外交通史、外交史、战争史、商业史、移民史、宗教史、艺术学、气象学、地理学、医学、影像学、文学等，时间跨度 500 多年，耗费 20 余年从未停息，终于完成了这一件艰苦而具有历史意义的工作，其知识的广博和匠心值得钦佩；这是四川中烟长期重视企业文化建设的一个佐证，四川中烟党组的倾力支持值得肯定。

最初看到本书时，我感觉它旁征博引、信息量大，有许多读者很难见到的世界烟草历史、烟草医学、明清宫廷档案资料，以及最新的考古信息等，珍贵而罕见；仔细阅读之下，领略了本书的魅力，犹如倾听作者用朴实无华的语言，讲述中国烟草和中式烟斗发展历史，通过一件件生动的历史故事，不知不觉中增长了烟草文化知识，步入了烟草文化认同之旅，趣味性、可读性强，毫无阅读历史文献的枯燥与排斥之感；认真思索之下，发现本书环环相扣，论证严密、科学，论据充分、扎实，论点突出、鲜明。本书的出版，对了解中国烟草传播和烟斗文化发展历史，领略烟草文化风采，促进烟文化发展都具有积极的意义，我作为四川省非物质文化遗产保护传承的积极倡导者和文化志愿者，见此佳作，倍感欣慰，乐而序之！

中国非遗保护协会副会长

四川省文联名誉主席、教授

郑晓幸

2022 年 3 月 18 日于成都

撰稿人序

2001年研究生毕业后，我有幸进入重庆市烟草专卖局，成为一名烟草人，2003年因应行业工商分设，转入川渝中烟工作。2015年川渝烟草工业体制改革进一步深化，随即进入四川中烟工作至今，其间从事了生产计划、成本价格、财务、企业战略、企业管理以及行业信息化管理等工作，出版了两部烟草经济管理类专著。对于中国烟草历史研究，我一直保持着浓厚的兴趣，也一直在关注相关的研究前沿，不断收集各种历史资料，积累相关知识。

四川中烟自2015年成立以来，一直将企业软实力构建作为核心竞争力建设的重要内容，开展了党建文化、宽窄品牌哲学、企业文化、战略规划、履行政治责任和社会责任等方面的研究，强化成果运用，推动企业高质量发展，树立了四川中烟责任企业形象。

在"正直豁达、智慧精微"的企业文化理念指引下，四川中烟坚定不渝地践行着"做中式雪茄领导者、做新型烟草先行者、做传统卷烟创新者、做优品生活开拓者"的庄重承诺。2020年，长城雪茄烟厂铂金雪茄产销突破577万支，占国内市场份额第一，加热不燃烧创新型烟草远销韩国、俄罗斯等国家和地区，高端卷烟宽窄品牌从无到有，五年内跨入全国高端卷烟产销前七名。在生产经营高质量发展的同时，四川中烟党组积极加强企业智库建设，将世界烟草产业发展历史、烟草通用知识、烟草文化发展历史以及中国雪茄历史、中国烟具文化与发展历史、中国历代控烟政策演变、中国烟草民俗文化等需要坐"冷板凳"的烟草科学基础研究纳入企业能力建设。目前，公司主导和出版的烟草社会科学基础研究成果有《宽窄之道》、《宽窄九章》、《川烟百年烟标集》、《世界烟斗发展溯源》（译著）、《雪茄手册》、《雪茄》、《雪茄新规则》等。四川中烟以"功成不必在我，利在国家社会"的责任担当，积极引导社会和民众科学认识烟草，努力营造理性控烟环境，倡导适度用烟。

2020年6月，四川中烟在主持完成了《Our Pipe-Smoking Forebears》（《世界烟斗发展溯源》）翻译后，针对中国烟草传播历史认识混乱、中国烟斗文化历史研究不系统的问题，要求用"国际化的视野"，跳出以中国文献研究中国烟草发展历史的"内循环"陷阱，以"开放、包容、科学、客观"的态度开展"中国烟草传播与中式烟斗文化历史重建"课题研究。感谢四川中烟党组的信任与支持，很荣幸我能承担并推进这项课题研究。为了理清中国烟草与中式烟斗文化发展历史，我们开始了更大范围内不设任何立场的资料收集、筛选、整理工作。在涉及烟草传播到亚洲部分，重点收集了 15 世纪到 16 世纪西班牙、葡萄牙两大海上帝国大航海时代相关的文献和研究资料，包括航海日志、编年史、私人信函，以及针对大航海时代葡萄牙、西班牙、荷兰、英国等国家在美洲、非洲、亚洲活动的专著、论文、报告、传记，内容涉及航海、战争、商业、交通、宗教、医学与文化交流等，语言涵盖英文、葡萄牙文、西班牙文和中文等。在涉及中国烟草源起与传播历史部分，重点收集了上至春秋战国下至当代的中医典籍、明清朝廷档案、地方志、诗歌、辞赋、个人笔记与文集、小说、水文地理、考古发掘报告，以及战争、商业、宗教、文化、外交、中西交通等文献。在涉及中国烟草与烟斗文化部分，重点收集了中国明清医学、文学、影像、个人笔记、文集以及佛教、基督教、礼学、风俗学、行为学、人类学、社会学、艺术学、陶瓷学等相关典籍著作。需要梳理和筛选的文献数量众多、难度大，例如：

由于葡萄牙自身历史文献的缺失，针对大航海时代葡萄牙人的足迹尤其是在亚洲地区的早期活动，需要借助西班牙文、英文、中文等文献资料之间的零星信息来进行细致入微的梳理。比如，在重建葡萄牙人在孟加拉湾地区的活动时，就借助了德国、英国、葡萄牙、意大利学者的相关记载和研究；又如，为了找寻明清时期有关烟草的典籍记载，诗词筛选量两万余首、中医典籍四十余部、明清宫廷实录近二十部，以及大量的个人笔记、文集等，虽然付出了许多时间和精力，但得到的相关烟草信息可能微不足道，甚至有的典籍没有任何记载；另外，在不同时期和典籍中，烟草称谓存在差异，有

的叫薰，有的称为金丝草，有的是烟（或菸），还有繁体与简体文字差异等等，这种差异又成倍地增加了资料筛选、判读的工作量。此外，由于明朝中后期、清朝时期的烟斗实物样品欠缺，要确定中国烟斗形制、主题、材质等信息，除了有限的文字记载和微不足道的考古发掘之外，如何获得各个时期中国烟斗的确切实物影像资料成为横亘在课题研究面前的难题，这一难题必须加以解决才能开展后续内容研究。在经过无数次失败和尝试之后，我们最终发现和确定了以 18 世纪广州外销画、欧美访华使团成员个人著述、在华传教牧师著述，以及 19、20 世纪的照片、明信片、外国访华者的个人游记等为突破口，结合出土烟斗、中国风俗画、少数民族仍在使用的烟具影像，才完成了中式烟斗形制、材质、装饰主题等资料收集。

到 2021 年 10 月，经过接近十八个月的努力，我们基本完成了文献收集，形成了烟草传入欧洲、亚洲和中国边境城市以及在中国境内传播的编年史料汇总；将与烟草传播相关的商业、战争、宗教传播、水文地理、文学典籍、历史记录、影像等基础资料进行了逐年或者分时期归集，为课题研究和成果展现奠定了坚实基础。2021 年 3 月底，正式开始了《中国烟草发展历史重建——中国烟草传播与中式烟斗文化》撰写工作。本书分为三部分，共九章，整体结构如下：

第一部分为烟草传播到中国边境商镇的路径与时间重建。烟草要传播到中国，首先需要重建其传播到亚洲的路径与时间。第一章首先重点回顾了国内关于烟草来源的研究情况，分析了"内

源学""外源学"两者存在的挑战,提出了烟草传入中国应早于万历年间的命题,并指出了未来中国烟草发展历史研究的主要方向。第二章分析了大航海时代以前美洲社会经济、印第安人的烟草崇拜与使用以及烟草的医学知识积累情况,回顾了15世纪葡萄牙帝国在西非的扩张发现成就,并指出这些发现成果为即将到来的烟草向亚洲传播奠定了基础;随后回顾了西班牙人发现美洲、欧洲人对烟草的认识以及烟草进入旧大陆的历程;第四节重建了烟草从欧洲、美洲进入印度次大陆的路线与时间,回答了烟草在亚洲传播的时间起点,为重建烟草在亚洲的传播路径与时间揭示了前提条件。第三章分析了16世纪初期葡萄牙人在阿拉伯海、孟加拉湾、马六甲以东地区的战争、商业、外交和宗教传播活动以及这些地区之间、这些地区与中国之间的商业网络,重建了烟草经由印度,通过阿拉伯海一侧、孟加拉湾一侧,以及马六甲以东不同路线传播到中国内陆边境口岸与沿海边境城市的大致路径和时间。

第二部分为烟草在中国境内的传播路径与时间重建。在这一部分,第四章主要根据烟草进入我国边境口岸的时间起点,以及16世纪、17世纪初我国典籍文献涉及的烟草时间与地点,结合我国历史上形成的传统商路(陆上丝绸之路、茶马古道、粤盐商路、淮盐商路、运河粮路、黄河商路),重建启蒙阶段烟草在中国境内传播的大致路径与时间,介绍了相关人员在烟草启蒙阶段的贡献与作用,尤其是中医"温补学派"的理论突破,为民众传播与接纳烟草奠定了基础。在第五章,根据历史典籍记载的相关事项,以及发生在17世纪、18世纪中期以前的明与后金(清)、明末农民起义、清统一战争以及南兵征发与战后重建川陕移民等活动,重建了东北地区烟草的启蒙时间与普及路径、17世纪战争推动的烟草普及路径与时间以及川陕大移民活动推动的烟草恢复普及路径,还顺便梳理了明清时期烟草控制政策形成的历史和逻辑脉络,对当前的控烟政策制定也具有重要的参考价值。

第三部分为中国烟草与中式烟斗文化发展历史。第六章重建了中式旱烟斗发展历史脉络,分析了主要形制与未来发展方向;第七章重建了中式水烟壶发展的历史脉络,论述了主要形制与分类、水烟制作与吸水烟的趣味;第八章重建了中式鼻烟壶发展的历史脉络,开展了鼻烟壶的制作分类与鼻烟的制作等专题研究。在这部分,第一次提出了中式旱烟斗、水烟壶、鼻烟壶的发展阶段划分标准,介绍了中式烟斗的主要形制与类别、水烟制作。在第九章,按照中国烟草文化形成的逻辑脉络,分别介绍了中国的烟草医学文化、烟趣文化、礼俗文化以及烟草闺阁文化、青楼文化和安全文化等。

《中国烟草发展历史重建——中国烟草传播与中式烟斗文化》一书内容广泛,除了必要的文字描述分析外,还引证了各类文献、影像、数据资料,辅以制作的各种图表等加以支撑,是一本具有数十万字、厚达几百页的图文俱全的专业性著述。为了增强可读性,书中增添了一些趣味性的背景知识和历史典故介绍,帮助读者更深入地了解烟草文化历史的真实存在和背后的发展脉络。

正如党史学习教育"是牢记初心使命，推进中华民族伟大复兴历史伟业的必然要求；是坚定信仰信念、在新时代坚持和发展中国特色社会主义的必然要求；是推进党的自我革命、永葆党的生机活力的必然要求"，引导社会和民众科学、客观、包容、理性地认识中国烟草与中国烟草文化发展历史，对产业政策制定、营造理性控烟环境、促进烟草行业高质量发展都具有重要意义，也有利于在更高层次上维护好国家利益和消费者利益。

为了尽快完成本书的出版发行，同烟草与烟草文化爱好者分享课题研究成果，截稿时间稍显紧迫。虽然撰稿人有20年左右的行业资料收集和知识积累，但鉴于直接文献和文物样品不足甚至缺失，以及视野局限、水平不够，本书在结构布局、论述深度、文字表述等方面存在不少瑕疵甚至错误：参考文献引用疏漏、使用的图片质量不高、制作的图表表述不够准确，部分历史事件引证资料不完整、存在冲突等。希望读者积极批评、指正、谅解，我们将在后续版本中加以改进和完善。

《中国烟草发展历史重建——中国烟草传播与中式烟斗文化》研究与出版的顺利完成，得益于四川中烟党组领导为公司科研人员建立的完善保障机制，它激发了全员创新活力，鼓励全体科技人员用水滴石穿、绳锯木断的专注力去攻克一个又一个科研难关，去攀登一个又一个科学高峰；得益于四川中烟办公室领导和全体人员的积极参与，倾力协同营造的宽松研究环境；也得益于广大烟草研究人员前期的研究成果，正是站在他们的肩膀之上才能达到新的高度，取得新的突破。在此一并致谢！

白远良

2021 年 12 月于成都

目　录

第一部分
烟草传播到中国边境的
路线与时间重建

关于中国烟草来自何处，国内一直存在不同观点，且大都有其合理性和相关文献支持。但随着20世纪以来考古发掘中烟斗文物的出土，烟草历史研究中的一些观点陆续受到挑战，我们需要重新审视中国烟草发展历史。

在大航海时代来临之前，孤悬于旧世界之外的美洲大陆存在烟草、印第安人已经掌握了足够的烟草使用与医学知识，是来自旧世界的西班牙开拓者尝试、接纳烟草的前提。从1492年开始，以西班牙殖民者为首的欧洲人与美洲印第安人之间不断进行战争、外交、商业与宗教文化等交流活动，在接触中从印第安人那里学到了烟草种植、育种、使用以及医疗知识，对开拓美洲的西班牙人、参与西班牙冒险事业的其他欧洲人养成烟草使用习惯，并将烟草带回欧洲，促进烟草传播有着决定性的影响。

受西班牙美洲殖民事业的刺激，在部分参与过西班牙殖民活动人员的支持下，葡萄牙重新开启了对亚洲的远征冒险。达·伽马于1498年抵达印度，1499年返回里斯本。1500年，葡萄牙人发现巴西，并将它作为远征印度食品补给、人员休整的中转基地。为了实现对印度香料贸易的垄断和征服伊斯兰世界，葡萄牙在斯瓦希里海岸、哈德拉毛海岸、马拉巴尔海岸展开了一系列征讨活动，建立了无数要塞、商站，留驻了大量海员、士兵、商人和牧师，以巩固自己的控制力，传播基督教信仰。伴随着这些活动，葡萄牙人存在着把烟草带入印度的可能与动力，因此烟草进入印度的时间就成为重建烟草进入中国边境商镇路线与时间的基础。

在确定烟草引入印度次大陆的时间之后，伴随着葡萄牙人在印度洋和太平洋地区的持续扩张活动，烟草可能经由哪些路线进入中国边境商镇，它们的大致时间和范围，都是第一部分会涉及的内容。

第一章
中国烟草"烟源学"研究回顾

关于中国烟草的源起,中国学术界一直存在内源说和外源说,双方均能找到相关的典籍记载加以佐证。本章主要围绕烟草"内源学"和"外源学"的相关文献和研究结论,根据考古发掘证据以及逻辑推断,论证现有研究成果面临的主要挑战,提出新的历史条件下中国烟草历史研究的重点和方向。

第一节　中国烟草"内源学"研究回顾

"烟草"一词在中国古籍文献尤其是诗词歌赋中出现得比较频繁,一般指"烟雾笼罩的芳草",与现代"烟草"一词的含义存在较大差异。例如,唐末诗人、花间词派代表人物之一张泌的《女冠子》中的"烟草",就代表了该词在古典文献中的一般意涵:

露花烟草,寂寞五云三岛,正春深。貌减潜消玉,香残尚惹襟。　竹疏虚槛静,松密醮坛阴。何事刘郎去?信沉沉[1]。

在现代汉语中,烟草一般指一年生或多年生草本茄科烟草属植物,与茄子、番茄、曼陀罗、辣椒等植物是近亲。目前,经植物学家确认的烟草已有60多个品种。本书所说的烟草是指被人们栽培的两个烟草品种:红花烟草、黄花烟草。在

图 1　红花烟草

图 2　黄花烟草

绝大多数情况下，人们使用烟草的叶片部分，因此也有人把烟草称为烟叶[2]。在本书的后续部分，如不特别说明，烟草泛指红花烟草和黄花烟草。

中国一直存在烟草"内源学"观点，相关学者利用存世典籍，论述烟草起源于中国本土。本章根据时间脉络，系统梳理有关中国烟草"内源学"的相关文献记载和主要结论。

一、烟草源于三国时期的云南

元末明初小说家罗贯中（约1330—1400年）根据陈寿（233—297年）《三国志》和裴松之（372—451年）注解以及民间三国故事传说，经过艺术加工，创作了长篇章回体历史小说《三国演义》。在"武乡侯四番用计 南蛮王五次遭擒"这一回中，讲述诸葛亮为了平定南方，让孟获归顺蜀国，四次擒获仍将其释放。随后孟获与其弟孟优投奔秃龙洞洞主朵思大王，三人商议以木石垒断洞口，将蜀军引向西北方向的一条小路。这条小路"山险岭恶，道路窄狭"，"多藏毒蛇恶蝎，黄昏时分，烟瘴大起，直至巳、午时方收，惟未、申、酉三时，可以往来"。在蜀国士兵误饮哑泉水、深陷危境之际，诸葛亮问计于当地老人：

老叟曰："……此处有此四泉，毒气所聚，无药可治，又烟瘴甚起，惟未、申、酉三个时辰可往来；余者时辰，皆瘴气密布，触之即死。"孔明曰："如此则蛮方不可平矣。蛮方不平，安能并吞吴、魏，再兴汉室？有负先帝托孤之重，生不如死也！"老叟曰："丞相勿忧。老夫指引一处，可以解之。"孔明曰："老丈有何高见，

望乞指教。"老叟曰："此去正西数里，有一山谷，入内行二十里，有一溪名曰万安溪。上有一高士，号为万安隐者；此人不出溪有数十余年矣。其草庵后有一泉，名安乐泉。人若中毒，汲其水饮之即愈。有人或生疥癞，或感瘴气，于万安溪内浴之，自然无事。更兼庵前有一等草，名曰薤叶芸香，人若口含一叶，则瘴气不染。丞相可速往求之。"孔明拜谢，问曰："承丈者如此活命之德，感刻不胜。愿闻高姓。"老叟入庙曰："吾乃本处山神，奉伏波将军之命，特来指引。……"

……隐者于庵中进柏子茶、松花菜，以待孔明。隐者告曰："此间蛮洞多毒蛇恶蝎，柳花飘入溪泉之间，水不可饮；但掘地为泉，汲水饮之方可。"孔明求薤叶芸香，隐者令众军尽意采取："各人口含一叶，自然瘴气不侵。"[3]

在当地人的帮助下，诸葛亮不仅解决了饮水问题，还获得了破除瘴气的薤叶芸香草，进而在公元226年左右彻底平定了南方。因为薤叶芸香草辟瘴气的功能与烟草相似，部分学者据此认为薤叶芸香就是我国的原生烟草。关于烟草源于诸葛亮南征，一些民间传说、诗词歌谣似乎也可以印证，例如，湘西土家族、苗族地区流传的《烟源歌》中说：

"要说烟源三国起，征讨南蛮战火生。孔明亲自把兵督，沅澧两岸扎重兵。孟获战败无处躲，银坑洞内把身存。只因孔明计策好，又打又拉攻不停。团团转转都围住，还用百草辣子熏。其中有种黄金叶，胜过其他几十分。眼看熏得命难保，孟获无奈现原形。其实金叶叫烟草，一直流传到如今。"[4]

此外，在晾晒烟产区山东兖州、河南邓州等地，民间传说他们现在栽种的烟草，就是三国诸葛亮用以避瘴气的薜叶芸香草。在经过栽培驯化之后，薜叶芸香草从野生烟演变为现在的晾晒烟。

需要注意的是，在《三国演义》中，士兵使用薜叶芸香草避瘴气的方法是"口含一叶，自然瘴气不侵"，并不是采用点燃吸食烟气的方法来驱除瘴毒。有的学者在引证文献论述烟草源于三国时，对此片段的描述没有忠于原文，而是根据个人理解推定："士兵燃烧吸取其烟，驱除瘴毒侵袭。"[4]

二、烟草源于唐朝时期的甘肃

1992 年 6 月 23 日，《甘肃工人报》刊登了一篇名为《"唐台烟"来历》的文章，其中提到一则有关烟草、皇帝和仙女的美丽传说：

"当时，甘肃罗川一带是唐王朝的皇家避暑胜地，公元 756—762 年的一天，唐肃宗做了一个梦，梦见自己正驾着祥云追逐一群仙女，到了一座高山之后仙女们忽然化作七彩岚气消失不见。在梦里，皇帝急出了一头热汗，但怎么也找不到仙女。幸运的是他记下了这座高山的地貌特征，次日就派人四处查找，最终确定为罗川，并下令在此建造行宫。有一天，唐肃宗在前往罗川泰山庙为妃子娘娘求子时，半路上闻到迎面扑来一股清香之气，沁入心脾。他觉得十分好闻，便吩咐宫人寻找香气来自何方，原来是路边一位老汉旱烟袋里飘出的烟气。肃宗命人取过旱烟袋尝试吸了一口，顿觉神清气爽，龙颜大悦，当即下旨封罗川旱烟为贡品。肃宗吸完一袋烟后，顺手将烟灰弹在路边的田埂上，人们便把这块地叫作'唐台'，还把此地出产的烟叶叫'唐台烟'。到后来，整个罗川旱烟都叫唐台烟。"

从这则关于烟草来源的故事中，我们可以感受到一种朴素的唯心主义解释，即烟草的发现来自神灵的指引和恩赐，烟草吸食得到了帝王的高度肯定，进而赋予了烟草神秘、神圣、神奇、高贵之感。

在古代，当无法解释新事物的来龙去脉时，人们常常假托"神谕"，例如女娲造人、耶和华造人等。在阿拉伯地区，也有关于烟草起源的传说，人们认为烟草是来自穆罕默德的礼物：

"经过长途旅行的劳累后，先知在汩汩流淌的小溪旁坐下休息，在棕榈树下的阴凉处做完祷告时向沙地上吐了一口痰。就在那个地方，烟草长出来了，闻起来芬芳甘甜，就像先知的气息，又像先知的圣言一样令人欢欣，让人感到安慰。"[5]

而在美洲的萨斯奎哈纳印第安人中，流传着这样一则关于烟草起源的传说：

"一开始，我们只有动物的生肉吃，如果狩猎失败了，就得挨饿。一次，我们的两个猎人杀了一只鹿，烤制的过程中，看到一个年轻的仙女从云端下来，坐在附近的一座小山上。其中一个人对另一个说：这可能是一个神灵，她闻到了我们的鹿肉；让我们给她一些吧。于是他们给了她鹿舌。她很高兴得到这样的青睐，就说：'你们的好意会得到报答，十三个月后到这里来，就会找到它。'他们照办了，发现在她右手边的地里长出了玉米，左手边的地里长出了腰豆，而在她坐过的地方，他们发现了烟草。"[6]

如果沿着三国时期诸葛亮南征、在云南发现并在军事行动中使用烟草这一脉络，南方平定之后，从公元228年开始，薅叶芸香草随着蜀国对魏国的历次北伐逐渐传播到了甘肃、陕西等地区，并成为当地种植的烟叶，神话传说中的唐台烟来自何地，似乎也得到了完美的解释，进一步佐证了烟草源于三国时期云南的观点。

三、烟草源于元朝时期的云南

元朝成宗大德五年（1301年）春，李京（生卒年不详）奉命担任乌撒乌蒙道宣慰副使。一到任，因"八百媳妇"战事措办军需[元大德五年春，元廷派中书右丞刘深、合刺带率兵二万出征八百媳妇国（在今云南孟连县南）]，他在两年间走遍了乌蛮、六诏、金齿、白夷诸地，对这些地区的山川、地理、土产、民俗进行了深入考察。了解详尽信息之后，他感到前人关于云南地区的记载缺失较多，在参考他人著述的基础上，于大德七、八年间（1303—1304年），编撰了《云南志略》，共四卷。

较为可惜的是《云南志略》没有正式刊印，只有抄本。至明中叶原书已轶，现存不及一卷，包括李京序、虞伯生序、元明善序及部分志文，收录在元末明初陶宗仪所编的《说郛》中。该书是元明以来最早的云南志书，所参见的《大理图志》和元初云南政事档案等已经不存，史料价值极高。书中所载南诏、大理诸王传位年数和年号，

及"诸夷风俗"各条，对考校南诏、大理纪年，研究云南各少数民族社会生活，具有较高的参考价值[7]。《云南志略》中有如下记载：

"风土下湿上热，多起竹楼。居滨江，日十浴，父母昆弟惭耻不拘。有疾不服药，惟以姜盐注鼻中。槟榔、蛤灰、茯蓝叶奉宾客。少马多羊。"[8]

根据记载，金齿百夷（即今天云南德宏傣族、景颇族）在招待宾客时，喜欢用槟榔、蛤灰、茯蓝叶。这里的茯蓝叶极有可能就是烟草。如果为真，则元朝时云南金齿、百夷就已经有了"嚼槟榔和烟草的习俗和嗜好"。

关于云南烟草的来源，在阿昌族中流传着这样一个传说：

"很久以前，有一家母女俩相依为命，生活清贫。女儿刚长大成人，母亲就过世了，女儿在母亲坟上哭得昏死过去。三天三夜之后，她醒来时，发现母亲坟上长出了一棵绿油油的烟树，水灵灵的烟叶散发出甜甜清香。这时姑娘嗓子干渴难忍，便伸手摘下一片烟叶揉成团儿放进嘴里嚼着，味儿香甜，顿时疲劳没有了，愁闷也消失了。从此，每当看到烟树，她就情不自禁地想到妈妈坟上烟树香甜的滋味，总要扯下一叶嚼一嚼。伙伴们见她嚼得这么津津有味，也跟着学起来。于是，阿昌族妇女中嚼烟的人越来越多了，嚼烟成了她们驱除疲劳、消愁解闷的良方，最后形成了嗜好。"[4]

在波斯，民间传说中也有一则近似的烟草起源故事：

"从前，有一个善良的年轻人，他在麦加拥

有幸福而美满的生活。他有许多珍宝，但没有一件宝物比他美丽的妻子更加珍贵。不幸的是，后来妻子生病撒手人寰。年轻人试图消除自己的悲伤，但一切都是徒劳。为了寻求安慰、解脱痛苦，他经过先知同意后娶了麦加最美丽的四个女人为妻。然而，即使这四个最美的女人也无法让他忘记自己失去的珍宝……痛苦万分的时刻，他在沙漠中的一间小禅房里找到了一位圣洁的隐士。这位隐士像仁慈的父亲一样倾听着他的述说，'去你妻子的坟墓，'他说，'你会发现那里生长着一种植物，摘下它，把它装在管子里，点燃它，吸入它的香味。它将成为你的妻子，你的父母，你的姐妹，尤其是你的导师。它会使你变得聪慧，让你的心灵振作。'这种植物就是烟草！此后，那些没有丧妻的男人们也开始点燃烟草，忘却烦恼。"[9]

四、烟草源于明朝时期的云南

明代医学家兰茂（1397—1470 年）为了医治母亲的疾病立志学医，从永乐十五年（1417 年）到正统元年（1436 年）的 20 年时间里，他边采药，边学医，边著书，结合积累的治疗经验，终于完成了药物与方剂结合、独具地方特色和独创性的药物学专著《滇南本草》（附《医门擥要》）。这部巨著比李时珍的《本草纲目》早 140 多年问世，全书 10 万余字，载药物 544 种，多数为云南地方性中草药。兰茂为了著书采药，几乎踏遍了云南全境：东至滇黔川边界，南达中老边境，西临中缅边界，北至金沙江两岸。在《滇南本草》中有如下记载：

"野烟（图缺），一名烟草、小烟草。味辛、麻，性温，有大毒。治热毒疔疮，痈疽搭背，无名肿毒，一切热毒恶疮；或吃牛、马、驴、骡死肉中此恶毒，惟用此药可救。盖此药性之恶烈也，虚弱之人忌服。授以此草，煎服，疮溃，调治痊愈。后人起名'气死名医草'，以单剂为末，酒和为丸，又名青龙丸。"[10]

这是中国医学典籍中，第一次出现野烟也称烟草的明确记载。兰茂还论述了这种本草药物的药理、药性、组方。因野烟相关特性与后来明清时期医学家对美洲烟草的描述极为相似，这一记载被中国烟草"内源学"研究者认为是烟草源于明朝时期云南的重要佐证。

陈琮在《烟草谱》烟酒条中也曾引用杨慎《伐山集》关于芦酒的记载：

"南方有芦酒，即烟草也。"

经查杨慎《艺林伐山》芦酒条，所述内容则完全不同：

"芦酒：杜诗：'黄羊饫不膻，芦酒还多醉。'芦酒，以芦为筒，吸而饮之，今之咂酒也，又名钩藤酒。"[11]

按照陈琮的说法，根据杨慎记载，明朝中期云南把芦酒称为烟草；但《艺林伐山》的记载与之存在差异，陈琮的论述不能作为明朝中叶云南就有烟草的佐证。

烟草"内源学"涉及的四个时间点——三国时期的云南（诸葛亮南征，225 年）、唐朝时期的甘肃（唐肃宗，756—762 年）、元朝时期的云南（李京，《云南志略》，编撰于 1303—

1304 年），以及明朝时期的云南（兰茂，《滇南本草》，1436 年成书），均早于美洲烟草进入旧大陆的时间——1492 年。如果烟草原生我国为真，造成云南、甘肃烟草默默无闻而美洲烟草誉满天下的原因，本书认为可能有三：

一是使用方式差异影响了烟草效用的充分发挥。从《三国演义》"口含一叶"到云南金齿百夷嗜嚼茯蕾叶的描述和记载可知，口含、咀嚼是当时使用的主要方式；与现代烟草采用燃吸方式相比，烟草效用发挥不够充分，从而降低了效果。而美洲烟草首先以燃吸的方式被现代社会所认识和接纳，视觉效应、生理效应更为强烈。

二是烟草进入医学典籍的时间较晚，且没有进入"汉医学"典籍并被体系化地加以论述。直到 1436 年，兰茂《滇南本草》才第一次将野烟（一名烟草）收入，虽然它在少数民族地区的云南具有重大影响，但在具有统治地位的"汉医学"体系里，野烟仍然默默无名。同一时期的医学大家王伦（1453—1510 年）、汪机（1463—1539 年）、薛己（1487—1559 年）等，无论是他们的医理论述还是所著本草典籍、验方和医案中均没有烟草的相关记载，汉医学家缺位也是造成本土原生烟草运用不够、传播不够、影响力较小的原因。

三是烟草没有融入汉族主流消费。在甘肃罗川唐台烟的描述中，虽然提到了当地采用燃吸的方式吸食烟草，且烟草得到了唐肃宗的喜爱，罗川旱烟被封为贡烟，但甘肃当时毕竟位居边陲，烟草吸食并没有因为皇帝的一时喜爱而进入宫廷，成为消费时尚。没有进入汉族主流人群、没有融入汉族消费习惯，可能是造成烟草影响范围小，没有得到广泛传播的又一因素。

浙江《松阳烟草志》提到，1939 年 12 月 20 日，国民党政府《乡建通讯》半月刊曾称：

"中国之有烟叶栽种，早在汉朝以前。到了汉时，已设吏专管征税。"[4]

由于没有搜集到相关的引证文献，本书在此不对其提出的时间点进行追溯论证。

第二节　中国烟草"外源学"研究回顾

关于烟草的真正来源，早在明朝末年就有学者开始关注。虽然存在"内源学"的主张，但更多学者还是倾向于烟草从外部输入，持"外源学"观点。下面结合历史典籍和相关研究，简要回顾一下烟草传入中国的路线与时间研究情况。

路线一： 从吕宋入中国漳州、泉州。明人姚旅（生卒年不详）所著《露书》，是我国迄今发现最早、当地人记当地事的一部类书，共十四卷。书前收有姚旅的朋友洪洞人晋应斗和雍丘人侯应琛所作的序言，作序时间分别在万历壬子（1612 年）和癸丑（1613 年）中秋。据此，《露书》成书时间当在 1612 年以前。书中记载了烟草的相关信息：

"吕宋国出一草，日淡巴菰，一名日醺。以火烧一头，以一头向口，烟气从管中入喉，能令人醉，且可辟瘴气。有人携漳州种之，今反多于吕宋，载入其国售之。淡巴菰，今莆中亦有之，俗日金丝醺，叶如荔枝，捣汁可毒头虱，根作醺。"[12]

姚旅认为烟草来自吕宋，最先在漳州种植，当时（16 世纪末 17 世纪初）已经传播到了莆中，它可以做成毒药用于毒杀头虱、辟瘴气，燃吸之后还令人产生醉感。到 16 世纪末，漳州烟草种植规模除了能满足本地消费需求外，还对外输出，甚至返销吕宋。

在姚旅记载的基础上，方以智（1611—1671年）的《物理小识》不仅对烟草引入时间进行了界定，还提到烟草的药用价值与危害：

"万历末有携至漳泉者，马氏造之，日淡肉果。渐传至九边，皆含长管而火点吞吐之，有醉仆者。崇祯时严禁之，不止。其本似春不老，而叶大于菜，曝干以火酒炒之，日金丝烟。北人呼为淡把姑，或呼担不归，可以祛湿、发散，然久服则肺焦，诸药多不效，其症忽吐黄水而死。中履日：濒湖载金丝草，或日即烟。履按金丝草出庆阳，治诸血、恶疮、凉血，不言作烟食，其性亦异。"[13]

方以智认为，烟草在万历末期引种于漳州、泉州，崇祯年间被禁；他描述了烟草的药性，认为不宜长期服用。方以智的少子方中履指出，李时珍《本草纲目》所载出自甘肃庆阳的金丝草有人说就是现在的烟，但在用法上《本草纲目》并没有提及燃烟吸食，而且金丝草的药性也有所不同。

将这两则内容联系起来，就能发现烟草从吕宋引种到中国福建漳州、泉州，且时间在万历年间，构成了中国引种烟草时间、地点的完整链条。这种观点还得到了厉鹗（1692—1752 年）以及现代学者如吴晗[14]（1909—1969 年）等人的认同，他们纷纷在著述中加以引用。

这里需要指出，《露书》成书于明朝万历年间，早于方以智的《物理小识》，前者关于烟草的记载并未明确指出烟草从吕宋引入漳州的时间，部分烟草"外源学"论者根据《露书》成书年代，认为烟草自明万历年间引入漳州。然而，从《物理小识》中可以看出，有人认为金丝草可能就是烟草，这样烟草进入中国的时间就值得再商榷了。同时，持烟草自万历年间引入中国的学者一般认为，是西班牙人把烟草种子从美洲带到了吕宋[15]，然后再从吕宋引入福建。

路线二：从大西洋引入中国广东。这一路线的提出者是明末清初的熊人霖（1604—1666 年）。熊人霖祖籍江西南昌进贤县，1604 年生于浙西，1618 年参加童子试，崇祯六年（1633 年）乡试中举，崇祯十年（1637 年）会试取中，第二年四月任浙江金华府义乌县令。八月入境就任，随即督抚地方事务，增城练兵以固守。熊人霖的学术思想、西学渊源、西学素养及其世界地理知识，集中体现于 1638 年刊刻的著述《地纬》中。该书主要介绍世界地理概况，接受了艾儒略《职方外纪》地圆说、气候五带、南北极赤道与经纬度划分、五大洲等观念。全书凡 84 篇，志 81 篇，分叙五大洲国土民情与风俗物产，以及海名、海族、海产、海状、海舶等有关海洋知识，其中记载了广东烟草来源：

> "近粤中有仁草，一曰八角草，一曰金丝烟。治验亦多。其性辛散，食已气令人醉，故一曰烟酒。其种得之大西洋。"[16]

熊人霖指出，广东近日种植的烟草，其种子来自大西洋，这是烟草进入中国的又一条路线。其药性表现为辛散，能治许多疾病，食用烟草会令人产生醉感，因此也得名烟酒。

《地纬》此段关于仁草的记载，成为众多清代博物学专著引证的资料来源，如陈元龙（1652—1736 年）《格致镜原》卷二十一《饮食类一·附烟》、程岱葊（1845 年在世）《野语》卷七《烟》、李调元（1734—1803 年）《南越笔记》卷五《鼻烟》等。

此处需要指出，熊人霖认为广东的烟草来自大西洋，但对烟草引入时间并没有加以确认和深究。但这间接印证了吴晗提及烟草是在 1620 年至 1627 年期间，从印度尼西亚或越南传入广州的观点[14]。

路线三：从日本到朝鲜，再引入中国东北。
这一路线的依据是朝鲜志书《李朝仁祖实录》，由于本书作者未能获睹此古籍，转引如下：

> "戊寅（明崇祯十一年，1638 年）八月甲午，我国人潜以南灵草（即烟草）入送沈阳，为清将所觉，大肆诘责。南灵草，日本国所产之草也。其叶大者可七八寸许，细截之而盛之竹筒，或以银锡作筒，以火吸之，味辛烈，谓之治痰消食，而久服往往伤肝气，令人目翳。此草自丙辰、丁巳（1616—1617 年）间越海来，人有服之者，

而不至于盛行；辛酉、壬戌（1621—1622 年）以来，无人不服，对客辄代茶饮，或谓之烟茶，或谓之烟酒。至种采相交易。久服者知其有害无利，欲罢而终不能焉，世称妖草。转入沈阳，沈人亦甚嗜之。而虏汗（指清太宗）以为非上产，耗财货，下令大禁。"[17]

从《李朝仁祖实录》可知，朝鲜人将烟草传入我国东北之时，也是清太宗下禁烟令之日，但清太宗禁烟令雷声大雨点小，不久便废弛。到了 17 世纪 20 年代，烟草竟成为人们待人接客之物，甚至蔓延到了深居闺阁的妇女和少女，最后遍及天下。这是关于烟草经日本到朝鲜，再由朝鲜传入我国东北的最早历史记载，也是烟草从朝鲜传入的重要依据。

刘廷玑（1653—1715 年）所著《在园杂志》也有烟草引入中国的路线记载。他曾任内阁中书、浙江括州（今浙江丽水）知府、浙江观察副使，晚年调任河工，参与治理黄河、淮河。他的笔记《在园杂志》共四卷，由著名剧作家孔尚任作序，包罗万象，知识性很强，是少有的佳作。关于烟草，有如下记载：

> "烟草名淡巴菰，见于《分甘余话》，而新城又本之姚旅《露书》。产吕宋。关外人相传本于高丽国，其妃死，国王哭之恸，夜梦妃告之曰，冢生一卉，名曰烟草。细言其状，采之焙干，以火燃之而吸其烟，则可止悲，亦忘忧之类也。王如言采得，遂传其种，今则遍天下皆有矣。其在外国者名发丝，在闽者名建烟，最佳者名盖露。各因地得名，如石马、余塘、浦城、济宁；干丝、油丝有以香拌入者名香烟，

以兰花子拌入者名兰花烟，至各州县本地无名者甚多。始犹间有吸之者，而此日之黄童白叟、闺帏妇女无不吸之，十居其八，且时刻不能离矣。谚云开门七件事，今且增烟而八矣。更有鼻烟一种，以烟杂香物花露，研细末嗅入鼻中，可以驱寒冷，治头眩，开鼻塞，毋烦烟火，其品高逸，然不似烟草之广且众也。"[18]

刘廷玑在烟草条中不仅引用了姚旅关于烟草来自吕宋的论述，还介绍了一则浪漫的民间传说，记载了关于烟草原产地和传入路线的另一种说法：它源自朝鲜，从朝鲜传入关外，然后进入内地。同时，他还谈到 17 世纪晚期的吸烟盛况，以及一种新的烟草消费形式——鼻烟。

烟草源自朝鲜，还得到了徐玉瑛 [乾隆二十年（1755 年）举人] 等人的呼应，在其颂扬烟草的辞赋中这样写道：

"伊高丽之奇产，乃番妃之英魂。味辛辣而觉爽兮，性去秽而温麘。"[19]

需要明确的是，刘廷玑虽然引用了姚旅烟草源自吕宋之说，也基于民间传说提出了原产高丽（朝鲜）后入中国的路线，但没有明确烟草引入中国的时间。这一传播路线暗合了明史学家吴晗关于烟草在 1616 年至 1617 年间从日本到朝鲜，再传入辽东的论述[14]。

路线四：从日本到福建、台湾。 这一路线的主要依据是黎士弘（1618—1654 年）《仁恕堂笔记》中的有关记载。黎士弘宦迹涉江西、甘肃、江苏等地，见闻丰富，其记录所见所闻的《仁恕堂笔记》成为许多学者研究当时社会、地理、风俗的重要参考。在笔记中，他提到烟草始于日本，然后传播到福建漳州，并讲述了烟草进入中国后发生的事情，例如崇祯年间被禁，康熙年间烟草种植使用非常普遍，人们吸烟耗费甚大，并且开始对烟草征税等。最后，他还对这一新事物的流行发表了一番感慨。基于这一记载，烟草"外源学"研究者提出了从日本引入中国的传播路线。《仁恕堂笔记》中关于烟草的记载如下：

"仪狄始造酒茶之名，未立也，盛于唐，精于宋。烟之名始于日本，传于漳州之石马，天崇间禁之甚严，犯者杀无赦。今则无地不种、无人不食，约之天下一岁之费千万计。金丝盖露之号，等于紫笋，先春开市，十一之征，比于丝麻绢帛；朝夕日用之计，侔于菽粟酒浆。不知数百年后，此种有消歇时否？又不知数百年后，更有何物争新出奇，如烟等类者否？江河日下，运会无穷，千载茫茫，真可浩然一想！"[20]

此外，还有两份佐证，一是由清朝周仲瑄主修、陈梦林总纂，完成于康熙五十五年（1717 年）的《诸罗县志》：

"烟草：一名淡巴菇，种出东洋。茎、叶皆如牡菊。取叶晒干，细切如丝，置少许管中，燃吸其烟，令人微醉，不食趣思，亦名相思草。有生烟、熟烟。出漳州者甚佳，北路生而不殖。"[21]

另一份是成书于乾隆十六年（1754 年），曾日瑛等修、李绂等纂的《汀州府志》：

"烟：一名淡巴菇，种出东洋，海内竞莳之。茎叶皆如秋菊而高大，花如蒲公英，子如车前子。取叶晒干之，细切如丝，置少许于管中，燃而吸其烟，令人微醉，可以避瘴气。"[22]

路线五：从印度到波斯、俄罗斯，然后再到

甘肃、新疆。美国学者卡罗尔·本尼迪克（Carol Benedict）在论述甘肃、新疆黄花烟的来历时指出：

"早在 17 世纪早期，烟草就已经在山西和陕西的部分地区开始种植，兰州的烟草贸易可能只是中国北方其他地区烟草种植的一个缩影。它也可能是经由云南和四川从孟加拉或阿萨姆邦被带到北方的，因为兰州位于西南丝绸之路的北线分支上。然而，不能排除黄花烟草是从印度西北部或波斯东部经新疆，或从俄罗斯经西伯利亚和蒙古传入甘肃走廊。早在 17 世纪早期，烟草就在印度北部或奥斯曼帝国控制的边境领土上开始种植，并沿着欧亚贸易路线流通。例如，当德国贵族海因里希·冯·珀瑟（Heinrich von Poser，1599—1661 年）于 1621 年游历印度、伊朗的各贸易中心时，发现吸烟在莫卧儿的坎大哈居民中非常普遍。图兰平原（Turan depression，现哈萨克斯坦西南部、乌兹别克斯坦西北部和土库曼斯坦）的绿洲城镇也有烟草，最有可能是 17 世纪从伊朗传入的。

"烟草，包括黄花烟草，也生长在塔里木盆地西南角的喀什和莎车地区周边。喀什既是一个矿业小镇，也是新疆与南亚和喜马拉雅国家贸易的主要转口港。中国烟草贸易扩展到最西端的新疆应该是直到 18 世纪或者 18 世纪以后的事，这种看法似乎更为合理。因为在 16 或 17 世纪早期，印度或边境贸易商人才从印度北部或波斯东部，通过喀喇昆仑山、帕米尔高原、兴都库什山将黄花烟草带入克什米尔地区。明末，商人在中国西北部和新疆西南部城市之间进行贸易，很可能是他们首次将黄花烟草和喀什地区开采的软玉运到甘肃。"[23]

烟草从印度、中亚或俄罗斯引入中国甘肃、新疆这一路线，由于缺乏必要的历史典籍记载，虽有学者提出，但相关的研究不多。

第三节　中国烟草"烟源学"研究面临的挑战

在中国"烟源学"研究中，出现了"内源学""外源学"两大分野，过去的研究几乎都是采取引用典籍佐证本方观点的方法，直到一次考古发现，让两方的观点都受到了挑战。

一、1980 年广西合浦县福成乡古窑址发掘出土明嘉靖年间烟斗实物

1980 年，广西博物馆主持发掘了位于广西合浦县福成公社上窑大队上窑村的一处明代龙窑遗址。当时窑址内挖掘出成百件文物，其中三件器形完整的瓷烟斗和一件压槌引起了考古人员重视。这三件瓷烟斗形状不一，共分三式：

Ⅰ式：长 3.4 厘米，高 2.3 厘米，插杆孔径 1 厘米，斗径 1.5 厘米，长方形，细白胎，三面施青黄釉，底部无釉，制作比较精致。

Ⅱ式：长 3.7 厘米，插杆孔径 1.2 厘米，斗径 1.1 厘米，弯长筒斗形，灰胎，施青黄釉，内无釉。

制作比较粗糙,极似随意捏成。

Ⅲ式:高2.5厘米,孔径1厘米,斗径2厘米,呈圆斗形,杆孔部分很短,末端有突起,制作颇精致,灰白胎,内外无釉[17]。

三件瓷烟斗出土时,通气状态良好。Ⅰ式烟斗在窑室内1.8米深处堆积中发现,另外两件烟斗在窑室以外的废品堆中出土。与三件瓷烟斗同时出土的还有一件压槌,这件压槌在废品堆最上面一层出土。压槌背后刻有"嘉靖二十八年四月二十四日造"十三字。另外,在窑堡北部约三米远的地方发现"宣德通宝"铜钱一枚。

郑超雄认为,从整个窑址的堆积情况及出土的压槌铭文和钱币年款推测,上窑窑址的绝对烧造年代为嘉靖二十八年(1549年);其相对年代应当向前推算二十年左右,因为窑室内堆积厚达二十二层,每层堆积表明烧造一次,即上窑窑

Ⅰ式

Ⅱ式

Ⅲ式

图3　广西合浦出土烟斗款式图

址烧造二十二次以后才被废弃。从整个窑床遗存痕迹看，全长在 50 米左右，宽 3.5 米左右，这样的大型窑每次可烧器物两万件以上。据有经验的窑工推算，烧这样的大型窑，从挖泥、浆水、制坯到晒干、入窑烧造，如果全凭手工操作，三年时间才能烧造两次[24]。郑超雄进一步指出，上窑烧造年代上限应当在嘉靖初（1522 年左右），甚至可上溯到正德末期（1520 年左右）。

也有学者认为郑超雄对合浦出土烟斗的时间判断值得商榷，并提出了另外一种可能。蓝日勇[25]指出，合浦上窑的烧造年代以一件背面刻有"嘉靖二十八年四月二十四日造"铭文年款的瓷压槌确定，鉴于窑室是在烧时倒塌而荒废，不是窑主有意终烧，因此，这时烧制刻有年月日标记产品的可能性极小。开张志喜，古往今来人俗皆然，"嘉靖二十八年"铭文应当断为上窑窑址所属窑口的开窑时间，而将烟斗相对年代"再向前推算二十年左右"，至"嘉靖初甚至正德年间"，则离实际过远。

蓝日勇进一步指出，I 式烟斗最晚也在上窑开窑后第九年烧制，其绝对年代应不早于嘉靖三十七年（1558 年）。而实际上，每次烧成后所形成的文化堆积厚度不可能绝对平均，因而 I 式烟斗的绝对年代还应略晚。至于 II 式、III 式瓷烟斗，它们不仅造型与 I 式相异，而且是在窑室以外的废品堆中出土，缺乏层位依据，无法推考。从上窑只有 30 余年的烧造历史考虑，如果不出什么意外，它们烧制的时间约在隆庆末年（1567—1572 年）以前。随后，蓝日勇以地方志书没有提供合浦于明代种烟的文献依据，并引用方以智

《物理小识》"淡把姑，烟草。万历末有携至漳泉者，马氏造之，曰淡肉果，渐传至九边"的记载，认为广西合浦上窑烧制年代上限在嘉靖二十八年（1549 年），不可能推前到嘉靖初甚至正德年间。

虽然郑超雄、蓝日勇对合浦上窑发掘烟斗制作时间、广西是否为我国烟草最早种植区存在不同看法，但烟草至少在嘉靖至隆庆年间就已进入我国这一点，两人则没有异议。更为重要的一点是，从中国烟草发展历史的角度看，明代合浦出土烟斗直接挑战了"内源学"和"外源学"的现有结论。

二、中国烟草"烟源学"研究面临的主要挑战

1980 年广西合浦上窑遗址三个瓷烟斗的考古发现以及 2013 年南宁邕江岸边仙葫开发区三岸村一队古窑大量瓷烟斗的出土证明，在明代嘉靖至隆庆年间，广西合浦和邕江流域已经有了烟草的种植和吸食，这对此前我国烟草"烟源学"研究中的一些"定论"提出了挑战，需要我们重新对其加以审视。

（一）"内源学"研究面临的主要挑战

中国烟草"内源学"能够从相关的典籍中找到一些疑似烟草的记载，例如《三国演义》中云南的薤叶芸香草、关于唐台烟起源于唐朝的传说、元朝时期《云南志略》记载的金齿百夷嚼茯蕾叶习俗等。现代考古发掘中也曾出土了一些高度疑似烟斗的早期考古文物：

一是宁夏海原石砚子汉墓。 2009 年和 2011 年，宁夏两次对 2002 年发现的海原县高崖乡石砚子墓地进行了发掘，共清理墓葬 12 座，其中汉墓 10 座。2018 年公开发表了简报，介绍了汉墓发掘情况。简报提到了一件烟斗状的出土文物："烟斗形器 1 件，标本 M7：11，呈烟锅状，头部中空，内有腐朽木质，尾部末端稍微弯曲。长 10 厘米（图九，13）。" [26] 但对这一器物的材质、内部是否存在烟斗必须具备的烟道等没有进行描述。

二是湖北郧县五峰乡汉墓。 2008 年 10 月，湖北省考古研究所研究员、考古发掘领队黄凤春在接受《楚天金报》记者采访时披露，在当地一座东汉墓中首次发现一根精致铜烟斗。据记者介绍，出土的这根铜烟斗质地坚实、小巧玲珑，其烟杆与香烟长短相近，烟锅较小。遗憾的是，后来没有关于这一烟斗形器物的更多信息披露 [27]。

上述两个疑似烟斗的汉代文物，虽然为中国烟草"内源学"留下了一些"证据"，但关键的材料信息、器物是否存在烟道等没有进一步披露和介绍，因此并不能确证为烟斗。在古代，人们使用的牙具、中医采用款冬花烟熏治疗久咳不愈疾病所使用的器具，都与现代烟斗在外形上极其相似。按照中国丧葬习俗中"事死如事生"的传统，墓葬中出现牙具、医生治疗疾病的器材等随葬品也不足为奇。中国烟草"内源学"的历史佐证文献零散，缺乏实物证据，是"内源学"存疑的硬伤所在。

（二）"外源学"研究面临的主要挑战

合浦出土的明代烟斗断代表明，美洲烟草至少在嘉靖至隆庆年间就已经进入中国，而按照郑超雄的分析，甚至正德年间就已进入合浦地区，这一发现对中国烟草"外源学"关于美洲烟草的部分论述提出了挑战。

首先是关于美洲烟草进入中国的起始时间论述受到了挑战。 虽然姚旅、熊人霖、刘廷玑等做出了烟草来自国外的论述，但他们并没有明确烟草引入中国的时间。方以智在《物理小识》中提出，"烟草，万历末有携至漳泉者，马氏造之，曰淡肉果"，烟草自万历年间引入中国几乎成为"定论"，是我国判断烟草生产时间和传播路线的主要依据，甚至成为一些考古发掘断代的重要依据。例如，一篇报道中提到：

"澄迈福安窑址……的两次发掘填补了海南古窑址考古上的空白，……发掘出……上百件的陶制烟斗。烟草原产自美洲，在明朝万历年间才传入中国，到明清两朝期间，才开始在民间流行吸烟。这上百件的烟斗，可也反衬出当时的海南岛烟草已经有了一定的普及。" [28]

推断福安窑址为清代中期，距今 200 多年。合浦出土的嘉靖时期的烟斗无疑否定了"外源学"关于烟草万历始入中国的论断，海南福安古窑基于此的断代遵循也就不再成立。

其次是关于美洲烟草进入中国的路线论述受到了挑战。 正如合浦出土烟斗所揭示的史实一样，早在嘉靖年间，甚至可能正德年间烟草

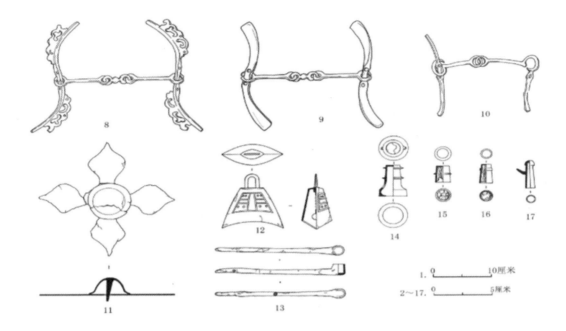

图九　海原石砚子墓地出土铜、铅器

1、2. 弩机（M9：3、M2：4）　3. 铜环（M1：4）　4、5. 衔环铺首（M7：6、M7：9）　6. 带钩（M7：25）
7. 当卢（M7：10）　8.A 型衔镳（M15）　9、10.B 型衔镳（M10：13、M12：18）　11. 棺花（M11：4）
12. 铜铃（M12：14）　13. 烟斗状器（M7：11）　14.A 型车軎（M10：18）　15、16.B 型车軎（M12：24、25）
17. 盖弓帽（M12：12）

图 4　宁夏海原石砚子汉墓发掘文物图

图 5　湖北郧县五峰乡汉墓发掘文物图

就已经进入广西合浦。部分"外源学"基于烟草万历年间才引入中国这一时间定论，而周边国家例如日本的烟草种植要早于万历初年，进而认为烟草源自日本，并提出了美洲烟草从日本进入中国的两条路线，一条是从日本到福建，另一条是从日本到朝鲜再到东北。合浦出土的明代嘉靖烟斗清晰地表明，烟草进入中国的时间要远早于日本，"外源学"关于烟草进入中国路线的论述受到了挑战。

从美洲另外一个幽灵——梅毒的传播路径和时间看，达·伽马船队在1498年就把这种传染病传播到了印度，1505年左右又传到中国，1512年日本爆发两例梅毒病并把它叫作 Nambanniassa，即葡萄牙病[29]，梅毒的传播路径应是经中国传到日本。按照明朝时期的海上交通和贸易情况，从常理判断，烟草传播也应遵循这一路径和时间顺序。

三是关于美洲烟草在国内传播的时间、路线、发展历史等论述受到了挑战。农耕时代信息传播不畅，虽然有"秀才不出门，便知天下事"一说，但他们的信息来源除了自己的见闻外，就是历史文献典籍。方以智关于烟草始于万历年间的说法，也是基于查证历史典籍和自我闻说，在时代的局限下他能得出这一论述已属不易。

烟草在嘉靖年间就已进入中国的事实，必然会使以万历年间（1573—1620年）为起点，分析烟草在国内传播时间、路线和发展的论述暴露出谬误，也直接挑战了这些论述的科学性与合理性。

同时，当时的一些诗词也值得注意。苏州人吴子孝（1495—1563年）写有一首《诉衷情》，小序云："嘉靖癸丑、甲寅（1553、1554年），东南倭乱。"其词云：

"韶光都过乱离中，登眺觉心慵。青山城外望断，愁绝黛痕浓。　闲把酒，倚楼东，小梅红。馆娃烟草，香径风兰，长记游踪。"[30]

"馆娃烟草，香径风兰"，明清诗人常将烟草燃烧的香气比喻为兰香，与此一脉相承。若吴子孝所写确为抽吸的烟草，则与上述考古证据相吻合，烟草早在万历之前20年已进入苏州一带。

最后是原产美洲的"薯"，其记载引种时间却早于烟草，与常识不合。《安溪县志》刊刻于嘉靖三十一年（1552年），书中记载：

"薯：有数种。白者为上，紫次之，青黑又次之。荒年可以济饥。"[31]

1550年前，原产美洲的甘薯就在泉州安溪实现规模种植，而且种类繁多，说明引种时间较长。通常情况下，同甘薯这种一般食物相比，烟草是治疗疾病的药物，且具有成瘾性，质轻而价昂，是长途贸易最受钟爱的物资，商品属性远高于前者，它在泉州的种植时间应早于甘薯。

（三）中国烟草"烟源学"和发展历史研究的新方向

鉴于"内源学""外源学"关于美洲烟草传入中国时间点为万历年间的论断已经被广西合浦考古发掘证据所否定，重建中国烟草传播历史、传播路线、发展历史以及中国烟文化发展史将成为未来中国烟草历史研究的重要课题，重点将在以下几个方面展开：

一是进一步精准化重建美洲烟草传入中国的

时间节点。1492 年哥伦布发现美洲大陆，烟草第一次进入旧大陆视野[32]，迅速得到了海员们的喜爱，此后随着水手、商人、士兵、传教士、冒险家的足迹传播到了世界各地。1497 年，葡萄牙远征印度的舰队中，曾有部分海员、商人参加过西班牙在美洲大陆的殖民活动；1500 年，葡萄牙舰队抵达了喜欢烟草的印第安人居住地——南美洲巴西，并将此地作为前往印度远航的休整之地。美洲烟草是否伴随葡萄牙人的亚洲事业传播到了中国？需要我们结合中葡通商史、中葡外交史、葡萄牙通华史、中西交通史、中外文学交流史、葡萄牙帝国航海与扩张史以及中文古籍文献等资料开展重建研究，这是未来美洲烟草传入中国历史研究的一个重要方向。

二是重建和明晰美洲烟草传入中国的路线。在美洲烟草从域外传入中国边境的路线确定方面，由于疆域广大、周边接壤国家和地区较多，是否存在多路线输入可能？烟草嘉靖年间就已进入中国的考古发现，让过去部分传播路线的研究结论变得不再可信。我们需要以国际化的视野，采用烟草传播与战争、贸易、宗教传播、水文地理等相结合的系统性、跨学科方法，梳理重建烟草传入中国的路线与时间，这应是未来研究的重要方向。

三是系统化重建和研究烟草在国内的传播路线和发展历史。由于地方志及其他典籍的记录零散，缺乏系统梳理，美洲烟草在国内的传播路线和发展脉络没有得到完整而清晰的构建。科学合理地将烟草传播与 1500 年以来中国内部发生的战争、移民以及商路、地形学、水文学、医学、历史典籍记录结合起来，进而梳理重建国内烟草的传播路线和发展历史就显得非常必要，多学科融合将是中国烟草历史研究的重要路径。

四是系统化重建和研究中式烟斗文化发展历史。烟具发展与烟草传播相伴而行，烟草引入与传播历史的重建，必然会带来中国烟草和中式烟斗文化发展历史的重建。目前，大部分研究文献将烟具与烟文化结合起来进行论述，烟斗研究出版物更多是介绍国内外烟斗（如海泡石烟斗、石楠木烟斗等）的发展情况，以及国内个人收藏物的状况，关于烟草历史的基础性研究相对较少[33]，国外学者对中式烟斗的研究更少。

由于早期烟斗多采用陶土制作，易碎性决定了它们很难长期保存。此外，烟斗考古出土文物较少也限制了关于烟斗发展形制变化、材质、加工工艺、不同地区烟斗差异的研究。中国烟斗发展历史的研究要有突破，需要将烟斗的发展与烟草传播历史、战争史（战场发掘）、影像史（绘画与摄影）、文学史（诗词歌赋）、艺术史（陶瓷、根雕、金属等工艺发展史）、民俗学（民俗与烟斗使用、礼俗文化）、人类学（地域与烟斗差异）、医学发展历史结合起来，制作出烟斗年表、烟斗分布地图等基础资料。开展系统性的烟斗文化发展和演进规律研究，是未来的突破方向。目前还没有国内学者采用这类方法开展烟斗文化发展历史研究。

第二章
美洲发现、葡萄牙海洋扩张与烟草东来

烟草始于何处，它如何传播到旧世界，又经历了哪些曲折历程才抵达它在亚洲的中转地印度，是本章将要讨论的内容。

第一节　烟始于斯——美洲大陆

一、富足、智慧的美洲

大约距今 1 万—2 万年前，孤悬于西半球的美洲大陆就有人类居住，他们来自哪里，是一个探索和争论了数百年的问题。经过数百年的考古发掘和人类学研究，人们渐渐对美洲最早居民的起源问题有了比较一致的看法，那就是他们中的绝大多数来自亚洲东北部蒙古人种中的一支，一小部分来自南太平洋上的岛屿（如波利尼西亚人）。大约在 1.8 万年前，海平面下降，生活在亚洲东北部的部族跨越白令地峡到达美洲大陆，然后呈扇形状态南下，向美洲大陆和周围岛屿迁移。到 1.2 万年前，原始美洲人已遍布整个美洲大陆及其四周岛屿。1492 年哥伦布来到美洲，误以为自己到了印度，将美洲土著居民称作"印第安人"，一直沿用至今。

在美洲大陆，勤劳的原住民很早就开始了农业生产。考古发掘资料表明，早在 8000 年前，秘鲁沿海居民就发展出最早的农业，开始了物种驯化。在距今 5000 年前，印第安人已将野生玉米培育为栽培作物。他们还培育出了马铃薯、甘薯、木薯等多种薯芋类作物，培育了除中国大豆以外的其他豆类作物，还有花生、西红柿、南瓜、西葫芦、辣椒、菠萝、鳄梨、草莓、可可等食用作物，极大地丰富了人们的饮食，为美洲繁荣和人类繁衍提供了充足的物质保障。此外，他们还培育出了橡胶、棉花等许多药用植物和染料植物，还有一种对现代农业生产、商品生产、医学和经济发展都产生了重大影响的草本植物——烟草。肥沃的土地、勤劳而智慧的人们、丰富的农业作物，为美洲人们带来了富足的生活 [34]。

二、孤寂、文明的美洲

由于地质变迁，美洲居民与原来的大陆失去联系，开始了孤寂之旅。大约 3200 年前，在墨西哥湾沿岸近 18000 平方千米的一块低平、潮湿和多雨的地区，出现了一个从事刀耕火种的原始粗放式农业民族。据估算，当时他们约有 35 万人。后来的纳瓦人把他们称为奥尔梅克人，意为"橡胶地之民"。公元前 8 世纪—前 5 世纪，奥尔梅克进入

图 6　墨西哥神庙抽烟斗的祭司　　　　　　　图 7　抽雪茄的玛雅国王

全盛时期，创造了至今还令人惊叹的宏伟的巨型石雕像、祭坛和石碑，以及精美的玉石小雕像和黏土金字塔。公元前 300 年左右，奥尔梅克人在他们生活了近 3000 年的土地上突然消失，不知所踪。此后，生活在墨西哥南部和中美洲一些地区的玛雅人直接继承了奥尔梅克文明，中心地区在今危地马拉高原的佩滕省一带。这一时期玛雅文明的主要成就是发展了以玉米为主的农业，培育出了番茄、甘薯、马铃薯、菜豆、可可、棉花、龙舌兰、烟草、凤梨等作物，养殖了火鸡、狗、蜜蜂等动物，

农业生产已达到一个劳动力能养活 12 个人的较高水平。除农业外，玛雅人还逐渐发展起了相当发达的手工业和商业，制造出了十分精美的陶器，住进了泥灰结构房屋。他们还创造出了象形文字，这些文字或刻在石碑、庙宇墙壁、金字塔的石阶上，或雕在玉器和贝壳上，或写在鹿皮或树皮纸上，记载了玛雅人的历史、神话、历法和天文观察成果。

从公元 4 世纪开始，玛雅文明进入了它最繁荣昌盛和辉煌灿烂的前古典时期。这一时期的主要成就体现在建筑、天文历法和数学上。在建筑方面，

玛雅人兴建了大量的城市，其中著名的有蒂卡尔、瓦萨克通（以上两城在今危地马拉境内）、科潘（在今洪都拉斯境内）、帕伦克（在今墨西哥恰帕斯州境内）等。建筑材料多用细洁、精美的石料，有点类似中国的汉白玉，神殿、住宅、陵墓富丽堂皇，纪念碑雄伟高大，许多建筑物都是精雕细刻，图像优美动人。玛雅人还在他们生活的地区兴建了成千上万个金字塔，除帕伦克有个别金字塔是统治者的坟墓外，美洲金字塔都是举行祭祀等宗教仪式的场所。在天文历法方面，玛雅人已准确地知道了金星等行星的公转周期，并创造了多种计时历法。

关于玛雅社会属于什么性质，现在比较普遍的看法是它处于原始社会晚期和奴隶社会早期。当时的社会保留了一些原始社会的特征，如集体耕种土地、未婚者集体居住等，但已出现了阶级分化，社会已分为祭司、贵族、平民和奴隶四个等级。前两者为统治阶级，最高统治者（王）是宗教和世俗的最高首领，实行世袭制。因此，其政治制度带有神权统治特征。

进入 15 世纪后，由于城邦间的长期征战，再加上自然灾害和瘟疫，玛雅文明急剧衰落，尤卡坦半岛一片荒凉和混乱。当西班牙殖民者于 1511 年到达时，玛雅文明已奄奄一息。

三、芳香、氤氲的美洲

大约在公元前 1500—300 年左右，在今危地马拉高原佩滕省一带，玛雅人培育出了烟草。由于发展水平较低，当时的美洲文明还没有形成比较完整或系统的宗教信仰体系，信仰各处不同、

处在各个发展阶段。宗教观念更是千姿百态：万物有灵观念、巫术观念、图腾崇拜、自然崇拜、祖先崇拜等都在这片土地上生根、发展。烟草作为文化与文明的重要载体，烟草文明也成为美洲古文明的重要组成部分，让烟草的芳香氤氲遍及美洲大陆。在烟草使用上，北美洲先民喜欢用烟斗抽烟，而中南美洲的先民尤其是玛雅人喜欢抽吸雪茄。根据猜测，美洲先民抽烟习惯的形成可能源于祭司或巫师在宗教仪式上采用的"燔柴"祭祀模式（"祭天曰燔柴"[35]，为古代祭天祭神的仪式。玉帛、牺牲、祭品等放置在堆积的干柴之上焚烧，不会留下剩余物，人们据此认为它们已全部被神灵所接纳。这种祭祀也被认为是最好的祭祀），烟草燃烧散发的香气能缓解紧张压抑，带来愉悦轻松之感，是宗教仪式最恰当的点缀与效果表达。飘散的烟气消失于虚空之中（神灵栖居之所），为宗教搭建了现实与虚无之间沟通的桥梁，满足了美洲一切宗教仪式的需要。

一开始，烟草流行范围较小，只限于萨满、祭司、巫医，后来才逐渐从单纯的仪式需要发展到满足普遍的日常需要。在玛雅、阿兹特克地区，烟草是一种很重要的祭祀物品，被视为西华科蒂尔女神的化身。他们相信烟草能够破除咒语，保护族人不被野兽伤害。

在墨西哥欧里盖茨部落，人们在洞穴或山顶上举行宗教仪式，燃烧烟草，祈求神灵庇佑。在马萨特克，库拉德诺人使用烟草粉末糨糊和石灰，以化解孕妇所受的巫术。拉坎邓尼斯人在烟草丰收季节摘取第一片烟叶卷成一支雪茄，或者将烟叶放置在祭祀用的烟钵中，用晶片聚焦太阳光点

燃烟草供奉象征土地的奥拉神，然后再将烟草敬献给其他神灵。

　　玛雅人对烟草的狂热，也反映在他们所信仰的神灵和祭祀活动上。考古中发现的一些手抄本、庙宇壁画与塑像、陶瓷容器和石碑上，随处可见抽着雪茄、手拿烟斗的诸神和祭司。在古代美洲，不同的石碑上经常雕刻着一群小神灵，其中火神（也就是色拉斯）长长的鼻子代表着雪茄，鼻子上升起的火焰以及烟雾象征着宗教的权力和神威，这些抽烟的神灵、祭司成为后人追忆烟草辉煌和发展历史的重要证据。

　　在美洲古医学文化中，烟草也占据着一席之地。斯比特人最早使用一种不同寻常的民间烟草治疗方法，他们把烟草用于治疗脑疾、眼疾或血液病。特别是在儿童疾病的治疗中，巫医将不同种类的草药，如芸香、鼠尾草和蒿等——但大部分还是和烟草咀嚼在一起，然后吐出来，从头到脚敷在病人身上。如果病情十分严重，他们会将唾液和烟草的混合物喷涂在头部、胯部及双肩处，这种疗法会一直持续，直至病人有所好转或不治而亡。阿兹特克人还用烟草解蛇毒和蝎毒。玛雅医学典籍《布里斯托》中记载的有关烟草的医药处方可用来治疗牙疼、受寒、肺病、肾病、眼疾等多种疾病。另一部著名的玛雅医学著作《雅卡坦的草药和魔咒》中提到，烟草（特别是其绿叶）能治疗多种痛疾，诸如乏

图 8　身着盛装、手捧烟草和玉米的玛雅祭司

力、骨头疼痛、蛇伤、腹痛、心悸、持续发寒、抽搐、失声、眼痛，以及多种梅毒，也是治疗滞尿药物的成分。将烟草与石灰混合涂抹在腹部，加以按摩使人体吸收，还可以用来预防流产。这些证据表明，在古代美洲，印第安人对烟草药用价值的认识，尤其是使用烟草医治疾病范围的掌握、治疗效果的经验积累已经达到了较高的水平[36]。

可以看出，距今三千多年以前，烟草就在美洲印第安人的日常生活、宗教信仰、医学文化中占据了重要地位，人们已经普遍养成了吸食烟草的习惯，掌握了采用烟草医治各种常见伤病的医学知识。正是有了丰富的烟草知识积累、广泛的临床医疗实践以及触目可及的普遍烟草吸食行为，15世纪末抵达美洲大陆的任何人都会立刻接触、了解、尝试吸食烟草，并随之学习烟草医学知识。加上烟草的舒缓压力和致瘾性特征，新来的人很快就会依赖并喜欢上烟草，养成日常吸食习惯而不能自拔。

第二节　葡萄牙在西非海岸的扩张与发现
——搭就烟草东渡之桥

论述烟草是否率先由葡萄牙传播到亚洲，需要先看葡萄牙有没有将自己的影响扩张到亚洲的雄心，以及实现这个宏伟目标的扩张过程。

一、葡萄牙在海外扩张中的早期成就为烟草向东方传播奠定了基础（1385—1485年）

为了寻找传说中的约翰王国共同抵抗穆斯林入侵，沟通印度和"契丹"王国以获得财富，葡萄牙从阿亚兹王朝就开始了海洋扩张。1385年4月14日，在著名的阿尔儒巴洛塔战役中，商人阶级支持的若昂一世取得了决定性的胜利，开启了葡萄牙海洋扩张历史；1389年，将北方港口卡米尼亚辟为自由港，积极协助英国商人开拓北欧商业；1405年，建立了自己的船队从事与挪威、佛兰德斯和热那亚等地的贸易；到1410年左右，里斯本、波尔图已经发展成欧洲商品的集散地；1415年7月，若昂一世率领舰队远征北非休达，8月15日占领休达，控制了北非奴隶、黄金、象牙等商品贸易。1433年8月，若昂一世去世。

若昂一世有三个儿子，其中享有"航海家"盛誉的第三个儿子恩里克王子（1394—1460年），为葡萄牙奠定了航海及海外扩张事业的基础。他网罗了一批占星学家、天文学家、航海探险家、地图制作家、数学家、银行家，以及有志于航海探险事业的热那亚人、威尼斯人、加泰罗尼亚人、阿拉伯人、日耳曼人，甚至犹太人，在萨格里斯建立了一所专门为葡萄牙培养航海人才的航海学校。在恩里克王子和葡萄牙王室推动下，进驻葡萄牙的航海家、探险家和商人沿非洲西海岸南下航行，不断取得突破：

1419年发现了马德拉群岛，并在马德拉岛上建立了丰沙尔殖民地，后来该地成为马德拉群岛首府。岛屿土地肥沃，气候良好，葡萄牙人在此大量种植小麦、葡萄、甘蔗。到 1455 年，马德拉群岛的产品已经向葡萄牙本土和北非要塞出口。到 1480 年，有多达 20 艘外国船只在马德拉岛从事蔗糖贸易，为葡萄牙提供了大量税收。

1427 年，王室领航员希尔维斯（Diogo de Silves）发现了大西洋上的亚速尔群岛。尽管非常遥远，但群岛物产丰富、拥有良港，可以让船只停泊、提供补给。海流自西向东，有助于非洲西海岸探险船只返回。1431 年，维利乌·卡布拉尔发现了亚速尔群岛中的福米加岛、圣玛利亚岛。到 15 世纪末，亚速尔群岛小麦开始向葡萄牙本土大量输送。

1434 年，葡萄牙航海家埃亚内斯（Gil Eannes，1395—？）受恩里克王子派遣，抵达并绕过非洲西海岸的博哈多尔角（Cape Bojador），不仅在体力上、而且在心理上打破了此前不能再向西航行的认知极限，正式开启了大航海时代。这是恩里克王子最伟大的成就之一。

1435 年，埃亚内斯和巴尔达亚（Afonso Gonsalves Baldaia，1415—1481 年）探险船队抵达加内特湾、达奥罗河，并推进到博哈多尔角以南几百英里的地区。

1441 年，恩里克王子派出商人兼骑士、航海家特里斯唐（Nuno Tristao，？—1446 年）驾驶新型卡拉维尔帆船，抵达怀特角（Cape White）。

1442 年，骑士兼航海家贡萨尔维斯（Anato Gonsalves）率领船队与特里斯唐一起航行，抓获了一个俘虏担任翻译。船队抵达了布朗角（Cape Blanc），以翻译人员为中介，获得了新发现地区准确的地理和商业信息。

1443 年，特里斯唐登陆阿尔金岛（Arguim）。同年，阿方索五世发布诏令，授予恩里克王子博哈多尔角以南非洲海岸的航海、贸易、征服的垄断权以及货物抽税权。

1445 年，特里斯唐抵达撒哈拉沙漠最南端地区，并与当地人建立了和平贸易，开始从这里贩卖奴隶用于国内农业生产，或者运送到马德拉群岛从事甘蔗种植。此后，每年约有 800 名奴隶被运往葡萄牙，恩里克王子的西非海岸探险事业开始获利。除了奴隶，还有巨量黄金，1460 年王子去世时遗留的金砂足够葡萄牙使用 18 年。

1446 年，特里斯唐抵达今天的几内亚比绍，他本人在冲突中丧生。这次航行大大拓展了葡萄牙人所能达到的地理极限。

1448—1456 年，恩里克王子在阿尔金岛建立了一座有城堡护卫的商站，这也是葡萄牙在海外建立的第一个要塞。葡萄牙通过它控制了苏丹和几内亚贸易：用小麦、布匹、黄铜制品和马换取从摩洛哥转运过来的奴隶、黄金、象牙。这一模式后来成为葡萄牙在世界海岸线上一系列商站、居留地和要塞的建设样板。

1455 年，恩里克王子雇用威尼斯航海家和奴隶贩子卡达莫斯托（Alvis Cadamosto，1432—1483 年）、葡萄牙航海家迪奥戈·戈麦斯（Diogo Gomes，1420—1500 年）分别前往探索西非海岸。卡达莫斯托航行到了冈比亚河，并深入内陆找到了一个黑人聚居区。戈麦斯到了今天的几内亚比绍热巴河（Rio Geba），返航途中在坎托（Canto

集市掌握了马里黄金贸易、塞内加尔以及上尼日尔地区前往摩洛哥沿海城市的撒哈拉转运贸易路线信息。

1456年，卡达莫斯托与另一位意大利人诺利（Antonio de Noli，1415—？）前往西非海岸，在加那利群岛西南1700公里处发现了佛得角群岛，其中一个岛被命名为圣地亚哥岛，拥有优良的港湾，是前往未知新世界和非洲西海岸探险的理想休整地。随后他们前往冈比亚河，深入内河与土著人建立了贸易关系，返航途中发现了今天几内亚比绍的比热戈斯群岛。

1460年，航海家恩里克王子去世。在纪念恩里克王子逝世500周年的航海纪念碑上，王子伫立船头，手捧帆船，双眼眺望着远方和大海，紧随其后的是葡萄牙众多著名航海家。

从1460年恩里克王子去世到1481年阿方索五世去世，葡萄牙缺乏动力继续推动西非海岸探索，只有零星的私人探险活动。

1469年，里斯本航海家、商人费尔南·戈麦斯（Fernao Gomes）以每年20万雷亚尔租金获得了几内亚为期5年的独家贸易垄断权（涵盖从佛得角以南到塞拉利昂长约800公里的地带），并承担每年新发现100里格海岸的费用。

1471年，戈麦斯雇用若昂·德·圣塔伦（Joao de Santarem）、佩罗·埃斯科巴尔（Pero Escobar），陆续发现了赤道以北的几内亚湾、圣

图9　葡萄牙航海纪念碑——为纪念航海家恩里克王子逝世500周年而建

多美岛、安诺本岛。

1472 年，戈麦斯雇用费尔南·多波（Fernao do Po），发现了费尔南·多波岛，另外两名探险家洛波·贡萨尔维斯（Lopo Gonsalves）和鲁伊·塞奎拉（Rui Sequeira）发现非洲大陆在比夫拉湾的地方又向南弯曲延伸，便南下从事探险，发现在今天的象牙海岸一带，可以通过物物交换得到大量黄金。从这时起，葡萄牙人不仅成功地得到了黄金，而且还将北非的黄金贸易与奴隶贸易结合起来。

1474 年，国王阿方索五世将几内亚租用权转给王子若昂。因卡斯蒂利亚战争和国内事务牵扯，正式继位前若昂无暇顾及非洲西海岸探险，这一时期的西非活动记载很少。

1481 年，若昂二世登基，他是"狂热和富有于远见的葡萄牙帝国主义者，对于非洲以及其他地区的矿产、人员、动物、植物都怀有狂热的欲望，对指挥贸易有着浓厚的兴趣"。

1482 年，若昂二世命令阿扎布加（Diogo da Azambuja, 1432—1518 年）率领 9 艘帆船、2 艘小船，装载 500 名士兵和 100 名石匠、木匠，自带建筑物资，在今天西非的黄金海岸建造了著名的米纳城堡（Sao Jorge ofthe Mina, or forress of Mina），以震慑当地黑人和防止西班牙人染指黄金贸易。1486 年 3 月 15 日，若昂二世赐予米纳城堡享有同葡萄牙本土城市一样的特权，杜阿尔特·帕谢科·佩雷拉（Duarte Pacheco Pereira, 1460—1533 年）曾说："在那里，我们至高无上的君主大幅度地扩大了贸易，每年都从那里带回价值 17 万多布拉（葡萄牙古金币）的纯黄金，有的年份甚至更多，主要是通过与那里的黑人换取或购买的方式获得的。"

在若昂二世统治期间，佩雷拉曾多次前往几内亚海岸航行探险。1488 年，迪亚士从好望角回国途中将他从几内亚湾的普林西比岛带回了里斯本；1494 年，他参加了《托尔德西里亚斯条约》谈判，是签署文件时的见证人；1503 年，作为阿尔布开克的成员之一远征印度，组织了科钦保卫战斗；1505 年，跟随索里斯（Lopo Soares）舰队回到里斯本；1519 年，被任命为米纳总督，1532 年或 1534 年去世。

1483 年，若昂二世派遣航海家迪奥戈·卡奥（Diogo Cao, 1450—?）抵达扎伊尔河河口（今刚果河），并派遣使者觐见马尼刚果（即刚果王）；继续南下抵达安哥拉洛伯角（Cape Lobo），以为已经到达非洲最南端，随即原路返回。

1483 年，哥伦布向葡萄牙王室提交了请求资助从西路探索希潘戈（Zipangu。《马可波罗游记》中记载的一个盛产黄金的岛国，一般认为指日本）的航海计划。在若昂二世创建的数学委员会即将做出最终决定时，迪奥戈·卡奥返回了里斯本，声称发现了非洲最南端。此时，绕过非洲去印度的海路最为现实，风险更加可控。1484 年，哥伦布的请求被葡萄牙宫廷驳回，同年底，他前往西班牙寻求支持。

1484 年，迪奥戈·卡奥再次从里斯本出发。当抵达一个名叫塞拉帕达（Serra Parda）的非洲沿海地域时，他发现漫无边际的非洲海岸线继续往南延伸，最后到达了今天纳米比亚的克罗斯角（Cape Cross，葡萄牙人称之为 Cabo do Padrao）。卡奥很可能就在此地去世。卡奥的探险虽然最终没有抵达非洲最南端，但将葡萄牙人的探险航程再向南推进了 1400 公里，意义非凡。

它使若昂二世有决心集中资源找到绕过非洲最南端通往印度的道路。

1485 年，圣多美岛成为葡萄牙殖民地，岛上建立了要塞。若昂二世特许该岛居民可以在米纳要塞以外的地方从事奴隶买卖和其他商品交易。若昂二世将这两个地方作为从几内亚到刚果河的非洲大陆、赤道地区沿海范围内进行贸易和地理扩张的两个中心。这两个要塞的贸易基础就是奴隶贸易，以至于这一地区的沿海地带也被称为"奴隶海岸"。

这一时期的探索，使葡萄牙的航海事业扩张为印度之梦，一海里一海里地谨慎推进，建设了一个又一个前进基地，犹如为烟草即将到来的东方之旅搭建了一座座桥、修建了一条条路。

二、曙光初现——葡萄牙航海扩张政策的调整与跨越好望角（1486—1488 年），为烟草向东方的传播点亮了前进灯塔

到 1485 年，葡萄牙已经在非洲西海岸探索了半个多世纪。随着时间的推移，他们认为要找到"长老约翰王"的国度（传说中的基督教国家）必须航行绕过非洲大陆南端，并对此愈加坚信。同时，产自东方国家的香料在欧洲价格十分昂贵，而掌控香料贸易的波斯湾、红海、威尼斯共和国以及热那亚城邦，都在香料贸易中发了大财，葡萄牙人渴望打破他们的垄断。最终，寻找"长老约翰王"、寻找亚洲香料这两件事被结合起来，若昂二世筹划从海路和陆路双管齐下，开辟由葡萄牙人独立掌控的去往印度的道路。

1487 年 5 月，若昂二世派遣能说阿拉伯语的葡萄牙绅士科维良（Pero da Covilha, 1460—1526 年），从陆路探索近东、非洲和亚洲。1488 年，科维良抵达印度西海岸，随后前往坎纳诺尔（Cannanore）、卡利卡特（Calicut）、果阿、霍尔木兹，经红海返回开罗。在印度，他掌握了主要的香料贸易中心、各个产品产地、运往亚历山大的航线以及东方各港口之间的航线信息。1490—1491 年，科维良回到开罗后，请犹太人拉梅戈将他撰写的报告带回葡萄牙。科维良继续履行寻找"长老约翰王"的使命，穿越了穆斯林圣地麦加、麦地那，又越过西奈山，再由红海进入埃塞俄比亚内陆。信奉基督教的埃塞俄比亚皇帝埃斯肯达（Eskender）热情地欢迎了科维良，此后，他一直居住于此，直到 30 年后去世。其间，科维良曾设法给葡萄牙国王送去信函，描绘当地"人口众多，到处是强大而富有的城市"。

1487 年 8 月，若昂二世派遣巴托罗梅乌·迪亚士（Bartolomeu Diaz，约 1450—1500 年），率领 3 艘舰船从里斯本出发，由迪亚士及其兄弟迪奥戈·迪亚士（Diogo Diaz）担任指挥。此次航行需要在卡奥前两次航行的基础上再往南推进。按照惯例，他们先在米纳要塞停留休整，经过卡奥在克罗斯角所竖立的最后的石柱后，追随风暴离开沃尔塔斯湾（即现在的卢德立次湾），向南航行了 13 天。风暴平息后，在向东航行的过程中，他们发现已经驶过非洲最南端，在莫塞尔湾（牧人湾）找到了陆地。他们简单休整后继续转向北方航行，发现非洲大陆海岸线向北弯曲，这意味

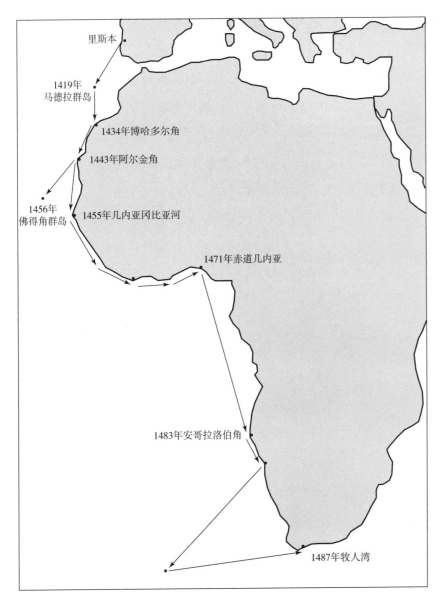

图 10 葡萄牙 1419—1487 年的非洲探索示意图

萄牙人去往印度总是沿着达·伽马的航线，这条航线必须穿过佛得角群岛，在摩羯座时间（12月22日—次年1月19日）赶上强劲而稳定的西风。它同迪亚士绕过非洲的航程完全不同。这些经验的取得，极有可能来自这一时期没有留下任何记载的航行[37]。

1487 年，若昂二世根据哥伦布 1484 年提交的建议方案，尝试性地开展了西向航行探索，这也证明了在 1488 年以前，若昂二世并没有完全否定哥伦布方案。具体执行由弗莱明负责，最后他因为意外丧身于海上。如果没有这次意外，极有可能是葡萄牙率先发现美洲大陆。顺便介绍一下，早在 1439 年恩里克王子获得继承权后，弗莱明家族就参与了亚速尔群岛开发；到 1474 年，弗莱明被授权全权负责亚速尔群岛的开发；1486 年，若昂二世授权弗莱明家族开始在亚速尔群岛种植甘蔗。从这些信息可以看出，弗莱明家族有财力、有能力支撑面向美洲的西向航行探险[38]。

1488 年，哥伦布第三次来到里斯本，准备再次觐见若昂二世，争取葡萄牙国王支持其西路计划。此时，葡萄牙国王已经掌握了巴托罗梅乌·迪亚士绕过好望角的信息，这证明可以绕过非洲

着他们已经驶进了印度洋。虽然迪亚士还想再往前航行，但船员们反对，他只能在大菲希河附近竖立石柱，然后怅然返航。第一次航行到印度的机会，就这样与葡萄牙擦肩而过。随后十年里，葡萄牙似乎暂停了所有的大西洋探索活动。也可能为了找到一条更好的航线绕过好望角，他们秘密地进行了一些航行，因为后来的数个世纪，葡

南端建立通往印度的航线，于是他彻底拒绝了热那亚人的西路计划。出于保密原因，若昂二世没有公开承认迪亚士的航行，哥伦布虽然见证其返回里斯本，但没有掌握具体细节。

葡萄牙长期坚持不懈的海上扩张，采取了稳扎稳打、步步为营的策略，最终迪亚士成功绕过非洲最南端好望角抵达牧人湾。这些持续的努力成果使其具备了由量变到质变的能力，为寻找传说中的印度和亚洲铺平了道路，也证明葡萄牙即将有能力把自己的影响扩张到斯瓦希里海岸和印度洋，为烟草传播到亚洲点亮前进的灯塔。对于烟草向东方的成功传播而言，现在还剩下最后两步，一是谁来发现烟草，二是由谁把它带到印度及亚洲其他地方。

第三节　美洲的发现与烟草进入旧大陆

一、谁最先发现了美洲？

最近两百多年来，谁是最先发现美洲的人成为一个世界性的争议话题，以至于联合国 1992 年筹备纪念哥伦布发现美洲 500 周年纪念时，还被带到了联合国论坛。

北欧人提出，公元 983 年，维京人伊利克一行从冰岛出发，发现了美洲的格陵兰，并在该岛西南端建立了居留地；16 年后，其子伊利克逊又率船队到达过现在的拉布里多、纽芬兰和新英格兰等地，因为看到新英格兰盛产野葡萄，遂称之为"文兰"（即"葡萄之地"），并写下了《文兰旅行记》。1472 年，在葡萄牙国王阿方索五世和丹麦国王克利斯蒂安一世的倡议下，冰岛总督皮宁带领一支远征队，到达过格陵兰和纽芬兰。由于当地盛产鳕鱼，他便把那些地方称为"鳕鱼之地"。这些航行都比哥伦布和他的团队第一次抵达美洲大陆圣萨尔瓦多岛要早，且都有确凿的记载。

此外，有些非洲民族也说他们的祖先早在公元 8 世纪和 14 世纪曾去过美洲；而阿拉伯人则谈及多次航行到美洲探险的故事。还有埃及人、日本人、印度人、叙利亚人、马达加斯加人、俄国人等，也都提出他们的祖先最先发现美洲的依据或传说，但缺乏坚实有力的史料和过硬的科学考古证据，不能令人信服。

当然，在谁最先发现美洲这个世界性大争论中，中国也有一席之地。1761 年，法国汉学家德·吉涅在《中国人沿美洲海岸航行及居住亚洲极东部几个民族的研究》报告中，提出中国僧人曾在公元 5 世纪到达过美洲（墨西哥），他的主要依据是中国史书《梁书·诸夷传》中一段关于扶桑国的文字。这个观点一经提出，立即在东西方的汉学界引起了广泛讨论和激烈争论，参加者不但有法、英、德、俄等西方学者，后来连日本、印度的学者也参加了进来，有人竭力支持，也有人激烈反对，从 1761 年到 1921 年，160 年间国外讨论这一问题的专著和论文多达 30 余种。这场论战后来也引起了中国学者关注，章太炎、陈汉章等人早在 20 世纪 20 年代就撰文论述这一问题。

30、40 年代，仍有关于这一问题的争论，但参加者不多。近几十年来，由于又有大量考古、考证新发现（如美国加利福尼亚海岸发现了中国古代的"石锚"），这个问题又被重新提出，并几度成为史学界的热点问题之一[34]。

结合相关研究，扶桑一词在现代一般指日本，但中国史书中的扶桑可能指向更为遥远的地方，即中美洲墨西哥。《山海经·海外东经》记载：

"汤谷，上有扶桑，十日所浴，在黑齿北。居水中，有大木，九日居下枝，一日居上枝，雨师妾在其北。"[39]

美洲考古也发现，在墨西哥奇瓦瓦州和尤卡坦半岛上，带有中国属性的汉字、铜钱、服饰、雕像广泛分布于古代建筑物的雕刻绘画上，也从侧面印证了汤谷就在今天的墨西哥。在《梁书》中，有关扶桑的记载如下：

"梁兴，又有加焉。扶桑国，在昔未闻也。普通中，有道人称自彼而至，其言元本尤悉，故并录焉。

"扶桑国者，齐永元元年，其国有沙门慧深来至荆州，说云：'扶桑在大汉国东二万余里，地在中国之东，其土多扶桑木，故以为名。扶桑叶似桐，而初生如笋，国人食之，实如梨而赤，绩其皮为布以为衣，亦以为绵。作板屋，无城郭。有文字，以扶桑皮为纸。无兵甲，不攻战。其国法，有南北狱。若犯轻者入南狱，重罪者入北狱。有赦则赦南狱，不赦北狱。在北狱者，男女相配，生男八岁为奴，生女九岁为婢。犯罪之身，至死不出。贵人有罪，国乃大会，坐罪人于坑，对之宴饮，分诀若死别焉。以灰绕之，其一重则一身屏退，二重则及子孙，三重则及七世。名国王为乙祁；贵人第一者为大对卢，第二者为小对卢，第三者为纳咄沙。国王行有鼓角导从。其衣色随年改易，甲乙年青，丙丁年赤，戊己年黄，庚辛年白，壬癸年黑。有牛角甚长，以角载物，至胜二十斛。车有马车、牛车、鹿车。国人养鹿，如中国畜牛，以乳为酪。有桑梨，经年不坏。多蒲桃。其地无铁有铜，不贵金银，市无租估。其婚姻，婿往女家门外作屋，晨夕洒扫，经年而女不悦，即驱之，相悦乃成婚。婚礼大抵与中国同。亲丧，七日不食；祖父母丧，五日不食；兄弟伯叔姑姊妹，三日不食。设灵为神像，朝夕拜奠，不制缞绖。嗣王立，三年不视国事。其俗旧无佛法，宋大明二年，罽宾国尝有比丘五人游行至其国，流通佛法、经像，教令出家，风俗遂改。'慧深又云：'扶桑东千余里有女国，容貌端正，色甚洁白，身体有毛，发长委地。至二三月，竞入水则任娠，六七月产子。女人胸前无乳，项后生毛，根白，毛中有汁，以乳子，一百日能行，三四年则成人矣。见人惊避，偏畏丈夫。食咸草如禽兽。咸草叶似邪蒿，而气香味咸。'天监六年，有晋安人渡海，为风所飘至一岛，登岸，有人居止。女则如中国，而言语不可晓；男则人身而狗头，其声如吠。其食有小豆，其衣如布。筑土为墙，其形圆，其户如窦云。"[40]

虽然对谁最先发现美洲存在不同的声音，但不管争议如何，有一点可以肯定，哥伦布发现美洲大陆对旧大陆和美洲带来的影响最为巨大。

二、曲折艰难的哥伦布西印度发现之旅——烟草进入旧大陆

"希潘戈（Zipangu），这是东方海洋中的一个岛屿。岛很大，其居民为浅肤色，很文明，学识高，具有很好的习俗。他们的宗教是多神教，居民不屈从任何外国的意志，只有本国的国王才能管辖他们。他们的黄金要多少有多少，简直用不完，而金矿又是采不尽、挖不绝的。国王禁止商品输出，只有寥寥无几的商人访问过这个国家，而遥远地区的船只没有一艘到过此地。看来，如果那些获准迈进其门槛的人所讲的故事是真实的，那闭关锁国正是王宫巨富的原因。宫殿的屋顶盖着薄金片，就像我们把铝盖在教堂的屋顶上一样。客厅的天花板也是用这种贵重金属制作的，不少房间有用厚实而沉重的金子做的小桌子，窗户上可以看到许多镂金饰物。这个国家的财富如神话里一般，那里有许多宝石和珍珠。珠子是玫瑰色的，圆圆的，很大，比白珍珠更贵。……那儿可以找到在天堂里才可想象到的那种娱乐，女人们莲步轻盈，每一步都是如此令人意荡神摇，那股劲只可意会不可言传。"

上文是马可·波罗所描述的东方希潘戈的财富。在1453年奥斯曼征服君士坦丁堡后，寻找富有香料和贵金属的印度以及去往"契丹"王国的海路，成为欧洲基督教国家排在寻找非洲基督教长老约翰王，以获得抵抗土耳其的物资支援、传播基督影响之后的一个重大任务。

为了表彰葡萄牙探索新世界的努力及其对教皇的忠诚，1456年，教皇卡利斯特三世谕示：葡萄牙独占西非海岸"最南端一直到印度"的探索权利。此后，为了平衡伊比利亚半岛两大海上强国之间的利益，1479年，葡萄牙国王阿方索五世与西班牙卡斯蒂利亚王国签署了《阿尔卡索瓦斯条约》，条约规定以加那利群岛的纬线为界分为南北两个部分，北部由卡斯蒂利亚开发，南部由葡萄牙负责，1481年得到教皇批准。与1456年的教皇谕示相比，1481年以后西班牙通过非洲南下发现印度属于非法行为，探索成果归葡萄牙所有。一路向西成为西班牙探索未知世界的必然选择，谁将成为这一重要政策的执行者？

1476年8月13日，葡萄牙海岸的拉古什港救起了一位依靠船板漂流而来的热那亚海员——哥伦布，住在里斯本的热那亚侨民接济了他。这次海难，好像是命运将他抛向了一个能够为他发挥天才提供最有利条件的国度。在葡萄牙，哥伦布开始了航海实践和理论的积极探索。他深入研究法国红衣主教和宇宙学家皮埃尔·德·阿伊所写的《世界的样子》、教皇皮奥二世的《自然史》，了解了佛罗伦萨医生和隐居修道的学者保罗·戴尔波佐·托斯堪内里的相关观点。1474年，托斯堪内里在给阿方索五世信使马尔蒂什的回信中说：

"从里斯本向西航行五千海里之后，能直达伟大可汗的王国；另一条海路绕过安蒂利亚岛，经过两千海里，您会碰上妙不可言的希潘戈岛，它盛产黄金、珍珠和宝石，那里庙宇和宫殿房顶上盖的是纯金。"

他还附了一张北大西洋地图，标明了安蒂利亚、希潘戈、中国和印度的海岸。

在掌握相关知识后，哥伦布算出来1度等于

50 海里，而到他梦寐以求的目标，距离是 2550 至 3500 海里（事实上，从加那利群岛到日本距离是 10600 海里）。1483 年，他正式向葡萄牙国王提交计划，请求资助他从西路去探索印度。但在进行审核时，若昂二世创建的"数学委员会"发现了其中的错误，驳回了哥伦布的请求。

哥伦布对自己的想法坚信不疑，决定前往西班牙寻求支持。1484 年最后一天或 1485 年初，他同 5 岁的儿子一起越过了葡西边界，来到了西班牙的圣玛利亚 - 德 - 拉 - 拉比达修道院。在院长胡安·佩雷什、圣芳济僧团圣物保管人安东尼奥·德马切纳、梅迪纳西顿公爵恩里克·德古斯曼以及安达鲁西亚贵族路易斯·德拉谢尔德的帮助下，西班牙国王和王后知悉了这一计划，并于 1486 年首次邀请哥伦布到科尔多瓦。在等待国王一家返回期间，哥伦布认识了西班牙红衣主教和大臣皮耶德罗·冈萨雷斯·德·门多斯。他们在同这位热那亚人谈话之后，认为他的计划值得好好考虑，这些意图同圣经并不矛盾。

1486 年 4 月，国王一家回到科尔多瓦，5 月 1 日哥伦布第一次谒见伊莎贝拉女王。当时，西班牙正处在收复格拉纳达战争的关键时期，耗资巨大的西路发现计划显然不合时宜。女王把这个计划交给顾问们审核，按下了暂停键。

在漫长的审核过程中，1488 年 12 月，哥伦布决定返回葡萄牙，第三次来到里斯本，但对他来说这是最坏的时机。因为 1488 年 8 月 3 日，巴托罗梅乌·迪亚士在探寻印度的过程中，被风暴送到了东非海岸，通向印度的道路已经打开。哥伦布在里斯本成了迪亚士胜利归来的目击者，

而若昂二世则彻底失去了对西路计划的兴趣。

哥伦布只得重回西班牙。1490 年，在宗教思想影响下，伊莎贝拉的顾问们最终否决了西路计划，他们认为：西方的海洋无法渡过，因为去那儿的旅程要三年；如果最终抵达了东方，从那儿返回也是不可能的；在创世纪之后这么多年，还希望找到尚未发现的土地完全没有道理，因为圣者奥古斯汀已经证明，地球的大部分被水覆盖。

1491 年 7 月，格拉纳达战役胜利在望，伊莎贝拉再次召见了哥伦布。在这次召见中，他第一次提出了执行西路计划的条件：成为所发现全部土地的总督，拥有大洋（指大西洋）海军上将的封号，得到将来所得全部财富的八分之一、国王在新发现土地上经商或其他事业收入的十分之一；指派他审理那里的所有冲突和讼争，封号、地位和权利由其后代世袭。

几天后，格拉纳达被攻克，哥伦布在觐见时收到国王夫妇通知，他的计划被彻底否定了，王国对大西洋冒险事业毫无兴趣。极度失望的哥伦布孑然一身离开欢庆胜利的营地。哥伦布刚走，一些支持大西洋计划却想不抛头露面的人不得不行动起来，他们主要是西班牙国库司库路易斯·德·桑坦海尔、热那亚人弗朗切斯科·皮涅利。他们一起出来为哥伦布辩护，列举了两点无可辩驳的理由：一是如果哥伦布的计划遭到失败，那就不应该奖赏他，如果实现了诺言，这钱就花得值；二是他和他们的业务伙伴们将负担整个大西洋计划的主要费用，王国量力而行即可。可以说正是这些意大利人而不是西班牙国王促成了哥伦布发现美洲。

随后，国王紧急派出信使追赶哥伦布，要他返回负责执行西路计划。1492 年 4 月，西班牙女王在诏书中接受了哥伦布的全部要求。1492 年 5 月 22 日，克里斯托弗·哥伦布抵达安达鲁西亚的帕洛斯 - 德 - 拉 - 弗伦特拉港口，根据热那亚银行家和商人们的建议，斐迪南和伊莎贝拉以帕洛斯港神父们"犯有损害宫廷之罪"，处罚他们为哥伦布提供两艘装备完好的船只，在不动用国库的情况下国王夫妇以私人身份参加了西路计划投资。哥伦布第一次探险的两百万马拉维迪费用中，路易斯·桑坦海尔提供了一百四十万国家贷款，哥伦布和他的朋友出了十五万马拉维迪，剩余部分由桑坦海尔及其伙伴们资助。帕洛斯市政当局提供了"少女"号和"王牌"号两艘船归哥伦布使用，哥伦布按合同租用了"圣玛利亚"号[41]。

1492 年 8 月 3 日，船队正式起航前往印度，船员约 120 人。在每一条船上配备一名医生，储备了羊肉、腌牛肉、鱼干、面包干、蜂蜜、奶酪、干豌豆、大米、麦粉，全部食物都含有大量的盐以免变质。8 月 12 日抵达圣塞瓦斯蒂安岛，8 月 25 日抵达大加那利岛的拉斯帕尔马斯，这是在旧世界的最后一次拔锚，此后将再没有港湾，也没有海岸。

经过 48 天不见陆地的海上航行后，1492 年 10 月 12 日，"王牌"号海员罗德里戈·德·特里亚纳在半夜两点左右发现月光下的平坦沙丘，他们抵达了美洲第一个登陆点——卢卡约群岛。不久，水手们看见了赤身裸体的岛上人群。哥伦布认为已抵达印度，随即称当地人为"印第安人"。10 月 16 日，他们到达费南迪纳岛，即今天的长

岛。在那里，阿拉瓦克人带来了水果、鱼和棉花，协助船员给木桶装满淡水。哥伦布在那儿待到 10 月 19 日。

10 月 27 日傍晚，地平线上出现了胡安纳（古巴）的奥连特山。28 日，克里斯托弗·哥伦布在路易斯·德·托雷斯（Luis de Torres）和罗德里戈·德·谢雷斯（Rodrigo de Xeres）的陪同下登上了瓜纳阿尼岛（他将该岛命名为圣萨尔瓦多岛），惊讶地看到：

"当地人向他走来时，一边拿着面包和南瓜片，一边大口地抽烟。"

巴托洛姆·德·拉斯·卡萨斯（Bartolome de Las Casas），当时是一名皇家传教士，后来成为恰帕（Chiapa）主教，在记录中写道：

"探险家们在途中遇到了一些印第安人，有男有女，他们在自己面前燃起一堆小火，火苗在这种植物的叶子上闪着光芒；压碎的烟叶被卷进另一片更大的干叶里，形状就像孩子们在圣灵降临节玩耍的圆柱形小鞭炮。他们将卷起的烟叶一端点燃，另一端放在嘴里，随着呼吸过程中不断地吸入烟叶的烟气，他们全身产生了一种平和的气氛。印第安人认为，这样一来就消除了所有的疲劳。这些鞭炮状的东西，或者说当地人所称的多巴哥（tobagos），后来也深受殖民者们的喜爱。"[42]

关于烟草的发现日期，在哥伦布的航海日志中，却另有一个时间点。11 月 5 日，哥伦布从停泊地德拉斯 - 努埃维塔德 - 普林茨贝港（不要同今天的努埃维塔德相混淆）派出了一个外交代表团，由掌握了迦勒底语和阿拉伯语的路易斯·德·

托雷斯，以及同非洲几内亚王进行过一次成功谈判的罗德里戈·德·谢雷斯两人组成，随行的还有两个印第安人。11 月 6 日，派出去的两个人返回，哥伦布在航海日志中记载了他们的汇报内容：

"昨天晚上，两名被派往内地探听消息的人回来报告说……他们在归途中时常看见男女从村里穿过，手中拿柴棒，用柴棒的一头点燃一种草，不时抽吸柴棒的另一端，并吐出吸入的烟。"[43]

无论是 10 月 28 日还是 11 月 6 日，对旧世界的未来烟民来说，都是一个值得铭记的日子，因为这是旧世界的人们第一次认识和接触到美洲印第安人广泛使用的烟草，也看到了烟草的一种抽吸方式——雪茄。

1493 年 3 月 5 日，首航美洲的哥伦布船队返航进入葡萄牙特茹河口。为了避免误解，哥伦布派急使向葡萄牙国王若昂二世报告自己的到来并请求准予进入里斯本港，并特别向葡萄牙国王说明，他是从"印度"而不是从非洲几内亚返回途中进入他的领地。3 月 9 日，若昂二世召见了哥伦布，两人面对面的交谈持续了三天。谈话中若昂二世顺便指出，根据《阿尔卡索瓦斯和约》和 15 世纪中叶的教皇赦令，他新发现的陆地应该属于葡萄牙。

哥伦布及随行水手在里斯本停留期间，以及哥伦布与若昂二世面对面的三天深谈里，新世界的见闻应该是他们向葡萄牙国王和里斯本市民们炫耀的资本。其中，引发哥布伦重点关注并记录在航海日志中的烟草应该是谈论内容之一，或许点上烟草抽吸，也是水手们炫耀新世界发现的重要手段。我们不知道，第一次新世界发现之旅海

员们是否把烟草带回了欧洲，但新世界的另一个特产——梅毒，毫无疑问被他们带回了旧世界。

与西班牙庆祝发现新大陆的气氛相反，若昂二世认为受到了侵犯："根据权利，新发现的陆地属于葡萄牙，他同顾问们进行多次磋商后认为，也应该如此。最后决定，立刻派弗朗西斯科·达尔梅杜带领海军去哥伦布发现的那些地方。"两个海上强国之间的新大陆所有权之争一触即发。1493 年 9 月 26 日，教皇亚历山大六世发布全权训谕，调解了两国纷争：对于在南部海域所发现的陆地，向西班牙提供优先权，并撤销与该训谕相矛盾的此前的协议。若昂二世得出结论，他如果不想失去独立掌控通往印度的道路，只好妥协。1494 年 7 月 7 日，避免军事冲突的贸易条约在西班牙小城托尔德西里亚斯签订。双方一致同意以佛得角群岛以西 370 里格（1180 海里）、近似 46° 的子午线为界线，西边所有陆地属于西班牙，东边所有陆地属于葡萄牙。随着争议逐步解决，西班牙第二次新大陆之行在经过 5 个多月的精心准备后顺利起航。

1493 年 9 月 25 日，在大量意大利和西班牙私人投资以及国王资助下，装载了水手、士兵、手艺人、矿工、农民、商人、传教士的舰队，带着 1200—1500 人和建筑材料、工具、谷物、面粉、腌肉、生猪、猎狗、蔗苗等生产和生活物资向新大陆进发。11 月 3 日抵达小安德列斯群岛；11 月 14 日抵达圣克鲁斯岛，此后发现了维尔京群岛；11 月 27 日到达伊斯帕尼奥拉岛的纳维达德要塞；12 月初决定在该要塞港湾西南部建立伊莎贝拉居民点。1494 年 1 月，开始丈量土地

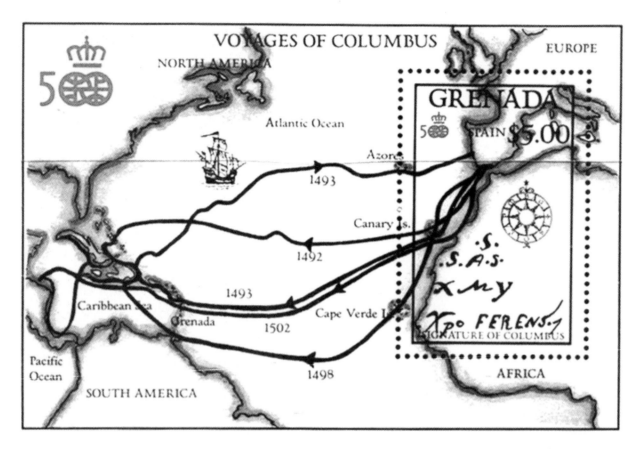

图 11　哥伦布三次美洲之行航迹示意图

并分配给居民，准备耕种、建设居民点；2 月份向葡萄牙国王发出请求给予移民区更多援助的信函；3 月 12 日，出征卡奥纳波领地，为了守卫砂金矿，哥伦布在距伊莎贝拉岛 18 西班牙里的地方建立了圣托马斯要塞。

5 月 18 日，哥伦布率领舰队再次绕过克鲁斯角，8 月 19 日前相继结束了古巴岛、牙买加岛探险。1494 年 9 月 29 日，舰队返回伊莎贝拉。面对西班牙人和土著人之间的冲突，舰队开始了对印第安人的征剿和残酷剥削。为打破哥伦布对新大陆的垄断权，1495 年西班牙王室调整了新大陆政策，每一位臣民只需承诺将利润的十分之一上缴国库，就可以"自费"到"印度"，去新

大陆开采黄金，大量欧洲人开始借道西班牙涌入美洲。10 月份，新任总督胡安·阿古阿多到达伊莎贝拉。1496 年 3 月 10 日，哥伦布率领船队，带着 220 名此前的移民以及 30 名捕捉的印第安人返回欧洲 [44]。

哥伦布第二次新大陆之旅持续了两年半，除了必要的远征探险外，西班牙人对印第安人开展了战争，对所征服区域的印第安人进行了奴役、管理。除此之外，美洲与西班牙之间商业武装船队的持续往返，以及 1495 年开放国民前往新大陆，鼓励了更大规模的欧洲人来到美洲，进一步促进了欧洲人和美洲印第安人生活方式的交融。西班牙人建立居民点的伊斯帕尼奥拉岛及其周边

地区都是烟草适宜种植区，也是印第安部落吸食烟草极其普遍的区域。在两年多的时间里，通过观察、学习和了解，部分西班牙人和来自其他国家的欧洲人应该养成了烟草使用习惯，并对烟草的医疗效果有了一定认识。

正如前面所提到的，印第安人早就将烟草用于治疗牙疼、受寒、肺病、肾病、眼疾等多种疾病，烟草（特别是其绿叶）还能治疗诸如乏力、骨头疼痛、蛇伤、腹痛、心悸、持续发寒、抽搐、失声、眼痛以及多种梅毒等常见疾病和疼痛。可以想见，在高达一千多名常驻美洲的欧洲人里（1495年放开管制后，每年抵达美洲参与西班牙开拓事业的欧洲人应在两千人以上），部分旅居者在孤独思乡时刻、饱受饥饿病痛折磨时刻、征战和探险面临极端压力时刻，以及耕种劳作的闲暇时刻，面对印第安人吞云吐雾、飘飘欲仙的情景，无论是入乡随俗还是有样学样，尝试使用烟草医治、抽吸烟草，由此喜欢并依赖上烟草，从人类学的观点看，都是很自然、完全符合逻辑也是肯定会发生的事情[45]。

在葡萄牙人达·伽马1497年正式启动亚洲探险之前，以西班牙人为主体的欧洲人已经与印第安人在美洲大陆朝夕与共地生活、交往长达五年。在此期间，抵达美洲的欧洲农民、海员、艺人、士兵、商人们也有足够的时间掌握烟草育种、耕种、收获、储存技术，即使不考虑商业动机，仅仅为了解决自己返回旧大陆后的持续烟草药用和吸食需求，返航时带上成品烟草和种子，在欧洲进行尝试种植也是很自然、完全符合逻辑的事情[46]。

因此，从正常思维与行为模式上讲，从哥伦布第一次新大陆之行结束到达·伽马启动亚洲探险活动之前，学会使用烟草的欧洲海员、农民、艺人、士兵们已将烟草带回欧洲种植，亲历美洲探险的人已经掌握了使用烟草治疗常见伤病的医学知识。美洲之旅也培养了第一批热爱烟草的海员、士兵、农民、牧师，以及意大利商人的美洲业务代理人。通过他们借助葡萄牙的海外扩张把烟草传播到亚洲，还剩下"最后一公里"。

三、欧洲对烟草的早期认识

拉斯·卡萨斯没有提到哥伦布是否从新大陆带回了烟草；然而，细致入微的描述和详尽的介绍证明了他重视这种抽烟习俗。毫无疑问，航行到地球上这个遥远角落的水手们品尝了印第安烟草的味道，他们把烟草带回了家乡，在葡萄牙、西班牙、意大利、法国海港的小酒馆里一边抽着烟，一边骄傲地向乡亲们讲述着自己的冒险经历[47]。部分早期抵达美洲的传教士、旅行家也用他们的笔触记录了这段经历，谈到了他们对烟草的认识。

首先是烟草吸食方式。洛贝尔（Lobel）出版的《植物史》（1576年）附录中有一幅将烟草卷成管状的雕刻画，据说这是哥伦布第一次航行到美洲时在圣·萨尔瓦多看到的抽烟情景。该书把烟卷描述为一种由棕榈叶包裹成的能带来小乐趣的事物。当地人将烟草的干叶放置在棕榈叶中卷制，用火点燃，然后吸入烟气。对于习惯了大风大浪的水手们而言，看到当地人抽吸"雪茄"，抑制不住好奇的念头，大胆地尝试抽吸应该是很自然的行为。后来，到西印度群岛贸易的船长们也开始经常采用这种方式抽烟。1497 年，圣多明哥隐修会成员、基督教传教士，跟随哥伦布第二次远航新大陆的罗曼•帕恩（Roman Pane，1493—1496 年）修士，在他的专著《岛上习俗》（De isularum ritibus）中，提到了一种通过甘蔗模样的吸管吸食烟草的新方式：

"在用这种半拃长的中空甘蔗形烟管吸食之前，药草先被碾制成粉末。吸食时，烟管的一端放入鼻孔，另一端放在烟草粉上，然后吸气，烟草就会很顺利地被吸食干净。"

这是旧世界的人们第一次关注到美洲的鼻烟吸食行为。罗曼•帕恩用"科吉巴"（Cogiaba）命名了这种植物，它来自伊斯帕尼奥拉人对这种植物的称呼；其他一些旅行者把它拼写成"高希霸"（Cohiba）。在巴西，它被称为"奔腾"（Petun），在墨西哥被称为"皮赛特"（Piecelt），有的地方它被称为"优力"（Yoli）。罗曼•帕恩在书中解释了当地烟草习俗形成的原因，据他讲，当地人抽烟是为了驱赶沼泽边上成群结队的蚊子。同时，他们的首领和巫医把抽烟当作一种治疗方法，通过吸收神灵的力量来创造奇迹、治疗伤病。

比•布里（Be Bry）出版的《巴西历史》（1590 年）中有一幅版画，描绘了一位印第安土著人在安静地享用烟斗，旁边一位妇女正将新收获的烟叶递给他。根据作者描述，这支烟斗极有可能是上世纪末（15 世纪）荷兰人带来的陶土烟斗。1512 年，西班牙人庞塞•德•莱昂（Ponce de Leon）曾到佛罗里达旅行，他讲述了一个当地人在烧制的小陶罐中燃烧干烟叶，使用芦苇管吸入烟气的故事。可以肯定，这一定是一件类似于罐子的抽烟用具。

奥维耶多（Oviedo）是第一个明确描述伊斯帕尼奥拉岛印第安人吸烟习俗的作者（1526 年）[47]，他在谈及印第安人的"邪恶习俗"时说道：

"这是一种非常有害的东西，常常使人沉醉无感。他们在宗教活动和生活中使用烟草的方式就是用一根空心的 Y 状烟管从鼻孔吸入烟草。"

这种烟管给他留下了深刻的印象：

"烟管长度大约为一拃，当使用时，分叉的末端插入鼻孔，另一端用于吸入燃烧的烟草烟雾，直到他们变得沉醉为止。当找不到 Y 形烟管时，他们就用空心的芦苇管代替，印第安人把这种工具叫作塔巴科（tabaco）。"

可以看出，旧世界的人们在抵达美洲之后，很快就了解和熟悉了印第安人的三种烟草吸食方式——雪茄、鼻烟和烟斗，并开始跟随印第安人学习、尝试使用烟草。

其次是关于烟草（Tobacco）名称的由来。1526 年，奥维耶多在仔细研究后认为，烟草（Tabaco）这个词开始不是指烟草，也不是指许多人所认为的吸食烟气带来的沉醉感。据说，这种植物可能是采用多巴哥岛来命名，他写道：

"我不记得任何作者给了这名字一个明确界定，正如很多人表示怀疑这个岛的名字是否来自烟草，或者是来源于产自该岛的药草；我希望对此感到好奇的读者或研究者能来弄清事实的真相。事实上，这个岛的名字既不是来自这种药草的名字，药草的名字也不是来自这个岛屿的名称。印第安人确实用过这个名称，而西班牙人也确实采用了这个名称来定义。事情的来龙去脉是：加勒比人非常喜欢烟草，在他们的语言中称之为科希霸（Kohiba），他们认为，当吸入烟草烟气沉醉时，就会在醉梦中得到神灵们的指示。他们为了得到神灵的指示，首先点燃一堆柴火，柴火烧完之后就在余烬上铺上这种植物的鲜叶，借助一种中空的装置吸入植物叶子阴燃产生的烟气，这种装置与字母Y的形状非常相似，把较大一端放置在烟气中，把较短的一端放入两个鼻孔中。他们把这种装置称为Tobaco，当海军上将克里斯托弗·哥伦布到达这个岛的南部时，他认为这个发音代表了这个吸烟装置的名称，于是它就有了这个名字。"

三是关于烟草的药用价值。吉拉莫·本佐尼（Giralamo Benzoni）来自意大利的米兰，在其所著的《新世界史》（the History of the New World）中，他讲述了自己从1541年到1545年的美洲旅行（该书由哈克卢伊特协会的斯迈思少将从1573年的威尼斯版翻译而来）。提起伊斯帕尼奥拉岛时，他说：

"在这个岛上，还有在这个新国家的其他省份，有一些像芦苇的灌木，不是非常高大，但出产的叶片相当大，形状像胡桃木的叶子，备受这些地方的人所尊崇，也深受西班牙人从埃塞俄比亚带来的那些奴隶们喜爱。

"当这些叶子到了收获季节，他们就把它捡起来，捆成捆，挂在壁炉旁，直到它们非常干燥；想要使用的时候，他们就拿起一片谷物（玉米）的叶子，把干燥好的叶子放进去，再把它们紧紧地卷在一起；然后他们在一端点火，把另一端放进嘴里，通过抽吸就把烟气送进了嘴里、喉咙和头部。他们尽可能地储存这种叶子，因为他们能

在其中找到乐趣；有时他们会吸入太多这种难受的烟雾，以至于失去了理智。其中有些人吸入太多，就像死人一样倒在地上，在白天或晚上的大部分时间里都昏迷不醒。而有些人吸食烟草，仅仅在于它能带来头晕目眩的迷幻感觉。看看，这就是来自魔鬼的多么邪恶和致命的一种毒药。在我穿越危地马拉和尼加拉瓜两省的时候，我曾多次进入一名印第安人的家中，这名印第安人彻底被这种药草征服了。在墨西哥语中，它叫作烟草。一闻到这种恶魔般的、臭气熏天的刺鼻烟气，我就不得不赶紧离开，去找别的地方躲起来。

"在拉·伊斯帕尼奥拉岛和其他岛屿上，当医生想要治疗一个人的疾病时，他们会把病人带到烟室让其吸入烟气，当他完全被烟熏醉时，人们就认为治疗见效了。当恢复知觉时，他就会向旁人讲述他曾参加了成千上万个神灵们的会议，以及其他各种印象深刻的幻象。"

本佐尼用一幅木版画展现了一幅场景：一个人嘴含烟斗，在不断地吸入烟气；另一个人已放下了烟斗，不省人事地仰面躺在地上；第三个人正由一位医生用他的吊床照料着，现在我们水手用的吊床就源自这种吊床。

1584年，哈里奥特参加了由沃尔特·雷利爵士赞助的远征。1588年，他起草并发表了一份关于新发现的弗吉尼亚土地的简短而真实的报告，其中提到了一种草药（第一份详细的英语叙述），其真实性得到了拉夫·莱恩（Rafe Lane）州长的证实。雷利爵士写道：

"有一种草本植物被单独种植，被当地居民称为'乌波沃克'（Uppowoc）。在西印度群岛，

根据它生长和使用的地方和国家，它有不同的名字。西班牙人一般称它为烟草。它的叶子被晒干并碾成粉末，他们通过用黏土制成的烟斗把烟气吸进他们的胃和头部，以净化多余的欲望和其他恶心的体液，并打开身体所有的毛孔和通道。这样一来，它不但能保护身体免受侵害，而且还能有效减少和缩短身体受到侵袭的时间。我们知道，现在英格兰的许多疾病也在使用烟草进行治疗。……

为了入乡随俗，我们在那里也养成了吸食烟草的习惯，回来之后，通过许多罕见而奇妙的实验，也证明了抽吸烟草能带来一系列的好处，当然，证明这种关系本身就需要著书立说来加以论述。近来有许多人，有男有女，有从事伟大职业的，也有一些学识渊博的人，都在使用它，这足以证明这一点。" [48]

除了药草的药用效果，早期抵达新大陆的水手们还认为，抽烟有减轻饥饿和口渴的作用，还是振奋精神、重新焕发活力的源泉。烟草除了给新大陆的发现者和开拓者们带来享受之外，还让他们领教了烟草武器的厉害。1503年，当西班牙人登陆巴拉圭时，当地居民出来敲鼓、泼水、"嚼药草、向他们喷射烟草汁"以反对入侵。与西班牙人的武器相比，他们所有的这些防御入侵方式都是非常粗鲁和荒谬的，但在近战中，土著人将烟草制作成汁液直接向西班牙人的眼睛喷射，让欧洲人痛苦不堪。

四是关于烟草的崇拜以及种类。在美洲印第安人的信仰中，烟草是神圣的，也是所有神灵都喜欢享用的物品。弗朗西斯·德雷克爵士在其北美航游记中讲述了一则趣事，他被印第安原住民当成大神孝敬：

"印第安人带来了灯芯草制成的一个小篮子，里面装满了他们称为烟草的草药。"

他们"第二次过来的时候，带来了和第一次一样的东西作为礼物，有羽毛、烟草袋，以及其他珍稀的物品，这说明他们把我们当成了神"。

哈里奥特的报告也描述了印第安人的烟草崇拜行为：

"这种乌波沃克在他们中间是如此珍贵，以至于他们认为他们的大神也会非常高兴地享用烟草。有时他们燃起圣火，把一些烟草粉末撒在火上作为祭物。在水上遇到风暴，他们会把烟草抛撒到空中和水里，以安抚他们狂怒的神灵。脱离险境之后，他们也向空中投掷烟草作为祭物，所有这些都伴随一套奇怪的仪式，有时蹉脚、跳舞、拍手、举手、仰望天空，嘴里说着奇怪的话，叽叽喳喳地发出奇怪的声音。"

在对烟草的分类上，由哈克卢伊特学会资助出版，殖民地第一秘书威廉·斯特雷奇女士1610—1612年完成的《不列颠弗吉尼亚劳动史》中写道：

"这里有大量烟草，被萨尔维奇人称为'阿波克'（Apooke），但它不是质量最好的烟草，不仅质量差，劲头也很弱，味道很苦；植株高度离地面不到一码，像天仙子一样开黄色小花；叶短而厚，上端略圆。而特里尼达（Trynidado）和奥罗诺克（Oronoque）最好的烟草都是叶大而尖，植株离地两三码，花朵像我们英国的钟形花一样宽。这里的萨尔维奇人在煮饭后的炉子上烘干烟草叶子，有时也在阳光下晒干，然后把烟草的烟梗、叶子和其他需要掺入的所有东西混在一起揉碎，用陶土制成的烟斗抽吸，他们的制作方法非常巧妙。"[48]

五是烟草在旧世界欧洲的蔓延。1498 年，罗德里戈·德·谢雷斯从西印度群岛回到西班牙阿亚蒙特时，随身携带了大量烟草（这是第一次有文字记录欧洲水手将自己抽吸所需的美洲烟叶大量带入欧洲。可以想象，当时奔赴美洲的水手、士兵、商人和垦荒者们中，必然有大部分人员已经习惯了抽吸烟草、掌握了烟草的医学知识，这也意味着为了保障自己返回欧洲后的持续性需求，他们会随身将烟草种子带回欧洲进行种植尝试。因其花色艳丽、美观，烟草很快成为欧洲贵族花园的新宠）。他嘴里叼着一支燃烧的雪茄烟走在小镇的街道上，在乡亲们中间引起轰动。不幸的是，不仅镇上的民众把注意力转向了他，神圣的宗教裁判所也把注意力转向了他。他们认为抽烟是一种异教的妖术，是魔鬼的杰作。罗德里戈解释了抽烟的治疗和卫生效果，但这些解释都是枉然；人们怀疑他是巫师，并与魔鬼达成了协议，1519 年他被监禁起来。

在 1523 年，法国宫廷就通过乔凡尼·韦拉扎诺（Giovanni Verazzano）为法国国王弗朗西斯一世撰写的一份烟草材料知晓了这种植物，虽然在国王死后人们遗忘了这种神奇的植物。教会宗教裁判所无法容忍人们的抽烟行为，但烟草仍然在旧世界的欧洲人中悄然蔓延。1525 年，地理学家让·帕尔芒捷（Jean Parmentier）的一位迪耶普朋友皮埃尔·格里尼翁（Pierre Grignon），

给他讲述了发生在这个法国港口的亲身经历：

"昨天，我遇到了一个老水手，和他一起痛饮了一品脱半的布列塔尼葡萄酒。在饮酒期间，他从包里拿出了一块浅色的黏土，我不知道那是什么东西，把它当成了墨水瓶。如我所说，那东西看起来就像一个有着长柄和一个小洞的墨水瓶。老水手把褐色叶子在手掌里捏碎后塞进粗大的一头，用燧石点着，把烟嘴塞进嘴里，不一会儿，嘴里就冒出烟。我惊讶不已。他说在葡萄牙学会了抽烟，而这种习惯源于墨西哥印第安人。他说，这种习惯被称为'奔腾'（petum）；而且坚持认为抽烟能让他保持头脑清醒，并带来轻松舒适的感觉。"

1555 年至 1556 年曾到访巴西的修士安德烈·塞维特（Andre Thevet），也用"奔腾"一词来形容烟草和抽烟用的器具，并说这种东西"有几种用途"：

"如果一个人抽烟时吸气比平时深，他就会觉得头部发沉，像喝了烈酒一样。开始也可能存在危险，不习惯的人抽烟后可能会出汗、恶心呕吐，就像我自己经历的那样，但那里的基督徒已经习惯了抽烟。"

安德烈·塞维特修士补充说，他还把种子带回了巴黎附近的修道院，在那里成功地种植出烟草，这显示了它良好的气候适应能力。他后来抱怨说，这种植物并非以他的名字命名，而是采用一位从未远行过的人来命名，非常不公平！

新大陆的这种植物实际上是以让·尼古特·维耶曼（Jean Nicot Villemain）的名字命名的。1559 年，他在教会领导和洛林（Lorrain）家族

的推荐下，担任了国王弗朗西斯一世的驻葡萄牙大使。当时，葡萄牙是一个由若昂三世统治的强国，首都里斯本拥有百万居民，还不包括郊区。16 世纪初，从新大陆带来的大量新植物和黄金，创造了一个专为贵族和资产阶级服务的奢侈品市场，以炫耀他们的财富。其他欧洲统治者也努力与葡萄牙建立联系，这也是尼古特到里斯本的使命，他在那里结交了达米安·德·克罗斯（Damien de Croes）。正是在这位博学的音乐家、古文学家和植物学家的花园里，尼古特了解到烟草及其提神的作用。1560 年 4 月 26 日，他向赞助人洛林枢机主教（Cardinal de Lorrain）撰写了一份报告，提到了橘子和柠檬幼苗、一棵无花果树和一种新植物（烟草）。这是他报告的结尾部分：

> "它来自西印度群岛，拥有一种神奇的效果，并且已被用于治疗一些医生认为无法治愈的神经性'触痛病'，对治疗恶心也有独特效果。只要我能弄到一些种子，就会把它们连同一棵种在桶里的植株、种植和培育说明一起送给你的园丁。"

尼古特建议，最好采用鼻子吸入烟气或粉末的形式享用这种药用植物。1561 年，他从葡萄牙回国时，随身携带了许多长短不一的烟管，看起来很像土耳其的长柄烟斗。然而，他在法国编纂的字典中对抽烟只字未提。

正是通过尼古特和洛林枢机主教，这种植物才得以正式进入宫廷，被敬献给王后凯瑟琳·美第奇（Catherine Medici），并得到王室成员的喜爱。因为王后的缘故，此后它被命名为"王后的药草"（l'herbe de la Reine）或"凯瑟琳的药草"，以此纪念王后。后来，它还被称为"有疗效的

药草""万能的药草""神圣的药草"，甚至以尼古特之名命名为"大使的药草"（l'herbe de l'ambas-sadeur）。植株的叶、茎和根被当作良药，用以治疗水肿病、疖病、癌症、风湿、牙龈肿痛、眼疾、耳漏、创伤、冻足、鸡眼、心绞痛和其他许多疾病[49]。1584 年，在查尔斯·艾蒂安（Charles Etienne）和 J. 蒂埃里（J. Thierry）合著的拉丁 - 法语词典以及 J. 达勒尚（J. Dalechamps）编撰的词典中，尼古特的名字都与烟草联系在了一起，从而使其得以名垂千古。林奈（Linne）也采用草本尼古丁（即尼古丁）的名称，稍作调整后称它为尼古丁烟草（*Nicotiana tabacum*）。

烟草作为新大陆神灵奉献给旧欧洲的礼物，欧洲大神基督也曾通过宗教裁判所进行过抗拒，但西班牙海员带回的这份"礼物"在欧洲仍凯旋般势不可挡。此外，海员们从美洲还为旧世界带回了玉米、花生、土豆、番茄等土产，还带回了美洲另一种特产——梅毒。

在哥伦布首航美洲返回欧洲后的 1494 年，欧洲才开始出现确切可靠的关于梅毒的文字记载。1539 年，西班牙医师鲁伊·迪亚士（Ruy Diaz）在塞维利亚出版的著作中写道，有个名叫平松的舵手患过梅毒，他本人（在 1493 年）替这个人治过病。他也指出，梅毒从巴塞罗那传开的原因，也可能是当地一些妇女亲密地接触了哥伦布从美洲带回巴塞罗那的几个印第安人，从而染上了梅毒。这些妇女又把病毒传给了法国查理八世（1483—1498 年在位）军队中的西班牙志愿军。1494 年秋冬，法兰西、西班牙曾激烈地争夺那不勒斯。患病的西班牙士兵把梅

毒传染给了那不勒斯妇女，那不勒斯于 1495 年 2 月被法军攻占后，当地妇女又将这种病传给了法国士兵。半年过后，法国军队因患此病的人太多失去战斗力，不得不撤军回国。于是三年内，梅毒就在法兰西、德意志、瑞士、荷兰、匈牙利和俄罗斯爆发。而在美洲，这种病由来已久，并且非常普遍，加之中美洲气候暖和，以致印第安人似乎并不觉得特别痛苦[50]。但对欧洲人而言，这种疾病就是噩梦，常使患者们残废甚至丧生。或许，这是美洲大神们带给旧世界的惩罚。奇妙的是，欧洲医师们也把烟草作为治疗和减轻梅毒痛苦的处方药物，这也可能是烟草在欧洲得到广泛传播的原因之一吧。

正如欢乐与悲歌总是相伴而行，在人们讴歌烟草的同时，非议与责难总是相伴而行，约翰·鲁斯道尔夫在 1627 年访问荷兰之后评价道：

"对于可以称作醉烟、从美洲带来的古怪时髦，我是义愤填膺的，忍不住要说几句。这都超过了所有老的或新的嗜酒狂，身性放荡的人才抽一种叫'尼古丁'或'烟草'的植物。他们吸这种植物，如同喝它一般，有一种不可思议的欲望和熬不过的瘾。为了抽烟，他们拿一根空心的管子，细的一端往嘴里放，另一端有一个核桃大小的斗钵，往里面塞进剁碎的或简单揉搓的尼古丁植物叶子，用一小块碳或什么别的东西一边点火一边不停地抽吸。把点着的烟管放到嘴里，津津有味地咬上抽吸，还不断地吐唾沫，让烟从牙齿缝进入腮帮子里，而当里面充满烟时，他们就把烟从鼻子里和嘴里呼出来，使四周蔓延着臭味和烟气。"

在成功登陆欧洲后，伴随欧洲人的航海冒险，烟草也将踏上新的征程。

第四节　葡萄牙的早期印度洋控制活动与烟草东来

1492—1497 年，部分欧洲冒险家、海员、士兵、农民、商人在参与西班牙的美洲活动期间，已经养成了抽烟习惯，学会了使用烟草治疗疾病。伴随航海活动的深入推进，他们再次整装出发，踏上东部非洲、亚洲的土地，这是烟草能从欧洲、美洲传播到亚洲的前提条件。这里需要提到的一个情况是，在葡萄牙人整个航海扩张过程中，除了葡萄牙宫廷的长期支持外，被土耳其人从近东排挤出来的意大利人不仅积极参与了西班牙美洲大陆探险的事业，而且也深度参与了葡萄牙帝国的海洋扩张，获得了丰厚收益。意大利人，尤其是热那亚和佛罗伦萨银行家、商人们实际上同时资助了西班牙、葡萄牙的航海活动，提供了后勤和资金保障，佛兰芒的士兵、德意志的雇员们也深度参与了葡萄牙的印度事业。

面对西班牙探索和开发印度的热潮，看着不断往返于新大陆和欧洲的西班牙商船、舰队，葡萄牙应该感受到了巨大压力。随着曼努埃尔决定重新启动远航印度的探索，精明的意大利人闻风而动，例如，佛罗伦萨银行家、商人吉罗拉莫·塞尔尼吉（Girolamo Sernige）资助并直接参与了瓦斯科·达·伽马的首次印度探险，目的是希望通过海路到达印度，打破土耳其人、威尼斯人之间在香料贸易上建立的完美联盟。一些参与过西班牙美洲航行的水手、舰队官员也被招募到远征船队中，包括曾经伴随阿隆索·德·奥赫达前往美洲大陆的阿美里戈。或许，这支队伍中已经有人把烟草带上了帝国舰队一起远航，不仅为了自己享用，更为了治疗伤病。

一、饱经磨难的里斯本—印度航线破冰之旅

1497 年，曼奴埃尔国王任命 30 多岁的瓦斯科·达·伽马（Vasco da Gama, 1460—1524 年）担任舰队指挥官，负责这次印度探索之旅，经验丰富的航海家迪亚士负责护送舰队到西非海岸。7 月 8 日，达·伽马率领 4 艘舰船以及 170 名船员离开里斯本前往印度，迪亚士则乘坐一艘葡萄牙轻快帆船陪同他们。在抵达佛得角群岛后，迪亚士向东到米纳要塞赴任。佛罗伦萨商人吉罗拉莫·塞尔尼吉参与并记录了达·伽马 1497—1499 年的航行[51]。

8 月 3 日，达·伽马舰队离开佛得角群岛，在茫茫不见陆地的大海中航行了大约 3 个月（93 天，11 月 4 号看见陆地），11 月 22 日抵达圣布莱斯湾（牧人湾）附近，在完成补给后烧毁了破烂不堪的补给船，继续沿着非洲海岸前行。由于长期的海上航行，船员中坏血病患者的情况日益严重，圣诞节这一天，达·伽马被迫在东非海岸的一个港口停泊，进行休整恢复，这个地方在航海日志中被记载为"诞生地"（Natal）。1498 年 1 月 11 日，他们到达了班图人聚居地，补充

淡水后继续航行，1 月 22 日抵达赞比西河三角洲（在今天莫桑比克境内的贝利与克利马内之间），此时：

"坏血病的肆虐已经非常严重，许多船员的身体状况非常糟糕。他们的手脚和腿肿胀得可怕；他们的牙龈满是血污、腐败发臭，并且覆盖了牙齿，仿佛要将牙齿吞噬，以至于无法进食。他们的口臭变得令人无法容忍，然后，开始有船员死亡。"

为了挽救舰队，达·伽马不得不再次停航休整、修补船只，但真正挽救舰队的是健康的空气，以及赞比西河沿岸的新鲜水果。他们在此逗留了一个月，离开时达·伽马将赞比西河命名为"吉兆河"。2 月 24 日舰队到达莫桑比克海峡，3 月 2 日在莫桑比克岛补充淡水，4 月 13 日离开蒙巴萨（这里有治疗坏血病的特效药——柑橘，能为船员们补充维生素 C；后来，蒙巴萨成为里斯本—印度航线固定的中途休整地点之一），4 月 14 日晚抵达马林迪，在这里不仅找到了合适的领航员，还受到了友好接待。4 月 24 日他们离开马林迪向东横渡印度洋，4 月 29 日再次看到北极星，5 月 18 日看到陆地，5 月 20 来到卡利卡特，一名改宗犹太人若昂·努涅斯被派遣上岸探听消息，他被带到两名突尼斯商人那里，双方见面时都大吃一惊：

"让魔鬼把你抓走，谁带你来的？"

努涅斯的回答成为葡萄牙远航印度最为精辟而简短的总结，广为流传：

"我们是来寻找基督徒和香料的。"

突尼斯商人在招待完努涅斯之后随同返回，其中一个突尼斯商人孟塞德（可能是伊本·塔伊布）

向葡萄牙人介绍了印度洋新世界的情况。5 月 28 日，在抵达卡利卡特一周后，达·伽马带领 13 人面见卡利卡特的国王扎莫林。虽然气氛不好、相互猜忌，扎莫林最终还是同意了葡萄牙人在卡利卡特设立贸易站的要求，后者也很快熟悉了印度洋贸易交易机制：卡利卡特是姜、胡椒和肉桂产地，最好的肉桂来自距此 8 天航程的锡兰，丁香来自马六甲的岛屿。麦加商船将香料运往红海再转运到开罗，然后通过尼罗河运往亚历山大港，威尼斯和热那亚桨帆船从亚历山大港将香料销往欧洲各地。贸易线面临的问题是转运能力不足，通往开罗的路上盗匪横行、埃及苏丹征收高额税费。对于如何应对现有的印度洋贸易体系，葡萄牙人

心中已经有了主意——彻底扰乱这条供应链。

8 月初，所有交易基本结束，达·伽马准备离开卡利卡特。由于对交易规则的误解，葡萄牙人再次与扎莫林产生了冲突。10 月 15 日，在流放 10 名葡萄牙犯人后，达·伽马率领舰队正式离开马拉巴尔海岸返航（留在马拉巴尔海岸的除了卡利卡特商站人员、流放的 10 名囚犯外，还有几位害怕返航旅程危险的脱逃人员，这些人中的部分人员后来成为葡萄牙新来人员的翻译、向导，也有一部分人甚至可能开启了向马六甲方向的新探险活动）。但是他们错过了季风，葡萄牙舰队在印度洋风暴中艰难前行，1499 年 1 月 2 日才看到非洲海岸，舰队在印度洋上航行了 93 天，

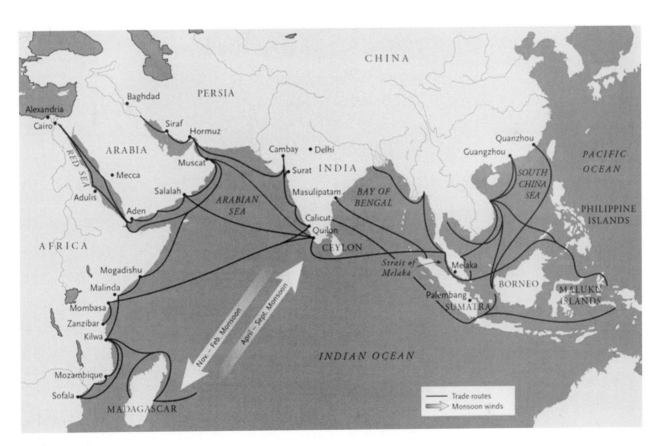

图 12 印度洋季风规律与贸易路线示意图

大量船员死于再次爆发的坏血病。1月7日他们抵达马林迪，船员们获得了新鲜的橘子，但对很多病人来说为时太晚。3月3日抵达圣布莱斯湾，3月20日绕过好望角。7月10日，首航印度舰队的"贝里奥"号带着成功的消息驶入特茹河口，停靠在里斯本附近的卡斯凯什港。达·伽马参加完哥哥的葬礼后，于9月初进入里斯本[52]。

　　这是一次史诗般的远航，耗时两年，航程2.4万英里，它促进了世界联通以及欧洲国家的崛起，证明了欧洲到印度存在海上航路，而且在商业上是有利可图的。航线的开通也为烟草从欧洲或美洲传播到非洲、印度洋，进而遍及亚洲创造了前提条件。虽然烟草是否在这次航行中被带入印度已无法考证，但美洲的特产——梅毒，无疑是在这一次航行中被带到了印度，这或许也彰显了美洲的影响。航行的成功也让葡萄牙人付出了沉重代价，船员中有三分之二死亡，不少人是死于极度痛苦的坏血病，以及恶劣天气下的海上事故。烟草的相伴和慰藉，或许让一些海员承受的心灵痛苦少了一分，那些烟草断顿的海员也可能更加思念烟草的味道，但葡萄牙航海者是坚毅而勇敢的，现代主义文学开创者佩索阿这样概括了航海大发现中的葡萄牙人形象：

　　"多盐的大海，你的盐粒，多少溶成了葡萄牙人的泪水！

　　"为了穿越你，多少儿子徒然地守夜，多少母亲痛哭！

　　"多少待嫁的新娘终老闺中！

　　"这一切，都是为了让你属于我们，大海！

　　"值得吗？完全值得，如果灵魂不渺小。

　　"无论谁，想要越过海岬，必受双重的烦扰。

　　"上帝把历险和深渊赋予大海，也让它映照出天堂。"[53]

二、巴西被葡萄牙发现，并成为烟草向亚洲传播的前进基地

　　历史上是谁最先发现了巴西，一直存在两种观点，第一种是迪亚士或者他的团队成员杜阿尔特·帕切科·佩雷拉，在借助季风航行绕过好望角的过程中就发现了巴西；第二种可能是达·伽马在西出大西洋过程中，派出的辅助船只发现了巴西。也有迹象表明，在迪亚士抵达牧人湾之后，葡萄牙还进行了一些其他深入大西洋的探索航行活动，因为在佩德罗·阿尔维斯·卡布拉尔以后的印度洋航行中，如果大西洋季风迟迟不能转向，葡萄牙的船队就会频频造访巴西进行休整，然后再择机出发前往印度。这些经验的取得都需要长期积累，也暗示了早前有人抵达过巴西[54]。

　　达·伽马首次远航印度的经历表明，要想在印度洋当权者中拥有至高无上的权力，不能仅仅依靠经济和宗教，还必须借助军事力量。这意味着卡布拉尔的印度之行需要评估确定在该地区长期立足的行为规则。在离开之前，卡布拉尔和达·伽马开了几次会，印度发现者为巴西未来的发现者编写了详细的航海指南。

　　1500年3月9日，卡布拉尔率领舰队从里斯本出发，搭载了1200—1500人，包括水手、士兵、商人、木匠等。这一次，他们的远征还担负了外交、军事以及商业侦察任务，佛罗伦

萨商人巴托洛梅奥·马尔基奥尼（Bartolomeo Marchioni）赞助了此次舰队的大部分费用，资助了布拉干卡公爵兄弟的船只。舰队3月14日通过加纳利群岛，3月22日看见佛得角群岛的圣尼古拉岛，按照达·伽马1497年远航时采用的向西绕圈法，然后再利用领航员和船长们的经验（其中包括曾与达·伽马一起远航的佩罗·埃斯科巴尔、尼古拉·科艾略、巴托洛梅奥·迪亚士、改宗的加斯帕尔·达·伽马）。在绕行过程中，4月21日看见陆地，卡布拉尔认为自己发现了一座岛屿，并将其命名为伊尔哈·达·维拉·克鲁兹岛（Ilha da Vera Cruz），然后继续向南航行。4月25日他发现了一个港口，取名为塞古鲁港（Porto Seguro）（现在称为卡布拉里亚湾），在此停留休整了8天[55]，然后派遣补给船带着舰队书记官卡米尼亚（Pero Vaz de Carminlha）的发现报告返回葡萄牙汇报发现巴西。在这份发现巴西的报告中，卡米尼亚汇报了这里的人文风俗、动物、植物，以及他们和土著人的交流情况。他们在留下两名囚犯流亡者（和两名逃兵）后，继续出发前往印度[56]。

尽管卡布拉尔发现巴西这一事件非常重要，但这一时期留下的相关信息很少，相关的通信、地图、报告，都在1755年地震以及海啸中遭到破坏，其他文件因失火、盗窃、掠夺、蹂躏而被破坏，这是16世纪早期有关巴西文件缺失的重要原因。因此，许多巴西以及葡萄牙编年史学家对这一时期的许多事情都存在异议，但不能否认的事实是，在这一地区的印第安部落里，当时普遍存在烟草种植和吸食行为。1500年6月，回

葡萄牙报告发现巴西的船只在里斯本登陆，除了信函外，还带回了各种鹦鹉、一些猴子、矿物标本、印第安人，还有巴西木，"受到国王和王国人民的热烈欢迎"。在标注日期为1501年7月29日给天主教君主的信中，唐·曼努埃尔称赞道：

"卡布拉尔和他助手们的发现是'奇迹'，这一新发现的土地将更有利于印度航行，利用新发现的巴西港口，我们可以在中途对损毁的船只进行维修，补给淡水和其他物资。……在所有船队返回里斯本后我将宣布这一消息。"[57]

为了建设和掌握这一前往印度长途航行中的理想前进基地——巴西，葡萄牙随即开展了一系列的探险和开发活动。虽然葡萄牙文献信息贫乏，但学者们把研究的重点转向那些与登临巴西有关人员的通信，逐步勾勒出一些发现巴西和早期探索的情景。

1501年3月10日，唐·曼努埃尔国王派往东方的舰队从里斯本出发，这次航行由住在里斯本的佛罗伦萨银行家巴托洛梅奥·马尔基奥尼资助，此前他承担了卡布拉尔舰队的大部分费用。这支印度舰队由四艘船只组成，由若昂·达·诺瓦（Joao da Nova）指挥。尽管在那时，国王唐·曼努埃尔已经被告知发现了巴西，但他仍然不知道卡布拉尔还发现了什么。达·诺瓦抵达巴西的时间、地点到今天仍然是迷，但人们也确信，他在航行途中发现了阿森松岛（Ascension Island）。1502年9月11日，他成功地将四艘船（其中一艘船属于国王）带回了葡萄牙，在大西洋南部和亚洲的发现都被清晰地记录在当年十月底前完成的坎蒂诺地图（Cantino）上。他成为第二个

领导舰队抵达巴西东北部的欧洲航海家，也是第二个经停巴西再航往印度的葡萄牙船长。

达·诺瓦离开里斯本两个月后，葡萄牙再次将注意力转向巴西。唐·曼努埃尔组织了一次新的探险，唯一目的是探索卡布拉尔一年前看到的领土，并考察它的财富前景。1501 年 5 月 10 日，一支拥有三艘小船、一艘大帆船的舰队，在贡卡洛·科埃略（Goncalo Coelho）指挥下从里斯本出发前往巴西。有一位名叫韦斯普奇（Vespucci）、曾为西班牙天主教国王费尔南多和伊莎贝拉服务的热那亚银行家合伙人，在 1499 年 5 月 18 日与阿隆索·德·奥杰达一同乘船去往新大陆，1500 年末或者 1501 年初辗转到了葡萄牙，然后受雇于曼努埃尔国王，参加了这次葡萄牙远征巴西的活动，这次旅行使他的名字永垂青史。

1501 年 6 月 2 日，前往巴西的舰队抵达了今天的达喀尔，在这里遇到了迪奥戈·迪亚士，他是巴托洛梅奥·迪亚士的兄弟。一年前，迪奥戈·迪亚士在埃塞俄比亚从卡布拉尔的舰队中脱离出来，现在带着 6 个人正准备返回葡萄牙。第二天，卡布拉尔舰队的两艘船也从卡利卡特抵达这一港口，7 艘葡萄牙船只在此停留了 13 天。这段时间里，船长们交换了很多信息，他们确信，在大西洋西岸发现的土地一定是一个大陆的一部分，新世界的概念开始出现：哥伦布在 1492 年第一次看到的不是亚洲，而是一个新的未知大陆。

1501 年 6 月 15 日，贡卡洛·科埃略的舰队继续驶往巴西。经过 67 天的海上航行后，探险队于 8 月 17 日发现了巴西陆地；8 月 28 日抵达累西腓附近的圣奥古斯丁角；11 月 19 日，在三

名土著人的陪同下，抵达以圣多斯·桑托斯（Todos los Santos）命名的海湾；12 月初，抵达塞古鲁港，在此地见到了一年零八个月前，被图皮尼琴人收留的葡萄牙流放囚犯，船队在这里装载了巴西木（也称染料木）。很快（1503 年），葡萄牙人就在塞古鲁港建立了第一座商站，向欧洲贩运染料木，由此开启了港口城市的发展进程。1502 年的第一天，商船队继续向南行进，到达里约热内卢。1503 年 1 月底，船队进入圣保罗南部海岸的加纳利亚群岛，在此流放了几名囚犯，后来他们在巴西的历史中发挥了重要作用。

1502 年 2 月 15 日，贡卡洛·科埃略带着足够 6 个月航行的淡水、补给和木材，远离海岸向东转向非洲。1502 年 5 月 10 日，他们抵达非洲西海岸塞拉利昂，这时他们离开里斯本已经整整一年。在这个非洲港口停留 15 天之后，剩下的两艘船前往亚速尔群岛。1502 年 7 月 22 日，第一支前往巴西的探险队终于抵达里斯本。虽然经过 14 个月旅行，但带回的消息令人失望：在卡布拉尔发现的土地上，既没有发现黄金，也没有发现香料。

[在这里简要介绍一下染料木：染料木对当时的纺织工业来说具有重要意义。以前，欧洲使用一种茶树。这种茶树从苏门答腊岛出口到印度，再由阿拉伯商人经过红海把它带到埃及，经亚历山大港由威尼斯人运到欧洲，树木粉末被用来给贵族们穿的丝绸和亚麻布染色，能赋予织物"一种奢华的红色或紫色的色调"，因此价格异常昂贵。1500 年，葡萄牙人在巴西塞古鲁港发现了一种树木，并把它带回了里斯本，很快，它们的名字就混在了一起。巴西木由此成为一种重要的

商品，也成为巴西与葡萄牙最初贸易的重要纽带连接。这种树木主要生长在北里奥格兰德和卡布角（Cabo Frio）之间的海岸上，有三个地带的数量最多、质量最好，一个在巴伊亚南部，一个在塞古鲁港附近，还有一个在靠近伊塔马拉卡岛的伯南布科。根据经验，要达到最好的染色效果，巴西木应在夏天新月期间切割、冬季新月期间砍伐；每年1月或2月左右，被印第安人砍伐了几个月的巴西原木被运到葡萄牙人在海岸上建造的加工厂仓库；为了更好地利用海流和季风，装载巴西木的船队每年会在2月底或3月初离开里斯本，4月底或5月初抵达巴西海岸工厂[58]。]

面对带回的信息，曼努埃尔决定改变巴西开发策略，把主要资源用于有利可图的印度贸易。1502年下半年，曼努埃尔国王与从印度返回的费尔南多·德·诺罗尼亚（Fernando de Noronha）领导的一个贸易财团签订了巴西开发合同，合同内容随即被居住在塞维利亚的佛罗伦萨商人彼得罗·朗迪内利披露。1502年10月3日，他在发给佛罗伦萨政府的信函中说：

"葡萄牙国王把他发现的土地租给了一些新基督教徒，他们每年被迫派出6艘船，每年探索300里格（或1800公里），并在发现的领土上建造一座堡垒，有效期为3年(也有人说是10年)。第一年不给宫廷任何报酬，在第二年，他们支付六分之一（商品总价值的六分之一），在第三年，他们支付四分之一（商品总价值的四分之一）。"

合同的签署意味着巴西木的垄断开采被授予了一群著名的葡萄牙新基督徒（改宗犹太人），从1503年开始，费尔南多·德·诺罗尼亚领导的

财团每年花费1万金币将2万昆特的巴西木材运往里斯本。一旦到了葡萄牙，这种产品就会给他们带来4万金币的收入，其中4000金币支付给国王，年净利润高达3.6万金币。

1503年6月10日，也就是第一次巴西探险回到葡萄牙11个月后，指挥官贡卡洛·科埃略再次带领舰队返回巴西。这支舰队由6艘卡拉维帆船组成，由若昂·洛佩斯·卡瓦略和若昂·德·里斯担任领航员，韦斯普奇再次一同前往。这6艘船从里斯本出发，直接从佛得角群岛的圣地亚哥岛向东南驶往塞拉利昂，以躲避大西洋赤道无风环境（一年前，一艘船在那里被迫停留了近两个月）。1503年8月10日，舰队从塞拉利昂启航前往巴西，不到一个月，船队发现了圣劳伦斯岛。第二年，为了纪念租借巴西、垄断巴西木贸易以及为这次探险提供资金的财团负责人，该岛被改称为费尔南多·德·诺罗尼亚岛。

1504年5月，他们到达了卡波弗里奥，也就是现在的里约热内卢州，在这里停留了5个月，"建立了一个堡垒，用来保卫在巴西装载货物的船只"，24人被留在那里，并留下了12枚炮弹和补给。这个堡垒是葡萄牙在巴西的第一个定居点，是欧洲文明在热带雨林中的前哨。1504年6月18日，阿梅里奥·韦斯普奇跟随舰队回到了欧洲。

上面的这些信息表明，在1500年卡布拉尔发现巴西之后，葡萄牙每年都派出探险船队考察和开发巴西。五年之内，至少有四支探险船队被派往巴西：（1）1501—1502年，由贡卡洛·科埃略率领；（2）1502—1503年，作为履行与宫廷合约的部分内容，费尔南多·德·诺罗尼亚资

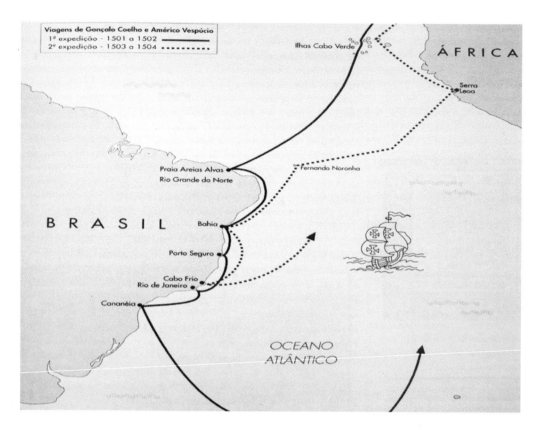

图 13　1501—1504 年葡萄牙开拓巴西航迹示意图[60]

助了第一次探险活动；（3）1503—1504 年，或者 1505 年，贡卡洛·科埃略再次奔赴巴西；（4）1504 年晚期或者 1505 年早期，费尔南多·德·诺罗尼亚按照租借巴西合约要求，第三次也是最后一次资助了去往巴西的探险船队[59]。

　　1505 年结束后，染料木贸易对所有葡萄牙商人开放。在接下来的岁月，巴西和葡萄牙之间的染料木贸易欣欣向荣，大量的海员、工人、商人不断地往返于两地之间，极大地促进了葡萄牙人与南美印第安人之间的接触和交流。饱经风暴洗礼、九死一生参与葡萄牙海外扩张的开拓者们，在驻留开发巴西期间、前往印度舰队在巴西港口停靠补给休整期间，以及在港口工厂交易期间，面对每天烟不离手的印第安人的诱惑，难道还能一直做到"洁身自好"，甚至没有勇气尝试新鲜事物？此外，一些参与葡萄牙巴西和印度远征的海员们曾跟随哥伦布探索美洲大陆，早已熟悉了烟草，因此，作为当时的嗜好品和治疗疾病的万灵药，烟草必然会成为这一时期一部分开拓者们的日常需求。烟草从此地出发，通过他们进一步向未知的新世界传播，显然是符合事实的。

三、葡萄牙在印度洋及其周边的早期活动（1497—1509 年）

（一）葡萄牙早期远征印度洋之殇

　　1497 年 7 月 8 日，达·伽马从里斯本出发，1499 年返回，佛罗伦萨银行家吉罗拉莫·塞尔尼吉资助了这次航行。舰队耗时接近两年，曾在大西洋和印度洋海域两次93天不见陆地，因疾病（主要是坏血病）、海上事故以及寻求物资补给、观念认知差异、争取贸易机会导致的冲突等，返回里斯本时人员损失接近三分之二，舰队船只损失率达到50%。

1500年3月9日，卡布拉尔率领13艘船、1200人组成的船队从贝伦海岸起航远征印度[其中，佛罗伦萨商业银行家巴托洛梅奥·马尔基奥尼部分资助了安努西亚（Anunciada）号，并且对葡萄牙后续航行活动提供持续支持]，仅在巴西到莫桑比克航段就损失了4艘船只，在马林迪治好了坏血病。1500年9月13日，最终有6艘船抵达卡利卡特，因商站被损坏发生冲突后，他们前往科钦并与当地人建立了友好关系，随后与坎纳诺尔、科伊兰也建立了联系。卡布拉尔除了买到香料外，还在科钦建立了地面设施（要塞）。1501年1月31日，卡布拉尔离开坎纳诺尔返航，4月末回到里斯本。他在印度和里斯本之间建立了更快的航行路线，利用季风系统，航行时间从达·伽马的两年多缩短到17个月，但损失也相当惨重，只有7艘舰船返回里斯本，其中5艘满载香料，两艘是空船，其他6艘遭遇海难。

1501年3月9日，若昂·达·诺瓦率领4艘卡拉维尔帆船从里斯本出发，这是一次纯商业航行，两艘船由国王资助，一艘属于高层贵族[布拉干卡（Braganca）公爵的兄弟]，一艘属于佛罗伦萨金融家巴托洛梅奥·马尔基奥尼和他的合伙人，舰队成员包括1502年与国王曼努埃尔签订巴西开发商业合同的财团负责人费尔南多·德·

诺罗尼亚。舰队历时18个月，于1502年9月12日返回里斯本。此次航行经过了巴西海岸、基尔瓦、莫桑比克、蒙巴萨、马林迪、坎纳诺尔、科钦。舰队根据卡布拉尔的示警，直接绕过卡利卡特到科钦采购香料。为了不错过季风，他们在没有满载的情况下仓促离开，到坎纳诺尔继续采购香料。在此等待季风期间，舰队遭到扎莫林围攻，并成功协助坎纳诺尔苏丹抗击了卡利卡特统治者的攻击。最初的三次印度远航充分暴露出葡萄牙在印度洋扩张时所面临的主要困境：

一是远征活动中缺乏可靠的后勤资源保障系统。简单回顾一下达·伽马的第一次印度远征，就能深刻地感受到缺乏可靠后勤资源保障系统对葡萄牙远征所带来的伤害。14世纪晚期以来，葡萄牙人坚定不移地推动着西非海岸的探索发现活动，并在新发现的群岛和海岸线上建立了一系列贸易站，为达·伽马第一次印度远征在里斯本—佛得角群岛航段提供了较为完善的物资保障。但在佛得角以南700英里深入大西洋之后，就再也没有任何可控的物资补充保障地。如果缺乏新鲜食物，没有维生素C补充，在海上航行68天，水手身体就开始出现坏血病症状，84天会有水手死亡，如果超过111天，坏血病就能消灭整条船上的船员，前往印度的航行无疑是在与死神赛跑。幸运的是，11月4日，在海上航行93天后，达·伽马船队重新看见陆地，这远远超越了哥伦布抵达巴哈马群岛持续37天不见陆地的纪录。在东非斯瓦希里海岸，无论是航行还是登陆，葡萄牙人必须步步为营、小心谨慎，时刻准备迎接陌生环境带来的挑战：因为猜疑，12月5日左右，葡萄牙人用船上的回旋炮驱散了牧人湾聚集的非洲人；1498 年 1 月 22 日，为了医治坏血病，在赞比西河三角洲休整了 1 个月；3 月 2 日抵达莫桑比克港，后来因为猜忌，葡萄牙人绑架了苏丹的穆斯林领航员。3 月 25 日，他们在莫桑比克岛上进行淡水补充，其间发生了与苏丹的战争；随后在蒙巴萨港，葡萄牙人也遇到了类似的情况；4 月 14 日抵达马林迪，才受到较为友好的接待。1499 年返回里斯本时，船员损失率超过了三分之二（其中绝大部分死于缺乏新鲜食物导致的坏血病），船只损失率达到 50%（中途得不到妥善的维修）。在佛得角到马林迪之间的航段没有完善可靠的后勤资源保障系统是造成如此重大损失的重要因素。

二是远征活动旅途过于遥远，信息传递严重滞后。 15 世纪末、16 世纪初，里斯本—印度航线往返 2.4 万英里，耗时一年半到两年之间，加上航线海域辽阔，前后两支舰队无法沟通和交流所获得的信息，每一次葡萄牙政府做决策都是依据一年之前出发舰队所带回的滞后信息。例如，第三次航行安排就是根据达·伽马第一次航行返回后带回信息做出的商业决策，舰队规模小，武器装备薄弱。由于时间冲突，这支舰队一直没能与卡布拉尔率领的上一支舰队谋面。他们抵达印度时，葡萄牙在马拉巴尔海岸面临的商业和政治环境已经与达·伽马在该地时的情况发生了重大变化。如果不是幸运地在牧人湾一棵树上发现了卡布拉尔留下的信件，了解到卡利卡特的真实局势，他们很难从扎莫林的追击之下全身而退。在此后的阿尔布开克、阿尔梅达时代，这种信息滞后造成的决策失误和损失更为显著（时间和距离

上的延迟，使得里斯本的优先目标与前方主帅对其政策的理解之间的差距越来越大）。

三是缺乏稳定、安全的货源保障与贸易基地。 在葡萄牙人来到印度之前，东非的斯瓦希里海岸、亚丁湾、红海、波斯湾、马拉巴尔海岸、孟加拉湾等沿印度洋区域的国家和地区之间已经构建了层次复杂、分工明确、组织严密、科学规律的海上贸易网络。在从亚丁经由古吉拉特或马拉巴尔再到马六甲的贸易路线上，运入红海的货物有棉布、丝绸、靛蓝染料、香料和药品，又从欧洲把羊毛制品和黄金运到这些地区；古吉拉特提供了这些布料和染料中的大多数，从而获得了许多黄金。从马拉巴尔运来的胡椒、肉桂则是从斯里兰卡转运来的；马六甲是较大的货物集散地，进口印度的布料和红海的黄金，反过来出口印度尼西亚东部的胡椒、肉豆蔻、丁香以及丝绸和陶瓷等中国货物。在东非到印度的贸易路线上，把东非的乌木、象牙和黄金运入印度，交换布料、珠子和食品。在波斯湾航线，经霍尔木兹从波斯湾运来马匹、珍珠、地毯和染料，换回从马六甲运来的香料、稻米。在贸易网络运行周期控制上，5 月装载纺织品、铜的船只从古吉拉特启程前往马六甲，6 月底抵达，一些货物用于交换中国生产的丝绸、陶瓷以及香料，然后继续前往苏门答腊（Sumatra）交换胡椒。从 9 月到次年 3 月，船只在勃固、德林达依（Tennassarim）和孟加拉湾的其他港口交换稻米、紫胶和红宝石，也会在佩迪尔（Pedir）、帕塞（Pasai）停留，交换胡椒。接着，船只离开东南亚，向马尔代夫群岛行驶，季风季节停靠补给后，返回古吉拉特或者继续前往亚丁，装载红海的产品和金条，进入下一个循环[61]。

同样，从 10 月份开始到来年的 3—4 月份，则是从印度出发到东非海岸贸易的黄金周期。各地物产的互补性、海域的开放性、季风的规律性，实现了环印度洋贸易网络的相对封闭运行[62]。葡萄牙进入环印度洋贸易网络货源组织的困境立刻暴露无遗。在非洲东海岸的莫桑比克，苏丹接见达·伽马时，后者只能呈献一些用于取悦西非酋长的小玩意作为礼物："铜铃铛、珊瑚、帽子等"。没有当地需要的货物，例如布匹，也就不能在此地交换到足够他们在马拉巴尔海岸交易必需的黄金，只能依靠武力沿途劫掠获得"金银和大量粮食，以及其他物资"[63]。在卡利卡特，带上岸交易的商品遭到人们唾弃，交易价格相当于在葡萄牙的十分之一，只换回了少量香料和宝石，此后通过武装扣押人质和阿拉伯商船、与沿岸农民交易、在坎纳诺尔补充采购等方式才勉强完成了物资储备；返航时由于不熟悉印度洋的季风规律，顶风航行又造成了时间的耗费和惨重的船员损失。由于所带商品销路不畅，以及缺少黄金，卡布拉尔的船队在卡利卡特停留三个月才装满两艘船，挑起冲突后劫掠阿拉伯商船缴获货物，然后来到与扎莫林敌对的科钦，得到协助后才装满了香料。若昂·达·诺瓦的船队由于避开了卡利卡特，在科钦返航时装载的货物更少。从这三支武装商船舰队的货物准备和采购情况看，都是船队抵达后进行临时应急采购，葡萄牙人不能主导交易的价格、质量、交易数量，缺乏稳定安全的货源保障与贸易基地限制了葡萄牙船队物资采购和贸易能力，为了保证商业回报，最后只能诉诸武力。

四是政治威信不够，缺乏可靠、稳定的盟友。

印度洋是开放的，沿岸各国和地区之间共享和平收益，但印度洋也是封闭的，周边的国家、贸易航线、港口之间具有相对稳定的网络结构，这也是保证贸易顺利开展的基础。在 1500 年左右，穆斯林控制了印度洋区域网络中的大部分贸易，他们为大多数船只提供人员支持（包括领航员），而大部分船只则属于古吉拉特、马拉巴尔、孟加拉地区皈依的穆斯林。从路线和区域看，从马拉巴尔到红海再到东非海岸的贸易主要由阿拉伯穆斯林控制，而向东到孟加拉湾再到马六甲的贸易则主要掌握在印度各地的穆斯林手中，占主导地位的主要是大商人。贸易网络的主要节点位于索法拉、蒙巴萨、基尔瓦、马林迪、拉木、亚丁、霍尔木兹、坎贝湾的几个港口（第乌、坎贝、布罗奇、兰德尔、苏拉特）、果阿、卡利卡特、科钦、马六甲[64]等，它们是远航贸易和区域贸易货物的主要集散地。这些港口城市由为数不多的政治精英统治，有的完全独立，有的相互之间存在纳贡关系，有的是陆地大国的地方官员，他们都努力增加自己所在港口或某一地区的贸易，努力排除对该港口和城市贸易的威胁，极力维护商人们合法正常贸易，没有人试图迫使商人定期到指定的城市或港口停留。港口的成功主要是因为地理位置优越、为往来商人提供的设施优良，或者港口腹地物产丰富。商人们到何处停靠纯属自愿，残酷的竞争带来了航线的半垄断局面。商人们依靠港口城市官员提供稳定的营商环境，城市官员依靠商人们停泊缴纳的税收维持统治，航行自由促进了货物跨区域流通。但对新来者葡萄牙人则是另外一种局面：由于缺乏足够的政治威信和财

富，城市的统治者、贸易路线上的商人们都对其持有强烈的怀疑态度甚至鄙视心理，例如，卡利卡特的扎莫林在接见达·伽马时，

　　"悠闲地斜倚在一张绿色的天鹅绒卧榻上，嘴里嚼着槟榔，将其渣子吐到一个很大的痰盂里"，"要求他们从一个水罐里喝水，但不可以用嘴唇接触水罐"。

　　从这些细节可以看出，在扎莫林的眼里他们就是再普通不过的商人，不是一个国家的使者。而达·伽马采取的策略是"保持警惕、极具侵略性地抓捕人质、武器随时待命，以及在基督徒和穆斯林当中二选一"，更是加重了双方的猜忌和矛盾，导致葡萄牙人失去了扎莫林的支持。具有商业敏感的穆斯林很快就察觉到了这些基督徒竞争者可能带来的挑战，在贸易活动中极力阻挠和排斥；同时，在这一区域没有可信的盟友为其提供支持，各港口的商人和官员都对其抱有戒心，加上葡萄牙自身货物缺乏竞争力，导致贸易不顺，最后付诸战争。

　　面对初期的印度洋航路困局、业已形成的稳定贸易和政治权力网络结构，如何才能有效完成贸易、征服和宗教使命，做一个现有规则的遵守者还是颠覆者，成为葡萄牙帝国必须解决的难题，不同的政策也意味着烟草扩张到非洲以及印度的方式、时间和路径差异。

（二）葡萄牙早期掌控印度洋的破题之道

　　1497年7月8日，达·伽马在国王面前跪下，隆重地接受了此次远航的指挥权。曼努埃尔赐予他一面饰有基督骑士团红十字的丝绸旗帜，并发布命令：

　　"去印度一座名叫卡利卡特的城市寻找基督徒国王，向其呈送一封用阿拉伯文和葡萄牙文写的书信；去建立关于香料和'古代作家们交口称颂的，后来威尼斯、热那亚和佛罗伦萨等国家因此兴盛的那些丰富物产'的贸易关系。"[65]

　　达·伽马还带上了国王写给埃塞俄比亚高原长老约翰王的一封信，他的使命既是神圣的，也是世俗的，十字军的圣战和商业竞争相互交融。1499年，达·伽马从印度返回后，根据实际情况迅速调整了政策：

　　"一是要以武力控制亚洲贸易，二是要依靠友好的印度基督徒。"

　　1501年4月卡布拉尔回到里斯本后，曼努埃尔已经彻底掌握了马拉巴尔海岸的真实情况——那里基督徒极少，整个贸易被穆斯林商人把持，针对扎莫林推毁卡布拉尔的贸易站、杀害卡布拉尔的部下、唾弃葡萄牙人奉上的珍贵礼物，以及整个地区被异教徒穆斯林牢牢控制的现实，葡萄牙的战略发生了转变：用武力争夺印度贸易，向伊斯兰世界复仇。正如一位穆斯林所感叹的那样："卡布拉尔的远航标志着和平转向战争，十字架的信仰者开始侵犯穆斯林的产业，压制他们的商贸。"葡萄牙人在印度洋贸易网络中将如何执行他们的这一战略决策，在接下来的几年如何破解固有的局面？

　　一是对损害葡萄牙利益、不顺从葡萄牙意志的国家和地区展开攻击、征服活动。要安全顺利地抵达马拉巴尔海岸，葡萄牙人需要在非洲东海

岸建立稳固的立足点作为中转站，便于远航舰队在横渡大西洋的艰苦旅程后能够重新集结、补充给养和休整。这些活动能顺利开展的前提是必须征服损害葡萄牙利益、不顺从葡萄牙意志的国家和地区，减少猜忌和敌对带来的潜在威胁。达·伽马在第二次远航印度过程中，依靠武力威胁，1502 年 7 月 26 日迫使基尔瓦苏丹臣服，承诺每年向葡萄牙国王缴纳税赋，确认葡萄牙国王的宗主权；8 月 20 日抵达安贾迪普群岛，停留期间直接向当地国王们宣布，"这是我的主公葡萄牙国王的船队，他是海洋、世界与这片海岸的君主"；为了立威悍然违背印度洋贸易规则，制造了震惊印度洋贸易网的"米里号"事件，烧死了两百多人，烧毁了船上的货物，被印度史学家视为帝国主义侵略的起点；10 月份，对港口城市卡利卡特进行了疯狂报复，并派维森特·索德雷继续封锁港口；在科钦，葡萄牙人接受了邻近港口地区印度基督徒的臣服，到 1503 年 2 月达·伽马返航时，葡萄牙已在马拉巴尔海岸建立了两个立足点——坎纳诺尔和科钦贸易站[66]。1503 年，葡萄牙派出两支舰队，分别由弗朗西斯科·德·阿尔布开克、阿方索·德·阿尔布开克（其所属船队的三艘船只两艘由佛罗伦萨商人提供，一艘由葡萄牙商人提供）率领前往印度，9 月份抵达，并协助科钦抵抗扎莫林攻击；1504 年，在葡萄牙人杜阿尔特·帕谢科·佩雷拉领导下击败了扎莫林对科钦的攻击，巩固了在马拉巴尔海岸的第一个立足点。1504 年末，葡萄牙规模庞大的救援舰队抵达科钦时，扎莫林的臣属——塔努尔国王向葡萄牙宣誓效忠。

1505 年 2 月 27 日，曼努埃尔向所有准备出发参与印度事业的人士发表讲话：

"唐·曼努埃尔，蒙上帝洪恩，大海此岸的葡萄牙与阿尔加维国王，大海彼岸的非洲之王，几内亚领主，埃塞俄比亚、阿拉伯半岛、波斯和印度的征服、航海与贸易之王，我命令在印度建造要塞的指挥官、法官、代理商……我派遣加入此船队的船长、贵族、骑士、士绅、大副、领航员、行政长官、水手、炮手、武士、各级军官与一概人等，郑重宣布……以此授权书为证，我无比信任的唐·弗朗西斯科·德·阿尔梅达……任命他为上述整个船队与上述印度的总司令，任期三年。"[67]

这次讲话，代表了一种全新的战略、大胆的长期计划：通过武力，在印度建立一个永久性的帝国，并控制整个印度洋的贸易，颁发给阿尔梅达的指示长达 101 页。3 月 25 日，阿尔梅达率领 22 艘舰船，装载了 1500 人去开辟和建设一个新葡萄牙，成员包括若昂·达·诺瓦、费尔南·德·麦哲伦（首次实现环球航行者）、社会底层人员（改宗犹太人、黑人、奴隶、罪犯），还有鞋匠、木匠、神父、行政长官、法官、医生、德意志和佛兰芒炮手。一些外国冒险家和商人、德意志和佛罗伦萨银行家与商业资本家为此次航行投入了巨资。

按照指示，船队经过巴西并得以休整，6 月底绕过好望角，阿尔梅达开始了凶猛而狡猾的斯瓦希里海岸侵袭与征服，洗劫占领了基尔瓦，扶持了一位富商成为城市国王，同时派出两艘船只封锁索法拉，随后继续前进。为了让斯瓦希里海岸更多的城镇顺服葡萄牙，阿尔梅达决定攻击蒙巴萨群岛。在经过一系列艰苦的抵抗后，蒙巴萨城的苏丹最终向葡萄牙臣服，承诺每年纳贡，延续许多世纪的贸易体制如今在炮轰之下也屈服于葡萄牙。接着，阿尔梅达横渡印度洋，8 月底攻占了安贾迪普岛，随后征服了霍纳瓦尔，并要求年年纳贡；接着继续前行，抵达坎纳诺尔，纳辛哈国王屈服于葡萄牙的力量，承诺把沿海港口交给阿尔梅达，允许葡萄牙加固贸易站，建立一座要塞，并在此留下了 150 人和一些火炮。11 月 1 日抵达目的地科钦，在巩固了科钦新国王后，开始建立葡萄牙在印度的第一个首府——科钦，用作组织征服和贸易的基地，而不再需要依靠马拉巴尔海岸的其他港口。

1506 年，阿尔梅达的儿子洛伦索·德·阿尔梅达在切断穆斯林同马尔代夫的香料航线过程中，迷航后登陆锡兰，并竖立了石柱；在阿拉伯沿海，因为缺乏自然资源以及过于靠近敌对势力，被迫放弃了安贾迪普岛。1507 年，坎纳诺尔要塞受到攻击，8 月底得到库尼亚舰队的增援后，彻底打破了马拉巴尔海岸出现的反葡萄牙联盟。1508 年 1 月，洛伦索·德·阿尔梅达征服了达布尔港，2 月抵达朱尔贸易站，3 月份的某个星期五，遭到马穆鲁克舰队攻击，最终战死朱尔港，此战葡萄牙损失了接近 200 人。12 月 31 日，阿尔梅达进攻达布尔，随后血洗、焚毁达布尔。1509 年 1 月 5 日，阿尔梅达再次率领舰队，2 月 2 日抵达第乌，次日发动攻击，最终迫使马穆鲁克苏丹侯赛因的旗舰投降，葡萄牙人大获全胜，缴获了马穆鲁克三面王旗，埃及舰队全军覆灭，穆斯林遭受了毁灭性的失败。穆斯林驱逐葡萄牙

人的企图彻底破灭，基督教世界与伊斯兰国家的战争从地中海延伸到了印度洋，葡萄牙人由此奠定了在印度洋长达一个世纪的海上霸权。返回科钦后，阿尔梅达拒绝交权；11 月，本年度的香料舰队抵达坎纳诺尔，新舰队指挥官唐·费尔南多·科蒂尼奥将阿尔布开克带回科钦；阿尔梅达最终交权，阿尔布开克接管了对印度的管辖权。次日，阿尔梅达启程回国。1510 年 3 月绕过了好望角，在桌湾（南非开普敦附近）因绑架儿童和偷牛引发冲突，阿尔梅达在此丧生 [68]。

为了征服活动的持续进行，早在 1506 年 2 月 27 日，曼努埃尔就秘密任命阿方索·德·阿尔布开克接替任命到期后的阿尔梅达，后者为此还签署了秘密文件：

"我，阿方索·德·阿尔布开克，郑重宣布，我已经当面向我主国王陛下宣誓，在弗朗西斯科·德·阿尔梅达回国或死亡之前，绝不向任何人泄露关于印度总督的旨意。在旨意生效前、我成为印度总督之前，我要对此文件严格保密，不向任何人泄露。" [69]

4 月 6 日，库尼亚（Tristao da Cuniha，1460—1540）和阿尔布开克分别率领 9 艘、6 艘舰船离开里斯本。由于风暴以及执行计划之外的侵袭活动，库尼亚原本 6 个月抵达印度洋的任务在路途上花费了 16 个月。1507 年 8 月份，在征服了没有任何战略价值的索科特拉岛后，库尼亚率领舰队去往印度，但比原计划晚了 1 年，错过了 1506 年的香料贸易季节。根据国王行前指示，阿尔布开克率领 6 艘船、400 人在阿拉伯海巡逻，守卫红海出入口，俘获穆斯林运输船，强占船上

所有的珍贵货物，在有利的地方订立条约，如塞拉（索马里的港口城市）、巴尔巴拉和亚丁，去霍尔木兹，并尽可能了解这些地区的情况。虽然这些指示看起来非常平和，但实际执行是另外一种情况。阿尔布开克采取了惩一儆百的手段，很快就在当地赢得了"恐怖者"称号，他割掉所有穆斯林俘虏的耳朵。哈德拉毛沿海的一些港口很快臣服，选择抵抗的港口则遭到洗劫，各个港口的清真寺被焚毁，例如马斯喀特港、古赖亚特港，他还向霍尔木兹发出威胁。9月27日，开始攻击波斯湾贸易重镇霍尔木兹，城市长官维齐尔迅速求和，接受曼努埃尔为主公，并承诺缴纳一笔沉重的岁贡。此时，对哈德拉毛海岸沿海港口和霍尔木兹的征服基本上完成[70]。但在如何处理霍尔木兹问题上，阿尔布开克与下属四位船长（包括若昂·达·诺瓦）产生了分歧。1508年1月中旬，四位船长抛下阿尔布开克离开霍尔木兹前往科钦。为了完成即将到来的印度权力交接，在没有完全征服霍尔木兹的情况下，6月，阿尔布开克率领两艘船从霍尔木兹撤退，1508年12月8日抵达科钦，准备接任印度总督。

二是建立稳固的要塞和贸易网络体系。从葡萄牙到印度万里之遥，还需要横渡大西洋和印度洋，长期在印度洋周边区域维持势力存在，不仅要对损害葡萄牙利益、不顺从葡萄牙意志的国家和地区展开及时的攻击、征服活动，还需要在征服的基础上谋求属于自己的领地，并建立稳固的政权和贸易支撑体系，这是维系葡萄牙帝国霸权和影响的基础。这些要求迫使葡萄牙必须在佛得角群岛到科钦的航路上建立数量足够、稳固可靠

的要塞和贸易站点，作为休整、安全护卫和贸易的立足点。曼努埃尔和舰队司令们也深知它们的重要性。下面简要列举1497—1510年之间，葡萄牙在里斯本—印度航路的巴西、东非斯瓦希里海岸，以及哈德拉毛和马拉巴尔海岸建立的主要贸易站与要塞情况。

在巴西海岸：1500年，在接到卡布拉尔发现巴西的回报信息后，曼努埃尔意识到巴西在印度航线中的重要作用，立即部署实施了巴西探索活动，命令1501年3月10日出发前往印度的若昂·达·诺瓦指挥船队首先驶往巴西，并在印度装载香料返回后报告情况。在若昂·达·诺瓦离开里斯本的两个月后，唐·曼努埃尔再次组织巴西探险，12月初，贡卡洛·科埃略率领船队抵达卡布拉尔此前休整之地塞古鲁港，1503年成功在此设立商站，一是作为向欧洲贩运染料木的工厂，二是作为印度舰队在巴西海岸的休整地。1504年5月，贡卡洛·科埃略领导船队再次返回巴西，在卡波弗里奥停留5个月"建立了一个堡垒，留驻24人，并留下了12枚炮弹和补给，用来保卫在巴西装载货物的船只，同时作为远航印度船只的补给地"，建立了葡萄牙在巴西的第一个定居点。在此之后，从卡波弗里奥到塞古鲁港的海岸，成为葡萄牙与巴西贸易、人员往来最为频繁海岸，也是葡萄牙从佛得角群岛到东非海岸航段最受青睐的中途补给休整地[71]。葡萄牙人在这里休整，需要做的主要工作不外乎这几项：

一是砍伐当地合适的木材，对破损船体进行检修，缝补撕裂的风帆。

二是补充食物和淡水，在巴西海岸补充的食

物只能是印第安人长期食用的主粮，即原产于美洲的农作物——玉米、番薯、马铃薯、花生、南瓜等常见的几种。此外，还补充船员们喜欢抽吸和用于医治伤病的特效药烟草，这些都是当地印第安人能大量提供的物资。

三是海员们的体质恢复，以及航海压力的释放（在库尼亚给曼努埃尔国王的书信中，用大量的篇幅描写了巴西印第安裸体女人）。

在斯瓦希里海岸：1497 年 11 月 22 日，达·伽马船队在大海上与风浪搏斗 93 天后抵达东非海岸，船只破烂不堪，坏血病肆虐。从卡利卡特返回途中，在印度洋再次遭遇暴风与坏血病袭击。卡布拉尔第二次印度航行也遭遇了同样的困境，损失惨重。造成损失的主要原因是没有可靠的停泊与补给点。同时，从索法拉到基尔瓦，黄金都未经过熔铸，被视作货物与来自其他地方的商品进行交换，这一地区商业潜力没有得到开发，如果去往印度途中能先行在这一地区进行货物贸易，还能获得更大的贸易增益。有了这些惨痛的经历和商业信息，他们随后在向曼努埃尔提交的行动建议中一定包括了要在斯瓦希里海岸沿途建立可靠的要塞、商站与医院。

第一个重要港口是索法拉。它是东非最重要的黄金贸易中心。1498 年，达·伽马在东非海岸逮捕了一位穆斯林大商人的代理，这名来自坎贝的俘虏曾带领他们去了索法拉。1501 年，卡布拉尔去往印度的远征舰队靠近观察了这个最重要的黄金贸易中心。1502 年，重返东方的达·伽马舰队正式拜访索法拉，与最高统治者优素福订立了通商协议，并在此设立商站[72]。1505 年 8 月，

阿尔梅达在征服了基尔瓦后派出两艘舰船封锁索法拉；9 月，阿纳亚迫使索法拉酋长优素福提供土地，同意葡萄牙在此建立永久商站。在葡萄牙船员和当地雇员的努力下，1505 年 11 月索法拉圣卡泰诺堡要塞建设完成，阿纳亚成为近代历史上的首位莫桑比克总督（即葡属东非领地，起初几位总督称索法拉军事总督），为不断绕过好望角的葡萄牙船只开辟出了距离最近的优质补给基地。

第二个重要港口是莫桑比克岛。1498 年 2 月 24 日，达·伽马登陆此岛并宣称它为葡萄牙领土；1500 年 6 月 20 日，卡布拉尔造访莫桑比克；1502 年 6 月，达·伽马再次到访莫桑比克；1506 年阿尔梅达从印度返回葡萄牙的香料船队在此发生泄漏，停留 10 个月；1507 年 2 月，葡萄牙第 8 支印度远征舰队占领莫桑比克岛，建立圣加百列堡垒（St. Gabriel，1507—1508 年，今已不存），为救治伤员同时修建了医院。此后直到 1898 年，莫桑比克一直作为葡萄牙东非殖民政府首都，在葡萄牙治理、接管印度与东印度群岛贸易的过程中都占有极为重要的地位，成为葡萄牙在"印度洋拥有的最好基地"[73]。

第三个重要港口是基尔瓦。这里是印度洋自给自足贸易网络的关键一环，经营索法拉的黄金和印度的棉布、熏香等。1498 年，达·伽马船队与基尔瓦擦肩而过；1500 年 6 月，卡布拉尔船队抵达基尔瓦，希望与苏丹结盟，但没有成功，因急于去往印度贸易，他们没有采取任何强制行动；1502 年 7 月，达·伽马征服基尔瓦，获准建立贸易站；1505 年 6 月 22 日，阿尔梅达船队抵达基尔瓦，借口两年没有纳贡，7 月 25 日彻底征

服基尔瓦,8月10日在基尔瓦岛上建成了圣地亚哥城堡要塞,扶持了一位傀儡苏丹[74]。

第四个重要港口是蒙巴萨（当地语言意为战争之岛）。这里的大型集市交易着来自东非的黄金、象牙,来自波斯的珍珠、宝石,以及印度的棉布、粮食等。1498年4月,达·伽马抵达蒙巴萨,短暂交易后于4月13日离开,在此损失了一艘船、一些火炮;1505年8月,阿尔梅达在征服基尔瓦后,为了让更多的城镇屈服,决定攻击一直抵抗葡萄牙的蒙巴萨苏丹,8月23日彻底征服蒙巴萨,并派驻人员建设武装商站。

第五个重要港口是马林迪。这一城市一直对葡萄牙比较友善,在初期尚未掌握季风规律的情况下,葡萄牙船队经常造访这一城市并在此进行休整。但该城位置过于靠北,1507年之后里斯本直航印度的船队较少在此停靠。

在1508年以前,葡萄牙通过征服活动相继在斯瓦希里海岸的五个关键港口建立了商站,在其中的三个重要港口占有领地,建立要塞,留驻士兵、代理商。

正如前面提到的,早期的葡萄牙远航印度船队在贸易上面临难题:一是在去往印度的途中,

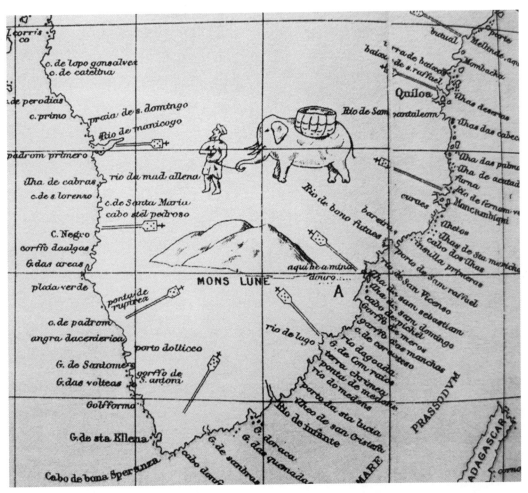

图14 1502年葡萄牙人绘制的非洲南部地图（沿海标注了许多石柱所在地）

从里斯本和美洲带来的哪些货物在东非更有价值，能换取更多更有价值的货物——黄金和象牙；二是从印度回程的时候，需要用东非换到的黄金和象牙购买多少数量的香料、布料、食物，以及其他对非洲和里斯本更有价值的货物，才能实现整个航程贸易利益的最大化。其中最大的难题是如何在去程中从非洲斯瓦希里海岸交换到足够多的黄金与象牙，有了足够的黄金与象牙带到印度西海岸，回程的问题也就迎刃而解。

已知的事实是，斯瓦希里海岸当地人喜欢古吉拉特的棉布、食物，还有波斯地区的珠宝，这些东西可以在马拉巴尔海岸港口买到，带回这里能换到葡萄牙人最想获取的货物——黄金。如果直接从本土带来东非地区需要的粮食、布匹、珠宝，对当时的葡萄牙来说，显然不现实，一是葡萄牙自身就缺乏粮食，需要从所控制的地方输入，而且海上路途遥远，时间长，粮食霉变损毁加上航行途中人员消耗也所剩无几；二是珠宝在欧洲也是奢侈品，布匹也不宽裕。卡布拉尔发现巴西之后，作为去往印度舰队的中转站、补给和休整地，很好地解决了这些难题。他们除了可以修理船只、补充淡水，还可以从这里装载充足的美洲原产食物（例如玉米、番薯、马铃薯、木薯、南瓜、菠萝、花生、辣椒、烟草、番石榴、鳄梨等），从塞古鲁港出发到东非海岸时间不到 30 天，时间短，基本不会发生霉变，人员消耗少，装载的货物能用于交换的数量、质量远高于直接从里斯本和西非海岸补充的货物，而且属于异域食物，更能激发当地人的购买热情。1505 年 6 月 22 日，跟随阿尔梅达远航印度的"圣拉斐尔"号船上，

目睹基尔瓦海岸情景的德意志文书汉斯·迈尔留下了这样的记载：

"此地的土壤是红色的，非常富饶，和几内亚一样……种了许多玉米。"[75]

从这里可以看出，1505 年美洲原产农作物已经在基尔瓦出现规模种植，那么玉米传播到东非的时间应在 1503 年或者更早。在此期间，1500 年、1501 年，卡布拉尔和若昂·达·诺瓦都曾先后经由巴西海岸在莫桑比克、基尔瓦停留；1502 年达·伽马船队在索法拉、莫桑比克和基尔瓦停留；1503 年，阿尔布开克兄弟曾在莫桑比克、基尔瓦停留。我们可以推断，甚至可以做出肯定的结论，从卡布拉尔开始，陆续有若昂·达·诺瓦、达·伽马和阿尔布开克兄弟在去往印度的航行中，把在美洲补充的玉米、烟草、甘薯等食物带到了东非海岸，除用于船员食用之外，还把它们作为商品在斯瓦希里海岸城市大量交换当地出产的黄金、象牙，以便在印度西海岸购买更多有价值的货物，增加航行收益。后来有一则简明的测算，充分说明了去程东非贸易对里斯本—印度航线增益的重要性，而在早期，这种增益效果会更加显著：

"胡椒是运回里斯本的主要产品，1520—1521 年，里斯本到印度的典型航行可以进行如下描述：三艘从葡萄牙到科钦的船只在抵达东非海岸时，运载了 2 万克鲁扎多的硬币和价值为 6.4 万克鲁扎多的货物。到了莫桑比克（扣除东非海岸要塞、商站补给和消耗外），通过交换购买象牙、黄金、乌木等，船载货物的总资金增加到了 9.6 万克鲁扎多。这笔资金在印度用于购买 3 万公担的胡椒和其他货物，每公担的胡椒价格为 2.5 克

鲁扎多。到了里斯本，胡椒的售价为每公担30—40克鲁扎多。"[76]

正如前面提到的那样，葡萄牙远征印度的航海扩张事业也得到了许多曾经参与西班牙美洲发现的人士支持，包含来自意大利的佛罗伦萨、热那亚、威尼斯的银行家、商人、船长、导航员，弗兰芒的炮手、士兵和水手，德意志的文员和军事指挥官等。他们或提供资金支持，或负责物资供应，通过代理人或者直接参与整个航行，从事航海、商业、军事、政治活动。毫无疑问，其中一些冒险家已经在参与西班牙美洲事业的过程中学会了使用烟草。在途经巴西休整期间，他们在补充粮食和淡水的同时，也会顺便补充他们使用的药物和喜爱的烟草，而那些原定驻留非洲、印度的人员，例如商战要塞官员、士兵、海员、商业代理人、牧师，以及蓄意脱逃人员，为了能继续使用烟草，也会带上烟草种子同行。可以想见，早在1500年左右，烟草可能就零星地出现在了斯瓦希里海岸城镇。从1505年开始，斯瓦希里海岸修建了一系列城堡、商站，在当地规模种植烟草以保障供应就迫在眉睫。

在阿拉伯海（哈德拉毛）海岸：阿拉伯海位于非洲之角（在索马里半岛）与亚洲南部（阿拉伯半岛、印度半岛）之间，北部为阿曼湾，西部经亚丁湾通往红海，南端在印度半岛的南部，向北由阿曼湾经过霍尔木兹海峡连接波斯湾，向西经亚丁湾过曼德海峡（Bab el-Mandeb）进入红海，是印度洋的一部分和世界性交通要道。早在15世纪中后期，葡萄牙就派出间谍科维良完成了系统的侦察，对哈德拉毛海岸在香料贸易中的重要

作用有深刻的认识。要想武力征服印度洋、垄断香料贸易，就必须对哈德拉毛海岸实施有效控制，切断印度到亚丁，经红海到开罗，再到亚历山大港，最后由威尼斯和热那亚人转运到欧洲的传统香料贸易路线。

虽然达·伽马第一次抵达印度以及随后的卡布拉尔船队都对阿拉伯商船进行了骚扰和打击，但真正对阿拉伯船只进行常规性拦截始于达·伽马的第二次远航印度。曼努埃尔给随行的达·伽马的舅舅维森特·索德雷下达了相关任务：

"守住红海的出入口，确保麦加的穆斯林船只既不能进入红海，也不能从红海出来，因为麦加穆斯林最仇恨我们，对我们进入印度的行动阻挠也最厉害；因为他们手里掌握着香料，而香料取道开罗和亚历山大港进入欧洲的其他地区。"[77]

在实际执行中，他在靠近坎纳诺尔的安贾迪普岛一带海域展开拦截和劫掠活动，当年季风季节死于海难。随后抵达印度的阿尔梅达舰队，虽然接到了要在阿拉伯海占有领地、建立要塞的指令，但忙于科钦、坎纳诺尔以及香料装载任务，并没有进入红海。

真正进入阿拉伯海执行封锁并建立要塞，始于库尼亚和阿尔布开克的船队。他们在1507年7月进入索马里海岸，8月份攻占了扼守红海出口的索科特拉岛，并建立了要塞，这是葡萄牙在靠近哈德拉毛海岸建立的第一座海上要塞。9月，在先行征服马斯喀特后，27日开始攻击波斯湾贸易重镇霍尔木兹，城市长官维齐尔迅速求和，被迫同意葡萄牙在霍尔木兹建立要塞，但未完工[70]。这一时期，葡萄牙虽然在哈德拉毛海岸港口开展

了一系列震慑人心的军事行动，并迫使众多港口城市臣服于葡萄牙，但由于兵力的限制，并没有在阿拉伯海岸持续地占有领地，并建立稳固的要塞，只在一些征服的港口设立了贸易站，例如马斯喀特以及周边的重要港口城市。由于这支舰队为印度带来了大规模种植的烟草种子，我们也可以大胆地推断，葡萄牙人应该在不晚于 1507 年就把抽烟习俗带到了哈德拉毛海岸。

在马拉巴尔海岸：马拉巴尔海岸是葡萄牙香料贸易的核心区域，葡萄牙人一直致力于在此建

立具有长期影响的基地，即使在力量对比悬殊的初期，为了达成目标也不惜诉诸武力。这里按照从北到南的顺序，简要列举葡萄牙在这一时期建立的主要商站和要塞。

第乌商站：1508 年底，阿尔梅达集结了 18 艘战船、1200 名士兵从科钦出发，一是为儿子洛伦索复仇，二是彻底击败马穆鲁克王朝的舰队，进而把埃及苏丹势力逐出印度洋。1509 年月 3 日，舰队向马穆鲁克舰队驻扎的第乌港发动进攻，最后全歼埃及舰队，使第乌臣服，并在设立商站、

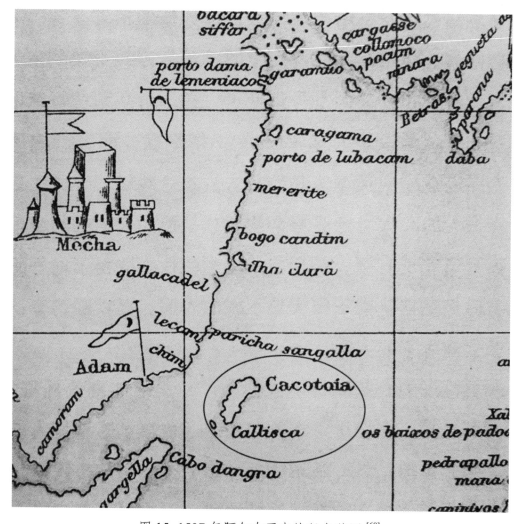

图 15　1507 年阿尔布开克的任务范围[68]

接受赔偿后撤回科钦，没有在此建立要塞。由此，葡萄牙第一次将势力范围扩展到了坎贝湾，它也是这一时期在北方设置的最后一座大型商站[78][79]。

朱尔商站：早期葡萄牙能在马拉巴尔海岸实现定期护航最靠北的商站，从时间上看，应该是1502年8月达·伽马第二次抵达印度征服朱尔后开设的护航路线。因为达·伽马的舅舅在其离开印度返航后一直在卡利卡特以北巡逻，封锁卡利卡特以及劫掠红海过来的阿拉伯商船，有能力将科钦的船队护航到这一地区。截至1508年初，此地一直是达·伽马在马拉巴尔海岸推行通行证制度以来葡萄牙船队护航的北方终点。1508年3月，洛伦索·德·阿尔梅达遭到马穆鲁克王朝和古吉拉特苏丹联合舰队袭击，在此阵亡[80]。

果阿要塞：果阿位于两条大河之间的肥沃岛屿上，是印度西海岸最重要的贸易中心，也是当时印度最重要的马匹贸易枢纽，还拥有大量来自不同地方的木匠、造船匠和维修工人。阿尔布开克认为，与科钦相比，这里才是葡萄牙人最理想的领地，不仅适合作为船只给养的港口和造船中心，还能借此控制印度内陆的贸易以及保护其在印度洋的航线。1510年3月1日，阿尔布开克率领1600名葡萄牙士兵与水手、23艘战舰，第一次攻占果阿，但在雨季和阿迪勒·沙阿的争夺战中败退。11月25日，他集结28艘战船以及2000名葡萄牙士兵，在同盟军的帮助下再次占领果阿，并将其作为葡萄牙的永久领地和葡属印度首府，建立了坚固的果阿要塞，驻扎了大量军队[81][82]。

安贾迪普岛要塞：1498年，达·伽马回程时在此休整，并设立了贸易站。1500年7月，卡布拉尔抵达，在此获取补给和淡水，检修船只；1502年8月，达·伽马再次抵达安贾迪普岛，并征服了附近的部分港口。按照葡萄牙的行为习惯，每征服一个港口会在此设立进行交易的贸易站，可以合理推测，葡萄牙此时应在霍纳瓦尔、巴特卡尔、朱尔等附近港口设立了贸易站点。1503年，阿尔布开克兄弟也可能在此中转休整；1505年9月，弗朗西斯科·德阿尔梅达在岛上修建要塞和教堂，并派驻士兵守卫，1506年，在遭受比贾布尔苏丹攻击后，因离敌对势力太近、不方便补给等因素，要塞被阿尔梅达拆毁废弃[83]。

坎纳诺尔要塞：位于卡利卡特以北，1498年，达·伽马返航时受到坎纳诺尔苏丹邀请在此停留采购香料，并设立了永久性商站。1501年，若昂·达·诺瓦在此地采购到足够的香，准备跨年后随季风返回葡萄牙，12月31日被卡利卡特军队围困在港口内，率领四艘战船仅用五天时间就战胜了扎莫林的复仇舰队，不仅保全了舰队和贸易站，还坚定了坎纳诺尔国王倒向葡萄牙的信心。1502年10月，达·伽马再次返回坎纳诺尔；1505年9月，阿尔梅达在坎纳诺尔停留了八天，获得了纳辛哈国王将沿海港口交由葡萄牙使用的承诺，还被允许加固贸易站，并获得了领地建造一座要塞，留下150名士兵和火炮用于建设和武装圣安吉洛要塞（St. Angelo Fort）。到1507年4月，坎纳诺尔要塞的士兵增加到400人左右[84]。

卡利卡特商站：卡利卡特是马拉巴尔海岸最重要的香料贸易中心。这一时期为了尝试争取更大的利益和在此建立稳固的贸易点，葡萄牙人投入了巨大资源，付出了惨重代价，但未获成功。

1498 年，达·伽马曾寻求扎莫林支持建立一个永久性的贸易站，在纷争中没有获得成功。1500 年 7 月，卡布拉尔首先获得允许在卡利卡特城内设立武装商站，随后商站在冲突中被焚毁。此后虽然多次攻击、封锁卡利卡特，但始终没能使扎莫林屈服[85]。

科钦要塞：科钦位于马拉巴尔海岸南部，是一座重要的补给和交易港口。可能是得到了达·伽马上次航行的信息，1500 年 7 月，卡布拉尔在炮轰卡利卡特后拜访科钦，并在科钦建立了永久性贸易站，一些南方港口城市也派来使者尝试与葡萄牙结盟,邀请他们前去贸易，得到了卡布拉尔响应，并派出人员设立贸易点。1501 年，若昂·达·诺瓦造访科钦采购香料。1502 年 11 月，达·伽马抵达科钦，邻近港口的基督徒、圣多马的追随者也前来拜见。按照惯例，达·伽马应在这一年向他们所在的港口派遣了商业代表设立贸易点，两名船长留在科钦，协助苏丹抵抗扎莫林。在常驻科钦的葡萄牙代理商及其商业伙伴要求下，1503 年底，阿尔布开克两兄弟说服科钦国王提供领地、木材和人力，于 11 月 1 日完成了科钦木制要塞建设；1504 年 2 月 5 日，杜阿尔特·帕谢科·佩雷拉被留下指挥 90 名士兵和 3 艘战船，并协助科钦国王成功击溃扎莫林的攻击。1505 年 10 月阿尔梅达抵达科钦，将木制要塞改建成石制要塞，同时在这里建成了医院、房舍、教堂、总督府等附属设施，此地成为葡属印度早期的首府以及葡萄牙印度洋事业的基地。科钦以南海岸港口基本被纳入葡萄牙势力范围，而且葡萄牙势力渗透到了科罗曼德尔海岸[86]。

奎隆商站：1500 年卡布拉尔抵达科钦，奎隆就派出使者尝试与葡萄牙结盟，随后葡萄牙派出商业代理人在港口设置站点开展贸易。1505 年 10 月，阿尔梅达抵达科钦，了解到奎隆的葡萄牙商人被杀后，派出洛伦索·德·阿尔梅达率领 6 艘舰船展开报复，摧毁了奎隆港内的 27 艘卡利卡特商船[68]。

从 1497 年到 1510 年，接近 11000 名葡萄牙士兵、水手、商人、法官、医生、神父、艺人等奔赴印度洋，此外还有佛罗伦萨、热那亚、德意志、威尼斯等地的银行家、商人、文书、士兵等也参与了葡萄牙的航海扩张事业，有接近 2500 人长眠于大海、非洲海岸、哈德拉毛海岸和马拉巴尔海岸。他们为服务里斯本—印度航路，在巴西建立了三个商站（要塞），在非洲建立了 5 个重要的商站（要塞），在马拉巴尔海岸建立了一系列商站以及两个稳固的要塞，占有了领地，并在科莫林角以东的锡兰建立了永久性的商站。根据人员配置，每座要塞有一名指挥官、一名有商贸经验的经纪人和一群辅助人员，后者包括仓库管理员、文书、秘书长、警长、法庭官员、医务人员、税吏、葬礼主持人、遗嘱公证人、火炬手、喇叭手、保镖和仆人等，此外还有数量庞大的士兵、合作伙伴和雇员。截至 1510 年末，留在印度洋地区的葡萄牙人应该不低于 3000 人（1509 年 1 月，阿尔布开克用于攻击卡利卡特的葡萄牙军人数量为 1800 人左右，1510 年 10 月用于攻击果阿的葡萄牙军人数量为 1600 人，同期各地要塞、商站驻留人员、商业人员等应该超过所征调军人的数量）。

三是实行贸易许可证制度。葡萄牙进入印度洋意味着打破了业已形成的贸易、经济、政治和宗教格局，面对富裕、武备良好、人口众多的穆斯林和印度教徒，如果做一个现有规则的拥护者，则其航海扩张"寻找基督徒共同对抗穆斯林和垄断香料贸易"的两大目标注定失败。与印度洋区域国家相比，葡萄牙又小又穷又远，要对印度洋及其周边地区陆地国家进行控制毫无优势，只有在海上和沿海地区，他们才具有决定性的优势。15 世纪，广阔的印度洋是自由的，除了沿海一些地区和河流外，没有任何国家宣称对其拥有主权，直到 1498 年葡萄牙人达·伽马的到来改变了一切。1500 年，曼努埃尔国王在其"大海此岸的葡萄牙与阿尔加维国王、大海彼岸的非洲之王，几内亚领主"头衔基础上，又增加了"埃塞俄比亚、阿拉伯半岛、波斯与印度的征服、航海与贸易之王"，明确宣示"大海应该有主人"，葡萄牙国王就是亚洲海洋的主人，彻底颠覆了印度洋海洋规则。

从 1500 年开始，葡萄牙在斯瓦希里海岸、哈德拉毛海岸、马拉巴尔海岸、锡兰等地开展了一系列持续的攻击与征服战争，特别是彻底了摧毁马穆鲁克和古吉拉特联合舰队，为葡萄牙在印度洋区域树立了政治威信，确立了军事优势；同步开展的要塞、商站建设，为实现葡萄牙航海目标奠定了物质基础，为其颠覆性政策注入了持续的能力与活力。从卡布拉尔远航印度开始，葡萄牙就逐步推行贸易垄断政策，以实现作为主人的权益。1502 年，达·伽马返回印度，开创了贸易许可制度（CARTAZ），最初被用于来自马拉巴尔诸港（其中包括科勒姆、科钦和坎纳诺尔）之间进行贸易的船只，确保他们不与那些正在同葡萄牙进行战争的地区开展贸易。这一政策一经推出就对印度洋贸易产生了重大影响，首先是实现了对特定港口贸易的垄断，其次是实现了对特定港口从事贸

易人员的控制和征税，随后逐步演变为对印度洋贸易的垄断，最后是确立了葡萄牙在印度洋的海上主权，整个印度洋贸易不再自由。

在许可证制度下，所有在印度洋从事贸易的船只都需要持有葡萄牙颁发的通行证，上面注明船长是谁、船只有多大、船上有哪些船员，严格限制允许运载武器和军需数目，必须在葡萄牙要塞或设置的商站停靠，支付税收后才能继续航行。同时，必须在要塞或商站留下抵押物品，以保证船只在返回途中仍然在此停靠并支付更多关税，禁止搭运葡萄牙敌人和皇家垄断的商品货物。没有通行证的船只将被没收，作为合法运营奖励，船员要么被立马处死，要么被送到桨帆船上服役。船只持有许可证还可以享受葡萄牙提供的护航服务，这种护航舰队由葡萄牙武装商船组成，可以防止海盗袭击，这不仅增强了葡萄牙许可证支持下船只的安全性，还能确保商船不会脱离许可证体系进行贸易。例如，洛伦索·德·阿尔梅达曾在 1507 年底护航两百多艘商船从科钦驶往朱尔商站[87]。

（三）（1508 年）烟草种植传播到印度解决了葡萄牙人的本土化物资保障难题

伴随着葡萄牙在印度洋国际贸易体系中的能力不断扩张，垄断权力逐渐巩固，所需经济、军事、政治、行政、后勤保障、宗教文化传播等基地的建设，以及人员规模 物资需求 货源保障等都在急剧扩大。在主要依靠季风航行的年代，里斯本到印度海岸需要经过大西洋季风带、印度洋季风带，路途损耗严重且极不稳定，往返时间在顺利的情况下也需要一年

多，一旦错过季风季节，则一次往返时间间隔可能会长达两年，这种不确定性为驻留印度人员的物资保障带来了极大风险。1505 年，阿尔布开克赶赴印度过程中就因为天气原因和征伐，一年一往返的印度洋货物贸易和军事力量补充被迫延长到了两年，导致马拉巴尔海岸香料商人与阿尔梅达的关系极度恶化，招致严重的军事贸易挑战[88]。有鉴于此，在新的领地上实现本土化物资保障是最有效、最安全、最经济的措施，也是葡萄牙政策执行者的必然选择。1501 年左右，在斯瓦希里海岸，葡萄牙人首先将原产美洲的玉米（或许还有马铃薯、甘薯、烟草、菠萝等）带来，并在当地开始了规模种植，用以满足葡萄牙在东非要塞、贸易站等地驻守人员（官员、法官、商人、士兵、水手、牧师等）的长期生活需要。特别是 1505 年以后，葡萄牙在东非占有了领地，建立了要塞和大量长期性的港口贸易站，驻守人员和当地消费者的需求变得稳定且持续增长，从美洲引入烟草种植已属必然。或许，1501 年左右烟草就已经与玉米一起在斯瓦希里海岸开始了本土化种植。考虑到前期莫桑比克总督府在索法拉以及莫桑比克城的规模扩张时间，烟草在东非的本土化种植应不晚于 1508 年。

与东非海岸相比，为了控制印度洋港口和垄断贸易，葡萄牙在马拉巴尔海岸地区存在的力量更大，投入资源更多。从 1500 年开始，每年都有大量的葡萄牙船队涌入马拉巴尔海岸。到 1510 年末，留存驻守人员应在 3000 人以上，这一规模远远超过斯瓦希里海岸。除了衣食住行、战备、行政、护航等的基本物资保障外，为了缓解人们在印度的生存压力、保障医疗物资需求，烟草应是他们不可或缺的日常生活和医疗用品。

不出意外，烟草也在这一时期被葡萄牙人引入印度，开始了本土化规模种植。根据全印农民协会联合会（The Federation of All India Farmer Associations，FAIFA）相关研究成果，一支葡萄牙舰队在造访巴西之后于 1508 年把烟草种植引入印度[89]。按照时间推算，1508 年共有三支船队能够抵达印度西海岸：

第一支是 1506 年跟随库尼亚和阿尔布开克船队从里斯本出发前往印度舰队中的四艘，他们在 1508 年 1 月中旬抛弃阿尔布开克，由若昂·达·诺瓦率领，跟随在朱尔战败的船队后面一同前往科钦[90]，随后加入阿尔梅达指挥的第乌战役。

第二支是 1507 年从里斯本出发前往印度的香料舰队（指挥官、舰队规模的信息不详），他们理所当然加入 1508 年底从科钦出发讨伐第乌马穆鲁克的舰队[91]。

第三支是 1508 年从里斯本出发，由迪亚哥·洛佩斯·德·塞奎拉（Diego Lopes de Sequieic）率领准备远航马六甲的船队[92][93]。根据历史记载，这一支舰队在参加完第乌战争后于 1509 年抵达马六甲（后来实现首次环球航行的麦哲伦参加了这次战争）。

这里值得注意的是若昂·达·诺瓦（Joao da Nova），他曾是葡萄牙派往印度的第三支舰队司令，在 1500 年航往印度的旅程中考察过巴西，并在塞古鲁港附近的海岸休整（或许也是他的舰队率先把美洲的玉米和烟草带到了非洲和印度）；1506 年，他跟随库尼亚率领的舰队，再次经由巴西抵达印度。由于他此前到达过巴西、印度，对印度航路的艰辛更为了解，更了解烟草在旅途中医疗疾病、缓解伤痛、降低压力和消除疲劳的作用，因此，极有可能就是若昂·达·诺瓦在巴西休整期间，有意识地装载烟草种子，将其带入了印度，从而开始了印度烟草种植。另外还有一种可能是阿尔布开克，他此前也曾到过巴西和印度，作为印度候任总督，应该统筹考虑葡萄牙驻印人员需求，将烟草供应作为一种重要的战略保障物资，这样不仅可以满足抽吸需求、治疗随行人员疾病，还能作为商品用于交换，因而在巴西休整期间命令属下将烟草种子大量地带往印度。由于缺乏更早的历史记载，或许卡布拉尔、若昂·达·诺瓦、阿尔布开克，以及第二次远航印度的达·伽马，在他们第一次抵达印度时就已将玉米和烟草带到了这里，我们不能完全排除这种可能性。因为在当时远征印度的成员中，部分成员曾经在新大陆有过长期生活经历，不仅养成了抽烟习惯，还了解烟草的医疗作用，为了满足驻留印度时的嗜好和健康需求，在欧洲或者在巴西出发时他们就随身带上了烟草种子。

通过美洲历史、哥伦布发现美洲、葡萄牙海洋扩张历史、达·伽马发现印度、卡布拉尔发现巴西以及葡萄牙帝国在印度洋早期扩展历史的介绍，从人员流动、物资保障、商业需求、医疗需求出发，我们引出了将原产美洲农作物传播到东非、印度存在必然性。其中，考虑到海员们在美洲的生活经历，以及烟草具有舒缓压力、促进血液循环、消除疼痛、驱寒祛暑、解毒消肿等功效，可以推想烟草成了他们征战四海的必备良药；加上具有成瘾性的特点，烟草成为一种重要的商品，就有了需求的持续性。庞大的人员物资保障，如果一直依靠从巴西塞古鲁海港沿岸要塞转运而来，不仅成本高，而且供应不稳定，在印度进行烟草种植不可避免。**从达·伽马1498年第一次抵达印度算起，十年后，烟草在印度出现规模种植，我们从这一时间间隔得到一个启发，即：葡萄牙人第一次抵达亚洲某一地区开始，在他们的引领下，当地居民也开始逐渐学会使用烟草，经过十年左右的时间，烟草就会在当地形成稳定的消费群体，从而实现本土化规模种植。在此后的分析中，我们大致遵循这一时间规则。**

至此，烟草来到了它的亚洲传播中转地——印度。以印度为起点，它将向北扩散到阿拉伯半岛、波斯、中亚，向东扩散到孟加拉湾、马来半岛、苏门答腊群岛、北部湾、菲律宾群岛、摩鹿加群岛、中国、日本、朝鲜等国家和地区，展现出烟草强大的生命力，受到人们的普遍接纳与认同。

中国，作为东方最具影响力的大国，幅员辽阔，人口众多，长期以来都是亚洲最具活力的经济体，自古以来就对周边国家和地区物产具有强大的吸纳和消融能力。海上丝绸之路、陆上丝绸之路、唐蕃古道、茶马古道等传统经贸商路演绎了中国与世界各地互通有无、和睦交融的历史。15、16世纪正是明朝政治经济最为发达的时期，社会稳定，经济繁荣，政治清明。中国以其经济优势、区位优势、领先的文明成为周边地区人民的向往之地，朝贡贸易、私人贸易繁荣兴盛。烟草又是如何跨越江河湖海、万水千山，抵达它的又一目的地中国的呢？

第三章
烟草传入中国的路线与时间重建

1508 年，印度开始了美洲烟草的规模种植，成为向亚洲其他地区传播的中转地。由于烟草特有的神奇医疗效果以及成瘾性特征，从 1508 年开始，我们都将假定，每一艘从印度出发驶往亚洲东部的葡萄牙商船，至少有 50% 的海员会携带烟草，目的有三：一是用于医治疾病，缓解伤痛；二是保障海员的日常抽吸，用于休闲和缓解压力；三是作为重要的药材用于商品交易。同时，为了建立长期、稳定的贸易，葡萄牙武装舰队出现在新的地区，都会在当地驻留商业代表，流放犯人，以及出现零星的脱逃人员，为了满足此后的药用和日常需求，一般假定这些人员会带上大量烟草或烟草种子同行。因此，葡萄牙影响力扩张带来的亚洲地区人员流动、货物流动，必然会伴随烟草的传播，而烟草的早期传播也在一定程度上彰显了葡萄牙影响力的波及范围。

葡萄牙人最初进行交易活动的卡利卡特和科钦，作为马拉巴尔西海岸南部最有影响力的海运商业交易中心，向南其航路涵盖了斯里兰卡、马尔代夫群岛、孟加拉湾、苏门答腊岛、马六甲；随后又以马六甲为中心，将卡利卡特的商品通过海路运送到爪哇群岛、摩鹿加群岛、菲律宾群岛、越南、泰国、中国等国家和地区。向北，其航路覆盖了亚丁、红海、哈德拉毛海岸、霍尔木兹、波斯湾。正如美洲幽灵的先遣者——梅毒，早在印度规模种植烟草之前，伴随达·伽马的第一次印度之行，就传播到了卡利卡特[94]；美洲另外一个幽灵——烟草在印度的本土规模种植时间也仅比其晚了不到十年。根据 1545 年出版的《续医说》记载：

> "弘治（1488—1505 年）末年，民间患恶疮，自广东人始，吴人不识，呼为广疮，又以其形似，谓之杨梅疮。若病患血虚者，服轻粉重剂，致生结毒，鼻烂足穿，遂成痼疾，终身不愈。近医家以草薢鲜肥者四五两为君，佐以风药，随上下加减，服者多效。"[95]

毫无疑问，源于美洲的梅毒是通过在印度、马六甲之间从事商业活动的人员，率先传播到了马六甲，再由马六甲、东南亚与中国之间从事商业活动的人员流动传播到了中国。美洲烟草又会沿着什么样的路径，在何时抵达中国？

第一节 葡属印度在亚洲沿海地区的早期扩张与渗透活动 ——1510—1530 年

鉴于货物流动带来人员流动、人员流动也必然带来日常消费必需品的交流，以葡萄牙人为主体的欧洲人在亚洲各地长期驻留和贸易往来，必然会考虑药用烟草、商品烟草以及日常消费烟草的安全供应，推动烟草在本地种植是他们确保稳定供应的根本出路。因此，通过分析 16 世纪上半叶葡萄牙人在亚洲地区的扩张与渗透，对理清烟草进入中国的路线与大致时间具有重要价值。

葡萄牙是一个海上帝国，在征服印度和建立以果阿为中心的葡属印度后，他们能施加重大影响的地方主要是海洋以及沿海港口城市国家，而对内陆国家影响较小。因此，论述葡萄牙人在亚洲沿海地区的扩张与渗透进程时，将重点介绍他们对印度洋贸易网络重要战略节点的扩张与渗透活动。这种处理方式，并不意味着葡萄牙的影响就局限于这些节点，而对其他地区没有影响力。恰恰相反，占领这些关键战略节点，通过这些战略节点之间的政治、经济、军事、宗教联系，葡萄牙就在亚洲构建了以印度洋为中心，发挥其政治、军事、经济和宗教影响的动脉网络；再依靠这些战略节点对邻近地区所具备的政治、经济、军事和文化辐射能力，葡萄牙就能对节点辐射地区施加间接或直接影响，从而实现以小博大。例如，葡萄牙人控制了果阿，就实现了彻底扰乱亚

欧之间传统香料贸易的目标，这是很好的证明。还有前面提到的梅毒，虽然 1498 年才传播到印度，但在中国人与葡萄牙人第一次见面（1509年）的四年之前，葡萄牙人带来的实质影响已于 1505 年前扩散到了中国广州等地，并被记录在案，实际时间则更早。

在葡属印度扩张的早期阶段（1510—1530年），先后由阿方索·德·阿尔布开克、洛波·索罗斯·德·阿尔布加里亚、迪奥戈·洛佩斯·德·塞奎拉、杜阿尔特·德·梅涅兹等总督统领，其中最有影响的是阿尔布开克，而实行"贸易大自由政策"[96]（允许葡萄牙个人贸易）的阿尔布加里亚和塞奎拉则对烟草在亚洲其他地区的传播影响更大。为了便于分析和重建烟草传入中国的路线、时间，这里将葡萄牙在亚洲沿海地区的早期扩张与渗透聚焦在四大区域：阿拉伯海沿岸、孟加拉湾沿岸、暹罗湾沿岸、中国海岸。

一、葡萄牙在阿拉伯海沿岸的早期扩张、渗透与烟草传播

占领果阿：1510 年通过与比贾布尔苏丹的战争，葡萄牙夺取了港口城市果阿[97]，1511—1512 年，在第二次果阿战争中抵挡住了比贾布尔苏丹的反扑，随后重建了贝纳斯塔里姆要塞、重组了所有渡口的防御，使其成为葡萄牙印度殖

民地首府。1512 年底，各国使臣蜂拥来到果阿，此时的阿尔布开克也认识到不可能将印度洋区域的穆斯林全部消灭，为了应对埃及的马穆鲁克王朝，他与古吉拉特的穆斯林苏丹建立了关系，派遣使者米格尔·费雷拉拜见波斯的沙阿伊斯玛仪一世。卡利卡特的扎莫林也送来了新的和平建议，允许葡萄牙建造一座要塞；阿尔布开克也向阿亚兹的主公——坎贝苏丹发出了在第乌建造一座要塞的请求。由此开始，果阿就一直作为葡属印度首府，成为葡萄牙在远东的政治、经济、军事、文化中心，所有人都不得不面对新的现实：葡萄牙将在亚洲长期存在[98]。

出征红海（亚丁）：1513 年，在解决完果阿和卡利卡特的后顾之忧后，为了切断马穆鲁克王朝伸向东方的补给线，切断传统香料贸易路线和战胜伊斯兰世界，阿方索·阿尔布开克决定征服红海，第一个战略目标就是拱卫亚丁湾和红海出入口的设防港口亚丁。16 世纪初期，亚丁是阿拉伯唯一人口众多的城市，与开罗及印度进行大规模贸易，是商人汇集之地，也是当时世界上四大贸易城之一，与吉达、索科特拉、霍尔木兹、坎贝、开罗、马六甲、马拉巴尔有频繁的贸易往来。此地可以通过马六甲和阿逾陀的商品交换，获得来自中国的商品[99]。1513 年 4 月 22 日，葡萄牙舰队抵达亚丁港，在交涉未果后，阿尔布开克立即展开了攻击。由于亚丁港准备充分、城高墙厚，舰队久攻不克，只能退走。攻击亚丁失败后，舰队继续驶向曼德海峡和红海，4 月底进入红海。这是基督徒第一次进入伊斯兰世界心脏地带。他们北上占领了整个海岸唯一的淡水来源卡

马兰岛，在随后的三个月停留期间，超过 500 人因热病死亡（总共 1700 人）。1513 年 7 月风向改变，雨季结束，在舰队返回印度途中炮轰了亚丁[100]。1515 年初，新的远征准备就绪，计划占领亚丁，在马萨瓦建造一座要塞，但未能成行[101]。1517 年，葡萄牙舰队携第乌海战之威，再次杀入红海，试图控制红海重要港口吉达。舰队司令罗伯·索罗斯（Lopo Soares）考虑到恶劣的天气以及随时可能遭到穆斯林进攻，放弃了亚丁苏丹建立要塞的邀请，于当年春天向吉达港发动进攻。面对由奥斯曼人营建的海防炮台和沿海要塞，葡萄牙人丢下五六艘舰船和数百战士性命后仓皇败退。吉达海战让葡萄牙人认识到，深入阿拉伯半岛腹地红海与奥斯曼帝国作战，自己的实力难以支撑。海战后葡萄牙改变了策略，将本来计划向阿拉伯半岛腹地延伸的军力收缩。每个贸易季节，葡萄牙就从果阿派出一支舰队在亚丁和曼德海峡之间巡逻，4 月份再返回霍尔木兹休整。亚丁成为阿拉伯海沿岸唯一始终没有被葡萄牙攻克的重要港口城市，是葡萄牙帝国在印度洋垄断贸易网络中的唯一缺口。

征服霍尔木兹、巴林：霍尔木兹在这里代表霍尔木兹城，以及霍尔木兹海峡上分布的岛屿，是扼守波斯湾的战略要冲，是波斯湾贸易和马匹出口中心，是印度洋贸易网络枢纽，与亚丁、坎贝、德坎、果阿、纳辛加国以及马拉巴尔港口进行贸易。其中巴林岛所产珍珠是这一城市的重要贸易品。这里还贩卖一种产自中国的香料——麝香[102]。1515 年 2 月底，阿尔布开克抵达马斯喀特港（马斯喀特苏丹已在 1507 年臣服于葡萄牙，此后葡萄

牙对其维持了超过一个世纪的统治）；4 月，葡萄牙人除掉了霍尔木兹实际掌权者赖斯·艾哈迈德，经国王图兰沙阿同意，1515 年 5 月 3 日开始在霍尔木兹建造要塞，彻底控制了霍尔木兹岛[103]。

1515 年末，葡萄牙舰队驶入波斯湾，不久占领巴林，并在岛上修建了要塞。此后葡萄牙控制有所减弱，巴林转而投靠波斯萨法维王朝，开始封锁周边航线。巴林的举动严重影响了波斯湾航运秩序，引起了葡萄牙国王若昂三世关注，他要求印度总督塞奎拉出兵平定巴林[104]。1521 年 7 月 21 日，安东尼奥·科雷亚率领葡萄牙舰队抵达巴林，7 月 27 日开始登陆攻城，最终战胜了巴林国王莫里姆，巴林重新宣誓成为霍尔木兹王国的附庸，承认里斯本宫廷的宗主权。葡萄牙人在当地构筑了一座小型要塞，留下少量兵力，波斯湾航运得到恢复。此后对巴林的控制延续了接近一个世纪。拱卫波斯湾出口的马斯喀特港、霍尔木兹和波斯湾内海航路上的巴林已完全处于葡萄牙控制之下，波斯湾地区、与波斯湾有贸易的哈德拉毛海岸、红海地区都受到了葡萄牙影响。

到 1515 年，烟草在印度种植时间已接近十年。葡萄牙在这一地区持续征战，设立了一系列要塞和商站，开展广泛的贸易活动，带来持续的人员与货物流动以及生活方式的相互影响。在葡萄牙士兵、水手和商人引领下，烟草在这一地区形成了较大的消费群体。同时，考虑到季风气候对海洋贸易的影响，各地区之间基本有半年的时间处于贸易停滞状态，进行本土种植是保证烟草稳定供应的重要措施。因此，1515 年左右，在

这一地区极有可能出现烟草规模种植，尤其是在霍尔木兹岛、马斯喀特周边内陆地区。

二、葡萄牙在孟加拉湾沿岸的早期扩张、渗透与烟草传播

葡萄牙在科莫林以东、孟加拉湾的控制主要以经济手段为主，军事手段为辅，然后叠加宗教、葡萄牙人居留区以及广布海岸的贸易站点、商业脉搏的影响，中下层贵族、葡萄牙社会边缘势力以及宗教神职人员在这一地区的存在更加引人注目。

早在 1501 年，卡布拉尔在科钦接见了来自科罗曼德尔海岸的印度基督教神父约瑟和马太，两人还带来了印度半岛东海岸一座名叫美勒坡（Mylapore，在今天泰米尔纳德邦）的海滨城市的使徒圣多马（Sao Thome。耶稣的十二门徒之一，据说曾到波斯和印度传布福音）坟墓上的泥土，这泥土随后被卡布拉尔带回了里斯本。通过这两位神父，葡萄牙人了解到在印度遵从圣多马教诲的基督徒数量很少。他们派出商务代表与神父一起返回科罗曼德尔海岸，正式开启了葡萄牙在这一地区的影响[105]。关于葡萄牙人在这一地区的存在，除了上述记载，科伦坡还出土了日期为 1501 年的葡萄牙文石碑，布宋（Bouchon）认为这是 1501 年若昂·达·诺瓦抵达过这一地区的证据，并认为这次航行虽然由私人资助[106]，但也带有探险任务，并不是一次纯粹的商业活动。

对于石碑上镌刻的葡萄牙文日期，我们认为，这也可能是 1498 年达·伽马第一次抵达印度或者是卡布拉尔离开印度时在马拉巴尔海岸释放的囚犯、脱逃人员或留驻这一地区的商业代理

人员在此活动的证据[107]。因为，按照葡萄牙正式探险的习惯，探险舰队每到一个新地区宣示主权时，一般会竖立带有十字架的石柱，而立石碑更类似于个人行为。如果这一认识成立，葡萄牙对科莫林角以东孟加拉湾地区的渗透时间甚至早于1501年。1513年后，大量的胡椒贸易从马拉巴尔海岸经陆路转移到科罗曼德尔海岸，然后从孟加拉湾到锡兰等地再转运到红海。下面从锡兰开始，沿着顺时针方向简要介绍1500—1530年葡萄牙人在孟加拉湾海岸主要港口的活动情况。由于资料缺失，真实的活动强度、范围和规模可能远超我们的介绍，烟草在这一地区扩散传播的强度和速度也可能远超我们的认知。

对锡兰的渗透与征服：锡兰位于科莫林角东南海峡对岸，首府为科伦坡，盛产宝石、大象、肉桂。锡兰从科罗曼德尔、孟加拉沿岸购买大米、布料等商品，贸易对象主要位于坎贝到孟加拉沿岸的各港口城市[108]。从严格意义上讲，1501年左右葡萄牙人就登陆了锡兰，但从影响力上讲，人们认为阿尔梅达的儿子洛伦索在1505年寻找拉克迪夫群岛或马尔代夫群岛时迷路，才首次进入科伦坡港，由此发现了锡兰。他与当地苏丹达成了协议，取得了在科伦坡设立商站的权利，并在此基础上建立了葡萄牙人居民区。1515年，葡萄牙获得了在科伦坡设防的权利。1518年9月，索里斯征服锡兰，与科提"帝国"签订了条约，并在科伦坡港建立了一座要塞，在成为科提保护者的同时，也保证了自己在锡兰著名的、利润丰厚的肉桂供应。至此，葡萄牙终于在印度洋东部地区收紧了垄断贸易网络，

为亚洲帝国建立打下了坚实基础[106]。

对美勒坡的渗透：位于科罗曼德尔海岸，对信奉基督教的葡萄牙人具有特殊意义。早在1501年，卡布拉尔可能就派遣商业代理陪同两位本地神父抵达了这里，此地有使徒圣多马的墓地[107]。根据编年史家加斯帕·科雷亚（Gaspar Correa）记载，1507年，总督阿尔梅达从科钦派出一支小型远征队，前往印度东海岸，一是寻找使徒圣多马的坟墓，二是调查贸易可能性[108]。1509年，塞奎拉在接受前往马六甲的指令中，也有寻找美勒坡的指示，此后寻找圣多马坟墓的努力有所减缓[109]。直到1517年，六位葡萄牙人乘坐本地船只抵达这里，他们认为不仅发现了备受关注的使徒圣多马的坟墓，还发现了他的住所"圣多马之家"（Casa de Sao Thome），并从那里写了一封信，描述了第一手信息。这封信的作者是曼努埃尔·戈梅斯（Manuel Gomes），但他没有说这个村庄当时是信奉基督教还是印度教。许多葡萄牙人开始选择在这里聚居，此地快速发展[110]。1522年开始，作为果阿—普利卡特航路中转贸易港口，此地迎来了春天。1523年，德·杜阿尔特派出了一艘船，船上有一名技术娴熟的泥瓦匠，还带了一些材料去修补使徒的倒塌房屋[111]。此后多年，葡萄牙一直没有在这一城镇任命地方官员，葡萄牙居民与葡萄牙真正可靠的联系纽带是天主教会和葡萄牙的契约，他们据此履行对皇家教会的责任以及在教皇捐赠区域内的使命。直到20年代末期，他们才开始接受科罗曼德尔地区总督管辖[112]。

对普利卡特的渗透：位于今天科罗曼德尔海岸马德拉斯附近，是孟加拉的藩属国，盛产棉花

和各种奢侈品，与孟加拉沿岸港口、印度西海岸、锡兰和马六甲等地区开展贸易，每年有 1—2 艘货船驶往马六甲，每艘价值不低于 8 万克鲁扎多。1511 年阿尔布开克在攻取马六甲后，通过吉宁人以及他们在马六甲的首任长官鲁伊·德·布里托·帕塔林（Rui de Brito Patalim），葡萄牙才正式与孟加拉湾海岸建立了联系[113]。1511—1518 年间，葡萄牙王室和几位吉宁商人 [其中一位叫作塞图·纳伊纳尔（Setu Nayinar）] 组织了一系列针对孟加拉湾沿岸的海上贸易活动，王室只是参与伙伴，葡萄牙总督塞奎拉甚至用船将他的代理人送到各地寻求贸易机会。在这期间，私人资助的葡萄牙商船代理商、国王派驻的代理人频繁乘船抵达普利卡特进行贸易，并建立了普利卡特港与其他地区的固定贸易航线，许多葡萄牙人参与了这些活动。到 1520 年左右，普利卡特聚居区里葡萄牙人已经达到了 300 人左右。1518 年后，这一港口的部分航线被纳入皇家航线，主要有普利卡特—马六甲航线、果阿—普利卡特航线等。此时，皇家航线船只会配备一名船长、一名代理商和一名公证人，并且三人都是葡萄牙人，这也是葡萄牙官方能施加影响的地方；而对葡萄牙私人贸易，包括葡萄牙官员的私人贸易，王室几乎丧失约束力。1522 年，印度总督唐·杜阿尔特·德·梅涅兹任命曼努埃尔·德·弗里亚斯（Manuel de Frias）担任科罗曼德尔海岸的商业代理，驻地为普利卡特，从该地区为果阿组织大米和其他商品供应，促进了两地商品和财富的完美结合，也促进了圣城美勒坡的发展[112]。

对阿富汗的渗透：16 世纪初，阿富汗国都位于内陆高尔市（Gaur）。1521 年 10 月，当塞奎拉派遣的孟加拉大使布里托和佩雷拉抵达吉大港时，他们发现自己的政治和商务对手拉斐尔·佩雷斯特雷洛（Rafael Perestrelo）（曾前往中国）早就派遣使团到达高尔宫廷。佩雷斯特雷洛派往高尔的使节足智多谋，名字叫克里斯托旺·茹萨特（Cristovao Jusarte），他认为要在当地立足的最佳方法就是与定居此地的葡萄牙叛教者取得联系。因此，出现了马蒂姆·德·卢塞纳（Martim De Lucena），一个明显的葡萄牙叛教者，在孟加拉属国的苏丹面前帮助茹萨特（他自己也穿得像个摩尔人），导致两个葡萄牙使节针锋相对。可以看出，早在 1521 年以前，印度内陆地区的阿富汗王国已经有葡萄牙定居者[114]。

对吉大港的渗透与征服：吉大港位于孟加拉湾腹地，是重要的恒河流域出海口港口城市，盛产大米、小麦、棉布、挂毯、各类蜜饯干果等，这些物品在马六甲、锡兰、科钦等地价格昂贵。吉大港与孟加拉湾各港口城市贸易，也有商船直接驶往马六甲、科钦、锡兰等地[115]。在 1511—1518 年之间，葡萄牙人在泰米尔和吉宁商人帮助下，不断派遣船队到孟加拉国各港口城市进行贸易。根据季风规律，吉大港与葡萄牙控制的主要港口之间存在定期往返航线，马六甲—吉大港航路 1518 年被纳入皇家贸易路线，葡萄牙还在孟加拉国派驻了国王代表人员和商业代理人员。孟加拉国势力强大，科罗曼德尔一侧和白古一侧的诸多港口、王国都向其纳贡。葡萄牙曾试图控制孟加拉国。1518 年 5 月 18 日，若昂·德·希拉维尔率领四艘舰船抵达吉大港，在随后长达三个月的港口攻击战中受到雨季影响，最终失利。其中，指挥加利奥特快船的菲达尔戈说服全体乘员集体叛变为海盗，在孟加拉湾一带活动。1521年10月，葡萄牙布里托-佩雷拉使团抵达吉大港时，发现原本应前往中国的拉斐尔·佩雷斯特雷洛由于"错过了季风"，早就来到了孟加拉，并在当地葡萄牙叛教者帮助下向阿富汗派出了使团。这些信息表明，葡萄牙私人商业在吉大港广泛存在，已有葡萄牙人在此定居。

对缅甸的渗透：缅甸位于孟加拉湾腹地，伊洛瓦底江、萨尔温江两条大河流经国土，在出海口形成了勃固、马达班两大港口城市，是16世纪孟加拉湾主要的港口城市，盛产大米、宝石、麝香、虫漆等，与马六甲、孟加拉湾各大港口以及中国有直接贸易[116]。欧洲人在缅甸渗透时间比较早，1501—1507年之间，博洛尼亚商人罗多维科·德·瓦西马（Lodovico de Varthema）经红海到印度，曾在缅甸独立从事贸易[117]。这一

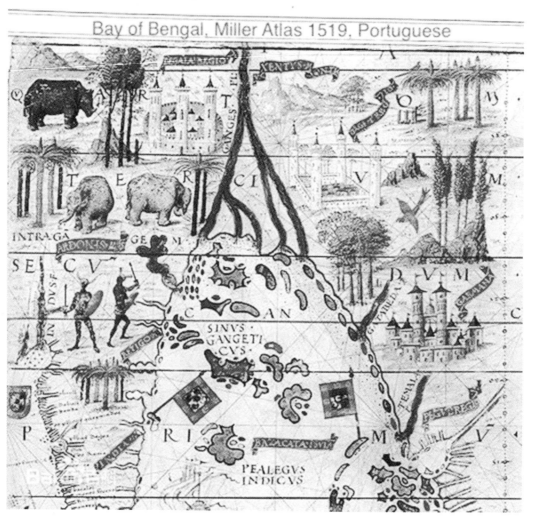

图 16 1519 年葡萄牙人绘制的孟加拉湾地图

时期，葡萄牙商人也在泰米尔人和吉宁人的帮助下航行到了缅甸马达班。1519 年，安东尼奥·科雷亚作为葡萄牙使者被派往马达班，并建立贸易站，设立了印度西海岸—马六甲—勃固—科罗曼德尔海岸—印度西海岸的皇家航线，建立了孟加拉湾与科钦、果阿之间的贸易联系。皇家航线的介入显示出早在 1519 年以前，勃固、马达班与葡萄牙的私营贸易已持续多年，且贸易价值和规模已经相当可观。1520 年左右，在缅甸马达班、丹那沙林和其他面朝孟加拉湾海岸线的贸易中心形成了葡萄牙人居民点，葡萄牙人定居点已遍布马来半岛西侧各主要港口[118]。

对马六甲的渗透与征服：马六甲是孟加拉湾和中国南海贸易的转换枢纽，自古以来就是印度洋、孟加拉湾与中国、东南亚诸岛贸易航行必经之地，贸易网远达阿拉伯地区的开罗、亚丁、麦加，东非的基尔瓦、马林迪，亚洲东部的中国、琉球，以及东南亚诸岛的爪哇群岛、摩鹿加群岛、菲律宾群岛，是重要的商品集散中心，各地区货物都在此交易[119]。

早在 1498 年达·伽马抵达印度时就广泛收集了有关马六甲、东南亚以及中国的贸易情况，受到了葡萄牙国王的高度重视。1505 年，曼努埃尔在给阿尔梅达下达的指令中就要求他："发现锡兰、中国、马六甲和目前尚不了解的地区，要在新发现土地上树立石柱，宣示主权。"在多次督促阿尔梅达去往马六甲未果后，按捺不住的国王于 1508 年、1509 年连续派出两支舰队，分别由迪亚哥·塞奎拉、迪奥戈·门德斯·德·瓦斯康塞洛斯率领，从里斯本出发，独立执行发现

马六甲的任务。1509 年，在科钦，他们雇用了一些经验丰富的水手，绕过科莫林角，驶过锡兰，跨过孟加拉湾，短暂拜访苏门答腊的帕西苏丹之后，通过海峡抵达了马六甲。当地穆斯林商人感受到了威胁，鼓动马六甲苏丹穆罕默德·沙阿摧毁葡萄牙贸易站，杀死新来的欧洲商人和舰队。在得到信息后，迪亚哥·塞奎拉不得不丢下 20 名船队成员（包括后来发出求救信的阿方索）、烧毁两艘船后撤退，前往科钦。非常有意思的是，这两支舰队最终在果阿相聚，并参与了阿尔布开克领导的攻占果阿行动。

1510 年，阿尔布开克在征服果阿后接到阿方索的求救信[120]，短暂休整后率领 18 艘舰船、1600 名士兵远征马六甲，1509 年奉命前往马六甲的船队也跟随舰队同行；1511 年 7 月 1 日左右抵达马六甲，7 月中旬开始攻击马六甲城，8 月中旬彻底占领马六甲[121]。阿尔布开克督促士兵抢在雨季到来之前建立了一座石制要塞——法摩沙城堡，任命尼纳·查图担任马六甲本达拉，负责管理马六甲与克林人之间的贸易（马拉巴尔海岸的商人一般先到科罗曼德尔沿岸的港口，与该地区商人组成商团，结伙抵达马六甲，名义上是克林人。尼纳·查图为科罗曼德尔的印度高种姓商人，后来积极参与葡萄牙在孟加拉湾、中国的商业开发）；任命吕宋摩尔人里吉摩·德·拉加（Regimo de Raja）担任土蒙戈，负责管理马六甲与吕宋人、波斯人和马来人之间的贸易（不容置疑，德·拉加是吕宋人在马六甲的商业领袖和代言人，他协助葡萄牙人开拓了菲律宾群岛的商业贸易）。1511 年底，留下 300 人和 8 艘舰船

驻守马六甲后，阿尔布开克返回科钦[122]。

随后不久，彭亨、坎帕尔、英德拉吉利各国向葡萄牙纳贡，白古、阿鲁、巴昔、梅南卡包等国向葡萄牙称臣，暹罗成为友邦。葡萄牙人以马六甲为基地，对孟加拉湾、摩鹿加群岛、班达群岛、菲律宾群岛、中国等地进行了持续的渗透、征服和商业活动，并推行航行许可系统，对这一地区政治、经济、贸易、宗教、文化和军事产生了广泛而深远的影响。

根据皮列士记载，1510年左右，每年有四艘船从古吉拉特到马六甲，每艘船货物价值不低于1.5万克鲁扎多；每年有一艘船从坎贝来，货物价值不低于7万克鲁扎多。1515年以前，葡萄牙船只就从马六甲出发前往爪哇、班达、中国、巴昔、普利卡特、白古、马达班等地。其中，普利卡特、孟加拉每年都有葡萄牙船只前往马六甲，而要去往中国，葡萄牙人主要采用租赁舱房载货前往贸易。

1500—1530年期间，特别是1511年占领马六甲之后，在孟加拉商人的帮助下，果阿与马六甲总督派出了一支又一支的探险队了解周边的贸易机会。为了更好地理解葡萄牙人在孟加拉湾的渗透活动变迁以及这些活动对烟草传播的影响，有必要简单回顾阿尔布开克（1509—1515年在任）、阿尔布加里亚（1515—1518年在任）这两位总督的政策影响。虽然阿尔布开克通过占领印度洋贸易网络战略性关键节点，创建了基于中央集权式的贸易控制体系，但在葡萄牙完成征服马六甲后，基于国力实际，开始逐渐改变武装征服战略。为了确保国王以及资助者的商业利益，

他们开始更加重视亚洲内部贸易的稳定与和平以及印度洋开拓者的利益，尤其是生活在亚洲的葡萄牙人的利益，他们得到鼓励或者默许，积极参与未知地区的探险贸易活动。这些人主要从事四种职业：官员，包括陆军和海军指挥官；战士，通常是未婚男子；户主或定居的已婚男士；神职人员。这四种具有官方背景的人为了自身利益，直接或通过代理间接地参与孟加拉湾和印度洋贸易，而定居的已婚男士优势最为明显。部分叛逃、叛教甚至沦为海盗的葡萄牙人更是积极地在葡萄牙人控制区之外参与非法贸易[123]。早在1513年，阿尔布开克曾骄傲地指出：

"陛下的子民从陆路和海路，安全地在印度各地游走，在坎贝没有人问他们要去哪里，在阿奎姆（Aquem）和马拉巴尔，他们做买卖，像在家一样安然无恙地四处走动。"[124]

可以看出，在1513年，葡萄牙人已经散布于印度各地，从事私人经济活动。此时，烟草在当地种植已超过5年，伴随人员的流动，烟草除了作为药物逐渐得到人们认同外，可能已经成为部分印度居民、马拉巴尔海岸周边港口地区人们的日常消费品。

1515年，阿尔布加里亚总督就任，他是一个公开的自由贸易者，在阿尔布开克默许私人贸易活动的基础上，更是积极鼓励在亚洲的葡萄牙人自由地去任何地方追逐利润。在1511—1518年，以马六甲为基地的孟加拉湾探险活动蓬勃发展，葡萄牙私人商业活动繁荣，催生了1518年印度西海岸—孟加拉湾—马六甲皇家航线。到1520年，这种自由政策带来的影响已经非常显著，

葡萄牙私人定居点已经散布于孟加拉湾海岸线上几乎每个主要港口，从科罗曼德尔海岸的美勒坡、普利卡特再到孟加拉湾腹地的奥里萨、萨德、吉大、勃固、马达班，甚至蔓延到了马来半岛西侧的丹那沙林和其他面朝孟加拉湾海岸线的贸易中心，其中仅普利卡特附近就超过 300 人。1521 年，两个葡萄牙使团在孟加拉王国的政治交锋，折射出许多葡萄牙人已经在孟加拉湾沿岸各地扎根、定居，并渗透进了当地的政治、经济生活。1523 年，葡萄牙国王接到一封投诉信，进一步印证了这一点：

"科钦造船用木材非常稀缺，因为全被当地的葡萄牙商人买走了。这些葡萄牙人打算在印度定居养老，靠做生意过日子。他们早已在亚洲当地做生意：遍及马六甲、勃固、帕西姆（Pacem）、孟加拉、科罗曼德尔、班达、帝汶岛、霍尔木兹、焦尔、坎贝等地。"[123]

为了满足葡属印度事业人员的烟草需求，1508 年，烟草被引入印度。1511 年葡萄牙在马六甲要塞留下的 300 名驻守人员以及随后定期抵达这里参与冒险活动的商业人员中，学会使用烟草治疗疾病以及养成烟草使用习惯的人应该不在少数，可能超过了三分之二。随着以马六甲为基地的孟加拉湾探险活动不断深入，孟加拉湾沿岸与印度西海岸商业活动不断加强，越来越多的葡萄牙人开始在这一地区定居，烟草种植也随之而出现。按照最保守的时间推算，1511 年征服马六甲后葡萄牙人才开始进入孟加拉湾沿岸（实际时间更早），那么至少在 1520 年以前，烟草就已在孟加拉的吉大港、缅甸的勃固和马达班港周边

地区实现规模种植，主要用于满足葡萄牙居民以及部分本地居民的医疗和日常使用需求。

三、葡萄牙在暹罗湾沿岸的早期渗透、扩张与烟草的传播

16 世纪，暹罗湾沿岸主要国家有吉打、暹罗（今泰国）、夏果马国、柬埔寨、占婆、交趾支那等，每年有一艘古吉拉特的商船到吉打，有许多来自中国的商品销售，吉打生产的胡椒通过暹罗运往中国，每年有 30 艘船将暹罗的物产运往马六甲。暹罗主要与中国贸易，每年有六七艘船驶往中国，此外还和占婆、交趾支那以及内陆的缅甸和夏果马贸易[125]。占婆没有大型港口，与彭亨之间有很多贸易船只，流通货币有中国的铜钱，主要通过内河与暹罗和交趾支那贸易。交趾支那在中国和占婆之间，主要与中国和占婆贸易，每年有大量的硫磺从爪哇索洛岛经马六甲运往交趾支那。这一地区的国家可以从海路、陆路、内河航运抵达中国边境和沿海贸易城市，非常方便与中国进行贸易。葡萄牙占领马六甲，意味着通过渗透进入暹罗湾沿岸地区就能曲线实现与中国贸易，还能控制暹罗湾沿岸国家与马六甲东南诸岛之间的贸易往来，这些渗透扩张活动也必然接踵而至。

征服马六甲后不久，阿尔布开克 1512 年委派杜阿尔特·费尔南德斯（Duarte Fernandes）到大城府（Ayuthaya）面见拉玛·铁菩提二世（Rama T'bodi II）（当时是暹罗阿瑜陀耶王朝的国王，1491—1529 年），这标志着两国开始建交。费尔南德斯在受到友好接待后，派遣了一个特派团抵达暹罗，由他的顾问安东尼奥·米兰达·德·

阿泽维多（Antonio Miranda de Azevedo）领导，特派团工作人员曼努埃尔·弗拉戈索奉命编写一份关于这片土地的详细报告，内容包括这里的人民、城市、港口以及在这里从事商业的可能性[126]。

1516 年，葡萄牙再次派遣大使前往大城府，同暹罗国王签订了暹罗史上第一个与西方国家的通商条约[127]。该条约允许葡萄牙人旅居暹罗，并可在大城府、丹那沙林、墨吉（丹那沙林、墨吉现属缅甸，位于马来半岛孟加拉湾一侧）、北大年（位于马来半岛中部靠近中国南海一侧）、洛坤（位于泰国湾西侧）等五座城市经商。

1518 年，第三次任务由杜阿尔特·科埃略负责，他此前曾陪同德·阿泽维多执行任务。葡萄牙和暹罗国王签订了条约，保证了和平接触，葡萄牙臣民获得了在暹罗定居和贸易、信仰自己宗教的权利。葡萄牙人也承诺，除其他事务外，还将向拉玛·铁菩提国王提供武器和弹药[128]。顺便说一句，早在条约签署之前，葡萄牙人就开始非正式地涌入暹罗，要么充当雇佣军，要么从事私人贸易活动。早期资料显示，在这个王国，已经出现了相当规模的自由葡萄牙商人和雇佣兵社区（在他们的邻国也存在同样的葡萄牙人），正是这些人打乱了旧秩序，将暹罗导向了西方。根据巴洛斯记载，这些至关重要的当地葡萄牙"头面"人物，几乎在第一批葡萄牙官方访问者出现之前就已经存在了[129]。

在暹罗湾沿岸，葡萄牙人从未像在印度那样行使政治控制，而是主要通过和平方式建立商站、要塞、居民区，以及充当雇佣兵和海权施加间接影响，或者借助当地势力向周边国家尤其是中国

施加影响。1511 年杜阿尔特·费尔南德抵达泰国后，随行的葡萄牙人可能就已将烟草使用习惯带入此地。随着阿尔布开克默许私人经商以及阿尔布加里亚总督"大自由"政策的实施，葡萄牙人大规模涌入这个"友好"国家以及周边地区，或经商，或当雇佣兵，建立商站和聚居区，与葡萄牙控制的马六甲保持着紧密的商业联系。由于海洋季风影响，在当地从事商业、政治、军事、宗教活动的葡萄牙人，也需要考虑他们的烟草稳定保障难题，以满足治疗疾病、日常消费和商品交易需求。可以合理推测，1516 年左右，即暹罗五大港口城镇允许葡萄牙人定居和通商的时间，这些城市周边地区就实现了烟草规模种植。

四、葡萄牙在中国沿海地区的早期渗透与扩张活动（1509—1530 年）

（一）葡萄牙人和中国人的早期接触（1509—1512）

葡萄牙人在"发现"亚洲的艰苦历程中，除了执着于香料贸易垄断、寻找埃塞俄比亚基督徒盟友外，在一开始就对中国抱有浓厚的兴趣——寻找马可·波罗笔下的"契丹"黄金之国。1508 年 2 月 13 日，曼努埃尔一世向探索圣·劳伦斯以西直至马六甲这一地区的塞奎拉下达了如下指令[130]：

"你必须探明有关秦人的情况，他们来自何方？路途有多远？他们何时到马六甲或他们进行贸易的其他地方？带来些什么货物？他们的船每年来多少艘？他们的船只的形制和大小如何？他

们是否在来的当年就回国？他们在马六甲或其他任何国家是否有代理商或商站？他们是富商吗？他们是懦弱的还是强悍的？他们有无武器或火炮？他们穿着什么样的衣服？他们的身体是否高大？还有其他一切有关他们的情况。他们是基督徒还是异教徒？他们的国家大吗？国内是否不止一个国王？是否有不遵奉他们的法律和信仰的摩尔人或任何其他民族和他们一道居住？还有，倘若他们不是基督教徒，那他们信奉的是什么？崇拜的是什么？他们遵守的是什么样的风俗习惯？他们的国土扩展到什么地方？与那些国家为邻？"

1509 年 9 月 11 日，塞奎拉到达马六甲，发现港内停泊着三四艘中国帆船（中国船只经常往来于马六甲，即使在郑和停止下西洋后实行海禁期间，马六甲也常有来自广东和福建的船只）。在马六甲，葡萄牙人和中国人进行了第一次接触。一个无名氏根据一个亲历者的口述撰写了一本《发现志》，其中描述[131]：

"这些秦人身材高大匀称，不留胡子，但有髭须，小眼睛，颌骨离鼻子较远，长发，面孔扁而黧黑。"

书中还描写了中国船长邀请葡萄牙人到船上共进晚餐的情景：

"中国人吃得很多，但饮酒不多，菜肴放了许多香料和大蒜，他们用叉子吃饭。"晚餐的食物则有"鸡、烧猪肉、用蜂蜜或糖制作的糕点、许多水果。他们使用银制的勺子，用瓷器盛白色的酒"。

首次接触是友善的，中国人在葡萄牙人心中留下了良好的印象，还充当了葡萄牙人的顾问，告诫他们：

"不要相信这些人，因为他们很虚伪，马来人贪婪、虚伪，天生就是背叛者。"[132]

这次会面时间短暂，当然不能了解全部信息，也不能获得足够的信息来让塞奎拉回答葡萄牙国王的所有问题。

1511 年 7 月 1 日，阿尔布开克率领 15 艘战船和 1600 名战士进抵马六甲港口，葡萄牙人发现港内有 5 艘中国帆船。马六甲国王当时正在与达鲁（Daru）作战，于是征用了这几艘帆船以及船长和船上的水手。中国船长们对马六甲的决定十分不满，趁机带领船只和船员脱离了控制，投向了阿尔布开克，主动提出帮助葡萄牙人对付马六甲。精明的葡萄牙司令官认为，如果中国人参加葡萄牙人的冒险行为，从此以后势必会成为马六甲国王的敌人，如果进攻失败，马六甲国王一定会报复，因此婉拒了中国人的提议。但他提出借用中国的舰船将葡萄牙军人送上岸，并让中国人观摩他们如何攻打马六甲。简短的两次接触，葡萄牙人与中国人相互留下了良好印象。战争结束后，由于中国政府的海禁政策，中国船队并没有协助阿尔布开克把葡萄牙船只带到中国港口。返回中国后，他们向地方政府汇报了有关葡萄牙人攻占马六甲的情况[133]。

1512 年春季（根据南亚、东亚季风规律做出的基本判断。这一地区与中国的贸易能实现一年往返），中国商船队带着官方指示再次返回马六甲，并告诉葡萄牙总督，他们是替明朝官方探查马六甲局势的。船队在返回中国的途中，协助葡萄牙探险船队将阿尔布开克委派的一位大使从

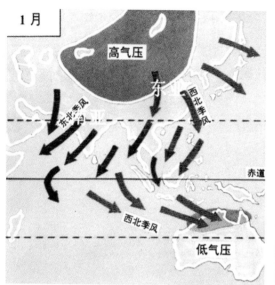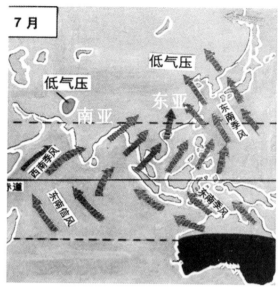

图 17　东亚、南亚季风示意图

马六甲带到了大城府觐见暹罗国王拉玛·铁菩提二世（根据多默·皮列士《东方志》的记载，由于战争关系，到 1512 年暹罗船只已经有 22 年没有到马六甲经商[134]，因此，通过中国商人引荐，葡萄牙商船和使者更能赢得暹罗国王的信任）。1513 年中国船队返回马六甲时，曾到暹罗将这位大使接回马六甲。

这一时期，葡萄牙人与中国人之间的交往算得上彬彬有礼，相互尊重，中国人为他们攻打马六甲提供了建议和支持，也协助他们进入暹罗海岸最重要的暹罗王国，并受到了友好接待。至此，葡萄牙向暹罗周边国家实现了和平渗透，订立了通商协议，设立了商站，并在当地商人的协助下进入这些国家的内陆进行贸易和探险。

（二）在中国沿海口岸的试探与征服（1513—1520 年）

在历史上，中国对东南亚群岛香料的需求占

其产量的四分之三，每年至少有十艘运载胡椒的商船从马六甲驶往中国，此外还购买昂贵的丁香、木香、阿仙药、沉香、苏木、象牙、锡、黑木、红珠、檀香等一同运往中国[135]。葡萄牙人占领马六甲后，中国与这一地区的商业往来信息很快就被他们所掌握，虽然中国商船一直避免将葡萄牙人直接带往中国港口，但该来的虽会迟到，却不会缺席。

1513 年夏天到 1514 年初的某一时刻，葡萄牙人乔治·阿尔瓦雷斯来到广东屯门岛[136]。有学者认为他是搭乘东南亚的商船而来，也有学者认为他是奉葡属印度总督阿尔布开克的命令而来。从他在屯门树立代表葡萄牙发现主权的石柱这一行为可以看出，阿尔瓦雷斯的行为具有半官方性质，不是搭乘东南亚商船的简单经商行为。而如果是根据葡属印度总督的正式命令而来，应该携带必备官方文书，并受到中国官方接待。从葡萄牙人 1511—1514 年在暹罗沿岸的活动情况看，这更像是 1512 年出使暹罗的后续行为。杜阿尔特·费尔南德斯在大城府受到友好接待后又向周边地区派出了使团，而他本人于 1513 年被中国商船接回了马六甲。阿尔瓦雷斯极有可能是奉杜阿尔特·费尔南德斯的临时命令，代表葡萄牙出使周边国家，跟随暹罗沿岸国家商船一起航行到了中国屯门。这一情形既解释了阿尔瓦雷斯树立石柱宣示葡萄牙主权的官方行为，又可以解释他没有葡属印度总督官方文书，不能与中国官方接触，只能在远离陆地的屯门岛进行贸易的非法行为。此外，皮列士一封信函也可以佐证这一观点。在 1513 年 1 月 7 日，皮列士在马六甲写给葡萄牙国王的信中提到：

　　"陛下的一艘帆船离此赴中国，和其他也去那里装货的船一起。已支付和正在支付的商货以及费用，在你和本达拉·尼纳·查图（一位高种姓的科罗曼德尔印度教商人）之间均摊，我们期待它们在两三个月内返回这里。"[137]

1—6 月的季风期是中国驶往马六甲的季节，也直接证实了原本期待 2—3 个月内返回马六甲的这艘商船早在 1512 年就已经前往中国。当然，也还有一种可能，1513 年，乔治·阿尔瓦雷斯根据命令，在吕宋商人的陪同下，驾驶武装商船直接从马六甲出发，经过吕宋，然后抵达屯门岛，并竖立石柱、开展贸易活动。因为不属于朝贡贸易，他被拒绝登陆。这一推测行程与 1516 年费尔南·佩雷斯·德安德拉德（Fernão Pires de Andrade）执行中国贸易，直接从科钦出发到吕宋，在吕宋装载完香料与货物前往中国的行程几乎一致。

据史料记载，当时在屯门澳内停泊的各国贸易商船，至少包括吕宋、渤泥、安南、柬埔寨、占婆、暹罗等的合法商船，也包括违反禁令的中国（主要是福建和广东）与日本商船。乔治·阿尔瓦雷斯等人开始没有被允许登岸，但仍然以极高的价格将他们带来的货物卖光，获得了很大的利润。阿尔瓦雷斯可能觉得没有在中国留下可以长期经营的商站就走很不甘心，于是在同年（1514年）率舰队返回，强占屯门岛，并在屯门澳竖立了葡萄牙探险家专用的石柱，以此宣示他的发现和主权。他的儿子却因水土不服病死在屯门岛，并埋在立柱之下。几个月后，阿尔瓦雷斯将成功登陆中国的消息带回了马六甲。他评价说，中国市场机会多，但由于该国封闭，这些机会无法得到充分利用；外国人要想踏上中国的土地，即使有可能，也极其困难；海上贸易只能在中国沿海的海岛上进行，而不能在主要港口进行，而且必须谨慎秘密地进行。出现这种情况的原因是明朝实行海禁政策，外国人要在中国"合法"贸易，只能遵循朝贡贸易制度安排，这意味着朝贡商人和他们的统治者必须正式隶属于中国皇帝。葡萄牙人需要面对全新的局面，但与中国贸易利润丰厚，按照葡萄牙人的行为习惯，必然会通过与其友好且和中国接壤的暹罗、占婆、安南等国家来实现与中国的贸易。因此，他们在这些国家设置长期驻留贸易站，并冒用这些国家的名义派出商业代理人员与中国沿海、沿边口岸进行贸易往来（1521 年 6 月，阿尔瓦雷斯再次来到屯门澳，于 7 月 7 日病逝于此地）。

1514 年，马六甲局势平稳后，新总督乔治·

德·布里托（Jorge de Brito）开始关注"发现中国"。一个为葡萄牙人服务的意大利人拉斐尔·佩雷斯特雷洛向中国进行了一次成功的航行。他在处理完兄弟的葬礼后，于1515年开始这次航行。他乘坐马六甲本地商人普拉特（Pulate）的商船，率领30名葡萄牙人同行。此次出访在中国文献中没有任何记载。直到1516年9月他才平安回到马六甲，赚到了20倍的利润，还带回了好消息："中国人希望与葡萄牙人和平友好，他们是一个非常善良的民族。"总督得报，大喜过望，决意再派费尔南·佩雷斯·德·安德拉德前往中国。这成为1517年葡萄牙外交家安德拉德放弃前往孟加拉而改道中国的主要原因。

16世纪初，中国海上贸易尽管存在制度性障碍，但通过朝贡贸易和走私贸易仍然购买了大量的印尼胡椒、苏木、檀香、玳瑁、药材、丁香、肉豆蔻等货物，通过中国舢板、日本和东南亚船只以及琉球群岛的商人带到中国。这一时期，在中国进行的这些热带商品贸易，无论合法与否，都超过了销往印度、近东和欧洲的贸易总额。据文献记载，与中国的贸易可以赚取巨额利润——单是胡椒就有百分之三百的利润。当然，葡萄牙人不想错过这种机会。此前，拉斐尔·佩雷斯特雷洛可能被允许在港口内进行了贸易，但被严令禁止进一步深入。葡萄牙人必须在利益最大化方式的诱惑与他们在中国的长期利益之间谨慎地平衡[138]。

介绍安德拉德广州之行以前，还需要简要了解一下他的原有行程安排，这对确定烟草在中国周边地区的传播有一定的助益。1516年4月，

安德拉德及其随行人员按照计划离开科钦开始他们的中国之行，首先前往帕塞（Pasai，位于今菲律宾），装载胡椒和其他商品。在那里，他受到国王的热情接待，还与老朋友乔万尼·恩波利再次相见，后者比他提前抵达，并且已在船上装满了胡椒。停留期间，安德拉德和帕塞国王达成了一项协议，在该国港口建立一个葡萄牙商站，用于胡椒收购、仓储和转运。但在启航之前，最好最大的货船失火，大部分货物也被烧毁，只能改变去往中国的原计划，准备载着剩余商品返回马六甲，以装上更多的货物后驶往孟加拉。主意确定后，他派遣若昂·科埃略（Joan Coelho）乘坐一艘摩尔人的商船先期前往孟加拉。大约在7月，安德拉德抵达马六甲。但是，马六甲的驻守长官乔治·德·布里托强烈反对他的新计划，还以葡萄牙国王的名义命令他先去中国，即使仅仅是去了解一下拉斐尔·佩雷斯特雷洛及其同伴的命运也好，因为布里托担心他们已被中国扣留[139]。

安德拉德终于被说服，虽然信风季节早已过去，他还是在1516年8月12日驾驶圣·芭芭拉号武装商船启航前往中国。曼努埃尔·法尔桑（Manoel Falsao）、安东尼奥·法尔桑（Antonio Falsao）随同前往，他们分乘另外两艘船；杜阿尔特·科埃略（Duarte Coelho）则乘坐一艘帆船。由于风势极弱，直到9月中旬他们才见到交趾支那海岸。在那里，他们遇到了一场暴风雨，舰队只好到占婆沿海避难。经安德拉德准许，杜阿尔特·科埃略乘坐自己的帆船溯湄南河而上，在暹罗过冬，其余人返回马六甲。他们选择了另一条航线返回马六甲，在昆仑岛（今越南昆山岛）靠

泊补充淡水，沿马来半岛航行，到达北大年。为了贸易上的方便，他们与沿路港口地区当局达成了一些协议，寻求自由靠泊、设立商站甚至是要塞，这些都是葡萄牙探险船长们的常规动作[127]。

安德拉德抵达马六甲后，得知拉斐尔·佩雷斯特雷洛已经从中国返回，而且还赚取了厚利。这也激起了前者的勇气，他决心自行承担这次前往中国航行的费用。在余下的时间里，1516年12月，他派遣船只前往帕塞装回了一船胡椒，还安排舰队中的一名成员西芒·阿尔卡索瓦前往印度运回一船货物，一切都在为中国之旅紧张地准备着。

1517年6月17日，按照葡萄牙国王的安排，植物学家、药剂师和著名的葡萄牙地理学家多默·皮列士正式出使中国，拉斐尔·佩雷斯特雷洛也随同第二次前往广州进行贸易。安德拉德则率领八艘满载货物的武装商船护航使团前往，这八艘船是：埃斯费拉哈，一艘八百吨级的商船，由安德拉德本人指挥；圣·克鲁兹号，由西芒·阿尔卡索瓦指挥；圣·安德雷号，由佩罗·索罗斯指挥；圣地亚哥号，由乔治·马斯卡伦阿斯指挥；一艘马六甲本地商人库利亚·拉加所有的帆船，由乔治·博特尔奥指挥；另外两艘帆船属于名叫普拉特的商人，分别由曼努埃尔·阿劳若和安东尼奥·法尔桑指挥；此外还有一艘船由马丁·古埃德指挥。所有这些船舶装备得都很好，而且都雇用了中国领航员。出使任务是：

"希望在中国建立正式的大使馆——并且希望，即使存在困难，也尽量协商达成协议，允许葡萄牙在中国进行自由贸易，甚至希望建立一个永久性的基地。"[140]

这八艘船具备的军事实力，在亚洲除却中国，能对沿海的任一国家港口形成压倒性优势。

8月中旬他们抵达屯门岛，港口打击海盗的守军发现突然而来的葡萄牙船队，一开始就用岸炮攻击，拒绝他们进入港口。由于具有外交使命，安德拉德严禁葡萄牙船只回击中国守军，努力以和平方式进入，通过重金贿赂驻守官军，最终得以进驻港口。交涉成功后，他马上派遣科埃略返回马六甲报告成功抵达中国的消息，同时，又派马斯卡伦阿斯跟随港口内的琉球商船前往琉球[141]。安德拉德进入屯门港后，立即请求南头备倭官准许他们驾船直接去广州。由于季风气候下葡萄牙商船在此停留的贸易时间有限，多次交涉等待回报的过程中，安德拉德终于按捺不住，强行进入珠江内河，到达广州怀远驿（今十八甫一带）。葡萄牙人谎称自己是伊斯兰教徒，并宣称向中国进贡。在了解情况后，广州官员给予重视，安排他们在专门接待国王使节的地点住下。在驿站传递消息期间，广州官员还让葡萄牙人在光孝寺学习中国传统而正规的礼仪[142]。一部分葡萄牙商船的商人被允许进入广州城进行贸易活动，其中，乔万尼·恩波利因感染霍乱病死广州[143]。

正德十三年（1518年）正月，朝廷答复，把葡萄牙人带来的货物按市价折成银两，其余船只、人等立即返回。葡萄牙人没有按照政府的要求离开，而是退出广州，企图攻占南山半岛（今深圳南山区的一部分），但由于明朝驻军太多未能得逞。随后他们退至屯门岛安营扎寨，在没有得到明朝政府允许的情况下建造了一座要塞。安德拉德在此停留了一年之久，除了进行必需的贸易之外，还继续巩固与建设要塞，又在屯门澳及葵涌海澳（今香港青衣岛、葵涌一带）探查据点，制火器，立石柱。他甚至可能与屯门岛周边地区的港口进行了贸易，以寻找新的商业机会，并大肆劫掠（就像他们在其他地方所做的一样），当地居民怨声载道，纷纷向官府告状，并要求迁移至别处以躲避葡萄牙人的欺凌[144]。

1518 年 8 月，塞奎拉派遣西芒·德·安德拉德(Simão de Andrade)到马六甲替换其兄费尔南·佩雷斯·德·安德拉德，抵达后发现其兄和大部分人员还没有返回，仍停留在中国。1519 年，西芒·德·安德拉德终于赶到屯门岛，接替其兄驻守屯门要塞，继续进行贸易[145]。西芒·德·安德拉德——即使按当时的标准来看也是个恶棍——出现在珠江口，行为不端，连葡萄牙编年史学家巴洛斯在他的《亚洲四十年史》中也指责这个人犯下了各种不端和罪行：在没有征得中方同意的情况下，就在屯门岛上判处了一名船员死刑；将一些中国人卖到印度作为奴隶，甚至出现了骇人听闻的葡萄牙人把小孩子"烤了吃掉"这种传闻，部分葡萄牙船员、商业代理人员也在广州胡作非为[146]。中国官方也掌握了一些葡萄牙人的"邪恶"证据。1520 年，皮列士在经过贿赂等待后，于 5 月带领人员（其中翻译为火者亚三）从广州赶到了南京，随后抵达北京，得到了明武宗的正式接见[147]。

1521 年 4 月 20 日，明武宗病逝[148]，7 月，广东官员接报新一批葡萄牙人到广州要求进行

贸易，礼部、兵部认为葡萄牙人假借使者之名夹带私货通商，并且在广东沿海屯驻过久，应拒绝其要求，驱逐出境。根据兵部、礼部建议，1521 年，明世宗下达诏令不许葡萄牙人进贡，禁止其继续来华贸易，尽快驱逐葡萄牙人，并再不许其入境[149]。

1521 年，此时驻守屯门岛的葡萄牙人是佩德罗·阿尔瓦雷斯（Pedro Álvares），根据塞奎拉命令，他接替了西芒·德·安德拉德。在广东海道副使汪鋐 8 月着手驱逐葡萄牙人之前，在迪奥戈·卡尔沃（Diogo Calvo）的率领下，葡萄牙新一年的武装商船中已有一艘大海船进驻屯门岛，1520 年驻留船队与 1521 年新到的武装船队开始汇集屯门岛。在汪鋐率领中国舰队驱逐屯门岛葡萄牙驻军期间，又有杜阿尔特·科埃略及阿姆布罗济奥·雷戈（Ambrocio do Rego）各带两艘武装商船抵达屯门增援葡萄牙守军。明军第一波攻击终因葡人火炮猛烈而失败，随后在葡萄牙船队所雇中国船员的协助下，在第二次攻击中大败葡萄牙守军，最后葡萄牙船队只剩下三艘残舰败退马六甲。至此中国收复了被葡萄牙人盘踞三年之久的屯门岛以及屯门海澳和葵涌海澳。屯门海战结束后，明政府下令水师见到悬挂葡萄牙旗帜的船只就将其击毁，在广州经商的葡萄牙人被尽行驱逐。虽然屯门海战葡萄牙失败，辛苦经营的屯门要塞被毁于一旦[150]，但面对与中国经商的巨额利润，葡萄牙人进驻中国沿海建立贸易据点、进行贸易的活动并没有因此而终结。

1522 年 7 月 10 日，葡萄牙在马六甲又集结了五艘武装商船，满载货物和 300 多人，再次出

发前往中国探险和贸易。这支舰队由马丁·阿方索·德·梅洛·戈丁霍（Martim Affonsio de Mello Coutinho）率领，同行的还有他的两个兄弟费尔南德·戈丁霍、迪奥戈·德·梅洛和佩德罗·霍蒙，以及上一年在屯门战败而归的科埃略和雷戈两人。这支舰队的诉求与航行在印度、孟加拉湾、巽他群岛的其他葡萄牙舰队一样：寻求贸易，签订贸易协议，并要求在当地建立稳定的贸易据点——商站或要塞。抵达屯门岛后，梅洛·戈丁霍立即上岸求见广东地方长官，请求允许贸易，被拒后不得已退出屯门港。装载货物的武装商船既然已经抵达中国海岸，葡萄牙人就必须想办法到中国其他港口寻找贸易机会，但此时他们已被明朝舰队跟踪尾随。在流窜到广东新会县西草湾港口后，葡萄牙人被备倭指挥柯荣、百户王应恩率军抗击。此战生擒包括佩德罗在内的 42 人，斩首 35 人，解救被葡军掳掠的男女共 10 人，并俘获葡军船只两艘。但葡军残余三舰又发动反攻，将明军所俘战舰焚毁，王应恩战死，葡军残部逃走[151]。

历经屯门和西草湾两场硬仗，葡萄牙战船、人员、货物损失严重，再也没有了企图通过发动战争在中国建立要塞和据点的强烈冲动。但中国市场魔力实在太大，没有了最具活力的广州市场，葡萄牙会转战何方？

（三）葡萄牙人在福建泉州一带与浙江的长期驻留与经营（1517—1530 年）

1517 年，安德拉德和皮列士率领葡萄牙使团抵达广州屯门岛时，发现那里停泊着来自琉球的几艘中国帆船，便决定与他们交往，前往中国东部海岸探险。在广州当局许可下，安特拉德派遣船长乔治·马斯卡伦阿斯为圣地亚哥号船长，经由泉州前往访问琉球。当马斯卡伦阿斯抵达泉州时，为时太晚，无法在信风季节前往琉球群岛，因此只能逗留泉州，与当地商人进行贸易。马斯卡伦阿斯发现"在泉州可以赚到与广州同样多的利润"，"沿泉州海岸行驶，那里散布着很多齐整的城镇、村落，航行中遇到许多驶往各地的船只"[152]。在后续商务报告中他详细记载了这次航行见闻以及这里人们富足的情况，无论是商品还是家畜和粮食[153]。

马斯卡伦阿斯对泉州的印象是，"感觉该地百姓比广州更富有，比广州人更有礼"，"在那里停留时一直受到当地百姓的友好接待。他们是异教徒，白而秀俊，生活不错"。马斯卡伦阿斯浮光掠影式的访问，虽然没有带回更多信息，但是随着葡萄牙人的不断到来和频繁接触，福建、泉州渐为葡萄牙人所熟知。涉及烟草的传播，在这里我们需要突出和强调的一点是，1517 年，葡萄牙人到访泉州之后必然在这里留下了派驻人员从事商业代理，此外可能还释放了一些犯人在此地学习中国语言和风俗，甚至可能有牧师自愿留下传教。随后，根据马斯卡伦阿斯带回的商业指引，葡萄牙商船在抵达广州之后也必然派出人员或商船前往福建泉州一带从事贸易，因为在那里和广州一样赚钱，而且泉州对葡萄牙人的管理远远没有广州严厉。嘉靖三年（1524 年），葡萄牙人瓦斯科·卡尔渥在广州还写道："在福建省有一个叫泉州的城，它是个漂亮的大城，靠近大海，盛产丝、绸缎、樟脑和大量的盐，交通发达，其中有大量的船只，可以一年四季来来去去。"[154]

1522 年，广州执行海禁政策，彻底关闭对外贸易。虽然可能还有一些葡萄牙脱逃人员驻留广州，但他们的影响已经微不足道。此后，明朝再次重申海禁，广东甚至采取了一刀切政策，将合法的暹罗、安南、占婆等国朝贡贸易也全部禁止[155]。随后，所有以广州港为目的地的朝贡国家商船，包括葡萄牙人的商船，已经没有合法贸易途径进入中国，只能在管制较松且走私贸易盛行的中国海岸港口进行贸易，沦为走私商人。

在福建走私海商导引下，漳州、泉州继广州之后成为对外贸易中心。各国商船由此开始大规模进入走私商贩聚集的泉州、漳州港口，例如福建漳州的月港[155]，继续向北探索的葡萄牙人、广东沿海中国海商也纷纷选择这里作为新的交易据点，并受到福建各阶层民众欢迎，成为合作共存的战略伙伴。葡萄牙人对南洋贸易资源的控制也吸引了中国商人与他们合作，本地民间海商随即与新来者合流。虽然没有具体的文献资料证实，但可以引用一些侧面的资料，说明葡萄牙商船选择在漳泉地区聚集开展贸易活动的合理性。

一是漳泉地区已具备了较大的人口与经济规模。当时海上贸易中的漳州港，是以月港为中心的漳州河（九龙江）河口，官方管制的力量较为薄弱。月港位于九龙江入海处，距漳州府城五十里，港湾开阔，"潮汐吞吐，通舟楫，……两涯商贾辐辏，一大市镇也"。早在景泰四年（1453 年），月港兴起，"月港、海沧诸处民多番货而善盗"。

二是漳泉地区为通商口岸，且官方管控较为薄弱，经济有活力，有足够的财力吸纳外国货物。福建自古为兵家不争之地，由于"官司隔远，威命不到"，到了成弘之际（1465—1505 年间），漳泉地区的月港因为海上走私贸易而发展起来，"十方巨贾，竞鹜争驰，真是繁华地界"，有"小苏杭"之称，具备"海岸城市"的景观。

三是民间豪势之家与官商勾结，走私贸易盛行。正德年间（1506—1521 年），月港"豪民私造巨舶，扬帆他国以与夷市"，"土民多航海贸易于诸番"。此时他们导引葡萄牙商船到月港虽属违禁，但从通番贸易而言，这种行为顺理成章。当地百姓以通番为生，对葡萄牙人到来交易没有反感，有民间贸易力量的主动对接，葡萄牙商船纷至沓来也就成了必然[156]。

在福建商人的引导下，1526 年葡萄牙人开始频繁到浙江舟山群岛中的双屿港进行贸易，无形中将马六甲—福建贸易航线与北方的浙江—琉球—日本贸易航线连通。明朝浙江地方官员一直对于这类经济活动网开一面，不少地方上的商人与大族也参与海上贸易，或雇用代理人参与进来。葡萄牙商人连通了日本的白银、中国的生丝、摩鹿加群岛的香料，形成了一个三角贸易网络，以物流船队代替了武装舰队。同时，海禁政策之下的沿海地区存在大量无主之岛，不仅能让大陆来的商贾避开海禁，更是让参与走私贸易的各方逃避了政府税收。葡萄牙人从 1517 年首次登陆福建，到 1530 年已获得了超过十年的贸易宽松时间，部分葡萄牙商人、海员、脱离葡萄牙官方管理的葡萄牙人员已定居漳泉，烟草也必然紧密相随。

第二节 烟草传入中国边境口岸的
路线与时间重建

关于葡萄牙人在亚洲的活动，无论是在葡萄牙国内还是在印度、孟加拉湾、暹罗湾、中国、菲律宾群岛和摩鹿加群岛的相关地区和国家，都缺乏系统性的历史资料记录。上一节我们根据大量的零星历史资料，梳理了1510—1530年葡萄牙人在阿拉伯海岸、孟加拉湾海岸、暹罗海岸和中国沿海地区的扩张、征服、商业与定居活动。根据烟草1508年在印度开始本土化规模种植这一历史事实，在随后的烟草传播分析过程中，我们假定随着用烟草医治疾病者和抽烟者（包含葡萄牙人和本地区流动人员）进入一个新的区域，必然伴随烟草使用习惯的传播，到出现葡萄牙定居者以及当地出现本土烟草消费者和烟草规模种植，设定一个十年左右的时间期限，即从使用烟草的零星人员出现在该地区算起，经过十年左右，烟草会在当地形成稳定的需求并进行本土化规模种植。

根据人类活动、商品跨国交流的一般规律，在烟草早期传播进入中国的过程中，因其具有显著的医疗效果与成瘾性，质轻而价昂，非常适合长途贸易，我们认为存在以下情形和路径依赖：

1. 烟草出现在新的地区后，必然会沿着这些地区的传统商业贸易路线传播。

2. 烟草在海上传统商路传播的速度要快于内河、陆路传统商路。

3. 军事行动、政府组织的移民活动在促进烟草传播的速度、强度上要高于单纯由商业贸易推动的烟草传播。

4. 这一时期在亚洲活动的欧洲人，至少有50%以上学会了用烟草医治常见伤病，或者养成了烟草使用习惯。

5. 学会使用烟草医治疾病或养成烟草使用习惯的本地人，会遵循前三个规律把烟草进一步向内陆或更偏远地区传播。

自古以来，中国就是一个幅员辽阔的中央帝国，与许多国家接壤，与沿边国家的人员、货物往来有无数传统商业通道，采用的交通方式有海路、水路、陆路马帮驮运等。传统的商路不仅是商业贸易通道，也是国家与地区之间重要的军事行动路线。持续的战争在促进人员流动的同时，伴随物资保障会带来货物的加速流动，烟草也会像其他货物一样，在这些活动中，沿着不同的路线传播到中国边境口岸。从这个意义上讲，烟草引入中国不是单点单线程进入，而是在一段时间内多点、多线程进入。正是基于这一常识性判断，本文简要梳理、重建了烟草进入中国的主要路线和大致的时间点。

一、烟草进入中国西部（新疆、西藏）边境口岸的路线与时间重建

烟草于 1508 年在印度开始规模种植后，葡萄牙在靠近中国西部（新疆、西藏）一侧的阿拉伯海和波斯湾沿岸港口城市开展了广泛持久的征服与经济、文化渗透活动。正如前面提到的那样，1515 年左右，烟草已经开始在霍尔木兹、马斯喀特周边地区种植。16 世纪 20 年代左右，中国古代传统商路与这一地区相连的就是陆上丝绸之路在新疆分支的中路、南路，以及位于西藏的麝香之路，也称象雄古道。虽然曾因战争、气候等因素短暂中断，但在经济利益驱动下，沿边地区与他国连通的商路仍然会设法保持畅通、活跃。从新疆出发到波斯湾、阿拉伯海的陆路贸易，从丝绸之路开辟以来，一般都由当地货物中转城镇的穆斯林商人、阿拉伯人、藏人负责转运两地之间交换的商品，汉族商人较少从事这种风险较高的商业活动。

丝绸之路中路，从喀什出境，一路经费尔干取道撒马尔罕、马里、马什哈德、达姆甘、德黑兰、哈马丹，再到巴格达，进入底格里斯河沿岸城市（包括阿勒颇和波斯湾等地），中间可在德黑兰分支，经古母、迪兹富勒，沿卡伦河进入底格里斯河沿岸城市。这一条路线上虽有河流，但基本上是跨河流之间的旅行，以陆上运输为主[157]。

丝绸之路南路，从喀什出境，跨越葱岭古道，到法扎巴德，经喀布尔，顺着喀布尔河进入印度河沿岸城市白沙瓦、巴卡尔、苏库尔、海得拉巴、塔塔，抵达阿拉伯海，向北经水路或海路可以抵达卡拉奇、霍尔木兹、波斯湾和阿曼半岛，向南可以抵达马拉巴尔海岸北部的坎贝湾、第乌等。这是一条非常便捷的水路，一直与坎贝湾、霍尔木兹等地进行着活跃的贸易，繁荣的印度河流域文明就位于这一区域。除此之外，在丝绸之路上的一些重要商贸节点，还会开辟许多新的支路，例如，从白沙瓦一路向东，可以延伸到拉合尔、德里等地，最终形成一张丝绸之路的贸易网络。这也意味着烟草传播到中国之路还存在更多可能。

（一）烟草从阿拉伯海、波斯湾进入中国新疆的路线与时间

在此期间，这一地区能加速烟草传播的军事活动，主要是莫卧儿王朝建立者巴布尔（帖木尔后裔）所进行的中亚和印度次大陆征服活动。1483 年，巴布尔出生于费尔干纳，1494 年继承了汗位，1497 年率领军队从安集延出发征服了中亚重镇撒马尔罕，随后费尔干纳发生叛乱。此后两年，他辗转于撒马尔罕与安集延之间，直到 1500 年 2 月才得以返回安集延。1500 年，巴布尔第二次夺得撒马尔罕。次年春，昔班尼汗反攻，迫使巴布尔再次退出撒马尔罕，在乌腊提尤别、塔什干等地和费尔干纳山中过着颠沛流离的生活。后来他流亡到喜萨尔，最后逃往阿富汗[158]。

1504 年，巴布尔夺取了喀布尔、坎大哈及其附属地区，企图以之作为复国基地。在当时，喀布尔不仅物产丰富，而且还是阿富汗及其周边的重要贸易中心，每年赶到喀布尔贸易的马有

七八千甚至上万匹，从下印度来的商队每年要带来一万、一万五或两万商人，在此地能买到来自罗姆和中国的各地商品[159]。

前面已经提到，1508 年印度马拉巴尔海岸地区开始了烟草本土种植。印度河入海口城镇位于第乌与霍尔木兹的航路之上，这些地区的商人、士兵、官员和水手在商业活动中也必然会频繁接触使用烟草的葡萄牙人、印度人和阿拉伯人。可以推知，在印度河入海口附近的塔塔、卡拉奇、海得拉巴等港口城镇，烟草本土化种植的时间应不晚于霍尔木兹邻近地区，即 1515 年左右应该已经有了烟草种植，出现了固定的烟草本土消费群体。内河航运使烟草迅速传播到印度河平原主要港口城市，例如内陆巴卡尔地区，那里海拔仅 32 米左右，航运非常便捷。

烟草沿阿拉伯海、波斯湾西侧向内陆喀布尔、马里以及撒马尔罕等中亚地区的渗透路线遵循传统商路丝路中路，以陆路为主，传播的速度较慢、规模小，而沿着印度河流域向内传播的速度和规模明显要更快、更大。比较之下，我们认为烟草沿新疆丝路南线率先抵达喀布尔和中亚地区的可能性更大。1515 年左右，在印度河入海口附近城镇出现烟草种植。在频繁的货物贸易和人员流动中（从事商业旅行、军事活动的拉达克人、巴尔特人、旁遮普人、信德人、乌尔都人、葡萄牙人），烟草使用者们必然会到处传颂烟草的医疗效果，分享吸烟带来的乐趣，吸引着新的烟草使用者不断加入。不难设想，1515 年左右的印度河内陆、高原地区沿河港口城镇，出现了零星的抽烟者，或者用烟草治疗疾病的人。加速烟草传播的 16

世纪巴布尔行军路线，与传统的丝路南路在印度河流域重叠的路线和大致时间为：

"1505 年，巴布尔穿越开伯尔山口，侵入印度北部旁遮普省（今巴基斯坦），掳掠了科哈特和班努，第一次抵达了印度河流域城市。1507 年，巴布尔随即南下印度，攻占了曼德拉瓦尔，冬天返回了喀布尔。此后，巴布尔将主要精力集中在中亚地区，1511 年再次占领撒马尔罕，但他对什叶派波斯委屈称臣的做法，引起了当地人民的反对。他不得人心，遂不得不永远退出故地，返回喀布尔。历年的事实证明，兴复故国乃是巴布尔不能实现的梦想，他只有把目光转向南方，夺取印度，以建立新的基业。1519 年，巴布尔南下印度，征服了杰卢姆、拉合尔等地，随后返回喀布尔；1520 年再次占领旁遮普，富饶的印度河平原进入版图；1524 年再度进占拉合尔。"[160]

在印度河流域，1505—1525 年期间，最为重要且活跃的军事活动一般由高原地区的巴布尔发起。特别是 1519 年以后，巴布尔把军事征服方向完全放在了印度次大陆，频繁从喀布尔、班努、旁遮普、伊斯兰堡、拉合尔等地出发向南或向东推进。高原地区频繁的战争运动，带来了人员流动和聚集，进一步强化了对印度河平原和印度河中下游地区的物资需求。作为那一时期具有特殊疗效的药用物资，抽烟者的持续稳定需求，有效地提升了烟草的本地种植动力，加上内河航运便捷，1516 年左右可能就在旁遮普省的印度河平原上开始了规模种植。在烟草通过丝绸之路经帕米尔高原和中亚向新疆传播的进程中，军事活动进一步加快了它向更高海拔地区的传播速度，可以推测：在 1525 年左右，喀布尔、拉瓦尔品第、拉合尔、白沙瓦、伊斯兰堡等地可能已经出现了烟草种植。由于喀布尔（海拔 1800 米）在 1512—1525 年之间属于莫卧儿王朝奠基者巴布尔的政治、经济和贸易活动中心，人口规模、烟草需求量大，且地处高原，是烟草向中亚和中国传播的转换枢纽。这一地区选育种植的应是更适合高原地区的黄花烟草。

美洲烟草由喀布尔向中国新疆的传播有两条路线可以选择：

一条由喀布尔出发，向北传播到与中国相邻的阿富汗重要集镇伊什卡什姆，如果这一时期的瓦罕走廊没有完全隔绝，烟草吸食的行为极有可能在 1545 年、甚至 1535 年左右就传播到了新疆喀什地区。

另一条在瓦罕走廊完全隔绝的情况下，则从伊什卡什姆继续向北传播到马扎哈德，然后沿喷赤河、阿姆河流域沿岸城市传播到荷罗格、捷尔梅兹（或取道杜尚别、安集延）、木克雷、马里，随后沿着丝路中路，经撒马尔罕、安集延，从西部进入中国新疆喀什，或者经安集延、阿拉木图，沿人口更为稠密的伊犁河领域从西北方向进入中国新疆。按照烟草种植扩张每跨越一座大的城镇需要十年来推算，在瓦罕走廊完全隔绝的情况下，不晚于 1600 年，美洲烟草可能就进入了中国新疆西部或西北部。

从印度河入海口出发，传播到中国新疆西部或西北部花了接近 90 年，这一路线从时间和烟草种植类型上，基本符合中国新疆地区尤其是伊犁地区黄花烟种植规模大、历史悠久的特点（喀

布尔是今巴基斯坦、阿富汗地区商人古代进入中国新疆的枢纽之地，在《元史·地理志·西北地附录》中作可不里，在葱岭西南，汉时称为罽宾国，其国人商贩京师，大唐玄奘取经也曾经过此地[161]）。

（二）美洲烟草通过阿拉伯海一侧的印度河流域向中国西藏扩张的路线、时间

从路线上看，有两条：一条是通过伊斯兰堡、米腊巴德、列城或楚舒勒，分别进入我国阿里地区的狮泉河（森格藏布）盆地、班公错一带；另一条是沿着印度河的重要支流萨特累季河，经过拉合尔附近的费罗兹普尔、鲁帕尔，进入西藏阿里地区的象泉河（朗钦藏布）流域，这一区域也是西藏西部最为重要的古文明发祥地，历史上出现过著名的象雄王国（汉文史书称其为"羊同""女国"等）、古格王国。1525 年左右，伊斯兰堡、拉合尔地区出现烟草本土种植，从今天狮泉河、象泉河领域与印度的历史交流以及烟草传播速度上推算，在不考虑其他通道影响的情况下，1560 年左右烟草种植可能已经进入今天西藏的阿里地区。由于地处边疆，人烟稀少，与内陆交通阻隔，烟草通过这一地区继续向内陆传播在 16 世纪的交通条件下极端困难。

这两条路线又可以统一归结为帕米尔古道[162]（即麝香之路的阿里—中亚路线段）。同时，这也是一条宗教文化之路。据藏文史书记载，苯教通过"剑道"由大食（即波斯）传入象雄，这一通道存在两种可能：一是沿象泉河谷西北行，经

过札达，穿过喜马拉雅山，沿萨特累季河谷进入印度；另一条是由曲龙沿噶尔藏布河西北行，经过噶尔，再沿狮泉河继续向西北行进，过喜马拉雅山，沿印度河谷到达克什米尔。这两条路线都是通过印度沟通中国西藏与南亚、中亚之间经济文化交流的重要通道，而后者尤为繁盛，也说明存在很大的可能性，美洲烟草借道印度河沿岸城镇商业、人员交流，传入了我国狮泉河、象泉河流域[163]，即茶马古道西延线：

拉萨—曲水—日喀则—阿里—噶尔（或班公错）—克什米尔—米腊巴德—伊斯兰堡。

（三）美洲烟草通过孟加拉湾一侧向中国西藏传播的路线与时间

在历史上，由于地缘优势，西藏西部、南部地区与恒河流域、孟加拉湾北部国家和地区之间的交往较为密切，商品、人员流动频繁，商路繁多。例如盐羊古道、泥婆罗古道、茶马古道等在西藏地区形成的出境口岸，都极有可能是历史上美洲烟草最先传播到中国西藏边境的地方。在重建美洲烟草传播进入中国西藏的路径与时间之前，我们先简单回顾一下葡萄牙在孟加拉湾的活动及烟草在这一区域的大致传播情况。

1501 年，葡萄牙人就介入了科罗曼德尔海岸的宗教事务。1507 年，阿尔梅达派出小型舰队进入孟加拉湾的印度东海岸。虽然缺乏相关的探索结果回报，但这至少说明，早在 16 世纪初葡萄牙人就开始了在孟加拉海岸的渗透，零星的烟草使用者已开始出现在孟加拉湾。从 1511 年开始，葡萄牙人在占领马六甲后，根据季风规律，每年

分别从印度西海岸、马六甲至少派遣一批次商船队到孟加拉湾沿岸港口进行贸易。1513 年后，随着马拉巴尔海岸贸易路线管控趋严，大量的商人（包括葡萄牙走私商人）从陆路将胡椒和其他商品运送到科罗曼德尔海岸港口，通过孟加拉湾再转运到红海，进一步促进了本已活跃的孟加拉湾沿岸跨区域贸易。根据文献记载，在孟加拉湾西南部的普利卡特，1517 年已出现葡萄牙人大型聚居区。可以合理推测，1515 年左右此地应开始了烟草本土种植。由于贸易利益大，1518 年，葡萄牙人开通了定期的马拉巴尔海岸—孟加拉湾沿岸—马六甲的皇家航线，私人航路则更多；1521 年，文献记载在孟加拉湾腹地的吉大港，部分葡萄牙定居者已能有效介入当地政治决策，出现烟草零星使用已有十年以上。可以合理推测，1520 年左右在孟加拉湾腹地吉大港以及恒河、布拉马普特拉河、贾木纳河和梅格纳河下游三角洲平原上众多港口城市附近，例如达卡、杜连、兰格普尔等，已经出现了规模化的烟草种植。

恒河流域内河航运便捷，德里是印度次大陆内陆重要的政治中心，是恒河流域重要的人员与货物集散中心，也是孟加拉湾港口贸易货物的重要组织者和需求者，货物吸纳能力强大。1507—1529 年之间（1526 年巴布尔占领德里和阿格拉，并宣布自己为印度斯坦皇帝，定都德里；1528 年进占钱德里；1529 年取道阿拉哈巴德、加奇帕尔，在巴特纳击败比哈尔的阿富汗首领，占领比哈尔，征服了整个印度斯坦），巴布尔同恒河流域国家展开了持续的军事活动，频繁的人员流动进一步催生了对恒河流域中下游地区、孟加拉湾沿岸货

物的需求。出于医疗或者个人消费考虑，可以合理推测，在1515年左右，部分已经养成烟草使用习惯的孟加拉湾商人、船员以及葡萄牙商业探索者、脱逃者已经零星地出现在了德里、坎普尔、阿拉哈巴德等恒河内陆地区。到1525年左右，与印度河流域的拉合尔、伊斯兰堡、喀布尔保持同步，恒河流域的帕尼帕特、纳季巴巴特、德里、巴雷利、坎普尔、法扎巴德（非阿富汗城市）、恰普腊、巴特那等地已经有了本土化的烟草规模种植。河流既是生命走廊，也是商贸通道的重要保障，我们继续沿着河流与传统商贸古道（茶马古道）跟踪烟草向中国传播的路径。在靠近恒河流域一侧，发源于西藏、最终汇入恒河，且在历史上与茶马古道南线等古商路联系起来的著名河流与口岸有[164]：

1. 孔雀河（普兰口岸）：发源于西藏阿里地区普兰县境内喜马拉雅山脉的古真拉北方的冰川，斜贯普兰县的南部，在斜尔瓦村流到尼泊尔。这条河流孕育了西藏历史上著名的盐羊古道。阿里地区盛产食盐，藏民们用羊背驮盐的方式，经阿里普兰（今天的普兰口岸，对外通道数十条，古代茶马古道、丝绸之路曾在这里开辟了一条南下之路）运到印度、尼泊尔等地，每只羊运出20—30斤盐，回来时驮回20斤青稞、大米、大豆、小麦等。这些驮回的货物来自尼泊尔、印度，甚至是经孟加拉湾港口、恒河流域河流转运过来的其他地区产物。他们采用以物易物的方式，换回日常生活所需物品。孔雀河下游是格尔纳利河、哥格拉河，最后汇入恒河，这条商路沿河主要城镇有巴特那（印度）、阿扎姆加尔（印度）、丹

达（印度）、苏尔凯德（尼泊尔）、曼马（尼泊尔）、锡米科特（尼泊尔）、普兰（中国）。同时，这条盐羊古道还承担着另一项功能：在孟加拉湾不适合航行的季节，将需要转运到中亚、波斯湾的货物带到阿里，再经由象雄古道、喀布尔等地运达最终目的地[165]。

茶马古道南亚延线之一：拉萨—曲水—日喀则—阿里—普兰（以上中国）—锡米科特（尼泊尔）—曼马—苏尔凯德—贡达—巴特那（以上印度）。

2. 吉隆藏布河（吉隆口岸）：发源于西藏自治区日喀则市吉隆县，干流先向东流，汇集诸多支流后于宗嘎镇转向南流，流经盆地吉隆镇后，于热索附近流入尼泊尔境内，改称特耳苏里，流入印度卡达克河，最后汇入恒河。从拉萨出发，在中尼境内沿河附近城镇有吉隆—热索瓦（中国）—图曼（Thuman）—贝西（Syapru Besi）—唐切（Dhunche）—比德尔—加德满都—蓝毗尼（释迦牟尼佛诞生地）等城镇，连接而成的古道曾是泥婆罗道、茶马古道、唐竺古道等重要古道向南延伸的重要组成部分[166]。这条古道是中国西藏联通中亚、西亚、南亚、印度等地的重要通道，是中尼之间最热闹、最繁荣的"商道""官道""战道""和亲道"，是中国西藏对外贸易交流、人员流动、宗教传播的文化运河，也是历史上中印、中尼交往的主航道。与盐羊古道一样，它也承担着将孟加拉湾港口、印度商品从陆路转运到中亚、西亚的功能。

茶马古道南亚延线之二：拉萨—曲水—日喀则—萨迦—定日—吉隆—热索瓦（以上中国）—图曼—贝西—唐切—比德尔—加德满都—蓝毗尼

（以上尼泊尔）—黑道达—莫蒂哈里（Motihari）—巴特那（以上印度）。

3. 波曲河（樟木口岸）：波曲河与吉隆藏布河虽只一山之隔，但相距较远，是聂拉木县南部的主要河流以及中国与尼泊尔的界河。波曲河流经樟木进入尼泊尔的科西河，最后汇入恒河。历史上著名的茶马古道、唐竺古道等在聂拉木县南下时有两条重要分支，一条是西侧到吉隆藏布河的吉隆，另一条是东侧到波曲河樟木。与前一条道路相比，后一条道路要艰险很多。从樟木出发，经科达里、印地（Hindi）、伽西（Gathi）、累姆切（Ramche）、泽里果德、达尔彭加、蒙吉尔，也可在累姆切向西经潘奇卡（Panchkha）、巴克塔普尔，在加德满都进入加德满都—蓝毗尼古道。在西藏古代历史上对尼、对印经济、文化、人员交流中，樟木的重要性仅次于吉隆，极其繁盛。

茶马古道南亚延线之三：拉萨—曲水—日喀则—萨迦—定日—樟木（以上中国）—科达里（尼泊尔）—印地—伽西—累姆切—潘奇卡—巴克塔普尔—加德满都—蓝毗尼—黑道达—莫蒂哈里—巴特那（以上印度）。

4. 朋曲河（日屋口岸）：朋曲河在定日县陈塘镇流入尼泊尔的阿润河，依托朋曲河河谷，不仅沟通了吉隆、定结，还贯通了尼泊尔与西藏日屋相邻的河谷盆地，使得茶马古道跨越喜马拉雅山脉的自然障碍，得以在此延伸。沿阿润河下游分布有哈提亚（Hatiya）、坎德巴里、达蓝、普尔尼亚等城镇，在坎德巴里下游向西，陆路经德克特尔（Diktel）、曼塔利（Manthali）、巴克塔普尔，到加德满都，阿润河与科西河汇合后流入恒河。在藏语和尼泊尔语中，"陈"的意思是"运输"，"塘"的意思是"路"，连起来就是"运输之路"。陈塘镇是第七批中国历史文化名镇之一 [167]，有 5 个山口贯通尼泊尔，在历史上也是重要的交通要道。虽然目前关闭了陈塘镇日屋口岸，但在分析 16 世纪烟草传播进入西藏的路线时，我们不能忽视这一重要通道。

茶马古道南亚延线之四：拉萨—曲水—日喀则—萨迦—定日—陈塘镇（中国日屋口岸。以上中国）—哈提亚—坎德巴里—达蓝—普尔尼亚（以上印度）。

5. 康木麻曲河（亚东口岸）：也称亚东河，或简称麻曲河，经下亚东乡进入不丹境内，改称阿莫曲，于彭措林附近流入印度境内，改称托尔萨河。沿河有重要城镇索贝宗、庞错林、戈杰·比哈尔。亚东是茶马古道中国境内终点之一，与印度、不丹两国接壤，对外通道有 41 条。其中一条通道经乃堆拉山口、甘托克、噶伦堡、西里古里，是锡金（现为印度锡金邦）、印度与亚东沿河的陆路重要贸易通道 [168]，与拉杰沙希、达卡航运便捷，可以将亚东出口货物运抵孟加拉湾港口，通过内河航运、海运，输送到印度内陆以及阿拉伯海沿岸地区和国家。亚东是中国十大边境重镇之一，清政府曾在此设立西藏第一个海关。

茶马古道南亚延线之五：拉萨—曲水—浪卡子—江孜—亚东（以上中国）—噶伦堡—西里古里—杰尔拜古里—拉杰沙希—达卡（以上印度）。

在靠近布拉马普特拉河北侧，源于中国、流入布拉马普特拉河的主要河流有洛扎雄曲河、洛定雄曲河等。由于布拉马普特拉河的影响，人烟更为稀少，交通更为不便，这些地区和西藏货物、人员的交流，无论在量还是强度上都无法与前面提到的主要古商道相提并论。在烟草从孟加拉湾、恒河流域传播到西藏的过程中，我们认为其作用要远远小于其他路线，在此不加论述。

在五大传统古商路中，吉隆—加德满都再到巴特那的商路一直承担着西藏与尼泊尔、印度的主要商贸活动，道路状况好、货物贸易量大，商业最发达，人员流动量最大。合理推测，在恒河干流主要城市恰普腊、巴特那、蒙吉尔等地出现烟草本土种植10年后，即1535年左右，加德满都出现烟草本土种植，而吉隆地区比加德满都再晚10年，在1545年左右出现烟草本土种植。加德满都两侧的普兰、樟木地区，由于贸易活跃程度弱于吉隆地区，极有可能比吉隆再晚10年，即1555年左右

才出现烟草本土种植。在陈塘镇、亚东这两条路线，中国西藏地区对孟加拉湾货物与人员流动的主要动力来自满足拉萨以及通过拉萨向周边地区扩散的需求，这也就决定了陈塘、亚东贸易的强度、人员流动的规模等都要弱于吉隆，但与普兰、樟木相比，这两条路线更靠近恒河干流印度城镇，因此，烟草传播到这两个地区的时间应早于樟木而晚于吉隆。其中亚东与孟加拉湾三角洲距离最短，而且是茶马古道中通过孟加拉湾港口将茶叶转运到阿拉伯海沿岸国家的重要国内终点和中转贸易地点，烟草传播到这里的时间应早于陈塘镇，给一个具体时间的话，亚东可能1550年左右，而陈塘镇则在1550—1555年之间才出现烟草种植，零星烟草使用者则出现在10年之前。

根据烟草从印度河流域、孟加拉湾与恒河流域传播到中国西藏的主要路线以及时间合理推

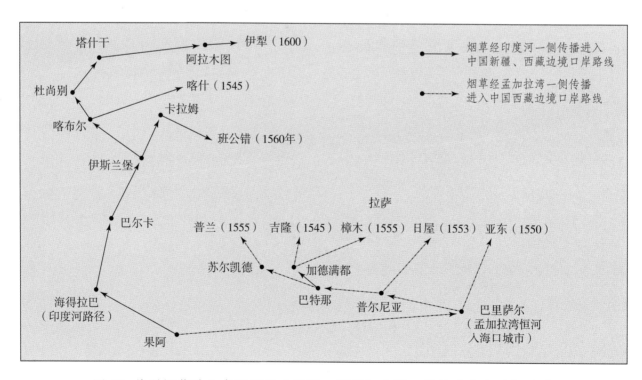

图18　美洲烟草进入中国西部（新疆、西藏）边境口岸的路线与时间重建

测，烟草应不晚于 1545 年从茶马古道的终点之一吉隆传入西藏并开始了本土种植。西藏烟草由印度传入并深受印度烟草消费行为影响，这里举一个印证：

"在喜马拉雅、藏南、克什米尔、巴基斯坦、俄罗斯、土耳其斯坦等地区的居民中，有一种奇怪的抽烟行为，就是采用固定的泥地烟斗抽烟。首先在斜坡地上挖两个有间隔的坑洞，底部连通。一个坑洞放置点着的烟草，抽烟者则蹲下身子就着旁边的另一个坑洞抽烟。" [169]

二、美洲烟草进入中国西南（云南、广西）地区边境口岸的路线与时间重建

美洲烟草多线程、多点传播进入中国，要评估最早的可能时间点，就需要分析中国周边地区的烟草本土种植时间。西南地区的云南、广西在历史上就与东南亚半岛上的国家保持着长期、活跃的贸易、朝贡关系，边境地区人员、货物来往频繁。分析这些地区国家烟草的引种时间，对合理评估烟草进入云南、广西的时间点具有一定参考意义，也能帮助我们以更广阔的国际化视野来认识烟草的传播。

（一）烟草从孟加拉湾马来半岛一侧进入中国西南地区边境口岸的路线与时间

在这一侧，与我国接壤的国家是现在的缅甸。根据多默·皮列士在《东方志》中的记载，在白古（勃固），带花的深色卷丝直接从中国运来，

说明在 1515 年以前，这一地区与中国内陆之间有直接的贸易往来。勃固是中国古代商路——南方丝绸之路、茶马古道在孟加拉湾缅甸一侧的终点之一，货物经附近各港口运输到身毒（印度）、安息（波斯）等地。例如，民间把大理（古叶榆）经永平（古博南）、保山（古永昌）、腾冲（腾越）至缅甸的密支或八莫，再到印度和孟加拉的这条古道称为永昌道和博南古道。其中，自汉晋以来中原王朝就在永昌设郡，是四川、云南通往印度、缅甸的交通要道。

蒲甘王朝（1044—1369 年）时代，缅甸已有用中国生丝做原料织成的缅甸纱笼。据《缅甸史》记载，1474 年缅王梯诃都罗将中国丝织成的纱笼赠送给锡兰国王。缅甸的玉石、宝石和琥珀在明代大量输入中国，明朝曾派官员到缅甸东北掸族地区的猛密宝井采购玉石，使腾冲成为著名的玉石手工业产地，缅甸八莫因此成为中缅通商的主要城市。明代朱孟震在《游宦余谈》（成书于 1583 年左右）中描述了 16 世纪末期八莫的盛景 [170]：

"江头城外有大明街，闽、广、江、蜀居货游艺者数万，而三宣六慰被携者亦数万。"

缅甸与西南地区通商路径众多，许多已无迹可寻，但沿着水路，我们还是能寻找到中缅之间人员、货物交流的大动脉以及烟草进入中国的行军路线。从历史记录看，第一条河流就是中国的丽水，在今天腾冲一带流入缅甸后，丽水改称伊洛瓦底江，被称为缅甸的母亲河。河谷平原是缅甸最重要的农业区，也是缅甸历史、文化、经济中心地带。该江在缅甸国内的地位，可以和我国

的长江、黄河相媲美。这条河流沿岸重要城镇，必然也是中国古商路通过缅甸进入孟加拉湾和印度的重要商贸节点。按照已知信息，我们梳理了中国南方丝绸之路与茶马古道延伸到缅甸的路线，一条是保山—腾冲—密支那—八莫—曼德勒，另一条是保山—瑞丽—八莫。两条路线在八莫汇合后，经曼德勒，一路沿河向东南抵达入海口附近平原的各大港口，例如勃生、仰光、勃固（这是有文字记载的中国丝路终点之一）、马达班等港口[116]。

另一条是萨尔温江，在中国境内名为怒江。由于山高林密、落差大，沿着这条河，历史上没有形成具有较大规模且有影响力的中缅古商路，在分析烟草早期从缅甸传播到中国的路线时，基本可以忽略这一路线。但不可否认，萨尔温江入海口形成的三角洲，与伊洛瓦底江入海口冲积平原一样土地肥沃，是缅甸重要的稻米产区，1534年葡萄牙甚至占领勃生，作为葡属印度稻米供应保障基地[171]。

1511—1515年间，葡萄牙商人在泰米尔人、吉宁人帮助下航行到了缅甸马达班，随后缅甸与葡萄牙人之间的贸易往来更为密切[172]。1518年，葡萄牙设立了印度西海岸—马六甲—勃固—科罗曼德尔海岸—印度西海岸皇家航线；1519年，安东尼奥·科雷亚作为国王使者被派往马达班，并建立贸易站；1520年，在缅甸勃固、马达班、丹那沙林和其他面朝孟加拉湾海岸线的贸易中心形成了葡萄牙居民点。可以推测，1511年左右，缅甸规模较大的港口已出现零星的烟草使用者，他们可能是学会了使用烟草的葡萄牙人、印度人、

摩尔人；1520年左右，勃固、马达班等地已经有了烟草的规模种植，以满足定居点葡萄牙人以及本地居民的烟草消费和医疗使用需求。

从安达曼海岸各大港口出发，沿伊洛瓦底江逆流而上，船只可以直抵八莫（八莫丘陵地带的平均海拔在150米左右，河流海拔则更低）、密支那。便捷发达的航运和贸易，使得烟草的传播速度更快。皮列士在《东方志》中记载了伊洛瓦底江与中国的贸易情况：

"缅甸生产宝石，输往中国，还有孟加拉湾的白古、阿拉坎，能够将白古、暹罗运来的胡椒、檀香从陆路运往中国，主要与白古、暹罗（这里应是指现仰光）在内河港口进行贸易，一个月就能往返。"[116]

这里的一个月能往返，虽然没说内河目的地，但按照人工动力航运能力测算，应该是指在曼德勒附近实现了与中国商品的转运贸易。比照恒河流域，可以合理推测，1525年左右，缅甸第二大城市、航运枢纽曼德勒应该出现了烟草的本土种植。再向西北到八莫，江流必然更急，部分河段可能并不适合人工航运，货物需要借助人力、畜力转运，或者耗费大量的人力（类似长江部分航段需要纤夫才能航行）。同时，明代云南与缅甸交界地区，没有发生诸如巴布尔征服印度次大陆那样大规模、持久的战争，带来的货物需求与人员流动强度与印度相比较小，可以推测，再经过30年左右的时间，即1555年左右在八莫地区出现美洲烟草种植。如果不考虑其他路线，烟草经缅甸伊洛瓦底江沿岸城镇传播，伴随商品贸易进入云南，1555

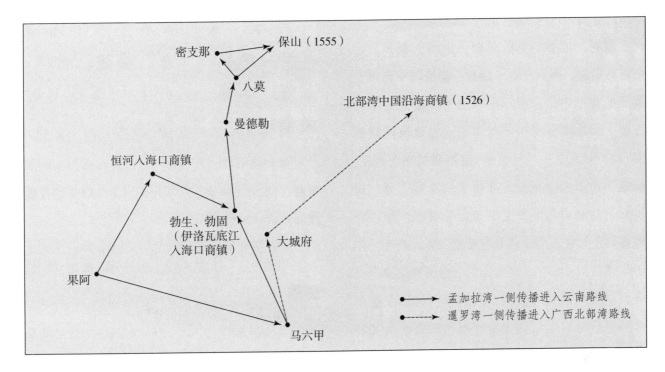

图 19　美洲烟草进入中国西南（云南、广西）边境口岸的路线与时间重建

年左右在与缅甸八莫一江之隔的中国瑞丽地区出现美洲烟草种植。

（二）烟草从暹罗湾沿海一侧进入中国西南地区边境口岸的路线与时间

在征服马六甲之后，葡萄牙人随即启动了暹罗湾一侧的海上贸易，1512 年派遣杜阿尔特·费尔南德斯率领葡萄牙武装商船，随同中国船队出访大城府，受到热情接待，同时向周边港口城市派出了外交使团兼商业团队。1513 年夏到 1514 年初，乔治·阿尔瓦雷斯跟随这些地区国家的朝贡贸易商船，驾驶葡萄牙商船首次进入屯门岛贸易，并在同一年率领舰队强占屯门岛。可以看出，到中国之前，葡萄牙至少在占婆、交趾支那（今天越南南部）等地进行了接近两年时间的贸易，

已经在这些国家与中国贸易频繁的港口建立了保障基地。不难推断，1513 年左右，欧洲人将烟草的使用习惯带到了占婆、交趾支那沿海港口，在北部湾沿海商贸城镇出现了零星的烟草使用者。

马六甲到暹罗湾沿岸贸易利润丰厚，在此后每一年的贸易季节，马六甲的葡萄牙人在东南亚商业领袖的帮助下，必然会派出商船抵达暹罗湾沿岸港口进行贸易。1516 年，葡萄牙人再次派出官方使团抵达暹罗并签订了商业条约，确定了葡萄牙人具有旅居暹罗的权利，这也说明此前已有部分葡萄牙人脱离了官方控制，在这一地区定居。这一条约也隐含着重要的烟草传播信息，即：1516 年左右，葡萄牙定居者为了满足烟草需求，可能已开始在暹罗、占婆甚至交趾支那的土地上尝试烟草种植，与葡萄牙人交往的一些本地商人、

海员以及部分居民可能学会了使用烟草。

暹罗、占婆、交趾支那与中国的朝贡、走私贸易频繁，例如皮列士提到，暹罗每年有六七艘商船驶往中国，而以中国为主要贸易对象的占婆、交趾支那同中国贸易的商船规模应该更大，他们最喜欢去广州贸易。虽然明朝禁止前往，但他们为了追求利益，顺便表示恭顺之意，每年都会以朝贡之名派遣商业船队驶抵广州。凭借葡萄牙人追逐商业利益的嗅觉，私人商船（非武装商船）也极有可能夹杂在这些朝贡商船中。按照就近原则，这些国家的商人（包括在这些国家港口城市居住的葡萄牙商人）与我国北部湾港口的商业贸易可能更为频繁。设想一下，在 1516 年左右，北部湾港口城市，例如钦州、合浦、廉州等地，出现一些学会了使用烟草的东南亚商人、海员甚至葡萄牙人，这种情景是完全可能的。在不考虑其他途径输入烟草以及广东不关闭对外贸易的情况下合理推测，1526 年左右在北部湾一带繁华的港口城市周围，可能就出现了美洲烟草规模种植，学会使用烟草的人主要为从事贸易工作的商人、官员、海员、士兵以及医生。这也从侧面证明了广西合浦出土烟斗年代最早可以追溯到 1521 年左右，且具有合理性、科学性和可能性。

这条烟草传播路线可以简单归纳为以下几个关键港口城市节点：马六甲—班武里—曼谷（暹罗）—湄公河港口（暹罗）—岘港（占婆）—红河出海口附近港口（交趾支那）—北部湾港口（中国，明朝属广东管辖）。

三、美洲烟草进入中国沿海港口城镇（广东、福建、浙江、上海、山东、辽宁）的路线与时间重建

相比内陆周边地区烟草传播路线和引入时间重建，16 世纪初期，烟草在中国沿海口岸的传播路线和引入时间就明晰得多。

（一）16 世纪初期中国海外贸易掠影

宋元以来以海为生、以贸易为业的人越来越多，禁海无疑断绝了他们的生路，因此即使在严格的海禁政策下，他们也不可能甘心坐以待毙，千方百计出海进行贸易势成必然。加上海上贸易利润大和官员腐败，海商大都向官府行贿，以求得到出海贸易机会，或者投靠地方豪户大姓，以求得到他们保护，甚至还有官员出海经商，有的则冒充外国贡使从事贸易。人们奇招百出，使得整个明代除了官方认可的朝贡贸易外，中国沿海港口城市私商与周边国家、地区的走私贸易没有真正停息过。1512—1514 年，葡萄牙人多默·皮列士这样描述周边地区与中国的货物贸易情景：

"从埃及到亚丁、霍尔木兹，他们交易来自经阿逾陀到勃固、马六甲的中国商品麝香与其他货物；在波斯，他们还从德里一侧，经陆路，获得来自中国的麝香和其他商品；孟加拉城（在今天的恒河口附近）从马六甲运回中国的丝，勃固（在今天的仰光附近，皮列士称为达光）

有直接从中国运来的深色卷丝，并从马六甲运回中国的各种瓷器；在暹罗（包括孟加拉湾一侧），因为与中国有大量的贸易，这里有大量的中国人，吉打生产大量的胡椒全部运往中国，使用大量来自中国的商货，暹罗每年有六七艘商船驶往中国；缅甸能够经勃固和暹罗把胡椒和檀香运到中国内陆；交趾支那主要把货物运往中国，他们在船上与中国人交易。中国在南头设置部门，负责管理各国在离岸岛屿和陆地港口与中国的贸易（如屯门），马六甲每年有十艘装载胡椒的船只驶往中国，停靠屯门岛；暹罗船只停靠在濠镜（今澳门）；中国每年运送到马六甲的盐能满足1500艘当地的商船分销，琉球人每年有三四艘船到中国福建贸易。"[173]

从16世纪初期皮列士的这些片言只语中我们可以感受到，虽然明朝实施了闭关锁国政策，声称片板不得下海，但中国商品仍然远销到了红海、波斯湾、孟加拉湾、马来半岛和巽他群岛等地区，尤其是与马六甲和马六甲以东的暹罗、占婆、交趾支那、琉球等存在大量的直接贸易。交易地点除了广州，还有各地离岛港口，以及广东、福建、浙江、江苏的沿海港口商镇，商品交易规模很大。不容置疑，葡萄牙武装商船上携带烟草同行的商人、军官和海员们，与中国商人开展海上贸易时必然会优先选择千百年来所形成的中国海上丝绸之路。因此，根据葡萄牙人的商业足迹和零星的文字记载，我们就具备了重建美洲烟草在中国沿海口岸传播路线和大致时间的基础条件。

（二）海上丝绸之路沿革及明朝时期马六甲以东海上丝路主要贸易港口

海上丝绸之路是指中国通过海路与周边国家和地区进行贸易所形成的传统贸易路线。与陆上丝绸之路相比，它有四个显著优势：一是商品的种类更加多样化，除丝绸外，瓷器、香料、食盐、茶叶都是海上丝绸之路的大宗交易商品；二是商品交易规模更大，依靠船舶运载货物，总量规模能达到依靠畜力、人力驮运货物交易量的十倍、百倍以上；三是运输速度快，在海上借助季风系统，可以比陆地运输以更快的速度抵达目的地；四是影响范围更广，海上丝绸之路商品经过转运不仅能抵达日本、琉球和香料群岛等地，还远达非洲和欧洲地区。由于本节主要分析烟草传播到中国沿海港口城镇的路线，我们将重点集中在马六甲到朝鲜这一区域的港口城镇。按照航线方向不同，海上丝路有东西两条：

东向航线称为东海丝路，秦朝时期，其航线大概是从登州（今蓬莱）或莱州出发，经辽东半岛南端过渤海海峡，沿岸东北行至鸭绿江口，然后沿朝鲜半岛西海岸南下，再穿越朝鲜海峡抵达日本。在魏晋南北朝时期（公元3—5世纪），因为高句丽与日本处于敌对状态，同时，建康（今南京）成为中国南方政治经济中心，东海丝路有了新发展：出发点改为建康，顺江而下，出长江口后沿岸向北航行，到山东半岛成山角附近，横渡黄海，抵达朝鲜半岛东南部，然后再沿岸南下，渡朝鲜海峡到日本。到唐朝，东海丝路航线开始呈现多样化趋势，主要有两条：一条是从登州过渤海海峡至辽东半岛南岸，再沿岸东北行至鸭绿江口，然后沿朝鲜半岛西海岸南下，过身弥岛、大阜岛，至牙山湾内的海口，再陆行至朝鲜平岛东南部庆州；一条是从山东半岛的登州、莱州启航，横跨黄海直抵朝鲜半岛西海岸的大同江口或江华湾。公元 8 世纪新罗统一朝鲜后，东海丝路去往日本的北方航线受到影响，开辟出了两条新的南方航线：一条是从明州（今宁波）、越州（今绍兴）启航，横渡东海至奄美大岛，往北经诸岛越大隅海峡至鹿儿岛，再沿海岸北上至博多（今福冈），再向东航至难波（今大阪）；另一条是从江浙沿海的楚州（今淮安）、扬州、明州、温州等港口启航向东偏北斜穿东海，至日本的值嘉岛（今五岛列岛与平户岛之间），再航抵博多和难波[174]。

西向航线又称为南海丝路，汉代大概从广东徐闻或广西合浦出发，沿海岸线驶过南海，进入泰国湾，沿马来半岛东侧海岸南下，经马六甲，进入孟加拉湾。六朝时期，随着珠江流域经济开发，广州很快以其特有的区位优势取代了徐闻、合浦，成为中国海外贸易首要港口，南海丝路起点东移到了广州。到唐朝，南海丝路航线从广州出发已经固定，大体上从广州出发，经香港大屿山以北入海，经海南岛东部向南抵达越南占婆岛、昆仑岛，进入暹罗湾，沿马来半岛南下，抵达马六甲，形成"广州通海夷道"，将东亚、东南亚、南亚、波斯湾、阿拉伯半岛东南岸和东非沿岸的商业贸易连接起来。明朝，郑和下西洋进一步促进了南海丝路亚洲港口之间的经常性往来，其中中国至马六甲航线最为重要：越中国南海，经占城、真腊（今柬埔寨）进入暹罗湾，再从暹罗湾沿马来半岛至马六甲[175]。

通过海上丝绸之路东西两条航线及其主要港口分布的简要介绍，我们可以大致勾勒出从马六甲到日本这两条丝路上的主要港口：

马六甲—彭享—北大年—洛坤—班武里—曼谷—马塔保—磅逊（今西哈努克城）—占婆国（今越南西贡、潘切、禄顺、金兰湾、岘港等港口）—交趾支那（今越南广宁、宜春、安里东、峨山、海防）—合浦（中国）—徐闻—茂名—阳江—香港（澳门、海南岛）—广州（明朝海上之路西线重要始发港）—汕头—漳州—泉州—福州—温州（此地大致为东海丝路起点）—宁波—绍兴—南京—上海—扬州—连云港—青岛—石岛港—荣成湾（成山角）—登州港（蓬莱）—旅顺—丹东—南浦—仁川—木浦—济州岛—日本。还有一条直接经吕宋到中国的捷径：马六甲—吕宋—海南岛—广东（福建）[176]。

从这一路线图大致可以看出，汕头、漳州、泉州、福州、温州、宁波、绍兴、上海、扬州等是中国海上丝绸之路东海丝路、南海丝路的中间港口和经停港口，从这些港口出发既可以选择东海丝路前往朝鲜或日本，也可以选择南海丝路航往马六甲，从连云港等北方港口到广州等南方港口的船队可以经停这些港口补给和贸易，反之亦然。因此，自古以来，汕头至扬州沿海各港口都是航运极为发达的城镇，即使在明朝实行禁海政策的时代，海上贸易也是禁而不绝，通番、朝贡贸易船队往来不断。

（三）葡人足迹及其对美洲烟草在中国东部港口城镇传播路线与时间的影响

我们认为，葡萄牙人从海路而来与中国贸易，要获得足够的贸易机会，必然会进入中国海上丝绸之路上已经开发的成熟港口城镇。通过梳理海上丝绸之路马六甲以东到日本的主要港口，可以大致勾勒出葡萄牙人在中国的早期活动轨迹，进而重建美洲烟草进入中国东部海岸港口城镇的大致路线与时间。

1. 美洲烟草在广东的传播时间重建

根据历史记载，大约在1513年夏天至1514年初，葡萄牙人乔治·阿尔瓦雷斯率领船只抵达屯门岛贸易，随后强占屯门岛，1514年春天返回马六甲，声言中国"无所不有，到处充满发财机会"，"将香料运到中国，所获利润与载往葡萄牙所获利润同样多"，而将中国丝缎、珍珠、帽子等运到马六甲，"可获利三十倍"。葡萄牙人登陆屯门港的信息也得到皮列士所著《东方志》的佐证：

"我们的港口比暹罗更接近中国三里格，商货运往该港而不运往别处。"

在皮列士完成该书时，葡萄牙已经将屯门作为与中国进行贸易的港口。虽然没有其他文字记载，但可以大胆推测，此后每一年应该有葡萄牙人以私人贸易名义抵达该岛并从事贸易。葡萄牙商船抵达屯门岛，意味着1514年左右，在屯门及其周边港口出现了零星烟草使用者，部分与葡萄牙人接触的官员、水手、商人和士兵可能开始对烟草有了零星认识，特别是烟草治疗常见伤病的

效果。

根据记载，1516年，乔治·德·阿尔布开克派遣拉斐尔·佩雷斯特雷洛率领30名葡萄牙人乘坐马六甲商人普拉特的商船前往中国贸易。按照规律，他们应该也是前往广州屯门岛。虽然没有获得登陆贸易机会，但9月返回时仍然获得了近20倍利润[177]。1516年距离葡萄牙人征服马六甲已经五年，在和马六甲商人合作开展与孟加拉湾、暹罗湾、中国、香料群岛的商业活动中，商人们可能已经开始使用美洲烟草。1516年前往中国的这次活动，相较于前一次规模更大，且具有一定的官方色彩，随行人员中烟草使用者应该更多。虽然历史资料极少，但一定有更多的中国人接触到了美洲烟草。很有可能，部分葡萄牙流放者或者脱逃人员在这一年登陆了广东，并尝试定居和从事走私贸易活动（为了便于此后分析，我们将1516年确定为美洲烟草零星进入中国的元年）。

1517年，费尔南·佩雷斯·安德拉德率领8艘武装商船护送多默·皮列士出访中国，这是一次规模宏大的官方正式活动。按照正常的人员配备，所载武装葡萄牙人应不低于500人（如果包含水手、商业代理人，可能接近1000人，仅仅考虑有50%的人会使用烟草，这一次商业行动也有近500人把烟草使用行为带入中国沿海地区），并且做好了武装驻扎的准备。他们8月中旬抵达屯门岛，9月强行突入广州。安德拉德请求给他一所岸边的房屋，以便在那里出售或交易带来的商品，并得到了满足。于是，他派遣代理商、自己的书记员以及其他人上岸经商。1518年1月，

安德拉德退出广州，再次占领屯门岛修建要塞，并在邻近岛屿建立据点，制造武器、进行贸易。武装商船及其人员在此停留超过一年。对烟草的传播来讲，我们可以合理推测，武装船队在广州城内进行商业贸易的四个月时间里，广州的部分官员、商人包括市民亲身接触到了使用烟草的葡萄牙人以及同行的东南亚商船人员，本地人员开始零星地尝试学习使用烟草（包括药用）。即使在葡萄牙船队退出广州后，也必然有部分葡萄牙人（可能是叛逃者、流放人员、商业代理人）脱离船队留在广州，继续从事私人贸易或者传教工作。1518 年，葡萄牙武装商船屯兵屯门，与周边地区开展贸易，进行物资补给，一年时间里必然会与屯门岛周围具有贸易机会的繁华港口进行贸易（含走私）和物资交流，例如阳江、茂名、湛江、香港、汕尾、汕头、海南岛，甚至北部湾港口城镇。伴随葡萄牙人的频繁出没，这些地区可能也出现了零星的烟草使用者。

1519 年 8 月，西芒·安德拉德率领武装船队抵达屯门轮换其兄费尔南·佩雷斯·安德拉德，但其兄仍将大部分武装人员留在屯门岛驻扎。在性格上，西芒·德·安德拉德与其兄截然不同，他性情粗暴，在屯门的中国人对其均无好感。他蔑视中国主权，但在中国当局默许之下，得以继续在屯门、广州沿海以及北部湾一带从事贸易。1519 年 9 月底，费尔南·佩雷斯·安德拉德的舰队启航返回马六甲，其中圣·安德雷号在交趾湾（今北部湾）沉没[178]。

1521 年 4 月或 5 月，一支来自马六甲的葡萄牙武装商船舰队驶入屯门港，船上载有胡椒、檀香木以及其他商品，其中包括一艘来自葡萄牙里斯本的商船，属于名叫努诺·曼努埃尔的葡萄牙政府官员，船长为迪奥戈·卡尔沃，以及其他几艘因到马六甲太晚而无法编入西芒·德·安德拉德的舰队赶上上一次航行的船只，此外还包括乔治·阿尔瓦雷斯的帆船[179]。这些葡萄牙人在屯门和广州开始进行交易活动（初步估计，此时葡萄牙人在中国海岸的武装商船规模应在十五艘以上。可以看出，这一时期葡萄牙与中国的贸易规模已经很大），尽管西芒激起了百姓们憎恨，但做买卖时未曾遇到麻烦。

1521 年明武宗驾崩，消息传到广州，当局要求国丧期间停止贸易活动、外国人全数离境，违者处死。葡萄牙人借口货物尚未卖完，拒不服从。随后广东地方长官下令停泊在屯门的所有葡船及葡人尽行退出，不从者处以极刑，葡萄牙人抗拒不从。广州当局随即拘捕了迪奥戈·卡尔沃的兄弟瓦斯科·卡尔沃，以及其他几名继续留在广州城内的葡萄牙商人，几艘从北大年和暹罗刚抵达广东的葡萄牙武装商船也被拘获，死于战斗的葡萄牙人包括贝尔托拉梅·索罗斯、洛波·戈昂斯和梅尔古昂神父（多年后，有 60 名葡萄牙男俘虏和大约 50 名左右的妇女、儿童获释，据此也可以推测葡萄牙人此时已开始在中国定居，且家眷规模不小）。随即，中国当局的武装帆船几乎把西芒·德·安德拉德、迪奥戈·卡尔沃以及其他人率领的七八艘葡萄牙武装商船封锁在了屯门港内[180]。

1521 年 6 月 27 日，名叫杜阿尔特·科埃略的葡萄牙船长在一艘马六甲本地居民帆船的陪同下，率领着一艘装备良好的帆船闯入屯门港。此时，聚集的葡萄牙武装商船规模达到了十艘以上，乔治·阿尔瓦雷斯已患重病，在科埃略到达一天后病死屯门。广东海道副使汪鋐对葡萄牙人采取了围困策略。战事持续了大约 40 天后，一艘由阿姆布罗济奥·雷戈指挥的船和一艘帆船（其司令官在别处有事）避开了包围舰队，与屯门港内的其他葡萄牙船只会合。8 月，又有一艘葡萄牙船抵达，中国军队的进攻虽然给葡萄牙人造成惨重损失，但仍无法攻克屯门岛。此时依然有零星的葡萄牙人搭乘泰国船只抵达广州贸易，随后连同泰国人被就地正法。由于伤亡日众，葡萄牙人逐渐减少。到 8 月底，每艘船上只剩下不过八名葡萄牙武装人员，其余都是一些奴隶。杜阿尔特·科埃略、迪奥戈·卡尔沃和阿姆布罗济奥·雷戈彼此商量后，决定放弃一些帆船，将全体船员集中在三艘大船上准备突围。1521 年 9 月 7 日，在一场雷暴雨的帮助下，葡萄牙人摆脱了中国武装船队的包围。10 月底，他们安全抵达马六甲[181]。这一战，是中国和一个欧洲大国之间首次公开爆发的大规模敌对行动，中国舰队杀死及生擒葡萄牙船员无数，对妄图采用印度模式进入中国海岸的葡萄牙人给予了迎头痛击。

在这里，我们简单盘点一下 1521 年在广东的葡萄牙武装商船和葡萄牙人总人数。假定长期驻扎屯门要塞及其周围岛屿据点、商站的武装商船为五艘，人数为 500 人（此为下限）。4 月份，迪奥戈·卡尔沃率领的舰队（一般为四艘）抵达，加上上年滞留船队，假定整个船队为六艘葡萄牙商船，同期从北大年和暹罗抵达的葡萄牙商船假

设为三艘；6 月，杜阿尔特·科埃略指挥的葡萄牙武装商船一艘来到，8 月又有一艘葡萄牙武装商船抵达屯门，一共新增葡萄牙武装商船 11 艘，假设每艘商船葡萄牙人为 50 人，另有陆续乘坐其他商船抵达的葡萄牙人，新增接近 600 人。加上此前年度的定居存量人员，1521 年合计有超过 1500 名葡萄牙人在广东从事贸易、军事和传教活动。也就是说，从 1513 年夏天葡萄牙人第一次登陆广东屯门到 1521 年，在广东的葡萄牙人保守估计也应在 1500 人以上。这些葡萄牙人已经具有较大规模的烟草消费需求。与这些葡萄牙人交往的广东本地人中，应该有一部分人学会了简单使用烟草，并养成了消费习惯。这一部分人员中应有本地的商人、海员、官员，可能还包括一些对新事物极其敏感的医生。

1522 年 7 月，葡萄牙人马丁·阿方索·德·梅洛·戈丁霍以及他的两个兄弟费尔南德·戈丁霍、迪奥戈·德·梅洛与佩德罗·霍蒙率领四艘武装商船抵达马六甲。根据葡萄牙国王的指令，他应同中国皇帝签订一项"和平条约"，更确切地说是签订一项友好条约，并企图获准在屯门建立一个要塞，率领部队驻扎此地。虽然在马六甲听说了中葡关系已经恶化，但他根据此前在印度海岸的经验，觉得依靠船队的武装力量，可以继续在屯门建立城寨保证安全，因此仍然决定冒险前进，执行前往中国的计划。在梅洛·戈丁霍的一再邀请下，屯门海战中侥幸逃生的杜阿尔特·科埃略与阿姆布罗济奥·雷戈也加入了这支舰队，另外还有两艘武装帆船加入。1522 年 7 月 10 日，一共 300 人、6 艘船只，满载着胡椒和其他商品

驶离马六甲前往中国[182]。

8月抵屯门，他们驶入屯门港之前，就被一支中国巡逻舰队发现，并遭到炮击。马丁·阿方索知道进一步敌对行动将会使双方重建贸易关系更加困难，所以强烈要求部下克制，不要采取任何挑衅性行动。但是，由于中国采取了敌对行动，还是发生了一些流血事件。除了杜阿尔特·科埃略以外，葡萄牙人都成功进入屯门。总而言之，他的帆船没有进入屯门，在海面上保持一段安全距离。阿方索从屯门捎口信给广州当局，说自己是前来给多默·皮列士及其随员送生活必需品的，此外，还希望与中国进行贸易。尽管葡萄牙人的提议对广州许多官员具有诱惑力，他们同样希望与外国人做生意，但是，人们更害怕出现麻烦，最终拒绝了葡萄牙人的提议。不得已，葡萄牙舰队由屯门港退出，并遭到中国舰队追击。战争缘由，中葡各有一说。按照葡萄牙人的说法，布政使和按察使两人竭力反对重开对外贸易，他们试图杜绝这方面的任何可能性，为此，经过南头备倭和海道副使商议，准备抓捕敌船。葡萄牙人企图突破舰队包围离开屯门时遭到了攻击，战斗就此开始。这一切完全有可能发生。《明史》则断言葡萄牙人应为这次战事爆发负责：他们袭击了新会地区的西草湾，这显然是对中国人拒绝与他们恢复贸易关系并继续监禁多默·皮列士及其随员的报复。备倭指挥柯荣和百户王应恩在击退这次袭击之后，追击敌人至稍州，并在那里展开激战。在这场战斗中，双方损失都很惨重，中国人成功地捕获了敌方的两艘船，生擒42人，于1523年9月23日将他们处决，其中包括船长

佩德罗·霍蒙[183]。中国方面阵亡的有百户王应恩[184]。葡萄牙人脱险后，夜幕降临，阿方索把船长们召集起来，主张对中国人进行报复，因为中国人给葡萄牙人造成了如此惨重的损失。可是船长们认为这么做不太明智。阿方索最终让步，但要求他们签署一份文件，使他能够免受责难。葡萄牙三艘残舰扬帆南行，1522年10月中旬返回马六甲。

在经历两次中葡战争之后，广州禁绝了一切对外贸易，其中包括朝贡贸易。如果说1521年的第一次失败给试图沿用印度模式的葡萄牙人浇了一盆冷水，那么1522年的惨败则彻底浇灭了葡萄牙人企图征服中国的欲望之火。从1516年到1521年，葡萄牙人在广州从事了近六年的贸易，每年有超过500名葡萄牙人蜂拥而至。从那时起，广州人在葡萄牙人影响下，开始零星接触、认识烟草，除了抽烟，应该也包括向葡萄牙人学习如何用烟草治疗各种常见伤病。根据常识判断，在贸易中与葡萄牙人接触的部分广东官员、商人、水手，以及与葡萄牙人交往的青楼女子中，应该有部分人已经熟悉烟草、养成了烟草消费习惯。但随着贸易禁令，有烟草使用习惯的葡萄牙人、东南亚人突然离开，必然导致烟草本土种植规模化趋势的中止。就烟草在广东地区的传播而言，1520年代初期左右，以屯门岛和广州为中心，广东沿海港口城镇（包括广州、汕尾、汕头、茂名、阳江、香港等成熟港口，甚至可以延伸到北部湾部分港口城镇）开始出现零星的养成烟草使用习惯的本地人，但由于1521年后消费人群剧减，烟草本土规模化种植趋势受到影响，不排除为满

足个人使用（含医疗用途）仍进行少量种植。

自此以后，广东"市井萧然"，"公私皆窘"，一直是中国最繁忙的贸易港口的广州顿时变成一潭死水。这种状况延续了七八年。直到嘉靖八年（1529年），广东巡抚林富毅然上疏，请宽广东海禁，允许通市。这是一次很有名的上疏，在明代对外关系史上是一个重要事件，对烟草在广东的传播也有重要影响，所以将其主要部分摘录如下：

"……有司自是将安南、满剌加诸番舶尽行阻绝，皆往漳州府海面地方私自驻扎。于是利归于闽，而广之市井萧然矣。夫佛朗机素不通中国，驱而绝之，宜也。《祖训》《会典》所载诸国素恭顺，与中国通者也，朝贡、贸易尽阻绝之，则是因噎而废食也。况市舶官吏公设于广东者，反不如漳州私通之无禁，则国家成宪安在哉！……番舶朝贡之外，抽解俱有则例，足供御用，此其利之大者一也。除抽解外，节充军饷。今两广用兵连年，库藏日耗，借此可以充美而备不虞，此其利之大者二也。广西一省，全仰给于广东，今小有征发，即措办不前，虽折俸折米，久已缺乏，科扰于民，计所不免。查得旧番舶通时，公私饶给，在库番货，旬月可得银数万两，此其为利之大者三也。贸易旧例，有司择其良者加价给之，其次资民买卖，故小民持一钱之货，即得握菽，展转交易，于以自肥。广东旧称富庶，良以此耳。此其为利之大者四也。"[185]

由于林富所言入情入理，又不违《祖训》，嘉靖皇帝在次年批准了奏疏，并同意兵部意见：

"初佛郎机火者亚三等既诛，广东有司乃并绝安南、满剌加，诸番舶皆潜泊漳州，私与为市。至是提督两广侍郎林富疏其事，下兵部议，言满剌加、安南自昔内属，例得通市，载在《祖训》《会典》；佛郎机正德中始入，而亚三等以不法诛，故驱绝之，岂得以尽绝番舶。且广东设市舶司，而漳州无之，是广州不当阻而阻，漳州当禁而不禁也。请令广东番舶例许通市者，毋得禁绝，漳州则驱之，毋得停舶。从之。"[155]（实际执行中，福建也没有驱逐前来贸易的各国商船。）

于是，广东朝贡贸易于嘉靖九年（1530年）复开，对贡使携带私物进行抽分的办法也得以保留下来。但是，在此后相当长的一段时期内，广州海外贸易仍未恢复到正德中后期那种繁荣盛景。尤其是葡萄牙人，仍不许在广州贸易。他们便转而北上闽、浙、沪，这也延缓了美洲烟草在广东的传播。考虑到1520年左右广东地区就出现了零星的烟草使用者，以及禁绝贸易近十年所带来的影响，我们认为在1535年左右，广州重开贸易五年后，当地出现美洲烟草规模种植较为合理。1520年左右，葡萄牙人以屯门为基地在广东沿海开展贸易活动时，可能登陆了北部湾的合浦，当地的陶器制作者还专门为他们制作了烟斗。烟斗数量稀少，也从侧面证明这一地区当时还只有零星人员使用烟草，也印证了郑超雄对合浦出土烟斗的断代具有合理性。

2. 美洲烟草在福建的传播时间重建

葡萄牙人到达福建，必定与当地人贸易和进行补给。有历史记载的第一次官方登陆发生在1517年10月左右。当时费尔南·佩雷斯·安德拉德派遣马斯卡伦阿斯跟随屯门港内琉球商船前往该国，但在抵达泉州时为时太晚，无法在信风季节抵达琉球群岛[186]。因此，他是第一个访问泉州的葡萄牙官方人士。按照武装商船人员配置规模，大概有 50 名葡萄牙武装人员，再加上招募的商业代理人员、水手、艺人等，该船应配备了 100 人左右。他们在泉州停留期间受到了友好接待，与当地中国人进行贸易后发现，在泉州可以赚到与广州同样多的利润。1518 年 6 月左右，马斯卡伦阿斯接到费尔南·佩雷斯·安德拉德托人从陆路带来的指令，随后离开泉州，停留时间接近十个月。马斯卡伦阿斯等葡萄牙人抵达泉州进行贸易，也就意味着在 1517 年，此地出现了第一批零星使用烟草的人，他们与当地人接触交流近十个月；在葡萄牙人指导下，一批当地人应学会了使用烟草治疗疾病或养成了烟草使用习惯。按照惯例，葡萄牙人离开时可能流放犯人，留下商业代理继续在泉州从事贸易。

如果按照《漳州金融志》的记载，"漳州使用银圆始于明正德十一年（1516 年），葡萄牙人携带银圆（葡萄牙银圆）到海澄浯屿交易"[187]，则葡萄牙人登陆福建的时间还要提前一年。这种情况不是没有可能。1511 年占领马六甲后，受到与中国贸易收益的驱使（集聚当地的香料有四分之三输往中国），在官方贸易之外，私人贸易在马六甲以东地区得到了快速发展，葡萄牙私商完全有可能自己驾驶商船或者搭乘东南亚商人商船，在这一期间抵达泉州。

1518 年，葡萄牙人在屯门建立要塞，作为他们在中国海岸尤其是广东进行贸易的基地，随后每年至少有四艘官方船只（从里斯本或印度出发前往马六甲）到中国进行贸易。加上从印度、马六甲出发的葡萄牙私人商船，以及在暹罗、北大年、占婆、交趾支那经商赶往中国的葡萄牙商船，中葡之间的海上贸易迅速发展。在 1522 年之前，根据马斯卡伦阿斯带回的商业信息泉州"可以赚到与广州同样多的利润"不难推测，每年汇聚中国的商船中至少有两艘抵达漳州、厦门、泉州等地进行贸易。因为，安德拉德仅因想了解琉球的贸易就能派出一艘商船前往泉州，在有确定可获大利的商业信息下，葡萄牙人不会只在广州贸易，而放弃欢迎他们、同样可获厚利的泉州，这不符合商业常识。同时，屯门岛是当时东南亚、琉球等国家在中国朝贡贸易之外，进行走私贸易较为集中的地方，在此地出现福建、浙江、上海等地的走私商船与葡萄牙人进行贸易应是平常之事，后者跟随他们前往福建等地进行贸易、设立私人商业据点以便长期交易也是必然。因此，至少从 1517 年开始，福建漳泉地区就应出现了零星的烟草使用者，且从未中断。

1521、1522 年，广东经历了两次与葡萄牙人的战争，"有司自是将安南、满剌加诸番舶尽行阻绝"，关闭了对外贸易大门。虽然此后广州商人只要有胆量，仍然可以前往北大年、马六甲、暹罗以及南洋港口继续进行贸易，带回印度以及其他地方的货物，但在广东地方官员严格执行海禁政策的背景下，规模必然大不如前。

这一时期，中国沿海除了广州外，还有三个重要的外贸港口，即漳州、泉州、宁波。虽然朝廷再三重申海禁政策，但上有政策下有对策，在沿海口岸腐败官员的默许和纵容下，广东关闭港口，对中国其他地区的港口意味着重大机遇。于是，暹罗、安南、马六甲等国开始把他们朝贡贸易（走私贸易）的地点转移到了泉州和漳州。当然，按照朝廷律令，与葡萄牙商船交易属于违法行为，因此，不可能有人详细地把它记录下来作为自己的罪证，即使有，也会在一段时间之后被相关方集中销毁。大部分买卖都在近海岛屿上进行，参与走私贸易的福建势家不仅鼓励走私贩子，而且常常在幕后操纵，地方官员则对当时发生的一切采取默许态度甚至私下参与走私贸易。在这种情形下，福建沿海港口地方官员只要能敷衍朝廷，就不会执法如山，如果对走私贸易闭眼不管，反倒会得到许多馈赠、贿赂的好处。

为了继续追逐贸易利益，葡萄牙人开始前往福建。在连续遭受了两次重大失败后，葡萄牙改变了策略，与中国贸易不再追求垄断控制，也不再谋求获取领地、建立要塞，而是将官方贸易与私人贸易合二为一，并与本地人建立稳固的贸易合作关系，从中获取利益。葡萄牙官方武装商船和私人商船在登陆福建或其他地方时，为了规避明朝贸易禁令，也不再自称葡萄牙人，确切地说是佛朗机人，而改称吕宋、暹罗或马来等与中国有朝贡贸易关系国家的商人，武装船只主要用于反击海盗侵扰，以及保护合作者船队的安全。这一改变，造成了一个皆大欢喜的局面。对以海为生的漳泉官民而言，没有违反朝廷禁止葡萄牙人前来贸易的律令，因为佛郎机人此时变成了吕宋人、暹罗人，葡萄牙则顺利获得了贸易机会，与其合作的商人还得到了葡萄牙武装商船保护，不再遭受海盗威胁。漳泉迅速成为葡萄牙人、东南亚人、琉球人和沿海中国海商新的海上贸易交易据点，漳泉官民、走私海商、葡萄牙人与其他各国海商在此成了共赢的同盟伙伴。

在1524—1530年间，鉴于漳泉地区各港口的接纳能力，葡萄牙人在福建走私贸易规模应不亚于1521年的广州。因为，1511年占领马六甲后，葡萄牙人就主导了马六甲货物贸易，大宗货物如香料、苏木等必然被他们控制。中国市场需求的客观存在，不仅会促使他们将漳泉两地港口作为货物交易中心，而且还会促使他们继续北上，开拓中国其他沿海港口，甚至把它们作为前往日本、琉球的基地。这种贸易需求的规模必然很大。虽然缺乏详细历史记载，但除了以商业常识推断出福建走私贸易之盛景外，还可以用一再重申的禁令加以佐证：

嘉靖三年（1524年）四月，刑部复御史王以旂议：

"福建滨海居民每因夷人进贡，交通诱引，贻患地方，宜严定律例。凡番夷贡船，官未报视而先迎贩私货者，如私贩苏木、胡椒千斤以上例；交结番夷互市称贷、给财构衅及教诱为乱者，如川、广、云、贵、陕西例；私代番夷收买禁物者，如会同馆内外军民例；揽造违式海船私鬻番夷者，如私将应禁军器出境因而事泄例：各论罪。怙恶不悛者，并徙其家。第前所引例已足尽法，徙家太重，请勿连坐。仍通行浙江、广东一体榜谕。从之。"[188]

这一禁令表明，广东禁绝对外贸易后不到两年，福建沿海居民迎贩私货、交接番夷、代番夷收买禁物、揽造违禁海船、私贩番夷的情况就引起了朝廷关注。这也从侧面说明，福建沿海各地勾结番夷进行走私贸易的情形非常普遍，规模之大，到了朝廷必须采取措施的程度。禁令也反映了这一时期漳泉存在着一个事实：交接番夷，漳泉官民就需要同占主导地位的葡萄牙商人进行交流和接洽，而葡萄牙商人为了便于进行长期贸易，也必然会在欢迎他们的各地建立商站网点、留驻人员。

嘉靖四年（1525 年）八月，明世宗又批准了浙江巡按御史潘做的如下奏请：

"漳泉等府黠猾军民，私造双桅大船下海，名为商贩，时出剽劫，请一切捕治获之事。下兵部议：行浙、福二省巡按官查海船，但双桅者即捕之。所载即非番物，以番物论，俱发戍边卫。官吏军民知而故纵者，俱调发烟瘴。得旨：沿海居民所造捕海船，毋得概毁；他如所议行。" [189]

奏疏表明，距离广州禁绝海外贸易不到三年，在海上走私贸易的诱惑面前，不仅漳泉、福建，其他地方的军队和私人也开始私造双桅大船装载走私货物，参与阶层由底层民众、豪势家族，进一步扩展到具有官方背景的军队（包括官员），再次证明福建走私贸易发展速度快、势头猛、规模大。同时，部分中国海商由于具有了官方（军方）背景，也不再偷偷摸摸进行走私，在面临官方执法时还敢于抗法，福建地区军民走私贸易呈现出规模化、集团化、武装化（时出剽劫，类似于游击战的武装反抗）的特点。这一时期，葡萄牙人与中国贸易应恢复到了此前在广东的规模，每年前往这一地区的葡萄牙人应在 500 人以上。到 1525 年，距离第一批葡萄牙人登陆漳泉已有

八年，这一地区应出现了第一批葡萄牙定居者（葡萄牙人与当地人婚配），长期驻留人员规模可能超过 100 人。后来坚定讨伐葡萄牙的朱纨，在其上奏朝廷的一份奏折中所言之事，形象地展现了这一时期漳泉走私贸易的情形：

"奸民勾结佛郎机前来互市，势家护持之，漳泉为多，或与通婚姻；假济渡为名，造双桅大船，运载违禁物，将吏不敢诘也。" [190]

嘉靖八年（1529 年）十二月，针对官员通倭、受贿等情形：

"盘石卫指挥梅毕、姚英、张鸾等守黄华寨，受牙行贿，纵令私船入海为盗，通易番货，劫掠地方。巡按浙江御史张问行以闻法司，拟梅毕等戍边。上不允，仍令巡视都御史亲诣地方勘审，从重拟罪。海道备倭等官毙多隐匿，俱查明参奏，并出给榜文，禁沿海居民毋得私充牙行，居积番货，以为窝主，势豪违禁大船悉报官拆毁，以杜后患，违者一体重治。" [191]

这一记载显示，在 1529 年业已存在如下事实：走私贸易不仅没有因为 1525 年的禁令而消失，反而规模进一步扩大，出现了更为细致的贸易分工，甚至在福建以北的浙江，沿海居民已开始充当牙行（贸易中介，对货物进行居间估价），并且（也应包含葡萄牙商人）开始在岸上建立货物储运仓库，浙江沿海各地豪势家族营造的大船在海上进行走私贸易已经非常普遍。在这种环境下，进行走私贸易的各阶层人员，必然同葡萄牙商人建立了更加广泛、紧密的合作关系。而在浙江以南的福建，此时海上贸易盛况有过之而无不及。出版于 16 世纪下半叶的葡萄牙《旅行指南》也提到，

葡萄牙人常在浯屿过冬，在烈屿（小金门）装运商货，在海门岛修整船只、补充给养，在料罗（大金门）驻泊避风。葡萄牙人几乎把漳泉地区当成自己经营中国海上贸易的家。福建走私贸易之兴盛及其带来的收益，甚至逼迫广东巡抚林富在这一年上奏朝廷要求解除广州的贸易禁令。

嘉靖十二年（1533 年）九月，明世宗接兵部上疏，颁发了一道更加严厉的禁令：

"兵部言：浙、福并海接壤，先年漳民私造双桅大船，擅用军器、火药，违禁商贩，因而寇劫；屡奉明旨严禁。第所司玩愒，日久法弛，往往肆行如故，海警时闻，请申其禁。上曰：海贼为患，皆由居民违禁贸易；有司既轻忽明旨，漫不加察；而沿海兵巡等官又不驻守信地，因循养寇，贻害地方。兵部其亟檄浙、福、两广各官督共防剿；一切违禁大船，尽数毁之；自后沿海军民私与贼市，其邻舍不举者连坐；各巡按御史速查连年纵寇及纵造海船官，具以名闻。"[192]

1529 年诏书颁布后的四年再出禁令，也意味着前面的禁令不仅没有得到有效执行，走私贸易问题还由浙江、福建两省蔓延到了两广。豪势家族大船没有悉数拆毁，仍然大行其道，必须采取更为严厉的连坐政策。这反衬出走私贸易深得民心，也受到了各阶层人员的暗中支持（或参与），且仍在不断发展，参与的人员、阶层和贸易的规模已远超此前。

我们通过简单回顾 1517—1530 年间葡萄牙人登陆福建以及广东外贸禁绝后福建海上走私贸易情况，可以得出这样一个明晰的结论：即使在朝廷一再重申且处罚愈加严厉的禁令之下，福建沿海居民、港口以及社会各阶层不仅欢迎海上贸易，而且深度参与这种贸易活动，走私贸易规模迅速扩大；葡萄牙人在福建的贸易环境较为宽松，受到了福建沿海官民欢迎，至少在默许下，他们可以假借马来人、印度人、占婆人、吕宋人等身份在福建港口登岸贸易、建立贸易网点并驻留人员，部分脱逃人员和神职人员已在此定居、通婚。

1517 年葡萄牙人登陆漳泉，把烟草使用习惯带到了这里。随着广东关闭市场，掌握烟草使用知识和养成烟草使用习惯的葡萄牙人、东南亚商人开始大规模涌入福建各地进行贸易，进一步促进了烟草传播。当地人与葡萄牙人广泛持久地接触、交流，必然会有一部分人员致力于学习、了解烟草医学知识，养成烟草使用习惯，美洲烟草需求群体进一步扩大。可以推测，漳泉地区作为海上贸易中心，在 1526 年左右，即葡萄牙人登陆此地十年左右，开始规模种植美洲烟草。此后以漳、泉、厦为中心，进一步扩散到福建云霄、漳浦、莆田、宁德、连江等地港口城镇。最先养成烟草使用习惯的福建人，主要是与葡萄牙人接触较多的商人、海员、官员、豪势之家成员、青楼女子，以及对新事物极其敏感的医生，他们不限于抽吸，还会探索使用烟草医治伤病的新途径。目前，这一地区葡萄牙人聚居区的考古发掘工作较少，如有，则极有可能在这一时期的遗迹中出现抽烟所用的烟斗。

3. 美洲烟草在浙江、上海的传播时间重建

至于葡萄牙人从何年开始进入浙江开展贸易，由于历史记录欠缺，难以考证，零星的葡萄牙人进入宁波港可能在 1520 年左右。由于需要

考虑嘉靖二年（1523）宁波争贡事件对该港贸易政策的影响，葡萄牙人大规模经由福建进入宁波、上海，至少应在1525年处置完这一事件之后。

1523年4月，日本有两批贡使相继到达宁波港，第一批是宗设率领的日本大内集团使团，有三艘船；几天后由瑞佐和宋素卿率领的细川集团使团也来到宁波，共百余人，有一艘船。宋素卿原是中国人，通过向市舶太监赖恩行贿，虽然后到却"坐之宗设上"，收验贡物时，先收验宋素卿使团贡物。宗设盛怒之下率众攻击瑞佐、宋素卿，瑞佐当即被杀，宋素卿逃脱。宗设追至绍兴等地，未抓到宋素卿，又回到宁波，一路烧杀抢劫，夺船而去。宁波卫指挥袁琎和备倭都指挥刘锦在追击宗设时也惨遭杀害。这事震动朝野，《明实录》嘉靖二年（1523年）留下了这样两则记载：

"癸未（六月）甲寅，日本国夷人宗设、谦导等赍方物来贡，已而瑞佐、宋素卿等后至；俱泊浙之宁波，互争真伪。佐被设等杀死，素卿窜慈溪。纵火大掠，杀指挥刘锦、袁琎，蹂躏宁、绍间，遂夺舡出海去。巡按御史以闻，得旨：切责巡视、守、巡等官，先事不能预防、临事不能擒剿，姑夺俸；令镇、巡官即督所属，调捕，并核失事情罪以闻。其入贡当否事宜，下礼部议报。"[193]

"癸未（六月）戊辰，礼部覆：日本夷人宋素卿来朝勘合，乃孝庙时所降；其武庙时勘合，称为宗设夺去。恐其言未可信，不宜容其入朝。但二夷相杀，衅起宗设，而宋素卿之党被杀甚众；虽素卿以华从夷事在幼年，而长知效顺，已蒙武

宗宥免，毋容再问。惟令镇、巡等官省谕宋素卿回国，移咨国王，令其查明勘合，自行究治；待当贡之年，奏请议处。既而给事中张翀、御史熊兰等言：各夷怀奸仇杀，事干犯顺，乞明正其罪。上谕：系宋素卿及宗设夷党于狱，待报论决；仍令镇、巡官详鞫各夷情伪以闻。"[194]

1525年，朝廷做出了处置决定。宋素卿原名宋编，浙江鄞县（今宁波）人，"潜入日本，更名宋素卿"。据《明武宗实录》载，他曾于正德五年（1510年）二月以日本贡使身份来贡，暗中向刘瑾行贿"黄金千两"，故破例被赐予飞鱼服，"前所未有也"。此次经刑部复奏，明世宗下令，将宋素卿等以"谋叛"罪处死，"防御失事官员，各谪戍、夺俸有差"。日本使团成员妙贺等人无罪，以礼遣返回国。两个月后，即嘉靖四年（1525年）六月，趁琉球贡使郑绳等回国，令其顺道将敕谕转达日本国王[195]。当时日本割据势力纷争不已，也就不了了之。但这次事件对宁波贸易政策肯定造成了不良影响，时任给事中、后任内阁大学士夏言上了一道奏疏，主张严肃查处，严行海禁。其中最直接的一个后果就是废除了宁波和福建设置的市舶司，导致倭乱、走私贸易盛行。据《明史》记载：

"嘉靖二年，日本使宗设、宋素卿分道入贡，互争真伪。市舶中官赖恩纳素卿贿，右素卿，宗设遂大掠宁波。给事中夏言言倭患起于市舶，遂罢之。市舶既罢，日本海贾往来自如，海上奸豪与之交通，法禁无所施，转为寇贼。二十六年，倭寇百艘久泊宁、台，数千人登岸焚劫。浙江巡抚朱纨访知舶主皆贵官大姓，市番货皆以虚直，

转鬻年利，而直不时给，以是构乱。乃严海禁，毁余皇，奏请镇谕戒大姓，不报。二十八年，纨又言：长澳诸大侠林恭等勾引夷舟作乱，而巨奸关通射利，因为向导，蹂我海滨，宜正典刑。部覆不允，而通番大猾，纨辄以便宜诛之。御史陈九德劾纨措置乖方，专杀启衅。帝逮纨听勘。纨既黜，奸徒益无所惮，外交内讧，酿成祸患。汪直、徐海、陈东、麻叶等起，而海上无宁日矣。三十五年，侵寇大掠福建、浙、直，都御史胡宗宪遣其客蒋洲、陈可愿使便宣谕。还报，便志欲通贡市。兵部议不可，乃止。"[196]

《明史纪事本末·沿海倭乱》也有内容相同的记载。在管理机构处置上，似乎三处的市舶司皆罢去，但据《明史》记载：

"吴元年，置市舶提举司。洪武三年，罢太仓、黄渡市舶司。七年，罢逼建之泉州、浙江之明州、广东之广州三市舶司。永乐元年复置，设官如洪武初制，寻命内臣提督之。嘉靖元年，给事中夏言奏使祸起于市舶，遂革福建、浙江二市舶司，惟存广东市舶司。"[197]

对日本朝贡的安排，则提出了以下要求：

"浙江巡按御史杨彝言：旧例，日本入贡以十年为期，从众不得过百人、贡船不得过三只，亦不许以兵仗自随。正德六年以后，使臣桂悟、宗设等各从众至五六百人，又有副使宋素卿等一百五十人，各诘真伪，争端滋起。请令布政司移咨本国：今后遣使入贡，务遵定例；如违，定行阻回。仍行巡海、备倭诸臣修战具，谨烽堠，选锋蓄锐，以戒不虞。报可。"[198]

但日本来贡之事并未被严格废止。嘉靖十八年（1539年）闰七月，日本国王"复遣使来贡"（这一时间点可以用来测算葡萄牙人跟随商船抵达日本的大致时间）。

按照通常的做法，在朝廷处理争贡事件期间，宁波港的地方官员为稳妥起见，一般都会阻绝外番商船登岸贸易。也就是说，在1523—1525年并不是葡萄牙人大规模进入宁波港的最佳时机，他们仍然主要在福建进行贸易。1525年朝廷做出正式处理意见，经过一段时间缓冲之后，虽有"不按贡期来者，或勘合不符者，皆一概拒绝"的政令，但受到沿海各阶层暗中支持，海商走私贸易也将迅猛步入快速发展轨道。在1525年之前，不排除宁波港出现了混杂在中国商船中进行贸易的葡萄牙人，也不能排除宁波港出现了零星使用烟草的福建、广东、东南亚商人、船工，甚至可能有部分宁波人也开始尝试模仿和学习使用烟草。

据嘉靖年间郑舜功所著《日本一鉴》记载：

"浙江私商，始自福建邓獠。初以罪囚按察司狱，嘉靖丙戌（1526）越狱，遁下海，诱引番夷，私市浙海双屿港，投托合澳之人卢黄四等，私通交易。"[199]

即1526年，福建邓姓商人越狱后下海经商，在其引导之下，葡萄牙人开始在浙江舟山群岛中的双屿港进行贸易，这是历史上第一次明确记载葡萄牙商人到宁波进行商业贸易。双屿的地理位置颇为优越，地处大海，与宁波仅一水之隔，北有舟山诸岛，或进或退，都很便利。因双屿是小岛，官军巡查也很少到达这里，中国海商也易于接引，纷纷私自前往同葡人进行走私贸易。

葡萄牙人除了继续经营福建港口的走私贸易

外，也将双屿作为自己经营浙江甚至是上海以北的海上贸易基地，从1527年左右开始在双屿岛上建屋筑堡。明朝浙江地方官员一直对于这类经济活动网开一面，甚至暗中参与，大姓豪族也参与海上贸易，或雇用代理人参与这种走私贸易。

相较于福建漳泉，宁波港更接近繁华之地，商人们也更加青睐这一港口。1526年之后，规模更大的葡萄牙商船、东南亚商船绕过广东，经由福建港口后开始大规模进入宁波港开展贸易。这一期间，外国和福建地区商人、海员，必然将对烟草的需求带入了浙江宁波及其周边的港口城镇。可以推测，在1530年左右，宁波港周边地区出现了美洲烟草的规模种植，比福建漳泉地区晚4年左右。由于上海毗邻宁波，且更为接近当时的政治中心南京，与宁波的商业往来频繁，可能与宁波同步，在1532年左右港口城镇周围开始规模种植烟草，比漳泉地区晚6年左右。此后以宁波、上海为中心，烟草进一步扩散到了温州、台州，以及江苏的南通、盐城、连云港等沿海港口城镇与内河港口城镇。

如果对这一时间点还有疑问，我们不妨举陆钶（1495—1534年）晚年所写的七律《次韵答刘郎中席上之作》进一步加以佐证，它可能是中国文学史上第一首烟草诗：

"光阴倾与篆烟消，十八年华似昨朝。久负君恩惭老大，已衰心力叹飘萧。官闲自可从乡饮，情至因忘对客谣。一笑春红真漫耳，傍人已道色全饶。"[200]

诗歌开头即借篆烟代指烟草，说自己长年与烟草为伴，美好的年华如烟消散。陆钶，字举之，

号少石子，浙江鄞县（今宁波）人。明正德十六年（1521年）进士，授翰林编修。嘉靖初年，"大礼论"起，陆　因有违圣意被贬为湖广佥事，后转山东副使督学政。当时山东无通志，陆钶叹道："周公孔子，百世之师；六经，斯文之祖；泰山，五岳之宗。此一方文献，而天下古今事备焉，志奚可废？"耗尽心血编成第一部山东通志，积劳成疾，告病还乡后去世。据《次韵答刘郎中席上之作》诗意，应为告病还乡后所作，由于尚可饮酒、听曲、会友，时间大概在1532年左右。诗中提到长年与烟草相伴，侧面说明诗人抽烟的时间不短，应有10年左右，也就是说诗人开始迷恋烟草的时间，最有可能是高中进士之后的1522年左右。这也从侧面印证了1522年左右宁波港出现了零星使用烟草的人，一些接触葡萄牙人的本地人也在这一时间学会了享用烟草。

4. 烟草在江苏、山东、辽宁沿岸主要港口城镇以及朝鲜、日本的传播时间重建

由于历史文献记载缺失，我们只能从商业常识与烟草传播的基本规律出发来重建烟草在江苏、山东、辽宁沿海主要贸易港口城镇以及朝鲜、日本的传播路线与时间。正如前面所提及的，在季风时节，海运是最快捷的传播方式，传播的路线遵循传统的商业路径。在宁波、上海以北，如果不考虑京杭运河的影响，大型海港之间按照由近及远原则，烟草在沿海港口之间逐次实现规模种植，路线大致如下：

上海（1532年）—连云港（1537年）—荣成湾（1542年，成山角）—登州港（蓬莱1544年）—旅顺（1549年）—丹东、朝鲜（1554年）[176]。

在这一路线的沿海港口城镇，相互之间除了海运之外，还存在一定的陆路或内河航运。由于1532 年左右，中国沿海主要贸易港口广州、漳州、泉州、宁波、上海等地都出现了烟草本土规模种植，本地商人、海员等群体中学会烟草使用的比例已经较大，他们北上贸易时传播烟草的影响力要远高于零星出现的葡萄牙等外国商人和海员，因此，在估算烟草沿东海丝路港口传播时，相邻地区主要港口的本土种植时间相比此前缩短一半，

即五年左右。据此可以推测出烟草在这些港口城市实现规模化种植的大致时间。烟草规模化种植，江苏大概在 1537 年左右，山东在 1542 年左右，辽宁在 1550 年左右，朝鲜在 1555 年左右。

至于烟草传播到日本的时间，我们需要先审视一下 1520—1550 年代之间的中日外交脉络。嘉靖二年（1523 年）宁波争贡事件之后，日本国内战乱纷争，导致此后十多年里一直没有官方朝贡船队抵达中国。直到嘉靖十八年（1539 年）

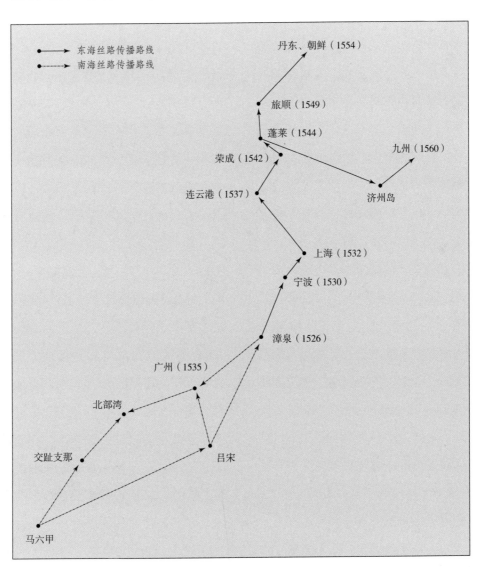

图 20　中国沿海港口城镇引入烟草的路线与时间

闰七月，日本国王"复遣使来贡"，距上次来贡已经"十有七年"。鉴于前一次朝贡的不愉快经历，嘉靖皇帝命令浙江地方官，"严加译审，果系效顺，如例起送"。大概因这次来华朝贡颇为顺利，故第二年二月，日本贡使又来，并请嘉靖颁予新勘合。明廷令将旧勘合"缴完，始易以新"，并再次申严十年一贡之例。

"日本王源义晴差正、副使硕鼎等来朝贡马及献方物；宴赉如例，又加赐国王、王妃、使，方物各给以价。初，日本自嘉靖二年因宋素卿、宗设等事，绝其朝贡。至是复请通贡，因乞给赐嘉靖新勘合及归素卿等并原留货物；言官论其不可。上命礼部会兵刑二部、都察院佥议以闻。覆言：夷情谲诈难信，勘合令将旧给缴完，始易以新。素卿等罪恶深重，货物已经入官，俱不宜许。以后贡期定以十年，夷使不过百名，贡船不过三只；违者阻回。督遣使者归国，仍饬沿海备倭衙门严为之备。诏从之。"[201]

但日本并不愿遵守，在嘉靖二十三年（1544年）八月又来贡，因不合贡期，明廷"依例阻回，方物仍令夷带还"。嘉靖二十六年（1547年）十一月，日本贡使提前一年来贡，船数、人数都不合规定，"四船、六百人先期而至，欲泊待明春贡期"。第二年（1548年）六月，巡抚朱纨报闻明廷：

"日本国贡使周良等六百余人驾海舟百余艘入浙江界，求诣阙朝贡。巡抚朱纨以闻。礼部言：倭夷入贡，旧例以十年为期，来者无得逾百人，舟无得逾三艘；乃良等先期求贡，舟人皆数倍于前，蟠结海滨，情实叵测。但其表词恭顺，且去

贡期不远，若概加拒绝，则航海重译之劳可悯；若猥务含容，则宗设、宋素卿之事可鉴。宜令纻循十八年例，起送五十人赴京；余者留嘉宾馆量加赏犒，省令回国。至于互市、防守事宜，俱听斟酌处置，务期上遵国法、下得夷情，以永弭边衅。报可。"[202]

至于日使请赐予嘉靖新勘合之事，因弘治、正德旧勘合未尽缴，终未如愿。日本贡使于嘉靖二十八年（1549年）得赏后回国。这是日本在明代最后一次来贡，此后两国关系因倭寇问题而日益恶化，走私贸易完全代替了朝贡贸易。

在确定烟草从中国传入日本的时间起点方面，1523年左右由于中国广东地区严厉打击对外贸易走私，葡萄牙和东南亚商人转而大规模前往福建，进入宁波港的外国商船规模较小，加上朝贡争议事件，日本人员悉数被抓获遣返，几乎没有正常从事贸易的可能；即使有零星的烟草使用者出现在宁波港，日本朝贡人员也没机会在1526年遣返时将烟草带回国内。1539年遣使来朝之时，美洲烟草已在宁波港实现了规模化种植，日本朝贡、经商人员必然会与葡萄牙、东南亚以及福建、浙江、广东等地的商人、海员、官员、青楼女子等有所接触。鉴于葡萄牙人的商业敏感性，可能也是在这一批使团人员回国时跟随前往（鉴于历史资料缺失，不排除在此之前有葡萄牙人跟随中国商船抵达日本的可能），将烟草使用习惯带到了日本。如果认为日本第一次恢复朝贡时烟草就被传播到该国过于乐观，那么随着朝贡关系和贸易机会的恢复，此后的1540—1544年之间，必然有其他日本走私商船尾随而来，在沿

海一带进行走私贸易，在同中国商人、海员的交流和贸易中，他们也会尝试使用烟草。由于具有显著的医疗效果以及成瘾性，尝试之后日本海员必然会把福建、浙江当地种植的烟草经由传统东海丝路航线带回国内，即在1540年左右，日本港口城市开始出现零星的烟草使用者。鉴于日本对外贸易规模小，烟草使用人员少，以及国人接受与消费习惯培育过程会更长等因素，推测1560年左右日本出现烟草本土规模化种植较为合理。

美洲烟草传入日本的路线与时间：宁波（1539年恢复朝贡）—济州岛（朝鲜航线经停）—日本（1560年）。

根据葡萄牙人在中国东部港口城镇的活动轨迹，我们重建了烟草在这一区域的传播路线与时间。首先是1520年左右，零星的烟草使用者开始出现在广东沿海港口。由于海战争端，广东禁绝了一切对外贸易，美洲烟草未能率先在广东实现规模化种植。传统外贸商业中心之一漳州、泉州则迎来了走私贸易大发展机遇，在利益驱使下，以海为生的福建沿海港口城镇各阶层更是欢迎前来贸易的各国商船，即使有朝廷禁令，

他们也在暗中支持、参与、配合进行海上走私贸易。其次，由于1523年日本朝贡事件影响，宁波港口也加强了外国商船贸易的管理，进一步促成了漳泉成为当时中国的海上贸易交易中心。稳定的贸易环境、丰厚的贸易回报带来人员频繁流动，大量的葡萄牙人开始在此长期驻留、定居，引领烟草消费习惯，传播烟草药用价值，诱使本地居民尝试学习使用烟草，从而产生了对烟草的持续稳定需求。受此影响，1526年左右烟草首先在中国的漳泉地区实现规模种植。此后，在福建商人的引导下，1526年葡萄牙、东南亚商人开始大规模进入宁波及其周边港口。相较于福建，这是一个更加有利可图的贸易中心，商业物流和人员流动规模比漳泉更大，进一步加快了烟草传播，促进了需求形成。我们认为不晚于1532年，宁波、上海港口周边城镇出现美洲烟草规模种植，1535年广州地区出现美洲烟草规模种植。此后沿着东海丝路，美洲烟草在1540年左右从福建、宁波，经由成山角传播到日本，1560年左右日本出现本土烟草规模种植；而在朝鲜，则经由登州、旅顺和丹东传播进入，在1555年左右实现本土规模种植。

第三节　漳泉地区成为16世纪中国烟草种植核心区的原因

在中国烟草发展历史上，漳泉地区无疑具有重要的地位，其影响不仅来源于它是有文字记载的中国最早的烟草种植区域，更在于它应

是16世纪中国最具规模、最有影响力的烟草核心种植区和扩散中心。虽然时间久远，历史文献缺失，但本书还是尝试从先发优势、营商环境、

区位优势、地理环境、客家人特有的商业嗅觉等几个方面，简单阐述漳泉地区能成为16世纪中国最具影响的烟草核心种植区与扩散中心的主要原因。

1611年左右，福建莆田人姚旅编撰完成《露书》，主要记载福建莆田、仙游两县的地方风物，其中谈到"吕宋国出一草，曰淡巴菰"。吕宋指今天的菲律宾，淡巴菰则是美洲人对烟草称谓的中文音译。如果烟草原产地真为吕宋，对其称谓即使采用音译也应是吕宋语，而不应是印第安语的中文音译。姚旅对美洲烟草原产地为何产生误判以及烟草的称谓来源，个中缘由让我们再次跟随葡萄牙人的商业足迹做出合理解答。

根据皮列士《东方志》记述，1511年葡萄牙人征服马六甲之后，吕宋商业领袖里吉摩·德·拉加被授予管理马六甲城市的土蒙戈职位，协助葡萄牙人开展吕宋、马来西亚等地区的商业探索活动。他负责管理马六甲与吕宋人、马来人事务，例如，联合出资与葡萄牙商船一起进行商业开发，协助葡萄牙人签订协议，还负责把这些地区抵达马六甲的商船引荐给本达拉，给他们分配货栈、分发他们的商品，提供住宿以及货运装备等[203]。按照这一安排，类似于克林人尼纳·查图协助葡萄牙人拓展孟加拉湾的商业活动。1511年底或1512年春，葡萄牙商船应在里吉摩·德·拉加的协助下抵达了吕宋，并在那里采购了香料，建立了长期贸易站点，美洲烟草开始在这一地区零星出现。

能证明上述情形的事例就是1516年4月，

费尔南·佩雷斯·安德拉德及其随行人员按照计划离开科钦前往中国，他们首先去往帕塞，装载胡椒和其他商品。安德拉德不仅受到国王的热情接待，还与他的老朋友乔万尼·恩波利再次相见（此后一同前往广州）。这一段历史至少揭示了1516年之前已经存在的三个事实：

一是在吕宋商业领袖的帮助下，葡萄牙人已经建立了从科钦到吕宋再从吕宋前往中国的商业航路；

二是葡萄牙人已经在吕宋建立了稳定的货物采购渠道和贸易站点，能为抵达的葡萄牙商船及时进行货物采购、装运；

三是已有葡萄牙人在吕宋长期驻留和定居，吕宋岛已经成为科钦、马六甲、中国航路上重要的货物贸易集散中心。可以推测，在1521年左右，吕宋岛就实现了美洲烟草的规模种植，途经吕宋前往中国的葡萄牙船员和商人们可以在此补充烟草，带往中国沿海港口（包括漳泉地区港口）享用，甚至还能作为高价值商品销售。进入漳泉之地后，每每有人问及种植之地，答曰吕宋，这应是姚旅提及"吕宋国出一草"的缘由之一。

根据《佛郎机传》记载，1521年明武宗驾崩后，世宗有诏"绝其朝贡；其年七月，又以接济使臣为词，携土物求市。守臣请抽分如故事，诏复拒之"。广州作为马六甲事务的指定接待港口，在1521年拒绝葡萄牙人的贸易请求后，1521、1522年，中葡船队在广东沿海连续爆发武装冲突，导致双方出现了人员伤亡和重大损失，广东禁绝了一切对外贸易，葡萄牙人随即丧失了在中国海岸进行合法贸易的资格。

此后尤其是1522—1549年间，葡萄牙人一直将福建漳泉地区作为同中国进行海上贸易的中心。鉴于明朝中央政府禁绝葡萄牙的律令，到此贸易的葡萄牙商船只有假借其他朝贡国家名义才能"合法"进入福建港口。其中，吕宋国是葡萄牙人经由印度、马六甲抵达中国海岸的贸易和补给地，也是中国朝贡国家之一，自然会成为他们最常用的冒用国家。葡萄牙人自称吕宋人以便合法进入中国，欢迎海上贸易的福建沿海港口、各阶层也认同他们是吕宋人，这样一来，福建官民不仅规避了违反朝廷律令允许葡萄牙人进入港口贸易的政治法律风险，也让葡萄牙人以吕宋国朝贡名义，大规模合法地进入漳泉地区。在没有大航海知识背景的年代，对于不知内情和以前没接触过葡萄牙人的普通官民来说，他们分不清、也没必要去深究自称吕宋人的葡萄牙人是不是真正的吕宋人，只要有生意可做、有利可图即可。既然是吕宋人带来的烟草，那烟草的产地也必然是吕宋，这应是姚旅提及"吕宋国出一草"的缘由之二。

至于烟草的称谓，无论是西班牙人把它从美洲带回欧洲，还是葡萄牙开拓者们将它从巴西带到东非海岸、印度、菲律宾群岛，一直都沿用了印第安人对烟草称呼的音译。葡萄牙人抵达中国海岸和福建漳泉地区后，人们探询烟草名称时，也采用了一直以来的称谓"淡巴菰"。鉴于中国语言文字的博大精深，此后才逐渐演绎出越来越多的本土化称呼，这应是姚旅记载烟草之名有"淡巴菰"一说的缘由。

考虑到福建漳泉地区在中国早期的烟草种植与扩散中的重要地位，我们觉得有必要简单论述一下，是哪些因素共同作用促成了这一地位的形成。

一、福建各阶层对葡萄牙和海上贸易的持续接纳，是烟草能在中国漳泉地区落地生根，进而泽及四邻的根本原因

1522年左右，与广东地方政府坚决关闭港口、禁绝海上贸易不同，在巨大利益诱惑面前，福建豪势家族、海军官兵、走私集团与外国客商主动联系，欢迎葡萄牙、东南亚以及各国商船前来贸易，地方官员腐败更是进一步助长了走私之风。同时，吸取两次与中国当局对抗的失败教训，葡萄牙改变了交往策略，武装商船不仅不再危害福建沿海港口，反而成为保一方平安的重要力量。这一策略更是受到了当地官民欢迎，外国商人在福建漳泉获得了广泛支持，大规模的烟草使用者也随之而来。但烟草要在中国的土地上落地生根，需要一个较长时期的消费者培育与成长过程。福建地区尤其是漳泉地区各阶层对葡萄牙以及外国商人的长期接纳创造了这一有利条件。

由于历史资料的局限，我们很难描述当时葡萄牙人与福建居民交往的情景。但我们可以从一些历史事件的争论中，看出福建各阶层对海外商人和走私贸易的基本态度、立场。为了解决福建、浙江地区愈演愈烈的走私贸易问题，1547年，朝廷派遣朱纨提督闽浙。上任之后，他发现闽浙沿海从事走私贸易的多是本地豪门势家，以及靠

海外贸易求生的当地人，以至于闽浙沿海几乎家家户户都涉足走私贸易。于是，朱纨开始在沿海厉行保甲连坐制度，上疏痛斥林姓大族私与通番[196]，并大力整顿海防。至此，在是否严禁葡萄牙商人这一问题上，朱纨的政策与福建本地人的认识产生了严重分歧。其中，福建名流林希元在公开反驳朱纨的《与翁见愚别驾书》[204]中所表达的意见最具代表性。为了便于现在的读者了解1517年葡萄牙人登陆泉州以后，福建各阶层对葡萄牙人、走私贸易以及如何处置与葡萄牙人交往的基本立场，这里全文引用如下：

"天下事有义不当为而冒为之，言之则起人疑，不言则贻民害，宁言之而起人疑，此仁人不忍之心，若今之攻佛郎机是也。佛郎机之攻，何谓不当为？夫夷狄之于中国，若侵暴我边疆，杀戮我人民，劫掠我财物，若北之胡、南之越，今闽之山海二寇，则当治兵振旅，攻之不逾时也。若以货物与吾民交易，如甘肃、西宁之马，广东之药材、漆、胡椒、苏木、象牙、诸香料，则不在所禁也。

"佛郎机之来，皆以其地胡椒、苏木、象牙、苏油、沉束檀乳诸香，与边民交易，其价甚平，其日用饮食之资于吾民者，如米面猪鸡之数，其价皆倍于常，故边民乐与为市，未尝侵暴我边疆、杀戮我人民、劫掠我财物。且其初来也，虑群盗剽掠累己，为我驱逐，故群盗畏惮不敢肆。强盗林剪，横行海上，官府不能治，彼则为吾除之，二十年海盗，一旦而尽。据此则佛郎机未尝为盗，且为吾御盗；未尝害吾民，且有利于吾民也。官府切欲治之，元诚不见其是。

"今以近事明之：虏掠河泊官印，虏崇武百户、南日山官军，索银于官府，一日杀小嶝岷民一百七十余，前后焚烧深扈居民数百家，杀死数百人，焚张都宪之家，杀其叔父，虏其子女，劫其财物，此海寇之患也。诈称督府之兵，毁龙亭、犯城郭，虏劫乡官子女财物，杀死人民不计其数，此山寇之患也。佛郎机之来，即今五年矣（林希元1541年辞官回闽），曾见有是乎？无是而欲攻之，何也？佛郎机虽无盗贼劫掠之行，其收买子女，不为无罪，然其罪未至于强盗。边民略诱卖与，尤为可恶，其罪不专在彼。而官府又未尝以是攻之。官府之攻，起于杀死番徒郑秉义而分其尸，其攻亦未为不是也。然以彼之悍勇轻生，欲杀其十人，非偿以数十人不可。大约机夷之人，不下五六百，欲尽灭之，非倍以千人不可。然捐千人之命，以陪无大罪之夷，亦仁人所不忍也。捐千人之命，能杀五百之夷，犹未失也。倘捐数十人之命，而犹不能杀其十人，反为所杀，计其失不愈甚乎？是其利害之浅深轻重，尚当较量也。若不量利害之深浅轻重，而必欲攻之，恐所得不偿所失，其祸当有大于此者。

"元于此筹之甚熟，未尝以夷为尽无罪，亦未尝以为有大罪；未尝以夷为不必攻，亦未尝以夷为容易攻。故尝作《佛朗论》，专罪容保交通之人，以攻夷责之，俾自为计。既献攻夷之策于海道，又荐门下知兵之人为之用，是元于机夷未尝党之。其攻否之宜，与攻治之策，盖有见焉，不若时人之轻举妄动也。元前见海道欲攻夷，曾作书荐门生汀漳守备俞大道可用，又荐门下知兵陈一贯，献谋夷密计于海道，未有可用之人，又荐生员郑岳于海道。双华喜之，遣暂归永春，俟有急取用。既而海道自漳至泉，谒巡抚，过同语元，机夷未尝害吾人，似不必攻，已遣指挥往夷船谕令，暂避巡按，若边民赊货未还，不得去，许告官为追，元亦是之。既而海道见金巡按急欲驱夷，始移文永春，取郑岳乘传至海门谕夷，如告余之言。郑生过余问计，元曰：前柯双华曾以此告，今熟思之，官方欲攻夷未能，如何又与追债？不惟法上难行，夷人亦不信。又令至夷船察探其虚实以报。郑生至海门，谕夷人如余策，夷人果悦，置酒延款。夷舟有九，至者六舟，尚三舟不至，约待会议定然后报；厚遣郑生，令还海道。不至三舟，乃华人假夷者。郑生行，密遣人通讯，谓己皆华人，故不敢见，愿谋夷人自赎，看官府何日攻夷，愿举兵为内应。郑生以其谋告余，元喜曰：前一日陈一贯之计，大略相似，但当时未有可用之人，今有人矣，如今之策，更妙于一贯，决可用。双华遣郑岳谕夷人，既有头绪，如不攻，遣郑生再往，令报税抽分可也；如欲攻，遣郑生密通三舟，约日举兵，令彼为内应可也。二者皆胜算。双华怒元与韩漳南之书，弃不用，乃用捕盗，行狗盗之计，掩取夷人解官，坐以强盗枭首之罪。

"夫既差人往谕其报税，而忽攻之，非失信乎？又不显攻，而用鼠盗之计，非失礼乎？彼此皆无所据，抚不成抚，攻不成攻，中国之待夷狄当如是乎？其失一也。既而夷人倍怨，焚青浦之民居，掠海上之舟楫，其势不得不用兵。其用兵也，躬亲督战，既不能如汪诚斋之灭机夷；因风纵火，又不能如周瑜之焚曹操。庸致大舟自焚，多人溺死，徒费官帑之千金，不得小夷之一毛。其失二也。势莫如何，始纳夷人之术，以老人约正捕盗六人为质于夷船，仅得一番奴一通事之来，又厚劳燕、张鼓乐以送之去，以官府之伎俩，皆为夷人识破，其为中国之羞甚矣。其失三也。既已纳降，而厚待之，今兹之来，待之如旧可也，如何又欲攻之？攻之而不得胜算，不如旧日之丧师辱国可也，如何又蹈故智，失数十生灵之命，丧于沧波；府库不资之财，荡于烟火。视去岁之辱，又益甚焉，其祸又将谁委？是皆忽郑生之谋，用宗善之策，其失四也。似此四失，不但失中国之礼、捐中国之威，戒心由是而生，将来之祸未已也。

"今闻捐百金购敢死之士，为必攻之计似也；使捐数十人之命，能杀夷可也，若又不能杀，而徒为所杀，其罪不尤大乎？故元于机夷之攻，未尽以为然，惜其事已坏，追悔无及，故前书谓其事已为前人所坏者，此也。元于此事，甚知之真，欲言于当道，为一方生民靖难，恐疑元党夷。柯双华党庇私人，忍绝士夫；弃谋士之策，自贻伊戚，遂非不悟。元既耻与言，而朱秋崖又诬元以渡船载番货，元益无可言之路矣。然视官府之攻夷，百计千方，竟莫得其要领，而且殃及乎平民，未免短叹长吁，或时至大笑，然竟未得可与言之人。

"侧闻执事当今豪杰，故敢修书，奉候起居，略布怀抱。兹承教翰云云，始信执事果为当今豪杰，有高世之见，故尽以所见相告。计执事不以元为党夷，使当道闻之欲加害，执事必能为白心事。万一因之祸及无愧，正所谓与其不言而为民害，宁言而起人疑也。情绪多端，不觉烦渎，伏冀原宥，幸甚！"

从这封公开信可以看出，16世纪初以来，葡萄牙与各国海商在福建开展走私贸易，虽小有波折，但在各阶层的默许和暗中支持下，他们得到了同一时期在中国其他省份海岸港口不可能拥有的宽松营商环境，与当地人的合作也更为融洽。这些因素促使更多的葡萄牙商人将他们的财富和商业重点转移到漳泉地区，上岸开办货栈、仓库，进行长期驻留和定居。到朱纨厉行海禁之时，葡萄牙人已深入福建地区经营三十余年，这一时期，外国商人涌入漳泉，不仅使用烟草治疗常见疾病，还带来了日常的烟草消费习惯。在他们的引领下，本地部分居民开始尝试了解烟草、使用烟草，最后成为烟草的日常享用者，带动了当地烟草消费持续增长。良好的营商环境也让葡萄牙人更乐于由行商变为坐商，促使部分商人更有信心潜心经营烟草贸易，进而尝试在本地生产烟草，就近满足客户需求，促进了烟草在漳泉地区的落地生根。1526年以后，葡萄牙人的商业足迹开始从零星进入到大幅扩张到福建以北的浙江、江苏；1530年广东重开对外贸易，独拒葡萄牙，福建漳泉地区进一步成为葡萄牙商船同时经略南北货物贸易、人员往来的基地；1539年日本使团抵达宁波，重新恢复与中国的朝贡贸易，让葡萄牙人成功串联起了马六甲—中国—日本贸易航线，漳泉地区成为三地贸易最好的中转口岸。长期稳定的营商环境，不仅为漳泉本地烟草种植提供了稳定的市场需求，还为商人在漳泉采购烟草输入广东、江浙以及销往日本提供了稳定的货源保障，进一步扩大了漳泉烟草的市场影响范围。

二、先发优势，为漳泉地区烟草在16世纪中国奠定了领先地位

1516年，葡萄牙商人兼外交家拉斐尔·佩雷斯特雷洛率领商团到广州贸易，团队成员人数众多，虽然没有获准登岸，但这一年广东应出现了零星的烟草使用者。1517年，葡萄牙人马斯卡伦阿斯驾驶武装商船抵达泉州，开启了双方的正式接触。如果按照《漳州金融志》的记载，早在1516年就有葡萄牙人抵达漳州进行贸易。如果不是出现意外事件，葡萄牙、东南亚商船更青睐于到广州开展贸易，福建次之。从这一点看，中国历史上首先出现烟草规模种植的地区大概率应是广东而不是福建。

但武宗驾崩，中葡外交挫折，以及葡萄牙人在广东的暴行和炫耀武力引发的宿怨几乎在同一时间点爆发。葡萄牙与中国进行两次海战后损失惨重，在国力差距面前不得不调整对华政策，不再尝试凭借武力占有中国领地。但明朝中央政府已经调整政策，禁绝与葡萄牙商业往来。鉴于葡萄牙人曾冒充"回回"进入广州贸易，在当地官员无法通过外表来区分朝贡者身份的情况下，广州当局最保险的策略就是禁绝所有贸易。但这样一来，广东不仅扼杀了处于起步阶段的中葡贸易，也扼杀了东南亚国家正常的朝贡贸易，以及与朝贡贸易相伴而生的私人海上贸易。这一政策也将引领烟草消费的葡萄牙人、东南亚商人以及海员们一并逐出了广东，扑灭了烟草在广东的本土化燎原之火，使其失去了成为烟草在中国第一个规

模种植区的历史性机遇。

　　同广东采取禁绝贸易的政策相反，有着海上贸易传统的福建各港口、各阶层，在利益驱使下采取了默许政策，欢迎、支持甚至参与同葡萄牙人、东南亚朝贡国家的海上贸易。从1521年开始，在福建海商引导下，大规模海上走私贸易商人开始涌入漳泉地区，这一盛景也反映在嘉靖年间不断重申的禁海政策下，为了满足走私贸易的需要，在当地人合作下，部分葡萄牙人开始登岸建立货物仓库、商业贸易站点，长期驻留甚至定居通婚。1523年，宁波港发生日本使者朝贡事件，促使当地加强了对外贸易管制，漳泉地区一时成为中国海上贸易的核心区域。葡萄牙、南洋诸岛以及东南亚商业人员的聚集，必然带来抽烟人群聚集，良好的商业关系以及与当地人的广泛交往，也在不断培育烟草的本土消费者、使用者。一开始，商人们只能从吕宋等岛屿或东南亚率先形成规模种植的地区采购烟草，再通过商船运入漳泉满足市场需求，不仅价格高昂，而且货源得不到稳定保障。

　　也就是在这一过程中，必定有葡萄牙商人、漳泉地区本地商人看到了规模种植的商业机会，开始进行尝试性耕种。随着烟草消费的人群规模不断扩大，从量变到质变，推测在1526年左右，也就是烟草第一次出现在漳泉地区的十年之后，这一地区开始烟草规模种植，有专业烟草种植户开始大规模种植烟草用于对外销售谋利，烟草商业种植行为要早于中国其他地区。

　　1526年之后，伴随葡萄牙、东南亚商人大规模进入福建以北的宁波、上海等地港口，随之而来的是更大规模的人员流动。在这些地区出现烟草规模种植之前，漳泉地区凭借先发优势，出产的烟草必然会涌入这些港口城镇，满足人们的消费和医用需求，这会进一步刺激扩大漳泉烟草种植、影响和需求。同时，烟草种植需要较高的生产技能，需要不断摸索、总结、改进。在这一过程中，漳泉地区的烟草种植者也会不断巩固和扩大他们的先发优势，不断改进种植和烟草制作技艺，扩大种植规模，以至于到了16世纪晚期，烟草产量不仅可以满足国内需求，还大规模返销吕宋。先发优势为漳泉地区的烟草奠定了领先地位，使其成为16世纪中国最具影响力的烟草种植核心区。

三、区位优势，让漳泉地区成为16世纪中国的烟草扩散中心

　　泉州地处福建东南部，枕山面海，扼晋江下游，为江海交汇之地，交通便捷，长期以来就是东南亚、阿拉伯、波斯商人汇聚之地。泉州港兴于唐，盛于宋，衰于明朝中叶。1087年，朝廷设福建市舶司于泉州，一直延续到明朝成化八年（1472年），福建市舶司才迁往福州。400年间，泉州港一直管理着漳泉地区诸港海外贸易事务。南宋理宗年间，泉州海外贸易一度出现停滞，政府聘用阿拉伯人后裔蒲寿庚担任泉州提举市舶司，任职30年，大量阿拉伯商人前来，以至于泉州有"回半城"之称。在宋朝，政府在泉州和广州设置番坊，选择有威望的外商担任番长，并授予相应官衔，不仅负责管理番坊内部事务，还

负责招揽外商来华贸易，并在泉州、广州等地设立番市、蕃学，供外商贸易及其子女入学。两宋时期，泉州与宁波、广州并称三路市舶司；到南宋，泉州海外贸易超过广州，成为中国最大的对外贸易港口。元朝时期，泉州外贸处于鼎盛阶段，摩洛哥旅行家伊本·白图泰提到[205]：

"我们渡海到达的第一座城市就是刺桐城（泉州），中国其他城市和印度地区都没有橄榄，但该城的名称却是刺桐。这是一个巨大的城市，此地织造的锦缎和绸缎，也以刺桐命名。该城的港口是世界大港之一，甚至是最大港口。我看到港内停有大船约百艘，小船多得无数。"

商业繁华、文化包容、百业兴旺的泉州，为接纳烟草这一新事物的到来做好了准备。

漳泉地区位于广州、宁波两大市舶司之间，到了明朝时期，主要承接琉球地区的朝贡贸易。由于海上风暴影响，朝贡与贸易商船航线具有不确定性，居间的区位优势赋予了泉州港可以合法接待前往宁波、广州朝贡，因风暴影响而未能登陆目的地的各国朝贡商船的权力，成为明代中国链接日本、高丽、琉球、南海诸岛、印度、波斯、东南亚地区之间朝贡贸易的枢纽中心，具有极其重要的区位优势。

明朝实行朝贡贸易政策，官方并不鼓励对外贸易。在此背景之下，无论广州、泉州还是宁波，贸易规模都受到了不利影响，但沿海各阶层人民以海为生，在走私贸易厚利驱使下，明朝海上贸易并没有因为禁海政策而消失，禁令只是给走私贸易戴上了枷锁而已。于是，远离广东的屯门岛、濠镜等地，成为海外客商与中国海商在广州的贸易之岛，此外福建金门、宁波双屿等都是有名的海上贸易岛，贿赂官员的走私商人还可以合法登陆贸易，以朝贡之名进行大规模走私贸易就更为普遍。在这种背景之下，一个地方对待贸易的态度及其政策执行力度对当地的贸易状况具有决定性影响。如果地方政府严禁甚至攻击外国商船，这些商船就会前往没有严格禁止海上贸易的其他地区，后者就会成为获益者，贸易规模会急剧扩大，得到的贸易红利更大，新生事物也会获得更大发展空间。

漳泉虽有区位优势，但与广州相比差距明显。1521—1525年，随着广东禁绝贸易以及宁波外贸趋严，各地区原计划驶往广州、宁波的商船只能纷纷前往漳泉贸易。在政策驱使下，短时间内，波斯、印度、孟加拉、南洋诸岛、东南亚地区大量养成烟草消费习惯的商人和海员们齐聚漳泉，纷纷从家乡、南洋诸岛的吕宋等地把烟草作为享用和医疗物资带入。福建各阶层对外国客商的欢迎、接纳和支持，更是进一步密切了双方的交流与信任，部分福建本土人士，例如商人、官员、海员以及青楼女子开始尝试向他们学习使用烟草、了解烟草的医疗效果，口口相传，逐渐在当地形成了稳定的消费群体。烟草从海外运入漳泉，不仅货物成本高，保障也不稳定，长此以往，不仅本地人需求无法满足，常驻漳泉地区的葡萄牙等外国商人也无法承受。具有商业眼光的驻留商人、本土居民必然会思考在当地进行种植，首先解决有无问题。区位优势让漳泉地区在烟草引种上具备了先发优势，以至于在1526年左右，可能就出现了大规模烟草种植，用于销售谋利。

1526 年以后，外国客商开始以漳泉为基地，向福建以北沿海地区城镇扩张。1530 年广州重新开放港口但禁绝葡萄牙，漳泉地区对葡萄牙人的重要性更加凸显，需要以此为基地，北上南下进行贸易，在烟草传播上的区位优势也再次凸显。商人们无论是进入福建以北还是广东地区，再从吕宋等地采购烟草已经非常不经济，漳泉成为他们在中国海岸继续开拓商业版图、保障烟草货源的后勤基地。以此为中心，烟草不断向南北沿海口岸城镇和内陆城镇扩散。可以推测，16 世纪中后期，一些从福建起航返回吕宋、南洋诸岛、东南亚地区的外国商人们开始在漳泉采购烟草，满足他们的旅途与商业所需，开启了漳泉烟草的国际扩张之路。

1539 年，日本使团再次返回宁波港开展朝贡贸易活动，此后几年陆续有日本朝贡商船和走私商船来到宁波、福建等地港口。前来贸易的日本商人、海员在贸易交往中必然会接触到有烟草使用习惯的各国商人、海员以及本地的商人、官员和居民，在好奇心驱使下尝试使用漳泉烟草并养成习惯。葡萄牙人也跟随日本船只前往该国，在他们的共同作用下，漳泉烟草开始扩散到日本。葡萄牙人由此打通了日本、中国和东南亚之间的三角贸易，漳州不仅是其航海的基地、换取中国商品的主要来源地，也是他们获取烟草产品的货源地，成为烟草在东亚地区早期传播的发起点。

这里我们补充一点历史信息：一位曾服务于葡属果阿的荷兰人扬·哈伊根·范·林斯霍滕（Jan Huygen van Linschoten），1583 年来到东方，90 年代从印度返回荷兰之后，将在果阿收集的葡萄牙和西班牙秘密航海资料翻译为荷兰文，编辑成一部巨册《东印度旅程导览》，于 1596 年出版，为荷兰东印度公司（VOC）在亚洲的扩张，提供了不可或缺的情报。下面简要引用其中一点资料，以支持葡萄牙商业活动促进了漳泉烟草扩散的观点。

葡萄牙人以漳泉地区为中心的中国沿海航线：马六甲航行到中国的第一个岛是上川岛（Ilha de Sanchoan），从上川岛到南澳岛（IslandLamau）12（葡）浬，有航道通往潮州（Chaochau），那里出产优质的中国丝和贵重货物。从南澳岛航行 6.3 浬，到走马溪（Chabaquon），沿海岸东北向航行 22 浬到漳州（Chincheu），沿途都是高山峻岭。漳泉港口有来自宁波（Liampo）、日本（Iapon）的商船停泊。从漳州港到福建港（Foquyen，指福州）40 浬，航向东北，途中经过泉州角（Point of Chencheu），到平海（Pinhai），从平海沿海岸航行 5 浬就到了福建港。然后是经过温州（Sumbor，即松门港）、宁波、双屿港（Synogicam）等地，抵达南京（Nanquyn）。漳泉港口处于葡萄牙南下北上航线的中心位置，漳泉烟草也经由此航路跟随商船扩散到中国沿海各地和日本。

四、得天独厚的地理条件，为漳泉地区烟草发展奠定了先天优势

漳泉地处福建东南沿海，位于北回归线偏北区域，地势西高东低，西部为戴云山、博平岭高地，中部为丘陵，东部为平原，山地丘陵占绝

大部分，山间零星分布着一些串珠状的河谷盆地。区内江河众多，龙江、九龙江、西溪、晋江、洛阳江等贯穿漳泉地区，河网纵横，内河航运便捷。漳泉地区纬度低，东临海洋，属亚热带海洋性季风气候，烟草种植气候条件优越，气温高，光热丰富，全年无霜期长，沿海地区基本无霜；降水充沛，全年降水量为1000—1800毫米左右，自东南部向西北部递增，内陆地区比沿海地区多一倍左右。漳泉地区土壤类型多样，山地土壤主要是酸性红壤、黄壤、紫色土，平原地区则分布盐土、风砂土、水稻土、冲积土等类型。受温湿气候条件影响，该地区土壤生物物质循环旺盛，土壤肥沃，呈酸性。

漳泉地区良好的气候条件、土壤条件以及地理位置与烟草的原产地极为相似，烟草一经引入就获得了迅猛发展，使其成为16世纪早期中国最具影响力的烟草种植核心区域。良好的生态条件，使漳泉地区至今仍是全国优质烟区之一[206]。

五、客家人的商业天赋，进一步放大了漳泉烟草的影响

16世纪早期，随着葡萄牙人驻留泉州开展贸易，烟草也被引入。烟草使用容易上瘾，养成习惯后就如一日三餐不可或缺；同时，葡萄牙人还教会了漳泉人如何用烟草医治疾病，一时之间被当成灵丹妙药用于医治各种疾病，使用的人越来越多，市场需求也是与日俱增。烟草在初期主要经吕宋等产地海运而入，不仅价格高昂，普通人难以承受，而且由于大海阻隔，市场供应不能得到稳定保障。经印度、马六甲到中国驻留的葡萄牙商业人员了解烟草的重要性，在市场需求的牵引下，烟草很快被引入漳泉地区进行尝试性种植并大获成功。

从后续的文献记载可知，福建商人很快发现，种植烟草、经营烟草获利颇厚，客家人的商业天赋赋予了漳泉烟草更大的影响力。一是他们将原产地概念应用在漳泉烟草上，不断在福建地区，例如海澄、龙溪、南靖、平和、漳浦、云霄尝试开拓优质烟叶种植区。随着漳泉人的外迁，烟草从闽南迅速向莆仙、闽西、闽东、闽北、福州等地传播，出现了浦城烟、彭城烟、马家烟等地域品牌。二是在烟草质量上进行了细分，按照不同的质量赋予品名，采取不同的价格进行销售，树立了质量意识。三是积极拓展市场，在本土市场获得成功后，漳泉地区的商人迅速将烟草推向周边沿海口岸以及内陆地区，甚至可能在16世纪中后期就开始反哺吕宋等产地，1540年左右漳泉烟草的影响向东北扩散到了日本、朝鲜等地。四是不断拓展烟草的其他用途，尤其是医疗用途，例如防瘴气、治风寒、驱蛔虫，以及防治农业病虫害如治螟害等，进一步促进了民众对烟草的早期认同，做大了烟草市场规模。当然，还有其他的措施，这里不再一一列举。

至此，我们首先回溯了早期美洲历史与美洲烟草文明，重温了15世纪葡萄牙人、西班牙人大航海时代所开展的主要活动和取得的主要成就，分析了美洲包括巴西早期开发过程中，同印第安人朝夕相处的海员和定居者们养成烟草使用习惯的逻辑必然。接着分析了葡萄牙人探索亚洲的早期活动中，在西班牙美洲发现活动资助者和

参与者的协助下，经停巴西期间把烟草作为消费品、医疗用品带入非洲、印度的逻辑必然。三是根据1508年印度出现烟草规模种植的事实，通过重建1497—1530年葡萄牙人在亚洲的政治、军事和商业活动，以及亚洲内部国家、地区之间在这一时期的政治、军事和商业活动，分析了这些活动对美洲烟草传播的影响。结果表明，美洲烟草在1508年传入印度后，从阿拉伯海、孟加拉湾、暹罗湾一带经由传统商业与军事活动路线进入中国内陆，但实现本土化规模种植的时间都要晚于我国东部沿海城镇。美洲烟草零星进入中国的时间应始于1516年的广东（1516—1521年），

1526年左右率先在福建漳泉地区实现规模种植，随后传播到了日本、朝鲜。我们也简单论述了为什么漳泉地区会成为16世纪早期烟草在中国种植和扩散的核心区域。

这些分析，回答了烟草传入中国边境地区和东部海岸的路径与时间，从时间节点上印证了广西合浦出土烟斗的年代归属，也回答了日本、朝鲜的烟草来自何处的问题，从商业和逻辑常识上否定了中国烟草由日本、朝鲜传入的"外源学"结论，颠覆了中国烟草始于明万历年间的历史认知，也为重建烟草在国内的传播路径、研究中国烟草和中式烟斗文化发展历史奠定了基础。

第二部分
烟草在中国境内的传播路径与时间重建

　　由于历史记载和考古证据的缺失，我们今天要详细重建烟草在中国境内的传播路径与时间，几乎是一项不可能完成的任务。但我们还是可以尝试利用国内相关文献的点滴记载、商路路径、大规模跨区域移民路径与时间、重要战争路径与时间、内河航运交通便捷性等线索，大致勾勒出烟草在中国的传播路径与时间。为了便于时间段划分和理解，这里我们将烟草在中国境内传播分为四个阶段：

　　第一个阶段，烟草启蒙阶段（1516—1620年）：主要是从烟草传入我国开始，到张景岳完成对烟草医理、功效的系统总结提炼，标志性事件就是《景岳全书》的完成（刊刻时间为1624年）。这一时期烟草的种植与使用分布在传统商路沿线的主要政治、商业城镇周围，呈线状或跳跃式散点分布。

　　第二个阶段，烟草普及阶段（1620—1750年）：这一时期处于明末清初，战乱频繁，从陕西农民起义、康熙平定台湾四海归一，再到持续至乾隆初年的移民活动，是烟草在中国境内扩张普及的重要阶段。相较于启蒙阶段商业活动的和风细雨，经过明末清初长达六十年左右的战争，以及此后长达七十年左右的移民建设，烟草在中国全境实现了普及。

　　第三个阶段，成长阶段（1750—1890年）：这一时期为中国烟草的成长期，烟草在各地种植规模逐渐扩大、分布地区更加广泛，深入中国社会的每一个角落、每一个阶层，主要标志就是各种烟具的出现、发展到繁荣，直到机制卷烟的出现。这一阶段也是中式烟斗发展的黄金时期。

　　第四个阶段，成熟阶段（1891年至今）：烟草产量平稳增长，除机制卷烟外的其他烟草产品形态逐步退出市场，中式烟斗逐渐衰落。

　　这四个阶段中，经过前两个阶段后，烟草已经传播到我国各省区，剩下的只是各地区烟草种植与使用人群规模的扩大。鉴于本书侧重于早期烟草传播路径与时间重建，再深入分析后两个阶段的烟草传播路径与时间已不具太多意义，这一课题留给未来有志于编撰《中国烟草通志》的专业人士。

第四章
启蒙阶段烟草在中国境内的
传播路径与时间重建

人们在认识自然世界的过程中，需要通过不断地积累认识才能在此基础上形成科学知识；接受新事物是一个渐进过程，一般由排斥到尝试，由尝试到接纳，由接纳到推广，最后再到普遍接受与应用，是一个缓慢的过程。烟草对中国来说是一个新事物，人们对待烟草也必然经历了尝试、接纳、推广最后到普遍接受这样一个过程，应该耗费了较长的时间。

在中国传统医疗方式中，"烟疗"具有悠久的历史。成书于公元前168年之前的《五十二病方》(作者失考)中，记载了用烟熏洗治疗痈症、痔瘘、烧伤、瘢痕、干瘙、蛇伤等多种病症[207]。例如，治疗痔瘘就有直接熏、埋在席下熏、置于容器中熏、地下挖洞燔药坐熏、药物烧烟等多种方法。成书于公元752年、由唐代著名医师王焘（670—755年）编撰的《外台秘要》中，记载了六种治疗咳嗽的熏吸方法，其中崔氏针对久咳不瘥采用款冬花治疗的过程与抽烟神似，引用如下：

"崔氏疗久咳不瘥熏法：款冬花上一味，每旦取如鸡子许，用少许蜜拌花使润，纳一升铁铛中，又用一瓷碗合铛，碗底钻一孔，孔内插一小竹筒，无竹，苇亦得，其筒稍长作碗铛

相合，及插筒处，皆面塑之，勿令漏烟气。铛下着炭火，少时，款冬烟自从筒中出，则口含筒吸取烟咽之。如觉心中少闷，须暂举头，即将指头捻筒头，勿使漏烟气，吸烟使尽止。凡如是三日一度为之，待至六日，则饱食羊肉馎饦一顿，则永瘥。"[208]

孙思邈（541—682年）所著《千金要方》中也有此类治疗咳嗽方法：

"治嗽熏法：以熟艾薄敷布纸上。纸广四寸，后以硫黄末敷布艾上，务令调匀，以获一枚，如纸长，卷之作十枚，先以火烧缠下去获，烟从孔退场门吸烟，咽之取吐，止。明旦复熏之如前，日一二止，自然可瘥。得食白粥，余皆忌。

"又方：熏黄一两研令细，以蜡纸并上熏黄相入，调匀卷之如前法，熏之亦如上法，日一二止，以吐为度。七日将息后，以羊肉羹补之。

"又方：烂青布广四寸，上布艾，艾上布青矾末，矾上布少熏黄末，又布少盐，又布少豉末，急卷之烧令着，纳燥罐中，以纸蒙头，便作一小孔，吸取烟，细细咽之，以吐为度。若心胸闷时略歇，烟尽止。日一二用，用三卷不尽，瘥。三七日慎油腻。"[209]

人们使用烟草时，一般通过烟筒吸入其烟，

这与中国传统医学中的熏疗存在相通之处。因此，16 世纪早期，沿海城镇人民看到抽吸烟草带来的医疗效果时，感受更多的可能是惊奇，进而直接进入尝试阶段，没有排斥期或者排斥期很短。

第一节　启蒙阶段中文典籍中关于烟草的记载

这一时期，关于烟草的记载主要来自医生的医案、编撰的医学书籍，数量稀少，但对考证烟草传播路径与时间极具标识意义。我们按照作者生年顺序，尽量完整引用原文，让读者能在历史典籍中全面感受烟草在传播中的魅力。

1. 吴子孝（1495—1563 年），在嘉靖年间有感于倭寇祸乱，写下一首《诉衷情》，其中提到烟草[30]。

2. 陆釴（1495—1534 年），正德年间进士，在与刘郎中唱和的七律中谈及自己长期与烟草为伴[200]。

3. 李时珍（1518—1593 年），自号濒湖山人，明代著名医药学家，与"医圣"万密斋齐名，其医学巨著《本草纲目》中提到的金丝草[210]，虽无烟草之名，但高度疑似：

"【集解】时珍曰：金丝草出庆阳山谷，苗状当俟访问。

"【气味】苦，寒，无毒。

"【主治】吐血咳血，衄血下血，血崩瘴气，解诸药毒，疗痈疽疔肿恶疮，凉血散热（时珍）。【附方】新四。妇人血崩：金丝草、海柏枝、砂仁、花椒、蚕退纸、旧锦灰，等分，为末，煮酒空心服。陈光述传。（《谈野翁方》）痈疽疔肿，一切恶疮：

金丝草、忍冬藤、五叶藤、天荞麦，等分，煎汤温洗。黑色者，加醋。又铁箍散：用金丝草灰二两，醋拌晒干，贝母五两，去心，白芷二两，为末，以凉水调贴疮上，香油亦可。或加龙骨少许。天蛇头毒：落苏即金丝草、金银花藤、五叶紫葛、天荞麦，等分，切碎，用绝好醋浓煎，先熏后洗。（《救急方》）"

李时珍指出，烟草产自庆阳，可用于治疗吐血、咳血、恶疮等，还结合前人著述，给出四个新药方，用于治疗妇女血崩、痈疽疔肿和一切恶疮等疾病，给出了酒服、煎汤温洗外用、制作药膏、醋熏等用药方式。根据李时珍所描述的性状、主治疾病，金丝草应为烟草。方中履在《物理小识》中则说：

"濒湖载金丝草或曰即烟。履按金丝草出庆阳，治诸血、恶疮、凉血，不言作烟食，其性亦异。"[13]

4. 崔学履，生卒年不详，明嘉靖二十二年（1543 年）举人，嘉靖二十九年进士。假设 20 岁左右中举，其生年在 1520 年左右。曾主持编撰《昌平州志》[211][隆庆年间（1567—1572 年）]，此志书中提及烟草：

"烟草：先自浮山村产者良，后城中更胜。"

也就是说，在昌平，开始是浮山村出产的烟

草质量好，后来城里出售的烟草质量超过了本地山中出产的。

5. **王圻**（1530—1615 年），上海人，祖籍江桥（时属青浦县），明代文献学家、藏书家，嘉靖四十四年（1565 年）进士，在其与儿子王思义合作撰写的《三才图会·地理》之中提及淡巴菰国，或是暗喻烟草产地之国。转引如下：

"淡巴菰国，明初曾入贡，有城郭、宫室，君臣有礼。但淡巴之种入上国，其始事者亦莫知为谁。"[212]

王圻指出，淡巴菰国在明朝初年曾入贡，但淡巴菰由谁引入中国已经无法考证。

（《明史》记载：淡巴，亦西南海中国。洪武十年，其王佛喝思罗遣使上表，贡方物，赐赉有差。其国，石城瓦屋。王乘舆，官跨马，有中国威仪。土衍水清，草木畅茂，畜产甚伙。男女勤于耕织，市有贸易，野无寇盗，称乐土焉。厥贡，芯布、兜罗绵被、沉香、速香、檀香、胡椒[213]。）

6. **陈仕贤**，生卒年不详，嘉靖四十一年（1562 年）进士。假设 20 岁左右中进士，其生年在 1540 年左右。其所著医书《经验济世良方》[明嘉靖三十七年（1558 年）初刻]记载了用烟草医治疾病：

"道地潮烟二两，以米饭一碗拌和，槌百杵，分作四饼，用湿草纸包，灶火内煨，存性研末，作四服。肝气发时，用砂糖调陈酒饮之。"[214]

7. **于慎行**（1545—1607 年），山东东阿人，字可远，更字无垢，隆庆二年（1568 年）进士，在《乌栖曲》四首中描述了自己抽烟的情形：

"银床小篆云母屏，博山吐焰双烟青。相

看脉脉两无语，曼声一曲泪如雨。"[215]（明清时期，人们常用博山、博山炉代指吸烟。）

8. **倪朱谟**，明末医药学家，字纯宇，钱塘（今浙江杭州）人，生卒年不详，综合考虑成书时间，其生年大概在 1560 年左右。通医学，为人治疾有良效，毕生搜集历代本草书籍，详加辨误及考订，撰成《本草汇言》二十卷，收载药物 670 余种，刊于 1619 年。鉴于《本草汇言》[216] 主要汇集众医家之书，其收录材料应为 16 世纪的相关医书内容，里面涉及烟草的内容如下：

"烟草，味苦辛，气热有毒，通行手足阴阳一十三经。

"沈氏（沈拜可，钱塘人）曰：烟草出江南浙闽诸处，今西北亦种植矣。初春下子，种时喜肥粪。其叶深青，大如手掌。夏初作花，形如簪头，四瓣合抱，微有辛烈气，藕合色，姿甚娇嫩可爱。其本茎长五六尺，秋中采收，晒干，细切如丝，缕成穗，装入筒中，火燃吸之，烟气入口鼻，通达百骸万窍。闽中石马镇产者最佳。

"门吉士（顺天即北京人）曰：烟草，通利九窍之药也。此药气甚辛烈，得火燃，取烟气吸入喉中，大能御霜露风雨之寒，辟山蛊鬼邪之气。小儿食此，能杀疳积；妇人食此，能消症瘕。北人日用为常，客至即燃烟奉之，以申其敬。如气滞、食滞、痰滞、饮滞，一切寒凝不通之病，吸此即通。凡阴虚吐血、肺燥劳瘵之人，勿胡用也。偶有食之，其气闭闷昏溃如死，则非善物可知矣。所以阴虚不足之人不宜也。"

倪朱谟评价了烟草药性、药理，引用了沈拜可、门吉士两位医师关于烟草药性、药理的论述。

其中，沈拜可谈及烟草的产地、耕种采收、烟草使用以及各地烟草的品质，门吉士主要从烟草医疗作用方面进行论述，列举了烟草可医治的主要疾病、关于烟草的习俗以及使用禁忌等。

9. 姚旅，在其所著《露书》[12] 中记载了烟草的来历、疗效信息（详见前述）。

10. 张景岳（1563—1640 年），本名介宾，字会卿，号景岳，因善用熟地黄，人称"张熟地"，浙江山阴（今绍兴）人。明代杰出医学家，温补学派创始者。其所收集整理的烟草条内容完成于 16 世纪末或 17 世纪初，详细论述了烟草的药理、药性、来历、功效等，是当时温补学派对烟草最权威的解读。所著医学巨著《景岳全书》（成书于 1624 年）烟草条全文如下：

"烟：（又七七）味辛气温，性微热，升也，阳也。烧烟吸之，大能醉人，用时惟吸一口或二口，若多吸之，令人醉倒，久而后苏，甚者以冷水一口解之即醒；若见烦闷，但用白糖解之即安，亦奇物也。吸时须开喉长吸咽下，令其直达下焦。其气上行则能温心肺，下行则能温肝脾肾，服后能使通身温暖微汗，元阳陡壮。用以治表，善逐一切阴邪寒毒，山岚瘴气，风湿邪闭腠理，筋骨疼痛，诚顷刻取效之神剂也。用以治里，善壮胃气，进饮食，祛阴浊寒滞，消膨胀宿食，止呕哕霍乱，除积聚诸虫，解郁结，止疼痛，行气停血瘀，举下陷后坠，通达三焦，立刻见效。

"此物自古未闻也，近自我明万历时始出于闽广之间，自后吴楚间皆种植之矣，然总不若闽中

者，色微黄，质细，名为金丝烟者，力强气胜为优也。求其习服之始，则向以征滇之役，师旅深入瘴地，无不染病，独一营安然无恙，问其所以，则众皆服烟，由是遍传，而今则西南一方，无分老幼，朝夕不能间矣。予初得此物，亦甚疑贰，及习服数次，乃悉其功用之捷有如是者，因著性于此。

"然此物性属纯阳，善行善散，惟阴滞者用之如神，若阳盛气越而多躁多火，及气虚短而多汗者，皆不宜用。或疑其能顷刻醉人，性必有毒，今彼处习服既久，初未闻其妨人者，抑又何耶？盖其阳气强猛，人不能胜，故下咽即醉，既能散邪，亦必耗气，理固然也。然烟气易散，而人气随复，阳性留中，旋亦生气，此其耗中有补，故人多喜服而未见其损者以此。后槟榔条中有说，当与此参阅。"[220]

11. 张燮（1574—1640 年），福建漳州人，字绍和，自号海滨逸史，天资聪慧，10 岁通五经，20 岁中举后无心仕途，定居镇江（石码镇）侍奉父亲。万历四十五年（1617 年）写成《东西洋考》，书中提到有一座以烟筒命名的山峰：

"烟筒山，此交趾、占城分界处也，以状似烟筒，故名。虽极澄霁，亦顶上有氤氲气，用丙午针三更，取灵山。"[221]

以上作者所记载的烟草内容，基本可确定完成于 16 世纪，他们对烟草的描述为我们跟踪烟草的传播路径提供了零星的可信信息。结合烟草传入中国周边的情形分析，可以大致勾勒出烟草在启蒙阶段的传播路径与时间。

第二节　启蒙阶段烟草在中国境内的传播路径与时间

重建启蒙阶段烟草的传播路径与时间，我们遵循由外到内、由近及远的原则，即这一时期的烟草传播由边境地区入境点、沿海地区入境点，由近到远向内陆传播。

一、烟草在中国境内规模种植的地点与时间定位

（一）各边境省市烟草规模种植的地区与起始时间

根据烟草传入中国的路径重建与分析，在不考虑其他因素影响的情况下，我国边疆地区在 16 世纪出现烟草规模种植的时间大致如下：

新疆地区：最早应在 1545 年左右，地点为喀什；最晚应为 1600 年左右，地点在伊犁河谷。西藏：1545 年在阿里吉隆地区。云南：1555 年左右在瑞丽。广东：1535 年左右在广州。福建：1526 年在漳泉。浙江：1530 年在宁波。上海：1532 年。江苏：1537 年在连云港。山东：1542 年左右在荣成。辽宁：1549 年左右在旅顺。

（二）启蒙阶段中国典籍记载内容涉及内陆地区的烟草种植时间与地点

1. 吴子孝记载的时间与地点（1553 年，江苏苏州）

吴子孝（1495—1563 年），嘉靖八年（1529

年）进士，历官至湖广参政，因谗言被免后返回家乡纵情于山水，但在南方沿海倭寇祸患严重之际，仍主动为地方官员出谋划策。《诉衷情·韶光都过乱离中》中所提及的"烟草"，或即抽吸的烟草，其时间、地点明确，即 1553 年的苏州。

2. 陆钶记载的时间与地点（1532 年，浙江宁波）

前文曾介绍过陆钶生平，其七律《次韵答刘郎中席上之作》作于 1532 年左右，地点为宁波。由于作者养成抽烟习惯的时间比较长，可以合理推测，在任山东学政期间，无论是自己抽烟还是药用需求，1526 年左右，陆钶都应将烟草带入了山东济南；进一步推测，1536 年左右，山东济南出现了烟草规模种植。

3. 李时珍记载的时间与地点（1570 年，甘肃庆阳）

李时珍出身于医生世家，自幼热爱医学，23 岁随其父学医，医名日盛，33 岁时因治好了富顺王朱厚焜儿子的病而声名大显，被武昌楚王朱英裣聘为王府"奉祠正"，兼管良医所事务。嘉靖三十五年（1556 年），李时珍又被推荐到太医院工作；三年后，又被推荐进京任太医院判，任职一年便辞职回乡。

在太医院工作期间，李时珍积极地从事药物研究工作，认真比较、鉴别各地的药材，收集了

大量的资料，饱览了王府和皇家珍藏的医学典籍，获得了大量本草信息，看到了许多平时难以得见的药物标本，开阔了眼界，丰富了知识。在数十年行医以及阅读古典医籍的过程中，他发现古代本草书籍中存在着不少错误，决心重新编纂一部本草图书。嘉靖三十一年（1552年），李时珍开始编写《本草纲目》。

嘉靖三十七年（1558年），李时珍从太医院还乡创立东璧堂，坐堂行医，同时致力于对药物的考察研究，潜心著述。从嘉靖四十四年（1565年）起，他先后到武当山、庐山、茅山、牛首山及湖广、南直隶、河南、北直隶等地收集药物标本和处方，并拜渔人、樵夫、农民、车夫、药工、捕蛇者为师，参考历代医药等书籍925种，"考古证今、穷究物理"，记录上千万字札记，弄清许多疑难问题，历经27个寒暑，三易其稿，于万历十八年（1590年）完成了192万字的巨著《本草纲目》。

在《本草纲目》"金丝草"条中，李时珍提及烟草产地在庆阳山谷地带。根据作者的足迹，此处应为甘肃庆阳，他探访此地的时间推测可能在1570年左右。同时，李时珍在"金丝草"条中还引用了其他医书关于烟草的医案药方，例如《谈野翁方》（作者、时间不可考）等，这也说明在李时珍所处的时代，烟草作为药材已经得到了广泛使用。

西北地区尤其是甘肃烟草，曾被《青城水烟》一书提及。根据《张氏家谱》记载，万历十八年至二十年间（1590—1592年），张伯鹍在条城（今青城）开办了"民顺堂"水烟作坊，专业生产水烟用于销售[222]。这从侧面说明截至1590年左右，烟草已经在兰州地区种植了较长时间，1570年左右甘肃出现烟草规模种植较为合理。

4. 崔学履记载的时间与地点（1560年，北京）

崔学履，嘉靖二十九年（1550年）进士，官至尚宝司少卿，多次伴驾至昌平视察。嘉靖四十三年（1564年）十一月，昌平知州曹光祖聘请崔学履修纂《昌平州志》。隆庆二年（1568年）十月刻版刊行，获得高度评价，"考索群集，访求故实"，"开卷尽在目中，比入境则历历指数，不烦访问而俱得其实"。从1564年开始编撰到1568年刊刻发行，崔学履所记载的昌平烟草种植的时间应为1565年左右。由于州志里对当地的烟草质量进行了相互比较，可知实际规模种植时间应远早于1565年，至少不会晚于1560年。

5. 王圻记载的时间与地点（1570年，福建）

王圻，嘉靖四十四年（1565年）进士，授清江知县，调万安知县，升御史。由于敢于直言，与宰相张居正等相左，黜为福建金事，继而又降为邛州判官。张居正去世后，王圻复起，任陕西提学使、神宗傅师、中顺大夫资治尹，授大宗宪。万历二十三年（1595年），王圻辞官回乡，朝廷赐建十进九院府第。他在村里植梅万株，谓之"梅花源"，自号"梅源居士"，以著书为事，与其子王思义合编《三才图会》14门106卷，考证历代宫室、器用、服饰、珍宝，绘制成图，为后世研究古物、古建筑提供了重要资料。

王圻1565年后曾在福建、四川、陕西、北京等地为官，烟草应该很早就引起了他的注意，其中"入上国"则泛指进入中国，最有可能是福建周边地区，包括上海，记载的时间大概在1570年左右。

6. 陈仕贤记载的时间与地点（1550年，广东潮州）

陈仕贤，福建福州福清人。嘉靖三十七年（1558），所著医书《经验济世良方》刊刻于世。根据成书时间推测，记载潮烟的时间应在1550年左右，产地为潮州。

7. 于慎行记载的烟草时间与地点（1595年，山东东阿）

于慎行，山东东阿人，隆庆二年（1568年）进士，万历十七年（1589年）任礼部尚书。万历十九年（1591年），因册立太子之事触犯天颜，加上山东乡试泄题，引咎辞职，归隐故乡。至万历三十五年（1607年），东宫已立、国本确定，廷推内阁大臣，于慎行名列七人之首。此时于慎行已经重病缠身，勉强到京进谒，不数日卒于官邸，年63岁。赠太子太保，谥文定。《乌栖曲》极有可能作于作者辞官归隐之后，我们暂定为1595年左右，地点为作者家乡山东东阿。

8. 倪朱谟记载的时间与地点（1599年，浙江杭州）

倪朱谟，钱塘（今浙江杭州）人，毕生搜集历代本草书籍，编撰成《本草汇言》二十卷，刊刻于1619年。在其编撰此书时，烟草的使用已较为普遍，书中对烟草药性、药理的记载可能为16世纪末、17世纪初，我们暂定为1599年，地点为倪朱谟生活之地杭州。

9. 沈拜可记载的时间与地点（1590年，浙闽各地、新疆、甘肃、宁夏）

沈拜可生卒年不详，我们只能从倪朱谟编撰的《本草汇言》中得知他是浙江钱塘人。古代医师编写医书不易，出书不易，耗时很长。倪朱谟在1599年左右引证他出版的医书，侧面说明沈拜可关于烟草以及烟草医案等的著作成书年代更早，暂定为1590年左右。其描述的烟草地域为浙闽各地、西北。在明代，西北一般指今天的内蒙古自治区、新疆维吾尔自治区、宁夏回族自治区和甘肃省的西北部，作者对这一地区信息的了解可能来自当地的商业人士。由此可知，在1590年左右，新疆、甘肃、宁夏等地已经出现烟草规模种植。

10. 门吉士记载的时间与地点（1580年，北京）

门吉士生卒年不详，我们只能从倪朱谟编撰的《本草汇言》中得知他是顺天人，即北京人。他所著医书从北京传播到浙江，并被倪朱谟所引用，成书时间应早于沈拜可，暂定为1580年左右，地点为门吉士生活之地北京。

11. 姚旅记载的时间与地点（1599年，福建莆中）

姚旅，福建莆田人，其所著《露书》记载的是福建莆田和仙游风物，发生地在福建漳泉的莆仙地区。从成书时间和作者著述资料的整理收集看，应为16世纪末、17世纪初，将烟草载入其书的时间暂定为1599年左右，或许较为合理。

12. 张景岳记载的时间与地点（1573 年，福建、广东；1583 年，云南；1599 年，江苏、浙江、安徽、江西、湖南、湖北）

嘉靖四十二年（1563 年），张景岳出生于浙江绍兴。其父张寿峰素晓医理，张景岳幼时即从父学医，研习《黄帝内经》。13 岁时师从京畿名医金英，闲余博览群书，通晓易理、天文、道学、音律、兵法之学，而对医学领悟尤多。壮年从戎，参军幕府，游历北方，足迹及于榆关（今山海关）、凤城（今辽宁凤城县）和鸭绿江之畔。57 岁时（1620 年）解甲归隐，潜心于医道，医技大进，名噪一时，被人们称为"（张）仲景、（李）东垣再生"，1624 年编撰成《景岳全书》。

张景岳 1620 年归隐，1624 年即完成《景岳全书》，间隔时间很短，可以看出为了完成此书，作者一直在积累、整理与记录相关医学资料。关于烟草的医案、药理、药性探索整理可能始于其赴京师之后，暂定始于 1590 年左右，张景岳年近三十。此书除了提及烟草的药性、医理等内容，还介绍了烟草的传播情况：万历年间主要分布在福建、广东，在征滇战争期间进入云南（1583 年），16 世纪末 17 世纪初（1599 年），则在吴楚之地（今江苏、浙江、安徽、江西、湖南、湖北一带）都有种植。

［张景岳所述征滇战争背景知识：关于征滇战争的时间有很多争议。张景岳认为烟草万历时始出于闽广之间，习服之始于征滇之役，根据历史记载，明朝万历年间在云南发动的战争，应为同缅甸的一场发生在"西南极边之地"（当时明缅边界不是现在的云南边界）的战争，时间跨度

为万历十一年（1583 年）至三十四年（1606 年）。

明初，朱元璋封大将沐英为黔国公，世镇云南，接着明朝在云南西南设立了六个宣慰司，即孟养宣慰司、木邦宣慰司、缅甸宣慰司、八百宣慰司、车里宣慰司、老挝宣慰司，明朝版图最盛时几乎包括了今缅甸全境。万历时，缅甸东吁王朝逐渐发展起来，扩张版图，兼并了今缅甸大部分地区，诸如元朝控制七八十年的领土密支那、八莫、腊戍等被新崛起的缅甸占据。万历九年（1581 年），缅王莽应龙死去，其子莽应里继承王位，继续使用武力向北扩张。万历十一年（1583 年）正月，缅军攻陷施甸（今云南施甸），进攻顺宁（今云南凤庆）、盏达（今云南盈江），深入现在国境上百公里，兵锋直指楚雄。

明廷迅速派刘綎和邓子龙率领明军进行抵抗，在姚关以南的攀枝花大破缅军，取得攀枝花大捷。明军乘胜追击，邓子龙率领军队收复了湾甸、耿马，刘綎率军占领了陇川，俘虏缅甸丞相岳凤，一路收复了蛮莫、孟养和孟琏、孟密、阿瓦。万历十二年（1584 年）五月，缅甸军队再次入侵，攻占孟密，包围五章，明军把总高国春又率军击败了缅军，自此缅甸东吁王朝的势力被赶出木邦、孟养、蛮莫等土司地区。万历十三年开始，由于朝政腐败，缅甸向今景洪、西盟、临沧、腾冲等地大举扩张。最后一次战争在万历三十年爆发，最终由于援朝战役而无力南顾，明朝开始与缅甸讲和，以割让孟养、木邦、兴威（今缅甸登尼）为条件，两国恢复了正常关系。］[223]

13. 张燮记载的时间与地点（1520 年，交趾）

张燮（1574—1640 年），龙溪县石马（今

福建漳州龙海区）人，出身于官宦世家。曾祖张绰，进士，官至刑部郎中；伯父张廷栋，进士；父张廷榜，进士，曾任太平知县、镇江丞。张燮受家庭熏陶，自幼通五经，21 岁中举，无意仕进。家居期间，潜心著述，侍奉父亲，并与当地名流蒋孟育等于漳州开元寺旁风雅堂组成㲊云诗社往来唱和。当时，月港成为全国最大的外贸港口，受海澄知县陶镕和漳州府司理萧基、督饷别驾王起宗委托，张燮着手编写《东西洋考》，作为漳州与东西洋各国贸易通商的指南。

张燮编撰《东西洋考》，不仅广泛采录政府邸报、档案文件，参阅许多前人和当代人的笔记、著述，还采访舟师、船户、水手、海商，经过详细、严密的考订和编辑，仿照宋赵汝适《诸蕃志》体例，在万历四十五年（1617 年）写成。全书共 12 卷，记载东西洋 40 个国家的沿革、事迹、形势、物产和贸易情况；记载水程、二洋针路、海洋气象、潮汐，以及国人长期在南海诸岛的航行活动、造船业和海船组织等情况；还收录了秦汉以来中外关系的有关史料及宋、元、明三朝中外关系的有关文献，对研究中外关系史、经济史、航海史、华侨史等都有很高的史料价值。周起元为《东西洋考》作序，誉之为"开采访之局，垂不刊之典"，"补前人所未备"。

根据张燮生平，推测《东西洋考》起笔准备时间为其中举（1595 年）之后，对烟筒山的考证可能来自典籍或者海商、水手的信息，因其具体时间无可考，暂定为 16 世纪 20 年代左右，地点为交趾支那。

二、16 世纪国内可促进烟草跨区域传播的主要商路与移民活动

16 世纪的中国处于相对和平状态，虽然有抗击缅甸、南兵征发、支援朝鲜等战争，但范围相对较小，对处于启蒙阶段的烟草传播作用有限，这一时期的军事行动对烟草启蒙和传播的影响我们放在下一章进行论述。根据烟草在中国境内规模种植的地点与时间定位分析，在 16 世纪，新疆、西藏、云南、广西、广东、福建、浙江、上海、江苏、山东、辽宁等边境省区，以及北京、湖北、湖南、江西、安徽、甘肃、宁夏等内地省区也有了烟草的种植。为了重建这一时期烟草的传播路径与大致时间，我们重点梳理 16 世纪可能对烟草跨区域传播具有重要影响的商路与移民活动。

（一）主要商路

在我国商业发展史上，明朝中后期仍然活跃的商路主要有丝绸之路、茶马古道、盐路、井盐商路、运河粮路。其中丝绸之路与茶马古道重合部分较多，我们将两条路线进行整合，井盐商路位于内陆云、贵、川，我们将放在烟草普及阶段进行介绍。

1. 丝绸之路境内古道与茶马古道商路

在分析烟草自境外传播到我国边境省区的过程中，我们了解到，在新疆、西藏、云南、广西等地，兴于汉、盛于唐的陆上丝路部分路段仍然是我国边境地区与境内外各地区商业往来的主要通道，且与兴于宋、盛于明的茶马古道重合度较

大。在分析丝绸之路与茶马古道境内商路对烟草传播的路径影响时，我们将两者路线进行整合，将其作为一个网络整体。由于在商路的主要节点可以延伸出许多支线，从而形成商路网络，限于篇幅，本书主要关注丝路和茶马古道[224]上重要商业枢纽之间的商路联系。先简要介绍丝绸之路、茶马古道境内部分的主要路线和枢纽。

一是北方丝绸之路： 从长安出发，经武威、张掖，到敦煌，从敦煌分三路，南路经阳关、若羌、和田到莎车，中路经玉门关、吐鲁番（车师、高昌）、库车（龟兹）、阿克苏、喀什，北路经安西（瓜州）、哈密、吉木萨尔、伊宁（伊犁）[225]。

二是南方丝绸之路： 从长安出发，经古蜀道到成都，经邛崃、名山（雅安）、旄牛（汉源）、邛都（西昌）、叶榆（大理）到永昌，接密支那或八莫；在成都还有一条分支到宜宾，经南广（高县）、朱提（昭通）、曲靖到谷昌（昆明），再一路分支到越南，另一支到叶榆（大理）与"旄牛道"重合[226][227]。

三是茶马古道青藏线： 从长安（西安）出发，经秦州（甘肃天水）、河州（甘肃临夏）、西宁、兴海（或贵南）、同德、玛沁（今果洛藏族自治州首府）、甘德、达日、色须（四川石渠）、玉树、囊谦、昌都（或类乌齐）、丁青、巴青、柏海（西藏那曲）、当雄、逻些（西藏）、吉隆。青藏线运输的茶叶主要产自四川，经古蜀道（经临邛、雅安、成都、梓潼、广元、汉中）运往长安，部分通过西山道输往青海藏区、甘肃（经临邛、雅安、都江堰、松潘、阿坝、达日进入青藏，经松潘、巴西、岷县进入甘肃）[228][229]。

四是茶马古道川藏线： 起点是成都，经临邛（邛崃）、雅安（经泸定为大路，经天全为小路）、康定（打箭炉，经理塘、巴塘、芒康为川藏官道；经道乎、炉霍、甘孜、德格、江达为明代茶马古道大道，又称为川藏商道）、昌都（经洛隆、边坝、墨竹工卡到拉萨为硕达洛松大道，非茶马主道）、丁青、巴青、索县（那曲）、拉萨，从昌都经那曲到拉萨的大部分地区为草原，又称草地路，是川藏茶商驮队常走的大路。此外还有雅安、甘南分支，青海玉树、西宁分支等，此处不再详述[230][231]。明朝开始川藏线正式形成，并逐步取代青藏线。

五是茶马古道滇藏线： 滇茶由各产地（思茅、西双版纳等地）汇聚大理，经剑川、丽江、奔子栏镇、德钦、盐井、芒康、左贡、八宿、邦达、察雅、昌都，在昌都与茶马古道川藏线汇合，前往拉萨；在八宿还有一条分支，依次经过波密、林芝、山南、拉萨、日喀则、吉隆。

将陆上丝绸之路和茶马古道整合之后，我们可以看出，敦煌、兰州、西宁、昌都、拉萨、芒康、大理、昆明、成都、西安都是古商路上重要的枢纽城市，它们为新疆、西藏、甘肃、青海、云南、四川、陕西搭建了一张商品传输和交流网络，实现了内陆地区的相互融通。同时，这张商路网络与烟草最早进入中国内地的伊犁、喀什、吉隆口岸相通，也为烟草在内陆的广泛传播提供了另一种可能[232][233]。

2. 海盐商路

海盐商路是指依托盐业政策变迁而形成的以运盐为主，兼顾其他商货的贩运贸易路线。明朝中后期，对内陆地区仍具有重大影响的盐业商路主要是淮盐商路、粤盐商路。下面简单梳理这两条盐路上的主要枢纽[234][235][236][237][238]。

淮盐路线： 明朝时期，淮盐主要销往江苏、安徽、湖南、湖北、江西、河南等部分省份，最主要的路线有三条，即湖北线、湖南线、江西线：

湖北线： 从扬州出发，沿长江逆流而上，经南京、芜湖、安庆、九江、黄石、黄冈、武昌到汉口。海盐抵达汉口后，一部分以汉口为中心，通过水路用小船沿内河航线分运到湖北各府、州、县，主要有汉水线、府河线、长江汉宜线等。汉水线：经汉口、汉川，到襄阳。府河线：经汉口、孝感、安陆，到随州。长江汉宜线：经汉口、岳阳、荆州，到宜昌。

湖南线： 从扬州出发，沿长江逆流而上，经南京、芜湖、铜陵、安庆、九江、黄石、黄冈、武昌、汉口，到岳阳。在岳阳，湖南线分为两条，深入湖南内陆。一条是湘江线，经岳阳、湘阴、长沙、湘潭、株洲、衡阳，到永州；另一条是沅江线，经岳阳、沅江市、常德、怀化，到靖州。

江西线： 从扬州出发，沿长江逆流而上，经南京、芜湖、铜陵、安庆、九江、湖口，在鄱阳湖分三条路线，即赣江线、信江线、抚河线。赣江线：经湖口、南昌、樟树、吉安，到万安。抚河线：经湖口、抚州，到南城。信江线：经湖口、鹰潭、弋阳，到上饶。

粤盐商路： 粤盐行销的范围很广，覆盖两广、赣、湘、闽、黔、滇等七省。商路的形成主要依托珠江水系，以广州为盐运中心，沿海盐场的盐产沿海岸运输，入珠江口，至广州东汇关，然后分别从西江、北江、东江转运[234][239][240][241]。

粤盐西江线商路： 从广州出发，经江门、肇庆，到广西梧州。在梧州分三路，第一路在梧州经桂江到平乐县，沿漓江到桂林。第二路在梧州经浔江到平南、桂平，在桂平沿郁江到南宁，在南宁分三路：沿右江到百色进入云南；沿左江到崇左；在桂平沿黔江，经武宣、象州到柳州，再从柳州扩散到邻近的贵州地区。第三路，在梧州沿贺江到广西贺州。

粤盐北江线商路： 从广州出发，沿北江到连江镇，在连江镇分两路，一路沿北江到韶关，在韶关分支，沿武水（江），经乐昌运销到湖南境内，沿浈水（江），经江口镇到南雄，过梅关入江西；另一路，沿连江，经阳山县到连州，再运销湖南境内。

粤盐东江线商路： 从广州出发，沿东江，经惠州、河源、龙川到和平，运销到江西境内。

明朝海盐的盐区还有两浙、福建、山东、长芦，它们的内陆辐射能力与淮盐、粤盐相比要小，篇幅所限，这里不再展开。

3. 运河粮路

元、明、清三朝定都北京，众多官僚机构、军队以及城市居民所需无不依靠江南。在原运河基础上，元朝政府先后开挖了济州河、会通河、通惠河，形成了北起北京、南至杭州的南北大运河，改变了隋、唐、宋以洛阳、开封为中心的运河体系，南北向的京杭运河全线贯通。明清时期是运河粮路的繁盛期，开展了一系列的运河治理工程，建立了漕运管理制度，从而真正实现了运河粮路的全线贯通，以最短的距离纵贯了整个中国东部的富庶区，从元代的以海运为主转向内河航运为主，物资运输以及商品经济的功能增强，运河对社会发展的作用也越来越大。每年沿京杭运河北上漕运官船达 11000 多艘，除运军、运征粮外，还运送竹木、砖瓦、棉花、烟草，以及搭载运军、随漕船携带的土产。可以说，明朝中后期的运河粮路，也是烟草进入中国南方后的北上传播之路。

明朝，运河粮路杭州至宁波段修建了浙东运河，北方终点为通州，从南至北，大致路线为：从宁波出发，经杭州、嘉兴、苏州、镇江（与长江汇通）、扬州、高邮、淮安（黄河与淮河交汇处）、宿迁、台庄（今台儿庄）、济宁、东昌（今聊城东昌区）、临清、德州、沧州、直沽（今天津市东南海河北岸），最后到北京的通州。

除了运河粮道这一主线，与运河相通的各流域河流，其内河航路也是重要的烟草传播路线，例如：在淮安，沿当时的黄河河道，从淮安经宿迁、徐州、砀山、商丘，最后可到河南开封；沿京杭运河过洪泽湖，沿淮河西进，经五河县、蚌埠、淮南，可到信阳等地；在山东济宁以北，沿大清河而行，都是烟草的重要传播路线 [234][242][243][244]。

4. 沿海商路（包括海南岛、台湾）

沿海地区不仅有位于内河入海口三角洲的特大型城市，还有发源于沿海丘陵地区，不汇入珠江、长江、黄河，直接流入大海的两广沿海水系、江浙沿海水系、福建沿海水系、山东沿海水系，以及环渤海沿海水系，依托这些水系发展形成了一大批沿海城镇，它们以广州、泉州、宁波为支点，通过海路进行贸易连接，从而形成了商贸往来的

沿海商路。这是一条烟草在中国传播的海上高速通道，由南到北，由北部湾的钦州出发，经合浦、湛江、茂名、阳江、广州、汕尾、汕头、漳州、泉州、莆田、福州、宁德、温州、台州、宁波、上海、盐城、连云港、青岛、威海、烟台、天津、大连，到丹东 [243][246][247]。

（二）移民活动

根据《明清大移民与川陕开发》推测，洪武二十六年（1368 年）至万历六年（1578）的近二百年里，明代的"湖广填四川"，在很大程度上又是江西填四川。或者说，至少 312 万江西人口在往湖广流动的同时，又与湖广人口一道，流向四川、陕南乃至云贵。在明朝相对稳定的环境下，这些移民多是为了寻求更为优越的生产和生活环境而流动，这种移民流动更具有经济特色而更少政治特色，或者说，除了洪武年间的大规模政治移民外，多是经济移民而非政治移民。迁移的方式则是个人或小家庭的流动，他们融入当地居民之中，或与他乡移民、他省移民杂居 [248]。其主要类型有：

经商客寓而入籍：明代中叶，由于川东北和陕南政治相对稳定，诸多外地商贾流徙于川东北和陕南从事商业贸易，建立货栈，置买店铺定居下来，例如江西瑞州府高安县熊道元、江西豫章（今南昌）人李栋材等都在汉中定居。

为官任满而定居：明朝，川东北和陕南山区贫瘠，有不少爱民勤政的优秀官员廉洁奉公、家贫如洗，在离任时甚至连路费都无法解决，只好滞留住地，最后成为当地居民；也有的人心存淡

泊，不愿再在官场政治旋涡中挣扎，于是也寄情川东北和陕南山水而定居下来。他们是明代川东北和陕南移民中的重要组成部分。

以陕西洵阳为例，正统年间（1436—1449年）陕西洵阳知县张勉，山东巨野人氏，离任之日百姓哭泣着拥马首挽留，张勉于是定居洵阳。其子张杰，贡生，任直隶大宁卫经历；其孙张凤翔弘治五年（1492年）乡试中举，弘治十二年（1499年）中进士，与明代著名文学家前七子之一的李梦阳同榜，授户部云南司主事。以汉阴县大家族沈氏为例，他们原籍江西瑞州高安县，天顺年间（1457—1464年），沈氏迁陕始祖沈株山（字寿官）官仕四川泸州江安县，后任满回籍，经川东北和陕南之汉阴，为当地山川地貌及自然环境所吸引，举家定居于汉阴厅在廊里之牛溪河。

从军退伍和屯垦安家定居：因从军转战川东北和陕南，脱离军籍后定居者，也是明代移民的重要组成部分。此外还有屯垦落户者。

流民落地生根：除上述移民类型外，因各种原因盲目流入川东北和陕南的定居移民也不少，他们主要来自湖广、山西，例如商南邱氏家族祖籍安徽安庆府桐城。

这些从外地来川、来陕的商人、官员、军人以及流民，在入川之初或者定居之后返回家乡探亲、办货，极有可能把原籍之地已存在的烟草带入客居之地。

三、启蒙阶段烟草在中国的传播路径与时间重建

在16世纪烟草启蒙阶段，国内政治相对稳定，经济活动主导了烟草的传播。在重建、分析这一时期烟草国内的传播路径与时间时，应认同以下两个原则：

1. 烟草属于外来新事物，这一时期烟草传播主要沿着国内成熟活跃的商路进行，即业已存在的活跃商路基本等同于烟草的传播路径。

2. 烟草在商路上的传播时间重建遵循由近及远的原则。

为了便于进行传播路径与时间重建，结合16世纪中文典籍关于烟草的记载，我们将国内疆域分成四个大的区域。虽然烟草通过内河航运传播更为快捷，但各商业枢纽之间的海拔高差对航运的便捷性影响也很大。在烟草传播的时间重建过程中，我们主要通过比较水路枢纽之间的海拔高度差，间接评估它们之间的通航难易程度，进而对烟草在两地之间传播能力与时间跨度做出大致判断。

（一）西北、西南内陆地区烟草的传播路径与时间重建

在西北、西南内陆地区，烟草的陆路传播主要沿着传统的丝绸之路和茶马古道进行。

在西北内陆的传播路径与时间重建：不考虑其他因素影响，烟草从境外传播进入我国边境的大致时间，新疆伊犁为1600年左右，喀什为1545年左右，西藏吉隆为1545年左右，云南保山为1555年左右。到16世纪中后期，根据李时珍《本草纲目》记载，1570年左右烟草已在西北甘肃庆阳实现规模种植。在传入庆阳时间基本确定的情况下，需要确认烟草更可能是从哪一条商业路线传入庆阳的。从陆上丝绸之路与茶马古

道的商路看，有两条路线可以抵达庆阳，一条是经新疆的陆上丝绸之路，另一条是从吉隆出发，经茶马古道青藏线。

吉隆与喀什出现烟草种植的时间相当，从贸易路线的活跃程度看，明朝中后期虽然茶马古道青藏线相邻地区之间仍有货物往来，但因路途更为艰险，其贸易的活跃程度较低，这意味着烟草从吉隆沿茶马古道青藏线进入甘肃的可能性较小，从喀什经敦煌、张掖、武威、兰州再传入庆阳的可能性比较大。同时，烟草在敦煌，经吉木萨尔，再传播到伊犁，其种植时间要早于从中亚路径传入伊犁。

据此，我们可以大致梳理出 16 世纪烟草在西北内陆新疆、青海、宁夏、甘肃的传播路径：从喀什分两路，一路沿塔克拉玛干北侧经阿克苏，一路沿塔克拉玛干南侧经于阗，最后在敦煌汇聚；然后从敦煌出发，一条线经哈密、吉木萨尔传播到北疆伊犁河谷，另一条线经张掖、武威，传播到兰州；在兰州分三路，一路沿黄河到下游银川附近，一路沿黄河到西宁附近，另一路继续向东传播到陕西北部。在时间重建上，到 16 世纪末，新疆主要商业枢纽，甘肃、陕西、青海北部，内蒙古西部的部分商业枢纽周围出现规模化种植，种植区域沿丝绸之路北线呈散点分布。

在西南与西藏内陆地区的传播路径与时间重建：16 世纪烟草在西藏内陆地区的传播由于缺少文献记载，没有时间参照点，我们只能根据西藏贸易的强度与交通的便捷程度，沿着传统的商路——茶马古道的路线进行大致推算。

在传播路线重建上，从吉隆出发，大致有三

条，第一条向西传播到阿里地区；第二条向北，经拉萨沿茶马古道草原路线传播；第三条向东，沿朋曲河方向传播到甘南、林芝等。

在时间重建上，由于西藏地区交通不便，货物贸易通量小，各贸易路段之间一般采用不同地区的人马驮运，烟草传播的速度相对较慢，我们倾向于认为，到 16 世纪末，烟草仍然停留在藏区，还未实现对其他省区的渗透，向北可能在昌都附近开始出现规模种植，向东可能在林芝附近出现规模种植，和西北地区一样，沿茶马古道呈散点分布。由于沿茶马古道、丝绸之路的人员流动，部分养成烟草使用习惯的商人可能开始进入四川、贵州，这些地区可能出现了零星的烟草使用者。

（二）运河粮路、漳泉以北沿海地区及黄河商路的烟草传播路径与时间重建

运河粮路烟草传播路径与时间重建：烟草在中国沿海以漳泉为中心分为两路，其中一路向北传播。在此前烟草引入沿海港口的传播分析中，我们定位宁波的烟草规模种植时间为 1530 年左右，在 16 世纪中文文献记载中定位了运河粮路终点北京的规模种植时间不晚于 1560 年，两地时间相隔约为 30 年。按照由近及远原则，烟草沿运河粮路传播由南到北逐次推进，即由宁波（1530）出发，经杭州、苏州、镇江、扬州、淮安、台庄、济宁、临清、德州、直沽（天津），最后抵达北京（1560）。由于各个枢纽的烟草规模种植时间已不可考证，按照距离宁波远近重建各地大致时间如下：杭州（1530）、苏州（1531）、

镇江（1532）、扬州（1533）、淮安（1535）、台庄（1538）、济宁（1543）、临清（1548）、德州（1553）、沧州（1557）、直沽和北京（1560）。由于运河商业贸易活跃，人员往来频繁，到16世纪末，运河商镇已经形成连续的烟草规模种植，而不似西北、西南、西藏内陆地区呈跳跃式的散点分布。

漳泉以北沿海地区的烟草传播路径与时间重建：漳泉以北沿海地区，在福州、温州、宁波、上海、盐城、连云港、青岛、成山角段，最大可能是按照由南到北的顺序传播，即距离漳泉越远，形成规模种植时间越晚。由于没有确切的典籍记载，我们只能进行大致推测：福州为1527、温州为1529、宁波为1530、上海为1532、盐城为1536、连云港1537、荣成湾为1542。但在绕过胶东半岛以后，烟草的传播呈现出另一种情况，因为烟草在济宁形成规模种植的时间大致在1543年左右，在继续向临清推进的过程中，烟草将在大清河与运河连接处沿大清河向下游传播，相对而言速度会更快。可以推测，烟草经由大清河传播到了登州港，并于1544年左右形成规模种植。由于漳州以北尤其是宁波过后的沿海地区受海路与运河的双重影响，可以推测，到16世纪末，漳泉以北的沿海地区城镇之间已经形成了烟草的成片规模种植，甚至部分地区烟草实现了向境外的输出。而在运河以西且与运河联通贸易的商业枢纽之间的部分区域，可能形成了连续的烟草规模种植。

黄河商路的烟草传播路径与时间重建：由于黄河改道，今天黄河入海口的位置与明朝中后期完全不同，当时黄河入海口位于连云港和盐城之间，且与淮河相连，黄河位于淮安至宿迁的一段还是运河粮路的一部分。从这个角度看，黄河是汇入运河粮路的一条"支流"，烟草传播到淮安之后，也必然会沿着黄河商路逆流而上，经徐州、商丘传播到开封地区。这一区域物产丰富、航运交通便捷（现在开封海拔高度60米左右、淮安为6米左右，直线距离约500公里），商品和人员流动频繁，经济发达。虽然缺乏文献记载，但如果比较同一时期烟草在长江干流的传播（见长江商路）情况，可以估计到16世纪末，从淮安到开封地区，沿黄河一线可能已经出现了连续的烟草规模种植。

（三）烟草沿淮盐长江商路的传播路径与时间重建

烟草沿淮盐长江干流商路的传播路径与时间重建：从扬州到宜昌长江一线是淮盐商路主线，按照一般规律，烟草传播会优先在主线之间进行传播，然后再沿着长江支流向内陆渗透。宜昌段长江海拔高度50米左右，扬州段长江海拔高度3米左右，直线距离约为900公里，两地航运交通便捷，商品和人员流动频繁，经济发达。由近及远，烟草沿长江干流的传播路径是从上海地区出发，经镇江、扬州南京、铜陵、九江、武汉、岳阳、荆州（公安）到宜昌（由于宜昌以上长江干流水流较为湍急，货物流通量小，在16世纪，烟草经长江入川的可能性较小）。在时间的重建上，烟草出现规模种植的时间，上海为1532年左右，湖北荆州公安地区为1584年左右。由于其他地区烟草的规模种植时间没有相关的文献可供参考，我们按照距离上海远近，重建各地烟草规模种植的大致时间：上海（1532）、镇江（1533）、扬州（1534）、南京（1538）、铜陵（1543）、九江（1550）、武汉（1558）、岳阳（1570）、荆州（1584）、宜昌（1595）。自古以来这一航段都是长江流域经济最为活跃的区域，可以推测，到16世纪末，上海到宜昌沿长江一线可能已经出现了连续的烟草规模种植，尤其是武汉到上海段，可能出现了连续成片的烟草规模种植，并运往其他地区销售。

烟草沿淮盐商路在江西境内的传播路径与时间重建：1550年左右，在江西九江出现烟草规模种植，烟草也由此地，沿着淮盐商路的四条主要路径继续向江西境内传播，这里侧重于传播时间的重建。在赣江线，九江鄱阳湖海拔高度10米左右，南昌赣江海拔高度12米左右，樟树赣江海拔30米左右，吉安赣江海拔40米左右，赣州赣江海拔100米左右。从九江到南昌，航运非常便捷；南昌到赣州，由于海拔变化较大，航运能力下降比较快。由于缺乏资料记载，在时间上只能进行大概的判断。到16世纪末，九江到南昌段沿赣江一线应该出现了连续的烟草规模种植，南昌到赣州沿赣江一线，烟草在各商业枢纽周围呈散点状的规模种植。在抚江线，抚州抚江海拔高度在25米左右，与九江航运便捷；南昌抚江海拔高度在50米左右，航运能力有所减弱。在时间上，大致到16世纪末，九江到抚州沿抚江应该出现了连续的烟草规模种植，沿抚江从抚州往南可能在重要的商业枢纽周围

有散点状分布的规模烟草种植。在信江线，鹰潭信江的海拔高度在20米左右，上饶信江的海拔高度在50米左右。从与九江地区的航运便捷性对烟草传播的影响看，到16世纪末，九江到鹰潭信江一线应该出现了连续的烟草规模种植，从鹰潭沿信江一路向东到上饶，可能在重要的商业枢纽周围有散点状分布的规模烟草种植。在昌江线，景德镇昌江海拔高度20米左右，过景德镇后进入丘陵地区，海拔上升较快。从航运便捷性对烟草传播的影响看，到16世纪末，九江到景德镇昌江一线应该出现了连续的烟草规模种植，在景德镇以后可能部分的商业枢纽周围有散点状分布的规模烟草种植。

烟草沿淮盐商路在湖北境内的传播路径与时间重建：1558年左右，烟草沿长江航路传播到武汉并实现规模种植。从九省通衢的武汉出发，烟草在湖北内陆地区的传播非常广泛，但主要还是沿着长江、汉水、府河沿江的淮盐商路传播。这里主要重建后两条河流烟草传播的时间。汉水沿线的主要商业枢纽，武汉长江海拔在13米左右、汉川汉水海拔15米左右、仙桃海拔在16米左右、襄阳海拔在55米左右，武汉至仙桃段汉江航路海拔高程差小，经济与航运发达，从仙桃到襄阳段，海拔上升较快，航运能力有所减弱。考虑到航运便捷性对烟草传播的影响，可以推测到16世纪末，武汉到仙桃汉江沿线应该出现了连续的烟草规模种植，在仙桃以西汉江上游地区部分商业枢纽周围，应该出现了散点分布的烟草规模种植。府河沿线的主要商业枢纽，孝感海拔高度在16米左右、安陆在20米

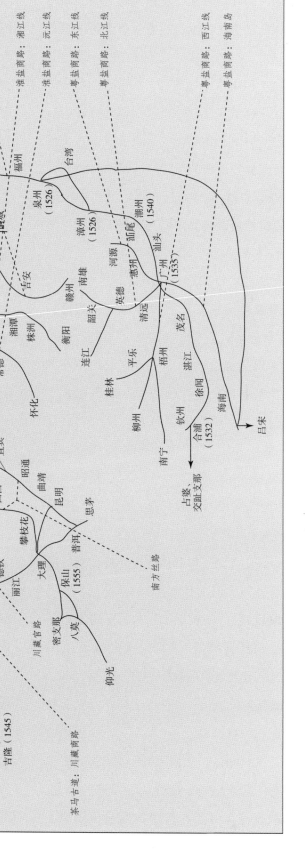

图 21　启蒙阶段（1516—1620 年）烟草传播路径与时间

左右、随州在 45 米左右。由于航运便捷，1568 年左右孝感、安陆地区应出现了烟草规模种植；到 16 世纪末，从武汉到安陆府河航段，可能出现了连续的烟草规模种植，而在安陆以北府河沿线的重要商业枢纽周围，可能出现散点状分布的烟草规模种植。

烟草沿淮盐商路在湖南境内的传播路径与时间重建：1570 年左右，在长江岸边的岳阳出现了烟草的规模种植，养成烟草使用习惯的零星人员可能早在 1560 年之前就出现在了岳阳。淮盐在湖南境内的商路为烟草在此地的传播提供了便捷路径，烟草主要沿着湘江和沅江向湖南内陆地区传播。岳阳长江海拔高度大概在 18 米左右，沿湘江一线的湘阴、长沙、湘潭、株洲、衡阳、永州的湘江海拔分别为 19 米、23 米、25 米、27 米、40 米、55 米左右。从航运交通便捷性和距离看，1580 年左右，湘阴、长沙、湘潭和株洲地区可能已经出现了烟草规模种植；估计到 16 世纪末，岳阳到株洲沿湘江一线，可能出现了连续的烟草种植，而在株洲以南，烟草的规模种植点可能已经散布在沿岸的商业枢纽周围。沅江、常德、怀化的沅江海拔高度大致为 19 米、24 米、150 米左右，从航运的便捷性看，16 世纪末，从岳阳到常德沅江一线可能出现了连续的烟草种植，而在常德以南的沅江商业枢纽可能有零星的规模种植点分布。

（四）漳泉以南沿海地区、珠江流域的烟草传播路径与时间重建

漳泉以南沿海地区的传播路径与时间重建：烟草在中国沿海以漳泉为中心分为两路，其中一

路向南传播。16 世纪初，烟草几乎同步出现在广东和漳泉地区，但率先在漳泉形成规模种植。合浦因与北部湾、交趾支那等邻近，走私贸易禁而不绝，其规模种植时间应早于广州。具体而言，大致推测如下：漳泉为 1526 年左右，广州为 1535 年左右，合浦为 1532 年左右，随后在沿海口岸传播，汕头、汕尾、潮州、湛江、茂名地区可能在 1540 年左右出现规模种植，由于仍然处于启蒙阶段，吸烟率低，烟草药用价值开发仍处于初级阶段，烟草种植呈散点分布。1530 年后，广州开放对外贸易，海上贸易交流变得更为频繁。随着漳泉烟草种植规模不断扩大，到 16 世纪中后期开始反哺吕宋等地，漳泉以南沿海地区可能已经出现了烟草的成片规模种植。而在福建，到 16 世纪末，烟草种植不仅在漳泉沿海区域实现了成片规模种植，而且可能已经跨过博平岭、戴云山，在武夷山东侧的龙岩、三明、南平等丘陵地带实现了规模种植，除了用于满足本地消费需求外，还开始大量向境外输出。由于福建与台湾隔海相望，而且两地之间的人员、货物交流较为频繁，可能在 1540 年左右，台湾地区就有了烟草规模种植。

粤盐商路的烟草传播路径与时间重建：1535 年左右，广州出现烟草规模种植。烟草通过广州对周边地区和省份的传播，主要通过粤盐的传统商路进行，具体路径不再重复，这里重点重建烟草在各路径上的大致传播时间。

西江线各商业枢纽的河流海拔高度，广州 2 米左右、肇庆 3 米左右、梧州 12 米左右、平乐 80 米左右、桂林 120 米左右、平南 20 米左右、

桂平25米左右、象州40米左右、柳州60米左右、南宁50米左右。从烟草的传播能力以及货物流通的强度看，从广州经肇庆到梧州、桂平要远高于其他内陆地区。可以推测，到16世纪末，这一段西江航路沿线可能出现了连续的烟草规模种植，而沿西江流域更内陆地区的交通枢纽可能出现了散点状的规模较大的种植区域，例如桂林、柳州和南宁，沿西江流域，可能有零星的烟草使用者开始进入贵州、云南地区。

在北江线，各商业枢纽的河流海拔高度，韶关在25米左右、乐昌在90米左右、南雄在90米左右、连州在80米左右。从航运交通对烟草传播的影响看，估计在16世纪末，北江线从广东到韶关可能出现了连续的烟草种植，而在南雄、乐昌、连州周边地区，可能出现了散点状规模种植区，借助北江水系带来的商业活动，可能有零星的烟草使用者进入了湖南、江西的罗霄山岭、大庾岭山地。

在东江线，各商业枢纽的河流海拔高度，惠州在5米左右、河源在30米左右、龙川在40米左右。从航运便捷性对烟草传播力影响以及邻近沿海地区烟草种植的渗透来看，到16世纪末，广州到河源东江航路一线可能出现了连续的烟草规模种植，而在河源以北的东江商业枢纽可能存在散点状规模烟种植区。

烟草在海南岛的传播情况可能更为复杂一些。从烟草进入中国的路线看，极有可能在1517年左右，葡萄牙商船由吕宋在海南岛经停时就已经引入，也有可能从广州或福建，经由粤盐的盐路传入，还有一种可能是经由暹罗、占婆、交趾支那到中国的葡萄牙商船将烟草引入。但不管通过何种途径，在16世纪末，海南岛肯定已经实现了烟草规模种植。

从16世纪烟草在国内的传播路径与时间重建结果看，到16世纪末：我国大多数地区都出现了散布在商业路线上的零星烟草规模种植点，贵州、四川、陕西南部可能还是烟草规模种植的空白地带，但在商路沿线城镇应该出现了零星烟草使用者；广西、广东、福建、浙江、江苏、山东沿海地区已经出现了区域性的连片大面积规模种植，在满足国内需求的同时，开始了对国外的烟叶贸易；京杭运河全域，黄河、长江、珠江流域中下游内陆地区的商业枢纽，台湾、海南已经出现了烟草规模种植点。

需要指出，本文确定的各地烟草规模种植时间点应为当地实现规模种植的时间下限，即它们实现规模种植的最晚时间点，实际时间可能更早。例如，宁波出现烟草，通过运河粮路，可能在当年就被商人作为特殊药材运到北京、南京等地销售，这在当时中国内陆航运能力和商品流通强度条件下完全有可能实现。

第三节　启蒙阶段中国首先接纳、传播烟草的主要群体及其作用

在启蒙阶段，烟草从国外传播到了中国的沿边与沿海地区，并由沿边与沿海地区向内陆传播渗透。这期间，商业、运输以及娱乐业从业人员，官员与士绅、医生成为率先接触烟草的主要群体，他们在启蒙阶段对烟草传播起到了重要的助推作用。

一、商业人员在烟草传播中的作用

16 世纪，明朝继续实行海禁，正常的海上商业活动受到了极大限制。在朝贡贸易掩护、地方官方默许、地方豪势家族支持以及沿海居民参与下，海上走私贸易一直禁而不绝，同日本、琉球、菲律宾群岛、马六甲、东南半岛等地区保持着持续的货物与人员往来。1514 年左右，当葡萄牙商人乔治·阿尔瓦雷斯第一次率领商船抵达屯门岛进行贸易时，烟草或许就伴随着他们登陆了中国沿海口岸。随着葡萄牙商船的蜂拥而来，在葡萄牙人的示范和引导下，中国商人可能成为第一批率先尝试使用烟草的人员，掌握了烟草在治疗伤病、休闲娱乐、调节情绪、缓解身体状态等方面的积极作用，逐渐认识到了它的商业价值和潜力。

其中，福建商人在烟草引入阶段的作用最为突出。1522 年，广东禁绝一切贸易后，福建海商将葡萄牙以及外国商船导入漳泉，由此导致了烟草使用人员的急剧增加、烟草价格高昂以及依靠航运带来的烟草保障困境，这些都是急需解决的难题，同时也是商业机会。在福建商人的努力下，烟草种子被带入漳泉，当地人借由葡萄牙人或者吕宋人指导，开始尝试烟草种植，组织烟草供应，并最终掌握了烟草生产技术。

可以说，美洲烟草传播到沿边与沿海地区，商人们成为沟通内外的桥梁。同时，他们不仅是引种阶段的学习者、模仿者，还在 16 世纪的内陆传播时期成为烟草种植的传道授业者、烟草货物的组织者和提供者。

在广东市场重新开放以及葡萄牙人开始进入江浙等地之后，福建商人继续充当着烟草生产者、组织者和供应者的角色，并将烟草的相关种植技术传播到了沿海各地。当地商业人员在认同了烟草的价值尤其是药用价值后，成为同盟军、宣传者、代言人，积极向自己的客户推荐烟草，鼓励他们尝试使用。在推进烟草落地种植、稳定供应的同时，商人们在商业活动中，会继续把它作为必备的药物或者个人享用物品带到异地他乡。例如，1560 年左右烟草就在北京实现了规模种植，1570 年前在甘肃庆阳实现了规模种植，1584 年在湖北荆州实现了规模种植。在商业需求驱动下，16 世纪末，烟草已经深

入广西、江西、湖北、湖南、北京、甘肃、新疆、内蒙古、宁夏、西藏等地重要商业枢纽，商人们成为烟草使用的倡导者、播种者。

烟草商业需求的增加，特别是沿海地区以及北京、南京、宁波、杭州、苏州、扬州、广州等经济政治中心需求的增加，必然带来需求分化，不同阶层、不同群体之间的烟草使用者对烟草质量、形态要求出现差异。商人们开始按照烟草的不同产地、不同质量、不同用途进行细分，并建立不同的标准和价值体系，烟草产地概念、品牌概念开始出现，例如潮烟、福建马家烟等，商人们也成了烟草传播中品牌和质量标准的创建者。随着烟草使用者不断增加，在丹溪学派中医理论驱动下，一种新的烟草抽吸形式——水烟开始出现，商业人员的创造性思维也必然在此期间为这种具有创新性的吸食方式提供了助力。同时这也表明，中国传统烟具中的水烟袋极有可能是完全本土化的产物，而不是一直以来认为的来自波斯、印度。关于中国烟斗与文化发展历史，我们将在本书第三部分展开论述。

二、官员与士绅在烟草传播中的作用

官员与士绅在引领消费方面具有很强的示范效应，在 16 世纪，他们可能也是最先接纳烟草的群体。明朝实行海禁政策，任何国外商团要在中国海岸以及内陆进行贸易，都必须得到官方许可。因此，葡萄牙人想要在中国立足，除了与中国商人交流外，还必须与负责海防、贸易的地方官员接洽。在此过程中，他们可能不断向中国官员推荐这种神奇的烟草，详细介绍它的医疗作用和治疗效果，并进行现场示范。部分官员在与葡萄牙商人的交往过程中率先尝试和接纳烟草，他们开始把烟草用于治疗常见疾病或者抽吸享用，也成为烟草安全可靠的权威认证，同时吸食烟草还彰显了异国情调，引领了时代风潮。伴随升迁和调动，学会使用烟草的官员又将其带到履职之地，成为烟草布道者、传播者，并带动当地人员认识、接纳和使用烟草。

在官员阶层影响下，跟随者、模仿者逐渐增多。其中，与官员阶层接触较多的举人、落第士子，退休回乡或长期赋闲的中小官吏、宗族元老等也开始尝试使用，在体验到烟草的神奇效果后，也成为烟草的忠实拥护者。他们的地方影响力进一步促进烟草在当地生根，平民阶层也被引导着使用烟草。

官员、士绅们除了直接使用烟草外，还在各种活动中咏叹、赞美烟草，在典籍中记载烟草，进一步促进了烟草知识普及和烟草美学与文化形成。例如，莆田布衣、诗社组织者姚旅在《露书》中记载了莆仙两地的烟草来源地和种植规模。此外，从这些典籍记载者的身份可以看出，到 16 世纪末，明朝官员、士绅文人阶层已经有不少人员学会了使用烟草，成为左右烟草消费的重要力量。

三、运输与娱乐业从业者在烟草传播中的作用

在欧洲，人们普遍认为水手在烟草的传播中起到了重要作用，为此，他们还建造了抽烟水手纪念碑来肯定其在烟草传播中的贡献。不可否认，

在 16 世纪的中国，从事航海运输与内河运输的船员以及在茶马古道和丝绸之路上从事运输业务的马帮成员，在烟草传播过程中也起到了重要作用。他们属于底层民众中最早与国外烟草使用者接触的群体，在交往中学会了如何使用烟草。首先可能像外国水手、运输人员一样，他们在繁重体力劳动之余点燃烟草消遣休闲，缓解一天紧张繁忙的劳累，协助恢复体力；其次可能是模仿旁人使用烟草医治一些常见疾病和损伤，例如腹痛、外伤、感冒头疼等，并且发现很有效果。在体验到实际使用效果后，他们将使用烟草的体验传播给了更多不会使用烟草的沿边、沿海地区底层民众，带动更多人员学会使用烟草和传播烟草功效。随后，沿着内河航运、茶马古道、丝绸之路商路，水手和马帮成员们把烟草的使用习惯和知识进一步传递到了商路沿途商镇和政治、经济枢纽城镇，促进了烟草在内陆各地区的传播扩散。运输从业人员应该是最先体验到烟草在缓解疲乏、医治疾病方面功能的群体之一，并成为烟草使用最为积极的推广者。由于接触面广，他们对烟草在底层民众中的传播影响很大。

烟草进入中国后，娱乐业人员对促进烟草在上层社会的传播也起到了重要作用。应当承认，当外国商船进入中国口岸贸易时，一部分海外商人或海员会进入青楼，其中既有他们自身的需求，也有陪伴中国商人、官员进入这些场所寻求贸易支持的需要。正如梅毒早在 1505 年前就通过性接触进入中国广州一样，商人和官员们起初在青楼享用烟草时，也会向里面的相关人员传授烟草知识，教会她们如何使用烟草，随后青楼也开始用烟草招待客人。在当时，商人们为了提升自己的社会地位，出钱支持文人聚会（例如各种诗社成员聚会），也经常选择在青楼，或者邀请青楼人员参与，达官显贵邀请贵客参加聚会时也会邀请从事娱乐行业的人员一起附庸风雅。这在那一时期是非常普遍的社会现象，也进一步扩大了烟草在士大夫阶层的传播。以至于在此后的一段时间，人们看见抽烟的女士甚至会自然地将她们与青楼女子联系在一起。

总之，16 世纪，运输业从业人员促进了烟草在社会底层民众中的知识普及和使用，而娱乐业人员尤其是青楼女子对烟草在上流社会圈层的广泛传播起到了重要作用。

四、中医理论突破在烟草传播中的作用

在中国传统文化里，医生是一个特殊的社会群体，具有极高的社会地位和文化影响力。"不为良相，愿为良医"，成为一名技艺高超的好医生，是那些胸怀大志的学者们仅次于仕途的人生选择。正是因为医药的社会功能与儒家经世致用思想比较接近，医生这一职业能帮助他们实现利泽万民的人生抱负。16 世纪，医学大家们在科学分析丹溪医学之弊、解决万民疾苦的努力尝试和探索中，形成了新的医学理论与实践。这些医学新成果确认了烟草的医疗作用，在推进烟草知识普及、提高大众认同感、增强烟草社会影响力上做出了重要贡献，也是消除烟草传播阻力、促进烟草普及和广泛使用的关键推手。为了便于读者更容易理解中医在推进烟草普及中的作用，这里

简要介绍当时的医学困境以及主要医学理论突破和烟草所带来的医疗效果[249]。

（一）16 世纪传统医学的主要弊端与突破

元末明初，朱震亨（名彦修，字丹溪，1281—1358 年）创立的丹溪之学盛行。这一医学流派的"阳有余阴不足"理论认为：

"人受天地之气以生，天之阳气为气，地之阴气为血，故气常有余，血常不足。何以言之？天地为万物父母，天，大也，为阳，而运于地之外；地居天之中，为阴，天之大气举之。日，实也，亦属阳，而运于月之外；月，缺也，属阴，禀日之光以为明者也。人身之阴气，其消长视月之盈缺。故人之生也，男子十六岁而精通，女子十四岁而经行，是有形之后，犹有待于乳哺水谷以养，阴气始成而可与阳气为配，以能成人而为人之父母。古人必近三十、二十而后嫁娶，可见阴气之难于成，而古人之善于摄养也。"[250]

其相火论主张：

"太极，动而生阳，静而生阴。阳动而变，阴静而合，而生水、火、木、金、土，各一其性。惟火有二：曰君火，人火也；曰相火，天火也。火内阴而外阳，主乎动者也，故凡动皆属火。……见于天者，出于龙雷，则木之气也；出于海，则水之气也。其于人者，寄于肝肾二部，肝属木而肾属水也。……胆者，肝之腑；膀胱者，肾之腑；心胞络者，肾之配；三焦以焦言，而下焦司肝肾之分，皆阴而下者也。天非此火不能生物，人非此火不能有生。天之火虽出于木，而皆本乎

地。……相火易起，五性厥阳之火相扇，则妄动矣。火起于妄，变化莫测，无时不有，煎熬真阴，阴虚则病，阴绝则死。君火之气，经以暑与湿言之；相火之气，经以火言之，盖表其暴悍酷烈，有甚于君火者也，故曰相火元气之贼。"[251]

在治疗疾病上强调求其本：

"病之有本，犹草之有根也。去叶不去根，草犹在也。治病犹去草。病在脏而治腑，病在表而攻里，非惟戕贼胃气，抑且资助病邪，医云乎哉！"[252]

在养身上认为：

"人生至六十、七十以后，精血俱耗，平居无事，已有热证。"[253]

朱震亨通过这些论述创立了阴虚相火病机学说，申明人体阴气、元精之重要，被后世称为"滋阴派"创始人，是元代最著名的医学家，与刘完素、张从正、李东垣并列为"金元四大家"，其医学主张影响深远。

在丹溪之学指导下，明朝早期的很多医生在用药时偏执于苦寒，爱用沉寒之药，常损伤脾胃、克伐真阳，这种做法又形成了新的寒凉时弊。身为太医院使的薛己（1487—1559 年）在为皇室王公贵族等诊病中发现病机多为虚损，于是在责疑"丹溪疗法"时弊的《内科摘要》中指出：

"夫阴虚乃脾虚也，脾为至阴，因脾虚而致前症，盖脾禀于胃，故用甘温之剂以生发胃中元气，而除大热。胡乃反用苦寒，复伤脾血耶？若前症果属肾经阴虚，亦因肾经阳虚不能生阴耳。经云：无阳则阴无以生，无阴则阳无以化。又云：虚则补其母。当用补中益气、六味地黄以补其母，

尤不宜用苦寒之药。世以脾虚误为肾虚，辄用黄柏、知母之类，反伤胃中生气，害人多矣。"[254]

（《内科摘要》成书于1529年，为薛氏诊治内科杂病的经验实录，从《薛氏医案》中选摘而成，内容广泛。书中采用医话体例，叙述诊治经历，或内伤酷似外感，或虚损面貌似实症，薛氏以其慧见卓识，剖判疑似，颇中肯綮[255]。）

有鉴于此，他运用辨证论治方法，以求疾病之本，"凡医生治病，治标不治本，是不明正理也"，强调人以胃气为本，尝试采用补药来滋养人身气血，作为精液化生之源。这一诊治疾病的思想被后人称为"温补"。明朝丹溪学派的医师王伦在诊治疾病中也发现：

"设若肾经阴精不足，阳无所化，虚火妄动，以致前症者，宜用六味地黄丸补之，使阴旺则阳化；若肾经阳气燥热，阴无以生，虚火内动而致前症者，宜用八味地黄丸补之，使阳旺则阴生。若脾肺虚不能生肾，阴阳俱虚而致前症者，宜用补中益气汤、六味地黄丸培补元气以滋肾水；若阴阳络伤，血随气泛行而患诸血症者，宜用四君子加当归，纯补脾气以摄血归经。太仆先生云：大寒而盛，热之不热，是无火也；大热而盛，寒之不寒，是无水也。又云：倏忽往来，时发时止，是无水也；昼见夜伏，夜见昼止，不时而动，是无火也。当求其属而主之：无火者，宜益火之源，以消阴翳；无水者，宜壮水之主，以镇阳光，不可泥用沉寒之剂。"[256]

（王纶《明医杂著》成书于公元1549年，共六卷，内容为医论、诸证、小儿证治等。此书观点也受朱震亨学说的影响[257]。）

张景岳早年从医之时也推崇丹溪之学。和薛己一样，张景岳出身贵族，交游亦多豪门大贾、王公贵族。但在积累多年临床实践经验后，他逐渐摈弃了朱氏丹溪医疗学说，开始遵从前辈薛己的医学理论，力主温补。特别是针对朱丹溪之"阳有余阴不足"理论，创立了与之相对的"阳非有余，真阴不足"学说，认为：

"凡诊病施治，必须先审阴阳，乃为医道之纲领。阴阳无谬，治焉有差？医道虽繁，而可以一言蔽之者曰阴阳而已。……两气相兼，则此少彼多，其中便有变化，一皆以理测之，自有显然可见者。若阳有余而更施阳治，则阳愈炽而阴愈消；阳不足而更用阴方，则阴愈盛而阳斯灭矣。设能明彻阴阳，则医理虽玄，思一道产阴阳，原同一气。火为水之主，水即火之源，水火原不相离也。何以见之？如水为阴，火为阳，象分冰炭。何谓同源？盖火性本热，使火中无水，其热必极，热极则亡阴，而万物焦枯矣；水性本寒，使水中无火，其寒必极，寒极则亡阳，而万物寂灭矣。……

"凡人之阴阳，但知以气血、脏腑、寒热为言，此特后天有形之阴阳耳。至若先天无形之阴阳，则阳曰元阳，阴曰元阴。元阳者，即无形之火，以生以化，神机是也。性命系之，故亦曰元气。元阴者，即无形之水，以长以立，天癸是也。强弱系之，故亦曰元精。元精元气者，即化生精气之元神也。生气通天，惟赖乎此。经曰'得神者昌，失神者亡'，即为之谓。今之人，多以后天劳欲戕及先天；今之医，只知有形邪气，不知无形元气。夫有形者，迹也，盛衰昭著，体认无难；无形者，神也，变幻倏忽，挽回非易。故经曰：粗守形，上守神。嗟乎，又安得有通神明而见无形者，与之共谈斯道哉！

"天地阴阳之道，本贵和平，则气令调而万物生，此造化生成之理也。然阳为生之本，阴实死之基。故道家曰：分阴未尽则不仙，分阳未尽则不死。华元化曰：得其阳者生，得其阴者死。故凡欲保生重命者，尤当爱惜阳气，此即以生以化之元神，不可忽也。囊自刘河间出，以暑火立论，专用寒凉，伐此阳气，其害已甚。赖东垣先生论脾胃之火必须温养，然尚未能尽斥一偏之谬。而丹溪复出，又立阴虚火动之论，制补阴、大补等丸，俱以黄柏、知母为君，寒凉之弊又复盛行。夫先受其害者，既去而不返；后习而用者，犹迷而不悟。嗟乎！法高一尺，魔高一丈，若二子者，谓非轩岐之魔乎？余深悼之，故直削于此，实冀夫尽洗积陋，以苏生命之厄，诚不得不然也。观者其谅之、察之，勿以诽谤先辈为责也。幸甚！

"一、阴阳虚实。经曰：阳虚则外寒，阴虚则内热，阳盛则外热，阴盛则内寒。经曰：阳气有余，为身热无汗。此言表邪之实也。又曰：阴气有余，为多汗身寒。此言阳气之虚也。仲景曰：发热恶寒发于阳，无热恶寒发于阴。又曰：极寒反汗出，身必冷如冰。此与经旨义相上下。"[258]

其命门学说强调：

"命门为精血之海，脾胃为水谷之海，均为五脏六腑之本。然命门为元气之根，为水火之宅。五脏之阴气，非此不能滋；五脏之阳气，非此不能发。而脾胃以中州之土，非火不能生，然必春气始于下，则三阳从地起，而后万物得以化生。岂非命门之阳气在下，正为脾胃之母乎？吾

故曰：脾胃为灌注之本，得后天之气也；命门为化生之源，得先天之气也，此其中固有本末之先后。观东垣曰：补肾不若补脾。许知可曰：补脾不若补肾。此二子之说，亦各有所谓，固不待辩而可明矣。

"命门有火候，即元阳之谓也，即生物之火也。然禀赋有强弱，则元阳有盛衰；阴阳有胜负，则病治有微甚，此火候之所以宜辩也。兹姑以大纲言之，则一阳之元气，必自下而升，而三焦之普护，乃各见其候。盖下焦之候如地土，化生之本也；中焦之候如灶釜，水谷之炉也；上焦之候如太虚，神明之宇也。下焦如地土者，地土有肥瘠而出产异，山川有浓薄而藏蓄异，聚散操权，总由阳气。人于此也，得一分即有一分之用，失一分则有一分之亏。而凡寿夭生育及勇怯精血病治之基，无不由此元阳之足与不足，以为消长盈缩之主，此下焦火候之谓也。中焦如灶釜者，凡饮食之滋，本于水谷，食强则体壮，食少则身衰，正以胃中阳气，其热如釜，使不其然，则何以朝食午即化，午食申即化，而釜化之速不过如此。"[259]

张景岳在阴阳学说和命门学说的论述中，不仅提出了自己的医学主张，还列举和批评了当时普遍存在的医学弊端，对纠正时弊起到了重要作用，也对后世产生了巨大影响。因其用药偏于温补，世称王道，他的阴阳学说、命门学说对丰富和发展中医基础理论有着极其重要的作用和影响，有力地推动了中医学理论发展。烟草所具备的疗效，尤其是在医治"滋阴"学派不能有效治疗的疾病上所取得的效果，不仅验证了"温补"

学派理论的科学性，更是为其广泛传播和普及奠定了良好声誉。

（二）烟草在治疗时疾、支持"温补"医疗理论中的作用

16世纪初期，烟草传入中国，不仅被认为是私人享用物品，更是被当成一种新药物得到了医师们的广泛关注。由于自古以来中医就有"熏"的治疗方法，因此，许多儒医都以开放的态度对待、研究烟草这种新药物，探索使用烟草的各种疗法，而来自长江三角洲的医生尤其如此，这里既是明朝帝国文化和经济中心，也是大多数最有影响力的中医学者的家乡。许多江南医学家认为，伴随社会和经济的深刻变化——经济商业化、乡村城市化以及跨区域和海外贸易发展，人员广泛流动，传染病比以往传播得更广、更快。他们是在一个全新的疾病环境中行医，因此，遇到新疾病也迫使他们采用新的医疗理论和药物。例如，1505年前，当梅毒传入中国之时，权威的医学理论（局方）（丹溪学派）不能充分阐述这一疾病成因并提出有效的医治方案，其他学派开始尝试利用新的本草药物和替代性治疗方法进行诊治，包括从国外最新引进的本草（烟草）药物与疗法。

其中，温补学派是天人合一医学理论的一个独特分支。明朝中晚期，一些受温补学派思想影响的江南儒医开始着手探究烟草习性。1555年左右，福建医生陈仕贤开始使用烟草治疗肝气；湖北医生李时珍在其从1552年开始编撰、1580年左右完成的《本草纲目》中，对金丝草（烟草）做出了苦、寒、无毒的药性判断，指出了其主治

疾病，提出了以烟草为主药的四个验方；1580年左右，北京医生门吉士认为烟草甚辛烈，是通利九窍的药物，吸燃烟之气可治疗一切寒凝不通之病，同时提出了烟草的适应证范围，说明不可用于治疗阴虚吐血、肺燥劳瘵之人；浙江医生沈拜可在1590年左右指出，烟气入口鼻，通达百骸万窍；倪朱谟在其完成于1600年左右的《本草汇言》中称，烟草味苦辛、气热有毒，通行手足阴阳一十三经；姚旅在1600年左右完成的《露书》中也记载，烟草能使人产生醉感，辟瘴气，用烟草捣汁还可以毒杀头虱。可见，从烟草进入中国开始，南方与北方的医生都在积极探寻其药理，尝试使用烟草配伍，或者直接采用吸烟疗法治疗疾病，逐渐形成了验方，传之后世，这说明其治疗效果及其药性得到了多数医生的认同。

关于烟草的医疗功效，张景岳总结前人积累的医案和经验，结合自己的"温补"医学思想，在其医学巨著《景岳全书》中，从医学实践和中医理论两方面进行了完美的诠释。他认为，阳气通过吸烟得以恢复，由此身体可以克服许多疾病，包括那些由外部或内部病因引起的疾病，还有那些由于饮食不当、房事过度、精疲力竭和过度劳累造成的疾病，包括由六淫，尤其是"寒"和"湿"引起的流行病和急性发热。作为一种强烈的阳性药物，烟草具有封闭间隙和毛孔（腠理）、抵御风邪之气的能力，而且它可以缓解由"寒"造成的关节和骨骼风湿性疼痛。

张景岳还指出，烟草可以用于阻挡山岚瘴气。遵循李杲和薛己的诊治传统，张景岳还强调了烟草治疗内部原因引起疾病的功效，特别是那些影

响脾胃的内部原因。通过温暖脾胃器官系统，烟草具有帮助消化、餐后消除饱足感、控制霍乱（"霍乱"字面意思为"突然的混乱"）的剧烈呕吐、消灭肠道寄生虫的能力。当脾胃代谢功能在烟气帮助下得以恢复时，它们可以将必要的滋养作用再次传递到全身。烟草通过驱散停滞或污浊的寒、驱散停滞的凝结（瘀结）和防止血液停滞壅塞，能有效促进气的流动。

总之，张景岳认为烟草是一种非常有效的药物，其主要临床用途是辅助那些阳气停滞或衰竭的人，还可以用于保护或振奋一些过度沉溺于宴会、青楼或小妾闺房的男性。此外，对烟草有毒的认识，张景岳也提出了质疑，他认为一个人如果不能接纳烟草过于凶猛的阳气，就会一吸则醉，这是因为烟气在消散其邪气的同时也消耗了阳气，醉是理所当然，因此不能仅凭烟草致醉就认定其有毒。恰恰相反，张景岳认为，烟气在消散邪气时，其固有的阳性仍然存留在身体之中，很快就会产生新的阳气来增补消散邪气时所消耗的阳气，这就是经常吸烟之人身体不仅没有受到损害，反而得到更多增益的原因，抽烟是多多益善的。当然，在辩证的温补思想下，张景岳也认为，如果一个人阳气过盛，多燥多火以至于呼吸短促而多汗，就不适宜吸烟。

在16世纪，那些坚守"养阴"学派的医生，则强烈批评在医疗实践中使用烟草，将它视为一种完全有害于人体健康的热性物质。真理越辩越明，烟草则越辩越热，实际医疗效果让人们对它的批评变得越来越温和，使用者们将其当成一种具有独特药效的医疗药品。在温补医学理论加持下，越来越多的人开始无忧无虑地享用烟草、宣传烟草、赞美烟草，而不抽烟则被当成没有文化、不懂科学、不懂养生的表现。烟草从进入中国，到经过实践和尝试，最后被中国传统医学理论和大多数民众所接纳，大概耗费了近百年时间。

［出书难——科学、合理、客观看待古代典籍记载烟草的时间： 今天，我们在阅读一部明清医学典籍的过程中，如果以现在的眼光来进行解读，可能会发生一些常识性的错误。在当时的历史条件下，一位医学家要完成编著一本医书，可能要耗其一生心血。图书编撰完成并不意味着立即就能出版。在"医者仁心"的道德约束下，许多医生并没有多余财力出版自己的著述，因此，能成功出版、留传下来的医书堪称凤毛麟角。就烟草而言，能在一部医书中看到烟草，则意味着在其成书之前的10年、20年甚至30年，烟草可能就已进入了该书作者的视野；如果将医书出版之日界定为烟草引种时间，会出现严重误判。如果作者在一本医书中汇集其他医生医案中涉及的烟草，则对烟草引种时间的追溯可能更要提前到该书出版前的40年甚至50年以上，这也是本书在重建烟草传播时间时会根据相关典籍出版时间做适当提前，以还原烟草引种时间的原因。为了便于读者理解明清医生出版书籍的艰辛，我们在这里简单介绍明代医学家李时珍出版《本草纲目》的历程。

《本草纲目》曾经过三次大的校核，最后一次脱稿时间是公元1578年。从开始编撰到完成此书，李时珍花了整整27年。编成之后，接着产生了一个重要问题，就是如何把这部具有实用价值的医书刊印出来，让它留传于世。

刊印这样一部有190万字、1109幅插图的书，在采用手工刻版的明代，极其耗费心血、时间和金钱。李时珍没有这个财力来完成出版，他的亲戚、好友们也没有这个实力。当他发现在蕲州、黄州、武昌一带都解决不了这个问题后，1579年，李时珍来到了当时书籍出版中心南京寻找机会。这里书商多，经营规模大，印刷业发达，刻工技艺精湛，以出版各种巨著而闻名。

但《本草纲目》是一部医学著作，这类书籍只有少数医生才会感兴趣购买，而且它还是一部皇皇巨著，雕版印刷花费极大，对于李时珍这样一位默默无名的医师，书商贸然出版其医书铁定倾家荡产。但南京书商毕竟见多识广，在认同《本草纲目》价值的同时，他们提出了一个条件，那就是必须请当时文坛泰斗王世贞为其作序（王世贞，"后七子"中的领军人物，在李攀龙之后主持文坛达20年之久，声望甚高。《明史·王世贞传》："一时士大夫及山人、词客、衲子、羽流，莫不奔走门下。片言褒赏，声价骤起。"）。

万历八年（1580年），李时珍父子携带《本草纲目》书稿，前往江苏太仓弇山园，拜访王世贞求其作序。王世贞简单看过《本草纲目》手稿后，发现了一个致命问题：李时珍曾在太医院任职，辞职的主要原因就是不满嘉靖皇帝炼丹误国。而在《本草纲目》一书中，他极力批判以女子经血或铅汞炼丹以求长生，认为这是荒诞不经的事。嘉靖、万历两位皇帝恰恰都尊崇炼丹，李时珍之言属于大不敬和"妄议"朝政。

王世贞为一代名士，在当时的政治氛围中只能婉拒，但李时珍仍坚持对炼丹的批判不改。万历十八年（1590年），垂垂老矣的李时珍，携带修改三次的《本草纲目》手稿，再次求见病重的王世贞，做最后的努力。此时此刻，一个是鬓发斑白的老大夫，一个是病重将死的老人。再次相见，或许是出于对李时珍执着的感动，王世贞做出了一件促进中国医学发展的重大决定：焚香，沐浴，更衣，为《本草纲目》恭恭敬敬地写了五百余字的序言，这便是《本草纲目序》。

在得到王世贞所作之序后，同年，南京出版商胡承龙开始正式着手刊刻《本草纲目》。在无数能工巧匠的不懈努力下，万历二十四年（1596年），《本草纲目》首刻版终于在南京问世，世称"金陵本"。而李时珍早已在三年前抱憾而去，并未见到《本草纲目》刊刻版问世。1596年，李建元遵从其父李时珍遗愿，向万历皇帝献上遗表及金陵本《本草纲目》。该书出版后，很快风行全国，成为上到士大夫，下到商人、平民百姓家庭的必备藏书；而且凭借王世贞的文化影响力，朝鲜、越南、日本等国纷纷花费重金购买《本草纲目》，英国科技史学家李约瑟博士更是在其《中国科学技术史》中赞赏"明代最伟大的科学成就，是李时珍登峰造极的《本草纲目》"[260]。

《本草纲目》成功出版，离不开王世贞的功劳。这里顺便领略一代文学巨匠的文采：

"纪称：望龙光，知古剑；觇宝气，辨明珠。故萍实商羊，非天明莫洞。厥后博物称华，辨字称康，析宝玉称猗顿，亦仅仅晨星耳。楚蕲阳李君东璧，一日谒予，留饮数日。予观其人，睟然貌也，癯然身也，津津然谈议也，真北斗以南一人。

解其装，无长物，有《本草纲目》数十卷。谓予曰：'时珍，荆楚鄙人也，幼多羸疾，质成钝椎，长耽典籍，若啖蔗饴。遂渔猎群书，搜罗百氏，凡子史经传声韵农圃医卜星相乐府诸家，稍有得处，辄著数言。古有《本草》一书，自炎黄及汉、梁、唐、宋，下迨国朝，注解群氏旧矣。第其中舛谬差讹遗漏，不可枚数，乃敢奋编摩之志，僭纂述之权，岁历三十稔，书考八百余家，稿凡三易。复者芟之，阙者辑之，讹者绳之。旧本一千五百一十八种，今增药三百七十四种，分为一十六部，著成五十二卷，虽非集成，亦粗大备，僭名曰《本草纲目》。愿乞一言，以托不朽。'

"予开卷细玩，每药标正名为纲，附释名为目，正始也。次以集解、辩疑、正误，详其土产形状也。次以气味、主治、附方，著其体用也。上自坟典，下及传奇，凡有相关，靡不备采。如入金谷之园，种色夺目；如登龙君之宫，宝藏悉陈；如对冰壶玉鉴，毛发可指数也。博而不繁，详而有要，综核究竟，直窥渊海。兹岂仅以医书观哉？实性理之精微，格物之通典，帝王之秘箓，臣民之重宝也。李君用心嘉惠何勤哉！噫，碔玉莫剖，朱紫相倾，弊也久矣。故辨专车之骨，必俟鲁儒；博支机之石，必访卖卜。予方著《弇州卮言》，恚博古如《丹铅卮言》后乏人也，何幸睹兹集哉。兹集也，藏之深山石室无当，盍锲之，以共天下后世味《太玄》如子云者。

"时万历岁庚寅春上元日，弇州山人凤洲王世贞拜撰。"[261]

第五章
普及阶段烟草在中国境内的传播路径与时间重建

通过烟草启蒙阶段的传播路径与时间重建我们了解到，17世纪初，东南沿海区域商业重镇周围，烟草已经形成了规模种植，湖南、湖北、江西、广东、江苏、浙江、山东、天津、北京，沿珠江水系、长江水系、黄河水系、京杭运河，商业重镇之间基本形成了连续的烟草规模种植。到17世纪初，传统医学经过长时间的探索和研究后，提出了支撑烟草使用和传播的"温补"理论。经济文化发达地区的各阶层民众，在使用烟草的商人、官员、士绅、文人、医生、娱乐业以及运输业从业者的影响下，出于医治疾病、养生、社交以及个人休闲需要，开始踊跃接纳和使用烟草。但在茶马古道、陆上丝绸之路以及珠江水系、长江水系、黄河水系所涵盖的内陆山区，烟草种植在古商路城镇之间呈跳跃式的散点分布，烟草种植区域、种植规模、使用烟草的人口规模仍然较小，一些偏远山区和农村还是烟草空白地带。烟草要在内陆地区形成更加广泛的分布和快速的传播，需要一系列涵盖全国的大型运动，除商业活动外，其中推动作用最大的就是跨区域战争、移民等运动，它促进了烟草种植由启蒙阶段的从点到线，再由点、线到面的根本性转变。本书把这一时期称为烟草普及阶段（1620—1750年），时间跨度为明末战乱到乾隆时期的18世纪50年代，持续时间接近130年，涵盖了战争的破坏性扩张普及与移民活动的建设性普及两个阶段。

第一节 普及阶段关于烟草的主要典籍记载

与启蒙阶段相比，普及阶段记载烟草的典籍数量明显增多，我们简单将其分为六类。

一、有关军人、官员用烟的典籍记载与考古发现

正如启蒙阶段所介绍的一样，随着中医温补学派成为主流，吸烟逐渐被认为是一种有益于健康的养生活动，这一时期部分典籍记载反映了当时公卿士大夫、军人的用烟情况。

1.**明朝与后金战争期间的用烟记载。**杨士聪（1597—1648年），明末清初山东济宁人，明崇祯四年进士。他在《玉堂荟记》中有这样一段记载：

"烟酒古不经见，辽左有事，调用广兵，乃渐有之，自天启年中始也。二十年来，北土亦多种之，一亩之收，可以敌田十亩，乃至无

人不用。己卯上传谕禁之，犯者论死。庚辰有会试举人，未知其已禁也，有仆人带以入京，潜出鬻之，遂为逻者所获，越日而仆人死西市矣。相传上以烟为燕，人言吃烟，故恶之也。壬午，余入京，鬻者盈衢，初以为异，已而知为洪督所请，开其禁也。"[262]

文中所说的辽左在地理位置上接近今天的辽宁，即通常所说的辽东。辽左有事，指发生在明朝与后金政权之间的沈辽之战、广宁之战以及宁远之战，时间跨度在1621—1627年之间（天启年间）。为应对与后金的战争，明朝中央政府多年以前就开始征调早已养成烟草使用习惯的江浙士兵，远赴辽宁地区与后金军队作战。至于明朝崇祯年间为什么禁烟，明熹宗（1621—1627年）年间的一则童谣极有可能是导火索——出于避讳而禁。吴伟业（1609—1672年）在其《绥寇纪略》中有类似记载：

"熹庙时，童谣曰：天下兵起，遍地皆烟。未几，闽人有此种，名曰烟酒，云可以已寒疗疾，此亦大异也。"[263]

2.《蚓庵琐语》中关于烟草的记载。王逋，明末清初浙江嘉兴人，字肱枕，生卒年不详。其著述《蚓庵琐语》（成书于1684年以前）中记载：

"烟叶出闽中，边上人寒疾，非此不治。关外人至，以匹马易烟一斤。崇祯癸未（1643年），下禁烟之令，民间私种者问徒。法轻利重，民不奉诏。禁令犯者皆斩，然不久因边军病寒不治，遂弛是禁。予儿时尚不识烟为何物，崇祯末，我地遍处栽种，虽二尺童子莫不食烟，风俗顿改矣。"[264]

根据王逋的记载，烟草能治寒疾，在关外价格高昂，有人甚至愿意用一匹马来换购一斤烟草。1643年崇祯虽下令禁烟，但很快因为军队人员的反对，最后无疾而终。在嘉兴，明末清初之际吸烟已成风俗，男女老少皆爱抽烟。

3.《江变纪略》记载军中用烟情形。徐世溥（1608—1657年），字巨源，江西南昌新建人，明末文学家。世人称其才雄气盛，"古文名噪三吴间"；工诸体诗，"取材博，用意远，不规于汉魏唐宋诸家"。其《江变纪略》是一部记述1649年南昌大屠杀事件的著作，共二卷，记录了八旗兵在攻打南昌城时的暴行，在乾隆时期遭到禁毁，靠民间手抄本传世。书中一些记载表明，抽烟在军中已成为寻常之事：

"一日，章巡抚宴布政司。堂铺毡，席地各取银管吸烟，已递火，不及诸将，解腰刀割炙蹄，又独与文官饮食。自声桓而下，皆坐游外。酒半，嘻笑顾视曰：'王得仁，汝欲反耶？'是日得仁归，大愧而愤甚。声桓亦无色，俯首挂鞭还帅府。"[265]

4. 吴三桂吸烟轶事。陈恒庆（1844—1920），字子久，山东潍县人，同治十二年（1873年）乡试中举人，光绪十二年（1886年）进士及第。其《谏书稀庵笔记》（1917年结集成书）中记载了有关吴三桂吸烟的轶事，摘录如下：

"王渔洋《池北偶谈》云出自吕宋国，名曰淡巴菰。其国与东三省相近，清代在关外时，人多吸之。仍将烟叶拈碎，以烟袋吸之。有明禁之，无敢吸者。相传吴三桂闻李自成破京师，其时三桂镇山海关，乃赴清摄政王营，请兵复仇。王壮之，赐之坐，令兵役燃烟与之吸。三桂接而倒吸，火灼其唇，清人笑之。晋时有客入石崇家宴筵，宴毕入厕。厕中有两侍女，以晶盘盛香枣数枚，原备塞鼻之物，客接而食之，侍女大笑。三桂倒吸淡巴菰，得毋类是？"[266]

这里提及1644年吴三桂面见清摄政王（多尔衮），在彼处抽烟的情景，似有文人调侃吴三桂连烟都不会抽，"土包子"一个之意。但也可以看出，在当时的东北军营中已有用烟款待友人、来访客人之风，军中吸烟之风也盛。

5. 四川江口明末战场遗址考古发掘出土金烟斗实物。相传1646年，清军入川，张献忠"携历年所抢"千船金银财宝率部向川西突围。但转移途中猝遇地主武装杨展，运宝船队大败，千船金银沉入江底，张献忠只带少数亲军突围成功。

"张献忠部队从水路出川时，由于银两太多，木船载不下，于是张献忠命令工匠做了许多木头的夹槽，把银锭放在里面，让其漂流而下，打算在江流狭窄的地段再打捞上来。但后来部队遭到阻击，船阻江道，大部分银两沉入江中。"彭山江口镇境内水域张献忠沉银"累亿万，载盈百艘"。

2017年至2020年，我国对江口明末战场遗址先后进行了五轮发掘，其中：2017年4月13日，发掘面积两万余平方米，出水文物3万余件，西王赏功币数以百计，金器数以千计，银器数以万计，出水文物30000余件，直接与张献忠大西国相关的文物上千件；2018年4月，考古发掘再次出水各类文物12000余件；2020年4月29日，第三期考古发掘出土文物10000余件，其中重要文物2000件。这些文物中还包括一些烟杆，其中一支烟杆颜色发黑，简单、短小，由一小截烟杆和一只烟嘴组成。除普通烟斗外，还有一枚金烟斗，长5.55厘米，重8.82克。江口沉银发生

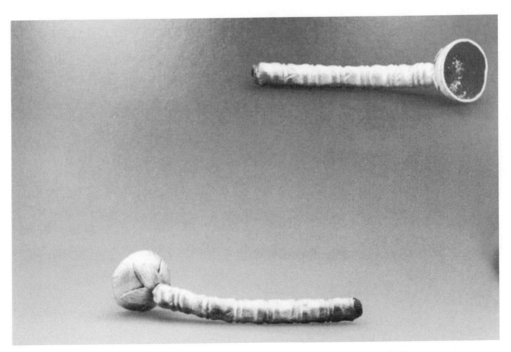

图22　1646年江口明末战场遗址出土金烟斗[267]

于 1646 年，金烟斗的出土，说明当时大西军中抽烟之风盛行，且有官员采用黄金制作烟斗。

6. 韩慕庐舍酒取烟轶事。王士禛（1634—1711 年），本名王士禛，字子真，一字贻上，号阮亭，又号渔洋山人，世称王渔洋，山东新城（今山东桓台县）人，清初诗人、文学家，顺治十五年（1658 年）进士，康熙四十三年（1704 年）任刑部尚书。其所著《分甘余话》中记载了 1678 年他与韩慕庐共同主持顺天武闱的一段对话：

"韩慕庐宗伯（菼）嗜烟草及酒，康熙戊午与余同典顺天武闱，酒杯烟筒不离于手。余戏问曰：'二者乃公熊、鱼之嗜，则知之矣，必不得已而去，二者何先？'慕庐俯首思之良久，答曰：'去酒。'众为一笑。后余考姚旅《露书》'烟草产吕宋，本名淡巴菰。'以告慕庐，慕庐时掌翰林院事，教习庶吉士，乃命其门人辈赋《淡巴菰歌》。"[268]

大意是：王士禛看见韩慕庐酒杯烟筒片刻不离手，就问他，如果烟与酒犹如鱼和熊掌，二者必去其一，选谁？韩慕庐低头思考，很久后回答，去酒选烟，众人皆笑。后来，王士禛还特意去考究了烟草的来历，并告知韩。韩慕庐还利用教习庶吉士的机会，让门人写《淡巴菰歌》，可见其对烟爱之深，也可知官员阶层已将抽烟作为一种雅趣。

7. 康熙赐陈元龙、史文靖玉烟筒轶事。康熙四十六年（1707 年）正月，康熙帝开始了第六次南巡，侍郎陈元龙以及史文靖、候任山东布政使蒋陈锡陪同侍驾。其中，陈元龙、史文靖酷嗜烟草。二月初一到达德州，康熙很讨厌抽烟，听说陈、史二人嗜好烟草之后，就想了一个办法捉弄他们，以赏赐的名义分别给了他们两人一支水晶烟管让其当众抽吸，不料一吸之下，烟草火星直达嘴唇，吓得两人不敢再吸。于是，康熙下令在全国范围内禁烟，同行的蒋陈锡为此还作诗一首，其中"不许人间烟火来"一句，可能也表达了同为抽烟之人的小小不满。陈元龙的小粉丝袁枚（1716—1798 年）在《随园诗话》中提及这一轶事，陈元龙的后人陈其元（1812—1882 年）在《庸闲斋笔记》中进行了更为详细的描述：

"圣祖不饮酒，最恶吃烟。南巡，驻跸德州，传旨戒烟。蒋陈锡《德水恭记》云：'碧碗水浆激滟开，肆筵先已戒深杯。瑶池宴罢云屏敞，不许人间烟火来。'"[269]

"圣祖不饮酒，尤恶吃烟。先文简相国时为侍郎，与溧阳史文靖相国酷嗜淡巴菰，不能释手。圣祖南巡，驻跸德州，闻二公之嗜也，赐以水晶烟管，一呼吸之，火星直达唇际，二公惧而不敢食。遂传旨禁天下吸烟。蒋学士陈锡《恭记》诗云：'碧碗琼浆激滟开，肆筵先已戒深杯。瑶池宴罢云屏敞，不许人间烟火来。'今则鸦片烟盛行，其祸较（淡）巴菰百倍。在天之灵哀此下民，得无有余恫乎？"[270]

为了便于读者更加了解这两则记录中相关人物的关系，这里简单介绍他们的背景：

蒋陈锡（1653—1721 年），字文孙，号雨亭，江南常熟人，康熙十二年进士，授御史，二十四年授陕西富平知县，四十一年授直隶天津道，迁河南按察使，四十七年（1708 年）迁山东布政使，未几，擢任巡抚。从蒋陈锡履历可以看出，康熙四十六年（1707 年）最后一次南巡，蒋应是候任山东布政使，陪同侍驾，并在宴会后写下了戒烟情景的诗句。

陈元龙（1652—1736 年），字广陵，号乾斋，浙江海宁人，清朝大臣。康熙二十四年一甲二名进士，三十八年出任陕西乡试主考官，四十二年充任户部主事，四十三年擢为詹事。康熙四十九年四月，陈元龙为翰林院掌院学士兼礼部右侍郎；五十年改任吏部右侍郎，转左侍郎，授广西巡抚；五十七年，授工部尚书，改礼部尚书，第二年再任兵部尚书。雍正三年，陈元龙任广西巡抚；雍正五年，陈元龙又任礼部尚书；雍正十一年，上疏请求退休。康熙四十六年为户部侍郎，陪同康熙南巡。曾作烟草五言律诗四首：

"其一：神农不及见，博物几曾闻。似吐仙翁火，初疑异草熏。充肠无渣浊，出口有氤氲。妙趣偏相忆，萦喉一朵云。

"其二：异种来西域，流传入汉家。醉人无借酒，款客未输茶。茎合名承露，囊应号辟邪。闲来频吐纳，摄卫比餐霞。

"其三：细管通呼吸，微噏一缕烟。味从无味得，情岂有情牵。益气驱朝雾，清心却昼眠。谁知饮食外，别有意中缘。

"其四：清气涤昏憨，精华任咀含。吸虚能化实，当苦有余甘。爝火寒能却，长吁意似酣。良宵人寂寞，借尔助高谈。"[271]

史文靖（1682—1763 年），溧阳人，祖鹤龄，父夔，子奕簪，四代皆为翰林。康熙庚辰（1700 年）进士，年甫十九，在外督抚七省，居相位

二十年，朝籍六十四年，乾隆庚辰重赴琼林宴，癸未薨于位，年八十二。陈康祺（1840—1890 年）在所著《郎潜纪闻》中提到，史文靖与雍正重臣年羹尧（1679—1726 年）为同年，且为后者举荐。1707 年，史文靖应陪同康熙南巡，职位不高。《郎潜纪闻》中记载了史文靖与雍正帝这样一段对话：

"漂阳史文靖公贻直，与年羹尧为齐年。年败后，世宗问文靖曰："汝亦年羹尧所荐乎？"公免冠对曰：'荐臣者羹尧，用臣者皇上也。'世宗意解。"[272]

雍正十二年（1734 年），喜爱烟草的陈元龙阁老卸任官职后到杭州游览西湖。当时人们都知道他是三朝元老，围观的人密密匝匝，其中就有年方十九的袁枚。他对陈阁老的风采赞叹不已，称赞他书法绝似董其昌，并在《随园诗话》中感叹，这一辈子所见过的翰林院前辈，如徐元梦相国、陈元龙阁老、黄叔琳中丞、熊本太史，都是历经劫难而硕果仅存的杰出人物：

"雍正甲寅，海宁陈文简公予告在家，来游西湖。人知三朝元老，观者如堵。余年十九，犹及仰瞻风采。先生仙风道骨，年已八十，犹替人题陈章侯《莲鹭图》云：'墨花吹得绿差差，小景分来太液池。白鹭不飞莲不谢，摇风立雨已多时。'书法绝似董香光。余生平所见翰林前辈，如徐蝶园相国、陈文简公、黄昆圃中丞、熊涤斋太史，皆鲁灵光也。"[273]

8. 黄之隽谈吃烟与自戒。黄之隽（1668—1748 年），江南华亭（今上海市奉贤区青村乡陶宅村）人，原籍安徽休宁，号吾堂，晚号石翁、

老牧，康熙六十年（1721）进士，雍正元年（1723年）起，历任庶堂、翰林院编修、福建督学、右中允、左中允等，后被革职。他在《烟戒》中写道，小时候家乡抽烟很普遍，田间地头种满了烟草，但自己不吸烟。35岁去暨阳，船上早晚寒冷无法入睡，在朋友的诱惑下尝试，顿感"相见恨晚，文思泉涌"，从此一吸便是四十多年。到了耄耋之年，他认为戒烟有助长寿，作赋以自律：

"幼骇所见，折芦为筒。卷纸于首，纳烟于中。或就火吸，忽若中风。闭睫流涎，谓醉之功。久而盛行，遍种斯草。晒叶剉丝，匪甘匪饱。铜竹镂工，荷囊制巧。缨弁横衔，脂囊斜齘（咬）。吾独违众，誓不沾牙。嫉如冶葛，屏若颠茄。有里前辈，响予褒嘉。不逐流俗，非君子耶？逮三十五，暨阳舟次。岁暮晓寒，拥衾不寐。印（人称代词，指我）友津津，越煖且醉。遂丧其守，索而尝试。入唇三咽，启齿一呼。四肢软美，八脉敷舒。相遇恨晚，大智若愚。四十余载，晷刻必需。亦润文心，亦绵诗力。思之不置，弃之可惜。如惑狐媚，如蛊妖色。一朝觉窹，忍为残贼。昔韩尚书，嗜酒与烟。不得已去，二者何先。答曰去酒，佳话流传。曩予附和，今不谓然。咽喉寸肤，食草吞火。非兽非鬼，奂颐之朵。熏舌尚可，焚肠杀我。老耄作戒，铭诸座左。" [274]

9. 军中士兵抽烟误事一则。康熙四十六年（1707年）九月，康熙帝巡视内蒙古，在驻跸海拉苏台期间发生了一场火灾。火灾虽被及时扑灭，但引发他的震怒，对相关人员进行了严厉惩罚：

"领侍卫内大臣护军统领等曰，据夸兰大伊道奏，今日营东失火，即时扑灭。查失火之由，系膳房人佛泰家人二格吃烟所致。朕惟太祖皇帝、太宗皇帝时火禁最严，此行甚远，正值草枯之时，倘如此不谨，或致延烧，将若之何！此事关系甚重，不可不严加惩治。着将二格耳鼻穿箭，游营示众，俟至京定罪。其主佛泰，到京后着枷号三个月，鞭一百。" [275]

二、关于民间人士用烟的典籍记载

（一）女子用烟

在17世纪，抽烟成为一种养生时尚，部分官员、豪绅、文人雅士的家人和内眷也开始逐渐熟悉烟草。一些女子，尤其是擅长琴棋书画的才女，在上层社会烟草文化传播中具有较大影响力。她们同文人雅士赋诗填词，一起描述烟草的美好，也为烟草历史与传播研究提供了宝贵资料。有一对母女为我们留下了两首烟草词：

沈宜修（1590—1635年），字宛君，江苏吴江人，明代才女，出生于书香世家，是山东副使沈珫之女、文学家沈璟侄女。她聪颖好学，才智过人，工画山水，能诗善词，著有《鹂吹集》。万历三十三年（1605年），沈宜修嫁与叶绍袁，时年十六。其所填《声声慢》描写了自己在花香鸟语的春光里，与郎君琴瑟相和、烟草情牵的幸福生活：

"春光难问，烟草忘情，凭将彩管新声。宫额初消，雕梁紫燕声声。湘帘半掩影碧，画阑干、几树鹃声。杏花下，把琼箫低按，试学秦声。　　绮陌香车竞艳，听清歌缓缓，是处春声。小院人闲，飞花悄悄无声。松风忽来绣户，韵生凉、吹作涛声。更有那、杨柳外、莺语数声。"[276]

叶小鸾（1616—1632年），字琼章，一字瑶期，吴江人，叶绍袁、沈宜修幼女。貌姣好，工诗，善围棋及琴，又能画，绘山水及落花飞蝶，皆有韵致，有集名《返生香》。许配昆山张维鲁长子立平为妻，婚前五日卒，时年仅十七岁。所作《菩萨蛮》描写了自己在春夜身坐窗前享用烟草的情景：

"轻烟一抹连天碧，帘前规月和烟白。翠竹落梅疏，相怜雪霁初。　　博山香欲烬，风透纱窗冷。四望寂寥寥，闲阶花影摇。"[277]

在十七世纪，除才女们留下了抽烟的诗词，一些儒雅官员在陪伴佳人的过程中也写下了女性用烟的情景。例如：

方文（1612—1669年），字尔止，安徽安庆府桐城人，早年与钱澄之齐名，后与方贞观、方世举并称"桐城三诗家"，著有《嵞山集》。明朝桐城方氏是一大家族，以仕官、治学称于世者甚多。在明代，方文仅为诸生，未及出仕，朝代更替，入清后以气节著，靠游食、卖卜、行医或充塾师为生，但交游遍朝野，名流无不与之交往。其好友钮琇（？—1704年）在记录明末清初政治事件、社会生活、民俗时尚、地产物鲜、民间传说人物、奇闻异趣、科技文教等的笔记体小说《觚剩》中记录了方文的一首竹枝词，描写北京一位无所事事的女士唱歌抽烟的情景：

"近日桐城方尔止有《京师竹枝词》云：'清晨旅舍降婵娟，便脱红裙上炕眠。傍晚起来无个事，一回小曲一筒烟。'亦可笑也。"[278]

尤侗（1618—1704年），字展成，又号悔庵，苏州府长洲（今江苏省苏州市）人，顺治九年授永平（今河北卢龙）推官，康熙十八年（1679年）举博学鸿儒，授翰林院检讨，参与修《明史》，康熙二十二年（1683年）告老归家。他在六首烟字韵诗中将侍女点烟，小妾嫣然含吐、心有所思的吸烟场景写得如诗如画，使人心绪绵绕、颇为神往：

"起卷珠帘怯晓寒，侍儿吹火镜台前。朝云暮雨寻常事，又化巫山一段烟。"

"乌丝一缕赛香荃，细口樱桃红欲然。生小妆楼谁教得，前身合是步非烟。"

"剪结同心花可怜，玉唇含吐亦嫣然。分明楼上吹箫女，彩凤声中引紫烟。"

"天生小草醉婵娟，低晕春山髻半偏。还倩檀郎轻约住，只愁紫玉不如烟。"

"斗帐熏篝薄雪天，泥郎同醉伴郎眠。殷勤寄信天台女，莫种桃花只种烟。"

"彤管题残银管燃，香奁破尽薛涛笺。更教婢学夫人惯，伏侍云翘有袅烟。"[279]

厉鹗（1692—1752年），字太鸿，又字雄飞，号樊榭等，钱塘（今浙江杭州）人，清代著名诗人、学者，浙西词派中坚人物。康熙五十九年举人，屡试进士不第，乾隆初举鸿博，爱山水，尤工诗，擅南宋诸家之胜。当时，烟草非常流行，伟男靓女都好抽烟，厉鹗本人更是嗜好烟草，还时常感叹烟草这么好，怎么没有人来作诗题词颂扬呢？闲暇之日，他自告奋勇，填了一首描写淑女抽烟的词《天香》以传颂烟草：

"烟草，《神农经》不载，出于明季，自闽海外之吕宋国移种中土，名淡巴菰，又名金丝薰，见姚旅《露书》。食之之法，细切如缕，灼以管而吸之，令人如醉，祛寒破寂，风味在麹生之外。今日伟男髫女无人不嗜，而予好之尤至，恨题味者少，令异卉之湮郁也。暇日斐然命笔，传诸好事。

"瀛屿沙空，星槎翠剪，耕龙罢种瑶草。秋叶频翻，春丝细吐，寄与绣囊函小。荷筒漫试，正一点、温馨相恼。才近朱樱破处，堪怜蕙风初袅。　娇寒战回料峭。胜槟榔、为销残饱。旅枕半敧熏透，梦阑人悄。几缕巫云尚在，溅唾袖、余花未忘了。唤剔春灯，暗萦醉抱。"[280]

杨守知（1669—1730年），浙江海宁人，字次也，号致轩，康熙三十九年（1700年）进士，历官至平凉知府，后因故罢官，又被荐为中河通判，著有《致轩集》。杨守知也是一位喜欢享用烟草的人，他在一首描写淑女抽烟的竹枝词中，把妙龄美女拿出烟袋装烟点火、抽烟吐烟的曼妙身姿描述得惟妙惟肖。这首诗被袁枚收录在《随园诗话》中：

"白石敲光细火红，绣襟私贮小金筒。口中吹出如兰气，侥幸何人在下风？"[281]

董伟业，清诗人，字耻夫，号爱江，自号"董竹枝"，辽宁沈阳人，流寓扬州。乾隆五年（1740），作《扬州竹枝词》九十九首。其中有两首描写了姣童和女子骄奢淫逸、纸醉金迷，抽"过口烟"的情景。这两首诗收录于袁枚《随园诗话·补遗》：

"不惜千金买姣童，口含烟奉主人翁。看他

呼吸关情甚，步步相随云雾中。"

"宝奁数得买花钱，象管雕镀估十千。近日高唐增妄梦，为云为雨复为烟。"[282]

（二）普通民众用烟

这一时期典籍除了介绍烟草的功效外，有的也介绍了民间人士吸烟情形，甚至还记载了吸烟误事、惹祸的情形。例如：

赵吉士（1628—1706年），康熙七年（1668年）授交城知县。在镇压交山农民起义时，他是主要策划者和指挥者，因此擢升户部山西清吏司主事，后历河南司、四川司主事。康熙二十年（1681年），奉使征扬州关钞，二十五年受康熙皇帝面试，擢户科给事中。康熙四十五年（1706年）二月，卒于北京。其《寄园寄所寄》引用了《怡曝堂集》关于烟草的著述，讲述了烟草面临的争议和受欢迎程度，也提到烟草当时广受闺阁佳丽欢迎，烟草的养生功能比茶好，味道也比酒更好：

"烟酒不知所自，或曰仙草疗百疾，或曰能枯肠染疫，然鹜之如市，顷刻不去手。闺阁佳丽，亦以此为餐香茹柏，功盛于茶，味逾于酒，未有识其故者。"[283]

张岱（1597—1680年），又名维城，浙江山阴（今浙江绍兴）人，晚明文学家、史学家。他在《陶庵梦忆补》中记录了大街小巷摆满烟桌的抽烟盛景：

"崇祯戊寅（1638年）至苏州，见白兔，异之。及抵武林，金知县汝砺宦福建，携白兔二十余只归。己卯（1639年）、庚辰（1640年），杭州遍城市皆白兔，越中生育至百至千，此兽妖也。余少时不识烟草为何物，十年之内，老壮童稚妇人女子无不吃烟，大街小巷尽摆烟桌，此草妖也。妇人不知何故，一年之内都着对襟衫、戴昭君套，此服妖也。庚辰冬底，燕客家琴砖十余块，结冰花如牡丹、芍药花瓣，枝叶如绣如绘，间有人物鸟兽，奇形怪状，十余砖底面皆满。燕客迎余看，至三日不消。此冰妖也。燕客误认为祥瑞，作《冰花赋》，檄友人作诗咏之。"[285]

程正揆（1604—1676 年），曾任翰林院编修，甲申年（1644 年）三月携家眷离北京去往南京的途中，在沧州遇到水贼抢劫，在搜索无果的情况下，家人招待其吃烟后才离开，《遇变纪略》记载了此事：

"行二日，见船，有敝衣，乃向所识为记者，泊对岸；命贵招之，果然。因入舟，止见家属之半。仆具述分别时，止觅二小舟载之。行至老君堂，忽遇三四贼，舟中人悉赴水逃，惟妾三人匿板下，二子二女坐舱中。贼登舟，便执舟妇，问程翰林何在。妇对非是，不知。以刀加颈欲砍之，妇曰：岂有揽官载无人口行李者乎？贼周视无所有，觅火吃烟方去。盖贼拷问予亲戚之仆得实而来，向使举手启板或儿啼叫，即无噍类。幸而获免，天乎人与！当夜得脱，即星驰至此；彼一舟不知去向。"[286]

顺治六年（1649 年）六月，有农妇在金水桥放鹅，因抽烟引发军备损毁，相关人员受到严厉惩罚[287]：

"有拜禅妻及广泰家女子赖氏放鹅于金水桥前，坐红衣炮绳堆上吃烟遗火，焚绳三万三千八百余斤，延烧炮车二百余辆，仓房

一百二十余间。刑部审拟：拜禅妻及赖氏，俱应斩；工部官不令人监守绳索，尚书金之俊、侍郎李迎晛、刘昌应各罚银百两，侍郎卢登科、佟国允、启心郎吴达礼应各罚银百两；革一拜他喇布勒哈番、理事官星鼐应革考，满所加拜他制布勒哈番折赎；其车辆并绳索价银二千三十余两，应令尚书金之俊等赔补；启心郎孙代、张朝珍、理事官高国允、副理事官吴世巴、莫洛浑、敖塞、护星阿、李尚义各罚银五十两。议上。得上口谕，拜禅妻免死，鞭一百，赖氏免死，鞭三十，金之俊、李迎晛、刘昌各罚俸三月，卢登科、佟国允、吴达礼、星鼐、孙代、张朝珍各罚俸六月，高国允等俱从宽免罚。"

徐以升（1694—？），浙江德清人，1723 年进士，历官江西按察使，爱烟之人，所作《淡巴菰赋》描述了当时襄阳妇女、儿童抽烟的情形，被收录于《烟草谱》：

"仙山产灵草，种实繁有徒。一物生岛屿，厥名淡巴菰。传流内地渐滋蔓，地利夺尽千膏腴。斑斓拂拭湘竹管，金丝细採闲吸呼。初如篆烟轻袅袅，百和乍起金香炉。旋如锁囊开两角，腾腾绕屋云模糊。南荣负暄春得酒，辟寒除秽病骨苏。文澜武库借触拨，心源一一开紫纡。舟中马上孤客枕，味无味处还啜铺。芸窗兀坐风雨候，睡魔欲并愁魔驱。女郎近亦弄狡狯，芬芳吐纳含樱珠。白云一片杂兰麝，馥郁时露冰雪肤。襄阳小儿不解事，铜鞮唱罢争时趋。一钱买得恣喷薄，浑如沙雁衔霜芦。何年蓄产此尤物，熏肌入髓无处无。渔洋山人精考核，《露书》载出东南隅。韩公文笔妙天下，癖好亦复同尊壶。品题聊借玉堂隽，

逞妍抽秘争形模。前辈风流愧难继，作歌聊尔充吴歔。"[288]

此外，还有方以智（1611—1671年）在《露书》中记载，"烟草渐传至九边，皆衔长管而点火吞吐之"；阎尔梅（1603—1679年）在《南昌杂咏》中提到"卖花人倚楼船醉，自吸金丝绝品烟"；方孝标（1617—1697年）在其《吃烟》诗中形容"革囊铜管偕刀鞘，已见吹嘘遍九州"[279]。这些典籍都反映了17世纪烟草在中国的传播已经非常广泛，受到了各阶层人民的广泛欢迎。从烟草的传播规律看，这些文献还存在一些缺陷，主要是讲述17世纪沿海省区或者靠近沿海省区的民众吸烟情景，而对17世纪早期已经形成烟草规模种植的山西、青海、甘肃等西北、西南内陆地区的民众使用烟草情况记载不多。

三、关于烟具、烟草商业价值以及新烟草制品的典籍

（一）关于烟具

17世纪人们对烟具的关注也表明烟草的普及程度在不断提高，一些文人雅士诗词中开始出现有关烟斗的内容。

吴伟业（1609—1672年），号梅村，明崇祯四年（1631年）进士，曾任翰林院编修、左庶子等职，清顺治十年（1653年）被迫应诏北上，次年被授予秘书院侍讲之职，后升国子监祭酒，顺治十三年底，以奉嗣母之丧为由乞假南归，此后不复出仕。他是明末清初著名诗人，与钱谦益、龚鼎孳并称"江左三大家"，又为娄东诗派开创者。

其《梅村家藏稿》提及的"金博山"，应是代指抽烟时使用的烟斗。博山炉又叫博山香炉、博山熏炉等，是汉晋以来民间常见的焚香器具，有的遍体饰云气花纹，有的鎏金或金银错，装饰极为华丽精美。诗人用金博山来类比烟斗，也说明吴伟业所用烟斗华贵（明清时期，文人常用博山、金博山来代指烟斗）：

"含香吐圣火，碧缕生微烟。知郎心肠热，口是金博山。"[289]

许虬，生卒年不详（1618？—1675年？），清康熙初前后在世，顺治八年（1651年）举人，顺治十五年（1658年）二甲第三十四名进士，授贵州思州府推官，康熙五年（1666年）升思南府知府，八年（1669年）丁艰（即丁忧，守孝），离任；十九年（1680年）授湖南永州府知府，二十二年（1683年）离任，之后未再任官，卒年不详。其所写的一首七律诗，描写了诗人骑在骏马之上，手握配饰烟囊的旱烟袋抽烟御寒的情形：

"寒镫吐藁（同蕊）客苍茫，手簇金丝佩一囊。水陆味空诸品错，清轻暖入九回肠。杯闲竹叶还同醉，笛散梅花岂向阳。眠食年来随地起，借他马上御风霜。"[290]

陈章（1696—1760年），字授衣，号绂斋，别号竹町居士，浙江钱塘人，乾隆乙酉进士，曾任镇安知府。他是活跃于扬州、杭州的著名诗人，善楷书，侨寓扬州时为一时名士领袖。其词《天香》描写了制作烟袋、抽烟待客、排遣寂寞、辟寒等情形，被《烟草谱》收录：

"湘箔排干，并刀缕腻，鹅儿嫩羽盈把。曲

项镂金，通中截管，石火星星迸乍。疏帘雾袅，正樱颗，吹嘘兰麝。谁道萦怀绾抱，花阴暗香相惹。 移根自来海汉。种春风、遍依田舍。便少论功仙录，浣愁堪借。客到茶瓯未泛，领舌本、芳辛漫闲话。更忆销寒，孤篷雪夜。"[291]

（二）烟草的商业价值

烟草作为一种药物和日常消耗品，其经济价值一直以来都受到经营者的重视。与一般粮食作物相比，烟草具有较高的商品价值。例如，叶梦珠在《阅世编》中提及：

"顺治初（1644 年），军中莫不用烟，一时贩者辐辏，种者复广，获利亦倍。"[292]

康熙三十年（1691 年）进士张翔凤在其《种烟行》中也提道：

"种烟之利与禾殊。种禾只收利三倍，种烟还获十倍租。"[293]

正是因为具有较高的比较收益，明末清初，除了属地农民大量种植烟草外，一些背井离乡的棚民也选择种烟为生：

"闽督满保疏言：闽、浙两省棚民，以种麻、种烟、造纸、烧炭、煽铁等项为业，奸良不一，令地邻出结，五棚长连环互结。"[294]

同时，在边关苦寒地区，烟草作为一种药物，商品价值更高。《蚓庵琐语》记载，崇祯末年关外人到内地交换烟草：

"边上人寒疾，非此不治。关外人至，以匹马易烟一斤。"[264]

方式济（1678—1720 年），字渥源，安徽桐城人（今桐城市区人），康熙四十八年（1709

年）进士，授内阁中书。因《南山集》案，全家被牵连，方式济和父亲方登峄等四人被贬谪到黑龙江卜魁城（今齐齐哈尔）。其介绍边荒沿革、传闻异辞尤其是黑龙江地区轶事的《龙沙纪略》中提及当地烟草交易情况（1715 年左右）：

"俄罗斯居有城屋，以板为瓦，廊庑隆起层叠，望之如西洋图画。耕以马，不以牛。牛千百为群，放于野。欲食牛，则射而仆之，曳以归边。卒携一缣，值三四金者，易二马。烟草三四斤，易一牛。秋尽，俄罗斯来互市，或百人，或六七十人。一官统之，宿江之西。官居毡幕，植二旗于门。秃袖方领，冠高尺许，顶方而约其下，行坐有兵卒监之。所携马牛、皮毛、玻璃、佩刀之类，易缣布、烟草、姜椒、糖饴诸物以去。"[295]

（三）烟草税收

康熙年间，户部做了烟草征税规定：

"康熙十九年（1680 年），奉户部文征收烟税，每斤二厘；二十二年十一月奉文停止，历年当税俱系盛京户部征收。"[296]

（四）关于新型烟草制品——鼻烟

在 16 世纪烟草引入中国之初，人们主要用旱烟袋抽烟，1558 年之前，人们开始尝试用水烟筒抽烟。王士禛在《香祖笔记》中记载了京师出现的鼻烟制作，这是目前最早可查、明确提及鼻烟的文献记载：

"吕宋国所产烟草，本名淡巴菰，又名金丝薰，余既详之前卷，近京师又有制为鼻烟者，云可明目，尤有辟疫之功，以玻璃为瓶贮之。瓶之形象，种种不一，颜色亦具红紫黄白黑绿诸色，白如水晶，红如火齐，极可爱玩。以象齿为匙，就鼻嗅之，还纳于瓶。皆内府制造，民间亦或仿而为之，终不及。"[297]

同一时期的刘廷玑（1653—1715年）在其《在园杂志》"烟草"条中也提到：

"更有鼻烟一种，以烟杂香物花露，研细末嗅入鼻中，可以驱寒冷，治头眩，开鼻塞，毋烦烟火，其品高逸，然不似烟草之广且众也。"[18]

到了18世纪，鼻烟之风更为盛行。雍正三年（1725年）西洋意达里亚国教化王伯纳第多，向乾隆皇帝供奉

"鼻烟罐一对、各色玻璃鼻烟壶十二、各宝员球八十二、各宝鼻烟壶十六……镶牙片鼻烟盒十一、银花素鼻烟盒一对……玛瑙鼻烟壶一……鼻烟五十罐"[298]。

四、关于烟草疗效的新著述

在《景岳全书》对烟草的功效进行了系统阐述之后，烟草普及阶段，医生们仍然对烟草的药用属性进行持续探索、研究，对烟草功效的认识更为全面，在这方面有五部医书最为突出：

一是《本草洞诠》。清朝医学家沈穆（字石匏，生卒年不详）在其编著的《本草洞诠》[初刻于清顺治十八年（1661年）]中总结了烟草的四大功能，并解释烟草具备这些功能的原理，也指出了烟草使用禁忌：

"烟草，一名相思草，言人食之则时时思想，不能离也，味辛，气温，有毒。治寒湿痹，消胸中痞膈痰塞，开经络结滞。人之肠胃筋脉，惟喜通畅，烟气入口，直循胃脉而行，自内达外，四肢百骸无所不到。其功有四：一曰醒能使之醉，盖火气熏蒸，表里皆彻，若饮酒然；二曰醉能使之醒，盖酒后啜之，宽气下痰，余醒顿解；三曰饥能使之饱；四曰饱能使之饥。盖空腹食之，充然气盛如饱；饱后食之，则饮食快然易消。人遂以之代酒代茗，终日食之而不厌也。

"然人之宗气，一呼脉行三寸，一吸脉行三寸，昼夜一万三千五百息，五十周于身，脉行八百一十丈，此自然之节度也；脏腑经络，皆禀气于胃，烟入胃中，顷刻而周于身，不循常度而有驶疾之势，是以气道顿开，通体俱快。然火与元气不两立，一胜则一负，人之元气当堪此邪火终日熏灼乎？势必真气日衰，阴血日涸，暗损天年，人不觉耳。凡病内痞外痹者，借其开通之力，驱除寒混痰滞，亦有殊功。若阴虚有火者得之，是益之焰矣。戒之。

"按：本草肇于《神农本经》三百六十种，历代名贤各有增益，至明万历间，蕲州李东璧（李时珍）著《纲目》一书，广之为一千八百九十二种而大备矣，然尚未载烟草，迄今则为日用不离之物。盖天地之生物不穷，生人之用物亦无穷，学者之格物又宁有穷耶？"[299]

二是《本草备要》。汪昂（1615—1694年），字讱庵，初名恒，安徽休宁县城西门人，曾中秀才，因家庭贫寒，遂弃举业，立志学医。他苦攻古代医著，结合临床实践，经过三十年的探索研究，选择临床常用药460种，以药性病情互相阐发，论述扼要，编撰成《本草备要》。此书特别新增的烟草条中，除了精练概括《本草洞诠》对烟草的

论述外，还总结出福建所产烟草医疗效果最好，水烟袋过滤烟气之水能解蛇毒：

"烟草（新增）：宣，行气，辟寒，辛温，有毒。治风寒湿痹，滞气停痰，山岚瘴雾。其气入口，不循常度，顷刻而周一身，令人通体俱快，醒能使醉，醉能使醒，饥能使饱，饱能使饥。人以代酒代茗，终身不厌（故一名相思草）。然火气熏灼，耗血损年，人自不觉耳。闽产者佳（烟筒中水，能解蛇毒）。"[300]

三是《本经逢原》。著名医家张璐（1617—1700年），字路玉，号石顽，清代苏州人，早年学儒，明末战乱，隐居于洞庭山中，潜心钻研医术，以著书自娱，至老不倦。《本经逢原》是一部大型临床诊治全书，张璐精心编著，岁历五甲，稿凡十易，审阅者达六十余人，成书于清康熙三十四年（1695年）。该书火部论述诸火的特性，专门论述了烟草之火，提及烟草有明目之功效，介绍了解烟毒、去除烟油的方法：

"至于烟草之火，方书不录，惟《朝鲜志》见之，始自闽人吸以祛瘴，向后北人借以辟寒，今则遍行寰宇，岂知毒草之气，熏灼脏腑，游行经络，能无壮火散气之虑乎？近日目科内障丸中，间有用之获效者，取其辛温散冷积之翳也。不可与冰片同吸，以火济火，多发烟毒。不可以藤点吸，恐其有蛇虺之毒也。吸烟之后，慎不得饮火酒，能引火气熏灼脏腑也。又久受烟毒而肺胃不清者，以砂糖汤解之。烟筒中脂污衣上，涤之不去，惟嚼西瓜仁揉之即净，其涤除痰垢之力可知也。世以瓜子仁生痰，不亦谬乎。"[301]

四是《药性切用》。徐大椿（1693—1771年），

原名大业，字灵胎，号洄溪，江苏吴江人（今苏州市吴江区），性通敏，喜豪辩，天文、地理、音律、技击等无不通晓，尤精于医，著有《医学源流论》《论伤寒类方》等。其所著《药性切用》对烟草的药性进行了论述，认为抽烟虽有益处，但损耗元气，不适宜养生：

"烟草：一名相思草。性味辛温，入口而顷刻能周一身；令人胸次爽快，辟秽御瘴。然过嗜则气灼人，耗血损元，养生家宜远之。"[302]

五是《本草从新》。吴仪洛（1704—1766年），著名医学家、藏书家，浙江海盐澉浦人，名医世家出身，精研医学并以行医为业，有盛名。先世藏书甚富，且多海内稀见医书，曾游湖北、广东、河北、河南等地，入天一阁苦读医籍。行医四十年，著《本草从新》，对汪昂《本草备要》承误之处逐一增改，并补入药草近三百种，冬虫夏草、太子参等药均系此书首载。在该书中，他将烟草归入毒草类，还介绍了烟草民俗、产地等信息：

"烟：宣、辟秽杀虫、辛温，宣阳气，行经络，治山岚瘴气、寒湿阴邪（明时征滇，深入瘴地，军中皆染病，独一营以服烟得免，由是遍传远迩，人皆服之矣）。辟秽杀虫（捣汁可毒头虱，烟筒中水能解蛇毒），其气入口，顷刻而周一身，令人通体俱快（其性纯阳，能行能散）。用以代酒代茗，终身不厌（故一名相思草）。然火气熏灼（最烁肺阴。今人患喉风咽痛、嗽血失音之证甚多，未必不由嗜烟所致），耗血损年，卫生者宜远之。闽中产者最佳，质细，名金丝。沈氏《露书》云：吕宋国有草，名淡巴菰，漳州人自海外携来，莆

田亦种之。今处处有之，不独闽矣。”[303]

除了医生们对烟草的医疗作用进行系统论述外，还有许多文人在其著述中记录了烟草的医疗用途，例如孙伟（生于1650年左右）所撰《良朋汇集》（刊于1711年）的验方汇编中记载了治疗刀伤的方法“治金疮，烟末上之”（《良朋汇集》治金疮条），王士禛也在《香祖笔记》中提及烟草可明目，尤有辟疫之功，刘廷玑的《在园杂志》说烟草可以驱寒冷、治头眩、开鼻塞等。

五、关于烟草种植与发展情况

关于17世纪烟草种植发展情况，除了《露书》之外，还有一僧一仕一俗，通过自己的笔墨描述了当时广东、上海等地的烟草种植情形。

释函可（1611—1659年），字祖心，号剩人，俗姓韩，名宗骒，广东博罗人。他是明代最后一位礼部尚书韩日缵长子，明清之际著名诗僧。在《耕烟》一诗中，他描述了广东烟农在收获之际，遇上了秋雨绵绵和牲畜破坏，寄托着生活希望的烟草收获甚微：

“秋雨连绵失所天，又闻鹿豕占余田。可怜生计归黄叶，无奈飘零不值钱。”[304]

王士禛在《香祖笔记》（成书于1702年）中不仅记载了当时各阶层吸烟的盛景，还描述了农民们在农田中大面积种烟，获得厚利的情形。部分引用如下：

“今世公卿士大夫下逮舆隶妇女，无不嗜烟草者，田家种之连畛，颇获厚利。”[305]

叶梦珠（1623—1690年？），上海人［据

其所著《阅世编》，明崇祯七年（1634年）金伯固设塾于上海城南，他前往就读，时年十二岁，可知他生于明天启三年（1623年）；此外，叶梦珠所著《续编绥寇纪略》卷首有康熙二十七年（1688年）自序，而此书中亦有康熙三十几年的纪事，表明他康熙中叶尚在世，由此可以推知他活到了17世纪90年代，享年七十多岁］，所著《阅世编》讲述了小时候关于烟草的见闻：崇祯之际，他的家乡县城才开始烟草种植；由于崇祯禁烟，第一个把烟叶引进县城的还被控罪，差点丢掉性命；到了1644年左右，由于军队抽烟之风鼎盛，价格高昂，人们的种植积极性再一次激发，后来价格下降，人们就极少再种。这是第一篇有关上海烟草种植演变历史的文献：

“烟叶，其初亦出闽中。予幼闻诸先大父云：福建有烟，吸之可以醉人，号曰干酒，然而此地绝无也。崇祯之季（1628—1644年），邑城（县城）有彭姓者，不知其从何所得种，种之于本地，采其叶，阴干之，遂有工其事者，细切为丝，为远客贩去，土人犹未敢尝也。

“后奉上台颁示严禁，谓流寇食之，用辟寒湿，民间不许种植，商贾不得贩卖，违者与通番等罪。彭遂为首告，几致不测，种烟遂绝。顺治初（1644年），军中莫不用烟，一时贩者辐辏，种者复广，获利亦倍。初价每斤一两二三钱，其后已渐减。今价每斤不过一钱二三分，或仅钱许，此地种者鲜矣。”[306]

《江西地方志》（雍正年间）由清谢旻等修、陶成等纂，共一百六十二卷。谢旻字肃斋，江苏武进人，历官太常寺卿、都察院副都御史、江西

巡抚。陶成字企大，号吾庐先生，江西南城人，康熙进士，官翰林院检讨，尝主豫章书院。此志于雍正八年（1730 年）奉谕设局，以康熙末年白潢修《西江志》为蓝本，调析门目，续以十年要政，书中记载了江西烟草种植情况：

> "烟草：各县皆种，而瑞金尤甚，邑人谢重拔作禁种烟议。"[307]

《广东地方志》（雍正年间）由清郝玉麟等监修，鲁曾煜等编纂，共六十四卷。郝玉麟，奉天镶白旗人，官兵部右侍郎兼都察院右副都御史、广东总督。鲁曾煜，浙江人，官翰林院庶吉士。此志为雍正八年（1730 年）郝玉麟承命所辑，次年成书。卷一和卷七中提到，广东、福建地方官常称本地稻米产出不足，仰仗广西供应，广西巡抚韩良辅认为出现这个问题的原因是广东本地重利，将好的土地用于种植甘蔗、烟叶等增加收入：

> "上以广东、福建大吏常称本省产米甚少，不敷民食，广西巡抚韩良辅奏言广东地广人稠，仰给广西之米，广东民人多种龙眼、甘蔗、烟叶、青靛之属，以致逐末者多、务本者少。上因敕两省大吏悉心劝导，务使百姓尽力农事。诏词恭载《典谟志》。"[308]

《恩平县志》（康熙年间），佟世男修、郑轼等纂，全书共十一卷。书中记载：

> "出自交趾，今所在有之。茎高三四尺，叶多细毛，采叶晒干，如金丝色，性最酷烈，取一二厘于竹管内，以口吸之，口鼻出烟，人以之御风湿，徒取一时爽快。然久服目俱黄，肺枯声干，未有不殉身者。"[309]

明末清初记载烟草种植的志书较多，例如康熙年间编著的《诸罗县志》[21] 等，此处不再一一列举。

六、清朝禁烟政策的形成

（一）关于烟草的健康危害争议

在普及阶段烟草发展很快，但随着抽烟群体扩大，一些不适宜抽烟的人在长期使用之后身体出现不适，部分典籍在肯定烟草药用功效的同时，做出了烟草损害健康的论述。

施闰章（1619—1683 年），字尚白，一字屺云，江南宣城（今安徽省宣城市宣州区）人。清顺治六年（1649 年）进士及第，授刑部主事；顺治十三年（1656 年）出任山东学政；顺治十八年（1661 年），出任江西布政司参议，后裁缺归田；康熙十八年（1679 年），应召博学鸿儒科，御试授翰林侍讲，修《明史》；康熙二十二年（1683 年），升转翰林院侍读，充《太宗圣训》纂修官，同年病逝于京斋，享年六十六岁。他在《矩斋杂记》中讲述了烟草有毒的三则事例，其一是他的一位友人因吸烟患病，牙龈溃烂，奇臭难闻，假死后又苏醒过来。但作者又认为，烟草来自国外，经过本土培育后已成为土产，其毒性似乎也全部消失了。其二，山阴人张氏讲述，他犯有便血的疾病，停止抽烟后就好了，但后来偶发，便血的情况更为严重。其三是孟氏家养蜜蜂，旁边有人种了烟草，蜜蜂采烟花之后就很快死去，蜂蜜也变坏了。据此，施闰章认为，烟草不能碰触：

> "一友酷嗜烟，日凡百余吸，已得奇疾，头大如斗，牙龈溃脓升许，秽闻列屋，死而复生。

按烟始来自异域，今所在成熟为土产，其毒似亦全减。山阴张苟仲淑自言犯血下，禁烟而止，后偶犯则血剧。南乡孟氏，家蓄蜜，旁有种烟草者，蜂采其花皆立死，蜜为之坏。以是知烟之为毒，不可向迩。养生家谓'咽津得长生'，故活字从千口水，今灼喉熏肺，以毒火为活计，可乎？"[310]

曹庭栋（1700—1785 年），清代养生家，又称廷栋，浙江嘉善魏塘镇人，乾隆六年（1741 年）举人，享年八十六岁。曹氏著述颇丰，自成一家，养生专著有《老老恒言》（又名《养生随笔》）共五卷，自言其养生之道，其中提到了烟草的危害性、饮食注意事项，并且建议夏天应尽量克制不抽烟：

"烟草，据姚旅《露书》，产吕宋，名淡巴菰《本草》不载，《备要》增入，其说却未明确。愚按：烟草味辛性燥，熏灼耗精粹，其下咽也，肺胃受之，有御寒解雾辟秽消腻之能，一入心窍，便昏昏如醉矣。清晨饮食未入口，宜慎。笃嗜者甚至舌胎黄黑，饮食少味，方书无治法，食猪羊油可愈，润其燥也。有制水烟筒，隔水吸之者；有令人口喷，以口接之者，畏其熏灼，仍难捐弃，故又名'相思草'。《蚓庵琐语》曰：'边上人寒疾，非烟不治，至以匹马易烟一斤。明崇祯癸未，禁民私售。'则烟之能御寒信矣。盛夏自当强制。"[311]

（二）烟草对民生的危害争议

除了健康危害性开始受到关注，烟草种植、使用对民生的影响也开始受到统治阶层关注。由于烟草非生活所必需，站在国计民生角度谈禁烟有其天然的道德优势。但在禁烟可能涉及的社会

稳定、政府税收等现实问题面前，如何禁烟是个难题。皇太极在天聪八年（1634 年）的一次对话中谈到了禁止小民用烟的缘由，就是担心用烟影响其生计，不得已而禁之：

"天聪八年，上谓贝勒萨哈廉曰：闻有不遵烟禁，犹自擅用者。对曰：臣父大贝勒曾言，所以禁众人不禁诸贝勒者，或以我用烟故耳。若欲禁止用烟，当自臣等始。上曰：不然，诸贝勒虽用，小民岂可效之？民间食用诸物，朕何尝加禁耶！又谓固山额真那木泰曰：尔等诸臣在衙门禁止人用烟，至家又私用之，以此推之，凡事俱不可信矣。朕所以禁止用烟者，或有穷乏之家，其仆从皆穷乏无衣，犹买烟自用，故禁之耳。不当禁而禁，汝等自直谏；若以为当禁，汝等何不痛革？不然，外廷私议禁约之非，是以臣谤君，以子谤父也。"[312]

张献忠也认为烟草对民生无益。根据记载，当时在天主教士安文思教习下，官员士绅们都将吸烟作为时尚。乙酉年（1645 年）冬至，张献忠宴请百官，在宴席上官员士绅抽烟不止、谈笑风生，这让他非常不悦。宴会结束，他痛斥抽烟危害，斩杀部分抽烟官员后下达了禁烟之令。任乃强所著《张献忠》对此有过描述：

"这年（乙酉年）冬月初旬便是冬至节。礼部照例修理天坛，请献忠往行郊天大典。在京文武百官相从陪祀者数百人，便在南台寺设宴。那时天主教士安文思，新从本国吕宋输入淡巴菰种子教民试种，并教熏裹吸食之法。一般官吏绅耆倾慕新奇，争相吸食，说是可以长文思，嗜之更甚于茶，称为'吸烟'，出入必以烟草烟袋自随。今日天坛

从宴，入席之初，酒肴未具，便一个个相互点火吸食，以佐清谈。献忠与汪兆麟、王志贤、利类思、安文思坐在首席，安文思取出一支吸着，问献忠道：'陛下可曾吸过烟么？' 献忠道：'我曾试吸两次，觉得辛辣无味，使人失眠，有害无益！' 王志贤道：'凡使人失眠之物，亦能使人精神健旺，并非无利，只是栽培此物颇占田亩，因嗜之者多，烟叶价昂，农人种之者亦多，减少粮食生产，实非国家之利。陛下不吸烟，以示当禁，可谓虑深见远。' 献忠点头道：'咱们见解全合。' 说时酒席已齐，分席饮食，献忠留心看各席官吏，多有连续不断在吸烟的，呼过魏信来，附耳命将吸烟太多之人记下。少时席罢，各官静候献忠入辇，便好散去。献忠却不入辇，命魏信点名，呼上科道各官十五人。各官不知为了何事，一排跪下。献忠却不发言，只命取两支烟来，与安文思徐徐吸食。众官跪立在侧，不敢作声。献忠吸过一支，又吸一支。两支吸完，方才跃起骂道：'谁说吸烟能长精神，我只觉得它妨碍办事！今日试来，果是不差。你等吸烟成癖，损精神便是负天，占农田便是负地，耗工力便是负人。一概拉去杀了，以谢天地。其余吸烟之人，立限戒绝，农田禁种，违者以此为例！' 说罢，命禁军用刑，转身入辇而去。把个安教士骇得呆若木鸡，经利类思与王志贤多方安慰，始得清醒过来，步行回寺。从此戒去吸烟，劝人勿种。" [313]

在农本思想下，人们广泛种植烟草这种经济作物对粮食生产的影响也开始受到关注，引起了部分官员批判，具有代表性的官员有张翔凤、查慎行等。

张翔凤，四川富顺人，康熙三十年（1691 年）进士。他在《种烟行》中呼吁农民不要羡慕那些种烟的人，安心务本：

"闽团手携三尺锄，囊里几粒淡巴菰。逢人说烟鼓咙胡，一筒抵得酒一壶。亦不饮食筋骨舒，种烟之利与禾殊。种禾只收利三倍，种烟还获十倍租。沙田种烟烟叶瘦，山田种烟烟味枯。根长全赖地肥力，气厚半借土膏腴。越人嗜烟如嗜鼠，宁可朝爨缺不厨。黠者招团充力作，上田百亩种九区。可怜力薄苗叶短，不似烟叶高扶疏。憎苗爱烟户相告，老农傍睨欲色瘅。吁嗟老农勿健羡，此物鸩毒奇莫居。食多积日烦剽杀，肝肾焦灼劳医巫。弃灰往往成失火，焚烧庐舍殃池鱼。我闻前明有厉禁，稍因瘴卒宽其诛。无米令人俱饿死，无烟岂遂伤毛肤。昔年眼见鬻烟贾，掘田筑室穿清渠。此来米价真大贵，里中恶少攫肉乌。太仓掬米一掬珠，陈爨争啖如花猪。种烟利厚趋者众，有田不稼将何如！" [314]

查慎行（1650—1727 年），字夏重，后改名慎行，杭州府海宁花溪（今袁花镇）人，清代诗人、文学家。康熙三十二年（1693 年）中举，康熙四十二年（1703 年）赴殿试，赐进士出身，授翰林院编修，供职于南书房，后从军西南，随驾东北，所到之处均有所作。康熙五十二年（1713 年），乞休归里，筑初白庵以居，潜心著述。在《自汶上至济宁田间多种蓝及烟草》五言律诗中，他表达了对烟草种植可能带来的民生问题感到忧心：

"本业抛农务，群情逐贸迁。刘蓝初用染，屑草半为烟。树艺非嘉种，膏腴等废田。家家坐艰食，那得屡丰年。" [315]

随着烟草种植规模的扩大，是否禁止烟草种植也引起了清朝统治者雍正皇帝的关注。虽然他也是烟草爱好者，然而出于民生考虑，还是在雍正五年（1727 年）就烟草的种植问题做出谕示，提出要引导和教化农民自觉放弃种烟改种粮食作物，但反对强禁：

"米谷为养命之宝，既赖之以生则当加意爱惜。至于烟叶一种，于人生日用毫无裨益，而种植必择肥饶善地，尤为妨农之甚者也。惟在有司谆切劝谕，俾小民醒悟，知稼穑为身命之所系，非此不能生活，而其他皆不足恃，则群情踊跃，皆尽力于南亩矣。" [316]

虽然雍正皇帝对民间种烟采取了宽容的态度，但一些地方官员在政策执行上出现了偏差，一些引导措施损害了农民利益，他在雍正七年（1729 年）又对此下达了新的旨意进行纠偏，并对这些错误行为进行了严肃批评：

"又如民间向来多将膏腴之壤栽烟果以图重利，朕虑其抛荒农务，谕令有司善为劝导，使知务本，谕旨甚明，并非迫令一时改业也。今闻有将民间已种之烟叶竟行拔去者，此时既不能树艺五谷，而已种又复弃置，岂不农末两失，大负朕爱养百姓之初心耶？朕所降谕旨明白周详，而奉行者如此舛错，皆系愚劣官员不能领会，且远乡僻壤之地未曾晓谕周知。此皆地方疏忽之咎，着将此谕旨遍传直省，务使远乡僻壤咸共知之。"

（三）清朝控烟政策的形成脉络

烟草导致了种种争议，在如何正确对待控烟这一问题上，乾隆时期的一场朝野争议最终确定了延续至今的烟草政策。

方苞（1668—1749 年），字灵皋，号望溪，安徽桐城人，经历了康、雍、乾三朝，为官三十余年，前十年做皇帝的文学侍从，中间十年充武英殿修书总裁，后十年任翰林院侍讲、内阁学士兼礼部侍郎等职。方苞主张儒家伦理纲常，民间种烟一事自然成为他关心的问题之一。当时吸烟之风已不可遏止，这同封建社会传统的"强本抑末"思想格格不入。乾隆登基以后，这位三朝元老抓住时机上了一道《请定经制札子》奏疏，向皇帝提出禁止种烟和烧酒、扩种粮棉以利百姓衣食等建议，此后还上了一道更为严厉的禁烟禁酒奏疏。由于篇幅较长，本书只摘取第一道奏疏《请定经制札子》前半部分：

"伏惟我皇上御极以来，发政施仁，敦典明教，无一不本于至诚恻怛之心；用此期岁之中，四海喁喁，向风怀德，人心之感动，未有过于斯时者也。但土不加广，而生齿日繁，游民甚众，侈俗相沿，生计艰难，积成匮乏。欲其衣食滋殖、家给人足，非洞悉其根源，矫革敝俗、建设长利，而摩以岁月之深，未易致此。

"臣闻三王之世，国无九年之蓄，曰不足；无六年之蓄，曰急下。逮六国纷争，且战且耕，犹各粟支数年。汉唐以后岁一不熟，民皆狼顾，犹幸海内为一，挹彼注兹，暂救时日。然每遇大祲连歉，君臣瞠目而困于无策者，比比然矣。盖由先王经世之大法坠失无遗，故生民衣食之源日消月削而不自知也。孔子见卫国之庶，首曰富之；孟子谓圣人治天下，使有菽粟如水火。至圣大贤岂肯漫为游言，以欺当时而惑后世哉！

"臣尝通计食货丰耗之源，详思古今政俗之异，窃见民生所以日就匮乏之由实有数端，矫而正之即渐致阜丰之本。但人情狃于所习，立法之始必多为异说以相阻挠。愚民无知，亦未必皆以为便。而断而行之，三年以后饥寒之民可渐少，十年以后中家资聚渐饶，二十年以后则家给人足而仁让可兴矣。

"臣伏见我皇上忧民之切、体道之诚，毛举一二事之利弊未足以辅盛治，故竭愚忱，陈积渐足民之法，分条叙列，伏候圣裁。

"臣闻古之治天下，至纤至悉也，故蓄积足恃，盖必通计天地生物之多少与用之之分数，而后民生可得而厚也。民以食为天，而耗谷之最多、流祸之最甚者莫如酒，故周公之法天下无私酒，即官亦不得擅作，必有事而后授酒材，所谓事酒是也。民闲祭祀，冠昏老疾所用，则乡遂之吏主为之，而小司徒掌饮食之禁令，又特设萍氏之官，以几酒谨。酒其严如此，汉法三人无故饮酒罚黄金一镪，文景诏书于酒醪糜谷，盖谆谆焉。至明洪武，务绝其源，遂禁民种糯，及明中叶，烧酒盛行，诸谷皆为所耗，至于今未之能革也。窃计天下沃饶人聚之地，饮酒者常十人而五，与瘠土贫民相校，以最少为率，四人而饮酒者一人，其量以中人为率，一日之饮必耗二日所食之谷也。若能坚明酒禁，是两年所积即可通给天下一年之食也。其藏富于民，较古耕九余三之数，而更益其半焉。但民愚无知，一旦尽用《周官》之法，不无骇诧。若先严烧酒之禁，而他酒仍听其作，盖西北五省烧酒之坊，本大者分锅叠烧，每岁耗谷二三千石，本小者亦二三百石，烧坊多者，每县

至百余，其余三斗五斗之谷，则比户能烧。即专计城镇之坊，大小相折，以县四十为率，每岁耗谷已千数百万石。北方平壤，无塘堰以资灌溉，生谷之数本少，且舟楫鲜通，猝有荒歉，输运艰难，而可使岁耗千数百万石之谷哉！自圣祖仁皇帝以来，无岁不诏禁烧锅，而终不可禁者，以门关之税不除，烧曲之造、市肆之沽不禁，故众视为具文。禁示每下，胥吏转因缘以为奸利，不过使酒价益腾，沽者之耗财愈甚耳。禁之之法，必先禁烧曲兼除门关之税，毁其烧具；已烧之酒，勒限自卖；已造之曲，报官注册；逾限而私藏烧曲、烧具，市有烧酒者，以世宗宪皇帝所定造赌具之罚治之；县官降调不准级抵，特下明诏，严敕天下，督抚责成守令，则其弊立除矣。其为异说以相挠沮者，约有数端，必曰除天下门关酒税，则岁不下十数万。不知专除烧酒之税，未必如是之多，即果如是之多，但能使菽粟陈因、水旱无忧，则所省赈荒之库帑仓储亦不少矣。或曰口外军前，严冬冱寒，非此难御。其然则弛禁于口外，内地已造之曲许领官批，运至口外自卖尽而止，口外所造曲酒则不许入塞。如此则耗谷无多，而用亦不缺矣。或曰一旦行此，则失业者多。不知烧酒非担私盐比也，贫民朝不保夕，尽禁私盐将而为盗贼。若烧酒之坊，则非中家以上不能办也，烧具虽毁，锡铁木材仍可他用，其资本可别为懋迁，何伤于其人之生计哉？或曰烧酒虽断，彼改造他酒，谷仍不能无耗。不知他酒非富民不能家造，非多本者不能成坊，苟失其法，则味败而本折，故业此者稀。又其价高，贫民并数日之资不能一醉，则久而自止矣。烧酒尽断，则西北五省，

岁存谷千余万石，东南十省以半为率，亦千余万石。即造他酒者较多，所耗不过十之一二耳。《周官》之法，不耕者祭无盛，不树者不椁，不绩者不衰。周公当重熙累洽、年谷顺成之日，而使天下有祭无盛、葬无椁、丧无衰者，岂故欲拂人之情哉，不如此不足以齐众阜财而使长得其乐利也，而况酒之耗民财、夺民食，废时而失事者乎？且隶卒贫民于烧酒，尤便因此起争斗、兴狱讼，甚且相杀伤，载在秋审之册者十常二三，而可无重禁乎？自古矫弊立法，创始最艰，而在今日则甚易。盖我皇上爱民忧民之实心、恤民之实政，深山穷谷老稚男女无不感动，则令出而民无所疑，自非凶顽下愚不敢犯也。变通《周官》汉明之法而尽用之，真可使菽粟如水火，然治教必积渐以兴符节，然不可以先时而发。故臣亦未敢豫陈，伏乞敕下门关，核查三年内烧酒及其曲税，实数报部以凭定议。

"臣闻善富天下者，取财于天地，而愚民所习而不察者，夺农家上腴之田，耗衣食急需之费，未有如烟者也。民用之最切者莫如盐，丁男匹妇食盐之费日不及一钱，而弱女稚男之烟费则倍之，自通都大邑以及穷乡下户，老少男女无不以烟相矜诩，由是种烟之利独厚，视百蔬则倍之，视五谷则三之。以臣所目见，江南、山东、直隶上腴之地无不种烟，而耳闻于他省者亦如之。又种烟之后更种蔬谷，皆苦恶不可食，败国土而耗民财，视酒尤甚焉。而禁之则甚易，限期示禁，凡种烟者以其地入官，别给贫民耕种，罚及左右邻，有司失察者降调，则立可断矣。但闻塞外军前苦寒之地，岭南瘴疠之乡，行旅风雪之晨，烟亦有小补焉，若诏定经制，塞外弛禁，惟不许入塞，各省、

郡、州、县城内地亦得种烟，则以御瘴疬、资行旅，有余裕矣。城以外尺土寸壤皆植五谷百蔬，通计海内岁增谷亦不下千余万石，则虽烟税国所损什一而民所益千百，月计不足而岁计有余矣。伏乞敕下门关，核查烟税报部，以凭定议。"[318]

方苞的举动让大臣们议论纷纷，因为"所见不同，各为一议"，此议案被发往各省督抚，朝廷内又召集"九卿会议"，持异议者十有七八。因为在当时，吸烟饮酒早已成为社会风气，许多朝廷重臣也有此嗜好，反对方苞的主张理所当然。乾隆皇帝虽不吸旱烟，但嗜好鼻烟，真推行禁烟之策，上行下效，可能也不会有效果，犹豫不决之下只能将该奏疏交与大学士等密议。而对方苞禁酒一策，乾隆则认为可行，并御批"永禁烧酒"，且在一些省份实施，导致出现的混乱局面而引起各地督抚们忧虑。

乾隆五年（1740年），方苞再次就禁绝烟酒上疏乾隆皇帝，即《请禁烧酒种烟札》（第三札子），提出了更加严厉的政策建议。在禁酒之祸还在蔓延的情况下，再来禁烟之乱，彻底惹恼了地方督抚，他们纷纷上疏反对方苞的禁烟政策，有的甚至直接指出禁烟之策完全是"空言不适于事"。其中，直隶总督孙嘉淦在乾隆五年所上的《禁酒情形疏》最具代表性，也最直言不讳。他根据直隶地区因严格禁酒出现的社会问题推及禁烟：

"直隶总督孙嘉淦奏：禁止烧锅，侍郎方苞又申前议，且谓直隶山东现今奉行，未闻民以为病，欲将南北各省俱行禁止，并欲禁止种烟。经大学士等议覆，无论丰年，各省一体通行严禁。即宣化之苦高粱、山陕之枣柿葡萄等物，亦不许

复用酿酒。种烟之地,自乾隆四年为始,悉令改种蔬谷。种烟之人,照私开烧锅例治罪。

"臣阅邸抄,中心骇惧。即以直隶而论,前督臣李卫任内,一年挐获烧锅酒曲三百六十四起,人犯一千四百四十八名。臣抵任一月,挐获私烧运贩七十八起,人犯三百五十五名,凡此特申报总督备门者耳,各府州县自结之案,尚不知凡几;特挐报在官者耳,吏役兵丁已挐而贿纵得规礼而不挐者,尚不知凡几;特酒犯之正身耳,本地之乡保邻甲,沿途之脚夫店家,牵连而受累者,又不知凡几。一省如是,别省可知。酒禁如是,烟禁可知。

"烟酒之禁果行,四海之内,一年之间,其犯法之人、破产之家,不可数计矣。以饮食之故,举万千无罪之人,驱而纳之桁杨捶楚之下,果欲建万世之长策,致吾君于尧舜,似不应为此言也!现今直隶大小衙门,皆有封贮之酒与酒及器具变价之银。未变之酒,弃之则可惜,贮之则无用,卖之则失体;已变之银,或欲以赏兵役,或欲以修衙署,或欲以充公费,官吏兵役,虎视眈眈。以挐酒为利弊,百姓嗷嗷,弱者失业,强者犯令,十百成群,肩挑负背。盐枭未靖,酒枭又起。山东之事,臣不详知,直隶情形,则所目睹。

"若谓烟酒可以永禁,而百姓因此感悦,臣实不敢为此饰说也。夫天下事,为之而后知,履之而后难。从前禁酒禁曲之议,不惟大学士九卿等俱属纸上空谈,即臣言宜于歉岁、不宜于丰年,犹是书生之谬论。身亲办理,逐案发落,乃知夺民之资财而狼藉之,毁民之肌肤而敲扑之,取民之生计而禁锢之,饥馑之余,民无固志,失业既众,何事不为?则歉岁之难禁,似更甚于丰年。《周礼》荒政,舍禁去几,有由然也。《书》曰无稽之言勿听,谓立言而必有事以证之也。今大学士及方苞等所议,皆系空言,不适于事,臣不敢复以空言指驳。谨将直隶烧锅酒曲一切案件,撮其条目,缮呈御览。此则信而有征之事,非臣所能臆造也。" [319]

乾隆皇帝在阅读了这一奏疏之后,降旨孙嘉淦,认为禁烟酒之事关系国体,他会斟酌考虑,不会仓促行事。如何处理种烟之事,以方苞为代表的朝臣们建议严禁,而以孙嘉淦为代表的封疆大吏们则认为,禁烟酒之议完全是书生之见,不仅殃民而且祸国,但后者也没提出好的建议,乾隆皇帝夹在两派之间左右为难。乾隆八年(1743年),江西巡抚(这个地方也是种烟大省)陈宏谋(1696—1771年)给乾隆上了一道奏疏,称:

"今日之耗农功而妨地利者,莫如种烟一事。乾隆元年,学士方苞曾条奏请禁,部议不准,臣详绎部驳,一则以已经种烟之地,再种蔬谷,苦恶难食,徒成弃壤;一则以种少烟贵,偷种者多,犯法者众;一则以烟地入官,罚及邻右,牵连滋扰。今谨筹禁止之法,城内仍许种烟,城外及各乡,概不许种。如有种者,责成乡保报官,将烟草入官。若云御瘴气风寒,自明代以来,未见尽为瘴病风寒所侵。即今不吃烟者,未尝不入瘴乡,其非必不可少之物明甚。但已种之烟,全令拔除,未免失业。请豫行晓谕,以甲子年(1744年)为始,令地方官通行禁止等语。查民间种烟事,废可耕之地,营无益以妨农功,向来原有例禁。无如积习相沿,日以滋甚,如直隶、山东、江西、湖广、福建等省,种植尤多,陇亩相望,谷土日耗。且种烟之地,多系肥饶,诚令改种蔬谷,则自八月收烟后,至来岁春，相隔半载，土气已复，并无不宜蔬谷之处。如或以不种则失业，改种则利轻，又当知烟无关于饥饱，原不必论其贵贱，自应禁止。惟城堡内闲隙之地，听其种植；城外则近城畸零菜圃，亦不必示禁；其野外土田阡陌相连之处，概不许种。" [320]

这道奏疏一开始就旗帜鲜明地拥护禁烟措施，然后提出了如何疏导民间种烟。这不仅满足了禁烟道德诉求，也能解决烟草供应后顾之忧，可算是替乾隆皇帝解了围。于是，他马上将奏疏发大学士等研议，认为可行。乾隆随即下旨同意大学士所议行，几乎完全采纳了陈宏谋的建议，这一措施几乎成为后世国家制定烟草政策的典范，即"搁置争议、道德劝说、引导发展"：

"废可耕之地，营无益以妨农功，向来原有例禁。且种烟之地，多系肥饶，自应通行禁止。惟城堡以内闲隙之地，可以听其种植；城外则近城畸零菜圃，愿分种烟者，亦可不必示禁；其野外山隰土田，阡陌相连，宜于蔬谷之处，一概不许种烟。凡向来种烟之地，应令改种蔬谷。" [316]

第二节　17世纪战争活动推动的烟草普及路径与时间重建

相较于商业活动和风细雨式的烟草传播普及强度，大规模战争在造成经济破坏的同时，则成为促进烟草传播普及的催化剂和放大器。在17世纪上半叶，区域跨度大、持续时间长、对烟草传播影响深刻的战争主要有三场：一是明朝与后金（清）战争，二是明末农民起义，三是清朝统一战争（主要包括清军攻灭大顺、大西农民军、南明军，以及平定三藩）。这三场战争的时间起点分别是：万历四十四年（1616年），努尔哈赤在赫图阿拉（今辽宁新宾老城）称汗登位，建立了后金政权，建元天命，开始了与明朝的抗争；明末天启七年（1627年）陕北农民起义，开启了与明清两朝的战争；清顺治元年（1644年）清军入关定都北京，到乾隆初年（1750年）的康乾盛世。

根据烟草启蒙阶段以及17世纪文献记载，在16世纪中后期，沿海省区和毗邻沿海省区的经济发达地区，部分士绅官僚、军人、底层民众已经学会了使用烟草，养成了用烟习惯；到16世纪末17世纪初，远在内陆的陕西、甘肃、青海等地区，部分民众也学会使用烟草，养成了烟草使用习惯。战争的推进必然促使烟草使用群体中的部分人员加入军队，进行大规模、大范围、长距离的战争活动，而确保这些人员长期稳定的烟草供应，就形成了一条完整的烟草扩张普及与传播路径，即：战争的推进路线与进程也是烟草在中国境内的普及传播路线与进程。按照这一思路，本文重建了17世纪主要由战争推动的烟草普及路径和传播时间。

一、明与后金（清）战争推动的烟草传播路径与时间重建

（一）南兵在明蓟辽地区烟草启蒙与普及中的作用

1. 隆庆（1567—1572 年）至 16 世纪末，南兵北调推动了蓟辽地区烟草启蒙

嘉靖时期，明朝北部边疆和东南沿海地区出现了"南倭北虏"问题，为了建立强大的职业军队来抗击倭寇，南方地区开始通过丰厚的粮饷吸引精壮之人入伍。由于主要兵源地为浙江，也有人将南兵称为浙兵。浙江统帅戚继光招募训练的义乌兵纪律严明、作战勇猛，成为其中的佼佼者，扭转了抗倭整体战局。浙兵主要统领者谭纶、戚继光等人在隆庆皇帝继位后被调往北边主持推动蓟辽地区的军事整顿，为了缓解边境困境，同时用南兵教习、训练北边地区士卒，隆庆二年（1568年）首批南兵三千人被调往蓟辽地区[321]。

戚继光根据蓟辽地区地形因素，开始改变以往边境防御作战方式，提出了三种不同作战模式，即"虏入平原利于车战，虏在近边利于骑战，虏在边外利于步战，三者迭用，乃可制胜"。为此，从隆庆三年（1569 年）起，明朝在蓟镇北部长城沿线地区构筑敌台，东起山海关、西至镇边城所，横跨整个防区，到隆庆五年（1571 年）明长城完工。敌台建成之后，南兵就被选作驻守"台兵"的核心人选，调遣到蓟辽的南兵被发往各个敌台驻守。隆庆六年（1572 年）时，在蓟镇共设立了三个南兵营，隆庆五年"[322]。征调的

九千名南兵基本上都被分散到了各个敌台上进行长期驻守，而不是作为有事能够随时调遣的野战军。这项政策取得了立竿见影的效果，"虏慑服而不敢动"[323]。从此，南兵在蓟辽地区变得不可或缺，使用南兵守台到了万历年间已经成为共识，南兵在相当长的一段时间内成为蓟辽地区"常备军"。

南兵分散在数百里外各个敌台之中，附近崇山叠嶂、交通不便、人烟稀少，也没有所谓的"厘市交易"，虽然有厚饷优待，生活上却十分艰辛。远道而来的南兵，需要重新适应北方边境地区环境，其中饮食就是最重要的一个方面。万历年间，为了在一定程度上解决粮食问题，朝廷开始允许南兵在地势低洼、水量充沛的京师东部、蓟辽腹地各州县边境附近冲积平原上开垦水田，同时仍给予他们饷银[324]。一时之间，前去开垦的南兵人数非常之多，粮食产量也相当可观。由于北方官员阻挠，水田开垦没有得以继续进行下去，但是南兵在边境耕种土地的现象仍然十分普遍。他们擅长农耕，不仅能相对减少朝廷开支，也可以凭自身喜好种植作物，例如耕种烟草，以改善生活条件[325]。

除了耕种田地改善生活外，在边境氛围缓和之后，南兵开始了另一项改善生活运动，那就是"复通百货，教边人为市肆"，发展边境商品贸易，"其往来人马，如海上蜃楼中"[326]。由于远离长官监管、稽查，南兵经常能私自开关进行贸易，交易对象不仅仅是"边人"，还包括边外地区的"夷人"，内地居民用布匹等货物向边外之人交换木材、肉类等商品。即使朝廷三令五申、明令禁止，

但无法从根本上改善边境区域的军事监管，朝廷、官府也无法满足边关军士生活需求，所以私自换货贸易一直存在。

隆庆至 16 世纪末，征发的南兵主要驻扎在蓟镇沿边长城地区的敌台之上，并形成了独立建制，即蓟镇三协南兵营；南兵总额也相对固定，大致有一万人；并且延续了以往声望，在明朝各式军队中也是素称骁勇。这一时期驻守辽东的南兵，主要防守特定区域，军事目的针对性很强，人数较少，被定位为"精锐"军队。他们在明长城一线从事战备，驻守之余，还开垦土地耕种，利用职务之便开展边境贸易[327]。

虽然没有这一时期关于蓟辽地区烟草传播的文献资料记载，但我们可以通过沿海地区部分居民在 16 世纪中后期已经开始使用烟草这一事实，合理推定在规模上万的南兵中，必定会有部分人养成了烟草使用习惯。为了满足自身的需求，他们极有可能将烟草或种子带入蓟辽地区，并进行试验性种植。在"边关寒疾，非烟草不能治"的自然环境中，烟草也可能作为一种特殊商品被南兵推荐给边民和外夷，开始它在蓟镇地区的启蒙传播活动。到 16 世纪末，辽东地区的主要城镇周围尤其是南兵垦荒之地可能开始了尝试性的烟草规模种植。由于无霜期短，烟草在当地可以种植但不能繁育，相关的地方志也有记载（这一问题可能一直持续到 18 世纪，或许是没有找到适合北方种植的烟草品种，又或是辽东地区牧民掌握不了烟草种植技术，产量规模小），烟草供给仍然主要依靠南方产地。因为商业价值高，在辽东主要商贸与军事重镇，

开始出现烟草商业销售。

2. 万历中期（1592—1599 年）两次援朝战争中南兵推动了朝鲜烟草普及

从万历二十年（1592 年）的朝鲜之役开始，明朝政府开始了全方位的南兵征发活动[328]，不仅征召人数大幅增加，执行任务也扩大化，从单一防御长城边境，扩展到前线作战、承担海防职责等，其负责区域也从蓟镇边境延伸到朝鲜、辽东、天津、山东北部沿海等地区。驻防目的地变化的同时，征发兵源地也发生了变化。随着蓟镇戍守南兵的建制化，这一阶段征调的主体变成了从蓟镇调拨而来的南兵以及从浙江等地调拨而来的浙兵，两者名称看似有所差异，其实兵源大体同出一地，都被视为南兵。

万历二十年四月，日军在朝鲜釜山登陆，五月占领首都汉城，六月中又占领平壤，朝鲜八道尽失，几乎完全沦陷。在回应朝鲜求援复国的同时，明朝也在整备海防以备日本侵略。八月十八日，任命兵部右侍郎宋应昌为保定、蓟镇、辽东等处经略，主管备倭事宜。南兵在承担后方防御任务同时，还作为援朝作战先锋第一时间开赴前线。八月中旬，骆尚志所部六百南兵抵达朝鲜边境地区。十月，征调蓟镇吴惟忠所部南兵前往辽东，同时征调蓟镇、保定、宣府、大同等处精兵以及四川刘綎所部，共计三万余人[329]。

从北方各地征调南兵人数也开始增加，除了吴惟忠所统辖南兵三千人、山海关火器手三千人以及骆尚志所辖南兵六百人以外，又从蓟镇"中西二协南兵共选二千，西路南兵游击陈蚕统领"[330]，以及自宁夏征西返还的杨文所

辖一千浙兵，随时听候调用[331]。宋应昌于十二月十二日记载，已经到达辽东地区的士兵共计近三万四千六百名，初次入朝四万多明军当中，南兵超过六千[332]。与日本议和期间，宋应昌仍需军队留守朝鲜，又从内地调来沈茂所属数千浙兵，前来应援防守。后来在兵部尚书石星反对下，将除刘綎部外的所有军队（包括南兵各部）尽数撤离朝鲜，此前驻扎在北边的南兵一直在辽东处于战备状态。万历二十三年九月，兵部准备将蓟镇地区防海南兵撤离。但是督抚等人表示反对，认为蓟镇不同于天津等地，在备倭同时还需要防虏，仍需要南兵进行驻防。

随着明朝与日本和谈失败，万历二十五年初，日本再次发动攻势入侵朝鲜，明朝政府也再一次大规模征发南兵前往朝鲜。万历二十五年，兵部启用原任副总兵吴惟忠，令其带领南兵三千七百人刻期前往以救朝鲜。为了利于在朝鲜山地作战，参与备倭的南兵水兵三千人，以及从浙江征发的南兵四千人，均被发往朝鲜[333]。第二次入朝作战整体呈现出拉锯态势，明朝不断向朝鲜增添兵力，其中南兵除了最初调拨水陆士兵一万余人以外，又多次从浙江以及蓟镇等地调集，可能也达数千人。两次援朝作战时期，南兵表现得十分勇悍，部分有功将领受到封赏。一些南兵在战争结束后，如陈蚕所部，还应朝鲜方面请求留戍一段时间。

16世纪末期，烟草已被江浙沿海居民广为接受。前往辽左和朝鲜的南兵为抵御边关寒冷疾病，无论是否养成烟草使用习惯，出于预防疾病考虑，很多人也会带上烟草一同前往。两次进入朝鲜支援作战的南兵数量都不下六千，且部分奉命驻留朝鲜以备日本，在其土地上生活时间长达七年，他们与朝鲜民众接触、交流，不可避免地也会将烟草使用习惯大规模地传播到这一地区。同时，烟草稳定供应的保障需求也会促进烟草在朝鲜本土的大规模种植培育。从某种意义上讲，16世纪中叶中国军队的到来，尤其是大规模南兵的到来，促进了烟草在朝鲜地区的大范围普及。

3. 万历末年到崇祯初年（1600—1626年左右）南兵参与了辽东地区的烟草普及

万历末年，努尔哈赤开始崛起，建立后金国，并向明朝辽东地区发动进攻。而明朝也向辽东陆续增派兵力以应对满洲攻势，辽东逐渐成为用兵重点地区，对南兵的大规模征发再次开启。从万历末到天启乃至崇祯初年，我们都能在史籍中见到南兵被征调至前线的记载。

前往辽东救援的南兵，首先是仍驻扎在北方的那些，如从天津处调南兵一千名，从登州调水、陆营南兵一千五百名，又从守台南兵中抽调几百人。但比起朝鲜之役时对南兵的征调，兵源质量出现大幅下降，而且明朝耗费巨资征集的南兵在沈阳一战中（1621年）阵亡大半，南兵将领陈策、戚金等也一同战死。此战过后，南兵从将领到士兵，有作战经验的精锐之士所剩无几[334]。面对吃紧的前方战事，明朝政府开始不加节制地征发南兵，但不仅没有达到应援效果，反而引发了各种问题。例如：

天启元年，负责支援辽东的浙江游击袁应兆率领六千南兵，因害怕出山海关而在天津地区逗留；天启三年，因其领兵将领管束不力，前往救援辽东的南兵与其他地区前来赴援的军队之间发生了流血冲突。此外南兵难以适应辽东前线严寒天气，曾有禀报称，在辽东，南兵有数千人"冻折手足，不能动移"，遭受着"堕指裂肤之惨"[335]。到天启六年（1626 年），南兵已无法适应辽东平原地区作战需要，宁远守将袁崇焕认为"宁远南兵脆弱"，产生了"用辽人守辽土"[336] 的设想，南兵在前线已经被视为鸡肋。虽然崇祯初年还有南兵在辽东的记载，但此时南兵已经难以在战场上发挥什么作用，蓟镇地区敌台也逐渐荒废，许多台兵被裁汰。可以说，至崇祯初年，南兵已经基本上淡出了北方地区历史舞台，而对南兵征发已经不再重要。

在南兵烟草启蒙影响下，到 16 世纪末期，可以肯定的一点是，在辽东地区主要商贸军事重镇，已经有不少士兵和民众养成了烟草使用习惯。其中一个佐证信息是 1599 年支援朝鲜战争结束后，南兵将领茅国器率部归国，在辽东镇武堡（今辽宁盘山县东高升镇）短暂停留期间，

"本官不合不预申严号令，比南兵郭文向本堡军人丁其买草，郭文就不合恃强，不行秤银，将草抢拿。丁其拉夺不容，郭文不忿，互相打嚷至镇武堡孙继业门首"[337]。

这里所记载的"草"就是烟草，两边官员还因此分别责打了各自手下的士兵，惩罚其惹是生非。17 世纪初，辽东这一片土地上发生了萨尔浒、沈辽、广宁等一系列战争，高强度、大范围、大规模的人员物资流动必然促进了烟草的扩张和普及，热爱烟草的广大南兵深度参与了 17 世纪初

期的辽东战争，也参与了烟草在这一地区的扩张普及进程，促进了烟草使用范围由点到面的转变。

（二）明与后金（清）战争主要战事、烟草扩张普及的路径与时间

1. 主要战事

万历四十四年（1616 年），努尔哈赤在先后消灭了女真哈达部（1601 年）、辉发部（1607 年）、乌拉部（1613 年）以及控制了东海女真和黑龙江女真后，在赫图阿拉称汗登位，建立了后金政权，建元天命，继续扩张并企图夺取辽东，持续时间长达二十余年的明与后金战争开启，大致分为后金（清）战略进攻和战略相持两个阶段。在后金（清）战略进攻阶段，主要展开了三场较大的战役：

第一场战役：萨尔浒之战。万历四十六年（1618 年）四月，努尔哈赤由都城赫图阿拉出发，兵分两路向抚顺进军。这是努尔哈赤起兵三十五年来，第一次正式与明军作战。大贝勒代善率左路军攻马根丹堡、东州堡（今抚顺东南马弹、大东州），努尔哈赤亲率右路军攻抚顺。

当时抚顺正开马市，后金军先以五十人伪装成马商潜入城中，努尔哈赤率主力攻城时，"马商"在城中响应。内外夹击下，守将李永信很快投降，马根丹堡等前线近百座堡垒全为后金军占领。明辽东巡抚李维翰急调总兵张承荫率军一万人反击，结果被全歼。五月间，后金军又破抚安、白家冲（均在今辽宁铁岭东南）等十一座城堡，七月间再入鸦鹘关（今新宾西南三道关），袭破清河城（今本溪东北）。

抚顺失陷及明军被歼，使明朝"举朝震骇"，神宗朱翊钧决定从关内征调大军，并征调朝鲜、叶赫军各一部与辽东军会合，进攻赫图阿拉，以期歼灭后金政权。至万历四十七年（1619年）二月，各路军陆续到达辽东，总兵力十万余人，号称四十七万，兵分四路：西路军（抚顺路），以山海关总兵杜松率河北等地明军三万人，集结于沈阳，出抚顺关，沿浑河北岸入苏子河谷，攻其西；北路军（开原路），以开原总兵马林率辽东军两万人，配属叶赫兵两千人，集结于开原、铁岭，出三岔儿堡（今铁岭东南三岔子），攻其北；东路军（宽甸路），以总兵刘铤率山东、浙江等地军一万余人，集结于宽甸，并指挥朝鲜都元帅姜弘立所率一万三千名朝鲜军，出凉马甸（今宽甸东北），经富察（今辽宁桓仁南）北上，攻其东；南路军（清河路），以辽东总兵李如柏率辽东军两万余人集结于辽阳，由清河出鸦鹘关，攻其南。另以总兵祁秉忠率一部兵力守江阳，以总兵李光荣率一部兵力守广宁，杨镐坐镇沈阳指挥。

努尔哈赤在明军尚未出发之前，决定"凭尔几路来，我只一路去"，将全部兵力集中于赫图阿拉地区。三月一日，西路杜松军已超过二道关，孤军深入，前出至萨尔浒。努尔哈赤率全军西进迎击，杜松战死，明军全部被歼。北路马林进至稗子峪（今抚顺哈达镇板古沟），得知杜松军已败，急进至尚间崖（今抚顺哈达镇西山城子），立三营转为防御。努尔哈赤连夜转向尚间崖，三月二日晨，马林不战而逃，溃兵迅速被后金军歼灭，配属于马林的叶赫军进至中固城（今开原、铁岭间平顶堡附近），大败逃回，北路明军亦被歼灭。

随后，努尔哈赤以一部兵力阻击南路李如柏，以主力在阿布达里岗（赫图阿拉以南约五十里）地区伏击刘铤。刘铤军行动迟缓，全然不知杜松、马林两军被歼，三月四日被诱入阿布达里岗一带。进入后金伏击圈时，刘铤力战而死，朝鲜军在富察投降。杨镐得知西、北、东三路明军均已被歼，急令南路军撤退，萨尔浒之战以明军彻底失败而告结束。

明军以十万之众不到五天三路被全歼，仅一路逃回。萨尔浒之战成为中国战争史上以少胜多的著名战役，也是明清战争的一个转折点。从此以后，明军由战略进攻转变为战略防御，后金军则由战略防御转变为战略进攻[338]。

第二场战役：沈辽之战。在萨尔浒之战胜利后，努尔哈赤稍事整顿，即继续西进，六月率四万人进攻开原，守将马林以下明军全部被杀。七月，又率军五万人攻铁岭，守军参将丁碧开门出降。八月灭叶赫部。至此，努尔哈赤打通了进军沈辽的道路，解除了侧背威胁。

万历四十七年（1619年）八月，明朝辽东统帅熊廷弼到达辽阳后，采取"坚守渐逼之策"：在各重要边口设置重兵、构筑工事，形成相互支持的防御体系，辽东形势大有好转，军心士气基本稳定。努尔哈赤曾进行过几次侦察性进攻，均被击退。万历四十八年（1620年）七月，明神宗朱翊钧病死；八月，太子朱常洛继位，又因"红丸"丧命；九月，朱由校（明熹宗）继位；十月，罢熊廷弼官职，由袁应泰经略江东。

努尔哈赤乘明朝易主换帅、军心涣散之际，于天启元年（1621年）二月开始进攻沈阳、辽阳。

守将贺世贤恃勇出战，力战而死。努尔哈赤攻占沈阳后，乘势进围辽东首府辽阳。袁应泰将黄山、清河、奉集、宽甸、暖阳等沿边守军，全部调集于辽阳，达十三万之众，因指挥不当，全部溃败，一部逃去鞍山，一部退入城中。三月二十一日，努尔哈赤对辽阳城发动总攻。城破，袁应泰自杀，残存守军投降，后金军占领辽阳。

此次沈辽之战，两城明军近二十万人，近半阵亡，辽河以东十四卫尽为后金军占领。四月初五日，努尔哈赤即由赫图阿拉迁都至辽阳[339]。

第三场战役：广宁之战。 沈辽失守之后，熊廷弼再次担任江东经略，其战略方针是集中力量确保广宁，以控制辽西走廊，积蓄力量，相机反攻。他提出了"三方布置之策"，即：集中辽东陆军主力，扼守广宁；在天津及登、莱（今山东蓬莱、莱州）建立水军基地，增置战船加强训练；不时出奇兵攻扰辽东半岛金州、复州、盖州、海州四卫，以牵制后金军，使敌有"内顾"之忧。经略指挥中心设于山海关，统一指挥三方军队。

趁明廷内部经抚不和、战守不定之际，努尔哈赤决定乘机西进，天启二年（1622 年）正月十八日由辽阳出发，二十日经牛庄渡过三岔河（辽河、浑河汇合后至营口入海的一段），包围了西平堡。罗一贵坚守孤城，独战二十倍于己的敌军，直至二十一日火药用光全部战死，攻城之军亦伤亡惨重。王化贞、熊廷弼二位辽东军事统帅随即弃广宁、右屯卫，后金军连续攻下或进占义州（今义县）、锦州、盘山、松山、杏山、大小凌河堡等四十余城堡，破坏广宁城后返军。天启五年（1625 年）八月，熊廷弼以"失陷广宁"

被判死刑，并传首九边。王化贞也被朝廷缉拿，缓刑至崇祯五年（1632 年）处死[340]。

从 1618 年至 1625 年，这三场大的战役都以后金获胜、明朝惨败而告终，属于后金的战略进攻阶段，而明朝则处于不断败退、被动防御一方。

第二个阶段为战略相持，起点为宁远之战。 广宁战后，明军放弃关外各要点，撤入关内，而后金也退回辽河以东。兵部尚书王在晋担任辽东经略，孙承宗任兵部尚书，选拔了年轻而有军事才能的袁崇焕为山海关监军。袁崇焕筑城宁远（今辽宁兴城）、徐图后举的政策得到了孙承宗支持，防御前沿推进至宁远、觉华岛（今兴城东南海中菊花岛）一带。随后，孙承宗被任命为蓟辽督师，统领山海关及蓟、辽、津等地将领，监管军务。到任后，他积极整顿防务，将前哨推进至右屯（今凌海东南右卫）、大凌河堡（今凌海）一线，江东形势逐渐趋于好转。

当袁崇焕在孙承宗支持下筑城宁远、加强战备之际，明廷的党争又直接影响了辽东军事。努尔哈赤侦知明军情况后，抓住战机，天启六年（1626 年）正月十四日，率十三万大军向辽西走廊进军，二十三日抵达宁远。宁远守军仅一万余人，前有强敌，后无援兵，处境极为不利，袁崇焕决定不出城迎战，集中兵力据城坚守。二十四日，后金军开始攻城，明军依托工事，后金军伤亡惨重。二十五日，努尔哈赤亲自督战攻城，血战终日，后金军仍败，一说努尔哈赤亦在进攻中受伤，二十七日解围撤走。

宁远之战，以明军胜利、后金军失败而告结束。这是明军在辽东战争发生以来的第一次胜仗，

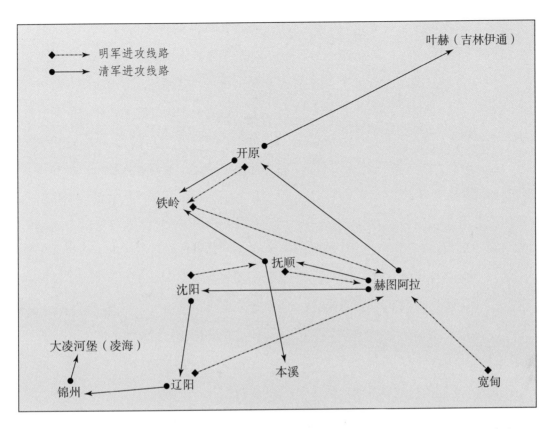

图 23　明与后金（清）第一阶段战争推动的烟草普及路线（1618—1625 年）

也是努尔哈赤四十三年战争生涯中第一次失败。当年七月，努尔哈赤患痈疽，八月十一日病死于盛京（今辽宁沈阳）。皇太极在天聪元年（1627 年）五月亲率十五万大军进攻宁远、锦州，结果伤亡惨重，终于认识到实现入主中原绝非短期内单凭武力所能达到，从而得出了"我国处南朝之大计，惟讲和与自固二策而已"，汉官范文程等还补充建议："伐明之策，宜先以书议和，俟彼不从，执以为辞，乘衅深入，可以得志。"此后，皇太极在坚持议和的旗号下，开展了两次征服朝鲜和四次入边作战，但双方均无绝对实力征服对方，一直持续到 1640 年，明朝与后金（清）虽时有战事，但清军一般都会被逐回辽东，双方处于战略相持阶段[341]。

2. 明与后金（清）战争推动的烟草扩张普及路径与时间重建

在 16 世纪末 17 世纪初，经过初期启蒙，烟草种植已经在辽东的主要军贸城镇呈散点分布，部分军人以及居民已经养成了烟草使用习惯。17 世纪初发生在明朝与后金之间的辽东争夺战，主导并加快了烟草在辽东地区的传播普及进程，其发生的路径与时间基本可以理解为烟草在这一地区的扩张普及路径和时间。按照这一思路，我们根据进攻一方的行军路线与时间，重建了 17 世纪初战争推动的辽东地区烟草普及路径与时间。

明与后金（清）第一阶段战争推动的烟草普及路径与时间： 万历四十六年（1618 年）四月，努尔哈赤由赫图阿拉出发，分左右两路攻击抚顺，五月进击抚安、白家冲（铁岭东南）、七月破袭清河城（本溪东北）[342]。万历四十七年（1619年）二月，明军分四路进击赫图阿拉：西路出沈阳、经抚顺，沿浑河北岸，进入苏子河谷；北路从开原出发，经铁岭；东路为南兵，从宽甸出发，经凉马甸、富察；南路从辽阳出发，经鸦鹘关。万历四十七年（1619年）六月努尔哈赤进攻开原，七月攻占铁岭，八月灭女真叶赫部。天启元年，努尔哈赤二月攻击奉集堡，三月攻占沈阳，二十一日攻占辽阳，四月后金定都辽阳。天启二年，努尔哈赤正月攻占西平堡，二十四日攻占广宁城，陆续进占锦州、大凌河堡、小凌河堡[343]等。

明与后金（清）第二阶段战争推动的烟草普

及路径与时间：天启六年（1626年），努尔哈赤沿辽西走廊进攻宁远，败回；天聪元年（1627年）正月，皇太极派遣阿敏等攻打朝鲜并结盟，五月皇太极进攻宁远、锦州，败回；三次进攻察哈尔，统一了漠南蒙古。1629年八至九月攻掠锦州、宁远，十月攻入长城，十一月三日进抵遵化，十五日至通州，十七日进攻北京，后转攻滦州、永平（今河北滦县）、昌黎。天聪八年（1634年），皇太极发动第二次入边战争，由西北迁回经哈喇落木（今内蒙古多伦东）进入明境，先后攻下应州、代州（今山西应县、代县）、延庆等地。天聪十年（1636年）四月，皇太极弃汗称帝，改元崇德；五月发动第三次入边战争，经独石口，攻占雕鹗（今河北赤城）、长安岭，经延庆进入

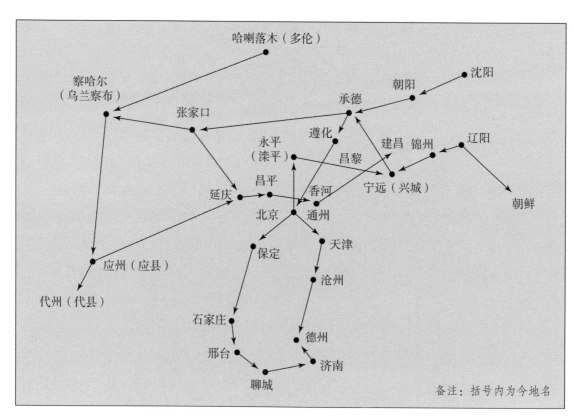

图 24　明与后金（清）第二阶段战争推动的烟草普及路径（1626—1639 年）

居庸关，占领昌平、文安、永清，至雄县，回军香河、顺义、怀柔、密云、平谷、建昌，从冷口（今河北迁安东北）出边返回；十二月再次进攻朝鲜，使其投降称臣，崇德二年二月撤回。崇德三年（1638年），皇太极发动第四次入边作战，分东西两路，九月末在通州汇合，随后东路军沿运河、西路军沿太行山、其他六路军居中并肩前进；十二月攻掠广平、顺德（今邢台）等地，向东进入山东；次年正月攻破济南，尔后回师北上，经海丰（今山东无棣）、天津、迁安；四月于青山关出边（图中路线为清军进攻行军路线）。

（三）明与后金（清）战争对烟草传播普及的主要影响

明朝与后金（清）之间的战争持续接近二十年。在1619年之前，烟草已经在东北地区主要军贸城镇实现了商业交易，甚至是本土化规模种植。但在大规模战事发生以前，其消费区域主要限于城镇，同时，由于价格高昂，消费群体主要是商人、军人、官员等富有阶层。随着明与后金（清）战争的爆发，烟草传播普及受到了重要影响：

一是促进了烟草在不同地区人员之间的传播普及。 战争期间，一部分使用烟草的民众出于躲避战争的需要，会迁往军事、贸易欠发达区域，并把烟草消费习惯带到这些陌生地区，带动这些地区民众熟悉并使用烟草。同时，随着战争的推进，各地区军人被频繁地征调与轮换，促进了烟草在不同地区人员之间的交流，例如四川、陕西兵源被调往东北参与辽东战事，也会促进烟草在各地区人员之间的进一步传播普及。

二是促进了烟草跨区域传播普及。 在明与后金（清）战争期间，战事并不局限于明朝与后金（清）双方，还有后金（清）对周边地区的征伐。例如，为了解除后顾之忧，后金（清）深入黑龙江、内蒙古、朝鲜等地，促进了烟草跨地区传播普及。同时，明朝与后金（清）之间的战争在作战区域上也没有局限于辽东，在皇太极领导下，清军在明军境内实施了四次入边作战，战争范围涵盖山西、河北、山东、天津、北京等地。烟草作为那一时期的稀缺资源，清军自北向南的军事攻击以及自南向北的回归，在劫掠之下也促进了各地区之间的烟草传播。同时战争带来的明王朝内陆混乱，也导致民众广泛转移和逃离原有居住之地，将烟草带向内陆更广阔地区，进一步促进了烟草跨区域传播普及。

三是促进了烟草消费群体和种植规模扩大。 虽然没有具体的种植数据支撑，但通过常识判断，民众躲避战争的迁徙行为、军队跨区域流动作战以及跨区域军人之间的交流，都会带来烟草使用习惯的进一步传播，进而让更多民众认识、接纳烟草，从而带动更多人学会使用烟草、扩大烟草种植，这些活动都会进一步促进烟草传播普及。

二、明末农民起义战争推动的烟草普及路径与时间重建

（一）明末农民起义战争爆发前的民众用烟概况

1627年，陕西明末农民起义战争爆发，在重建这场战争对烟草扩张普及的影响之前，我们

先回顾一下烟草在即将爆发战争区域的发展情况。按照李时珍《本草纲目》以及甘肃青城《张氏族谱》记载推测，1570 年左右，甘肃兰州以及庆阳等地已经有了烟草种植。根据商业贸易的强度，烟草由兰州，经天水、宝鸡，沿渭河传播到西安一带的时间，应早于烟草自庆阳从泾河上游传播到西安的时间。因此，在繁荣商业活动的驱使下，到 16 世纪末，西安周边地区不仅已经有了烟草规模种植，与关中平原商业来往频繁的周边丘陵地区，例如渭南地区白水县、蒲城县、澄城县已经出现了零星烟草使用者。到 17 世纪初期，这些地区可能已经出现了烟草规模种植。当地富裕阶层，例如商人、地主、官员、士兵，以及部分民众已经学会了使用烟草，养成了日常烟草消费习惯；到 17 世纪 20 年代，陕西主要军贸重镇应该有了烟草商业销售、规模种植。

以西安为中心，沿着传统古蜀道，在 17 世纪初叶，成都可能已经有了零星烟草使用者；到 17 世纪二三十年代，可能有了烟草规模种植，并开始将零星的烟草使用习惯沿丝路南线向南传播，在自贡、富顺、泸州、西昌等一带，与从云南方向传播而来的烟草实现汇合。至此，在四川主要军贸重镇应该出现了烟草商业销售、规模种植。在川东南地区，由于川黔、川滇、川鄂、川湘之间活跃着井盐商路，到 17 世纪 20 年代，烟草也可能从这些地区开始零星传入川东、川南地区，特别是重庆、贵州一带；在淮盐商路、粤盐商路以及运河粮路沿途的广西、广东、江苏、浙江、山东、天津、湖南、湖北、江西、河南等地，内河航运与军贸重镇已经有了烟草商业销售和规

模种植，这些地区居民在中医理论支持下，已经普遍接受烟草，部分居民已经养成了烟草使用习惯，但消费区域和群体仍然集中在经济比较发达的主要军事和商贸城镇，烟草在广大乡村地区、偏远山区的覆盖面和普及率还很低。

（二）明末农民战争推动的烟草普及路径与时间

明末农民大起义的前奏，始于万历末年和天启年间的西北明军兵变。当时援辽兵丁陆续逃回，不敢归伍，便与饥民落草为寇，胁从弥众，以致蔓延。天启七年（1627 年），陕西白水县农民王二、澄城县农民郑彦夫等率领数百饥民杀死知县张斗耀，揭开了明末农民大起义序幕。次年，即崇祯元年（1628 年），陕西各地农民纷纷起义：洛川、淳化、三水、略阳、清水、成县、潼关等地[345]流贼恣掠，起义军中最著名的有王嘉胤、高迎祥（闯王）、王大梁等。崇祯二年（1629 年）十月，后金军由喜峰口突入遵化，明京师戒严。由山西、延绥、甘肃等地奉命驰援的边兵，至京师后因缺饷哗变，逃回山西、陕西，不少人参加了起义军。张献忠亦于次年在米脂十八寨聚众起义。崇祯三年（1630 年），李自成参加了不沾泥起义军。两三年间，起义军发展至一百余部，活动于陕西全省各地。

发生起义的这些地方，在 17 世纪初叶已经出现烟草种植，起义军成员除了饥民，也有许多兵变士兵[346]，不少人已经养成了烟草使用习惯，伴随军队征战四方，烟草在全国范围内的传播普及势不可挡。明末农民起义从发展过程看，大致

可分为两个阶段,第一阶段属于群雄并起(1627—1640 年),第二阶段为李自成采纳"行仁义、收人心、据河洛、取天下"战略到攻占北京(1641—1644 年)。

1. 第一阶段军事活动推动的烟草普及路径与时间重建(1627—1640 年)

这一时期,农民军在组织上相当松散,基本上是为求生而战斗,无明确战略目标。百余支起义部队初期活动中心在陕西,天启七年至崇祯三年(1627—1630 年)三四年内,部分农民军被镇压,如王大梁等部,也有不少农民军接受招抚,如点灯子等部。但陕西连年灾荒,无法安排就抚人员生活,于是纷纷再起[347]。这一时期农民军主要转战于陕西各地,促进了烟草在陕西境内普及。

崇祯四年至六年(1631—1633 年),农民军活动中心由陕西移至山西,张献忠(八大王)、李自成(闯将)等各部有二十万人马,号称三十六营,农民军已由极度分散、各自为战,进入相对集中、互相响应阶段。崇祯四年(1631 年),李自成已成为一支独立农民军的首领。崇祯五年(1632 年),农民军流动于晋南一带,曾攻破大宁、隰州(今隰县)、泽州(今晋城)等城,进逼太原;曾进入豫北,攻破修武,围怀庆(今泌阳)。崇祯六年(1633 年)五月,农民军三十六营主力进至磁州(今磁县),王自用在武安南尖山作战中负伤而死,所部尽归李自成。至此,李自成部拥有二万余众,成为农民军中的主力部队。这一时期,农民军在政府军队围剿下,主要转战于山西各地,推动了晋南、晋北地区的烟草普及。

崇祯六年(1633 年)十一月间,在明军攻剿下,高迎祥、李自成等各部二十四营十余万人,转移至济源、怀庆、涉县之间地区。随后农民军移师南下,由济源渡过黄河,进入豫西和湖北武当山区,以郧阳(今湖北十堰)为中心,分为若干部往来穿插于豫、楚、川、陕之间,李自成部在郧阳、竹溪、房县一带活动。政府军队围剿,农民军反围剿、反封锁的战争,逼迫农民军开始转战河南、湖北、四川等地。这期间军事活动导致人员频繁跨省区转移,进一步推动了河南、湖北、四川等地烟草普及。

崇祯七年(1634 年),明廷任命陈奇瑜为五省总督,统一指挥陕西、山西、河南、湖广及四川明军围剿,农民军发觉企图后立即向西转移,先后进至兴安(今陕西安康)、汉中及商洛(今陕西东南商洛、洛南一带)山区,明军围剿计划又告失败。这意味着烟草向东向南普及的过程开始转而向西,不断往返的行军路线差异进一步推动了五省烟草普及。

同年,朱由检命洪承畴继任总督,各部农民军则于崇祯八年(1635 年)正月由河南分兵向三个方向转进:一部西进汉中,转入甘肃;一部渡河北上,进入山西;一部东进入凤阳。洪承畴寻求决战扑空,回军关内。李自成部在宁州(今甘肃宁县)、真宁(今正宁)两歼明军,尔后又破咸阳,马守应、张献忠诸部趁机再度东进河南。这一次大的分兵活动,也是在回避与政府军决战,其行军路线将烟草的普及范围扩展到了甘肃、安徽,同时进一步扩大了河南、陕西、山西的烟草普及范围。

崇祯九年(1636 年)正月,高迎祥等部围

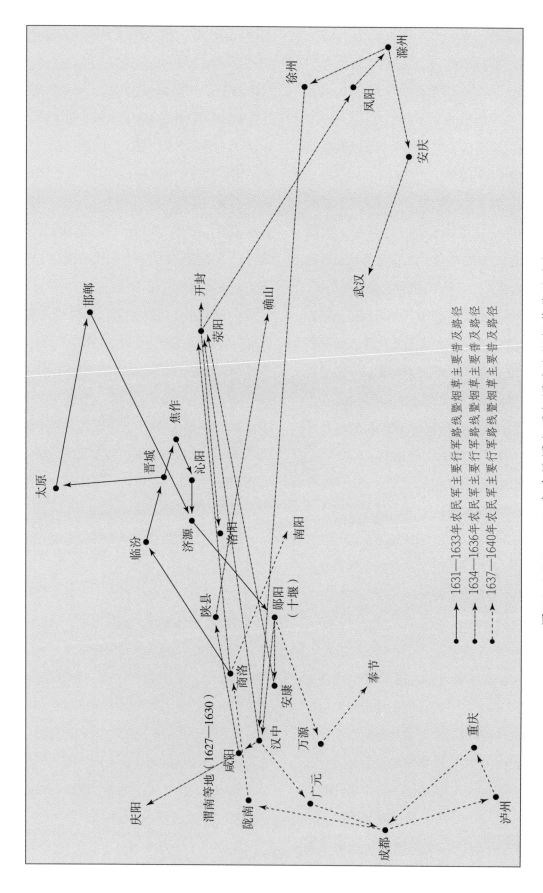

图 25 1627—1640 年农民军主要行军路线暨烟草普及路径

太原　邯郸

焦作　晋城

临汾　沁阳

济源　洛阳

陕县

商洛

庆阳　渭南等地（1627—1630）　咸阳　汉中　安康

陇南　广元　万源　奉节

成都　重庆　泸州

郧阳（十堰）

南阳

确山

荥阳　开封

凤阳　徐州　滁州

安庆

武汉

→　1631—1633年农民军主要行军路线暨烟草主要普及路径

⇢　1634—1636年农民军主要行军路线暨烟草主要普及路径

⇢　1637—1640年农民军主要行军路线暨烟草主要普及路径

攻滁州，农民军败走河南。在朱仙镇，高部兵力损失过半，遂向郧阳地区转移。三月间，在裕州（今河南方城）又被追击明军击败，高迎祥残部及张献忠部皆转入陕西汉中。七月间，高迎祥在盩屋（今陕西周至）为孙传庭包围，苦战四日被俘，送至北京被杀。此后李自成继称闯王。此时，正值清军自喜峰口入边，连破昌平、宝坻等十六座城池，中原压力减轻，河南马守应部、汉中张献忠部乘机复起，两师进入湖广，分散活动于蕲州（今湖北蕲春南）、太湖、潜山、霍山一带。这一年的农民军活动，主要波及了安徽、河南、湖北、陕西，再次扩大了这些区域烟草普及范围。

崇祯十年（1637 年），李自成由陕西进军四川，曾攻破县城十余座，但在崇祯十一年（1638 年）春由四川返陕时败走岷州（今甘肃岷县）、礼县。与此同时，张献忠在南阳负伤退至郧襄山区谷城，李自成率残部活动于川陕边境地区。当年九月，多尔衮等率清军分两路由墙子岭（今北京密云东北）、青山口（今河北迁西东北）进入明边，洪承畴、孙传庭奉命率部队回卫北京，明军在西北地区兵力减少。崇祯十二年（1639 年）五月，张献忠、罗汝才、张天琳等先后再起，破房县、保康等地。崇祯十三年（1640 年）春，张献忠、罗汝才先后败于玛瑙山（今四川万源北）和夔州（今重庆奉节），夏收后又陆续集中，会师巫山，挺进四川。杨嗣昌率明军主力追击入川，李自成抓住有利时机，于十一月间由陕西渡汉水入商洛，再度进入淅川、内乡一带。当时正值河南久旱，大量饥民参加农民军，很快发展至数万人。这三年农民军主要频繁地

转战于四川、甘肃、陕西、重庆、湖北、安徽、河南等省，烟草在这些地区传播与普及范围进一步扩大 [348]。

2. 第二阶段军事活动推动的烟草普及路径与时间重建（1641—1644 年）

至崇祯十三年（1640 年）底，李自成开始采纳农民军中知识分子们提出的"行仁义、收人心、据河洛、取天下"的战略方针，将政治斗争与军事斗争紧密结合起来，使农民战争呈现出崭新的局面。崇祯十三年十一月，李自成乘河南明军防务空虚之机，进入豫西，连破宜阳、永宁、新安三城。崇祯十四年（1641 年）正月，李自成攻占洛阳；二月，张献忠、罗汝才联军攻占襄阳 [349]。在明军强大攻势下，李自成仍采用流动作战方式，崇祯十四年至十六年（1641—1643 年）间，三围开封，五次歼灭或击溃明军主力。崇祯十五年十二月，李自成占领襄阳，河南境内已无明兵。占领襄阳后，随即分兵南下，不到两月席卷荆襄六府各州县，左良玉逃至九江。至此，河南南部五府七十八州县和新攻占的荆襄六府各州县已连成一片。崇祯十六年（1643 年）二月初，李自成在襄阳建立新顺政权，称奉天倡义文武大元帅。

几乎与此同时，原活动于安徽各地的张献忠乘机攻入黄梅、蕲州、广济一带，并乘胜攻占武昌。六月，张献忠在武昌建立政权，自称大西王。明军经河南五次战役后，主力已丧失殆尽，大江以北仅存吴三桂、左良玉和孙传庭三大主力军。李自成在襄阳建立政权，标志着战略转变已经完成。随后李自成制订了先取关中，再取山西，后向京师的进攻方针。第一步先取关中为根据地，

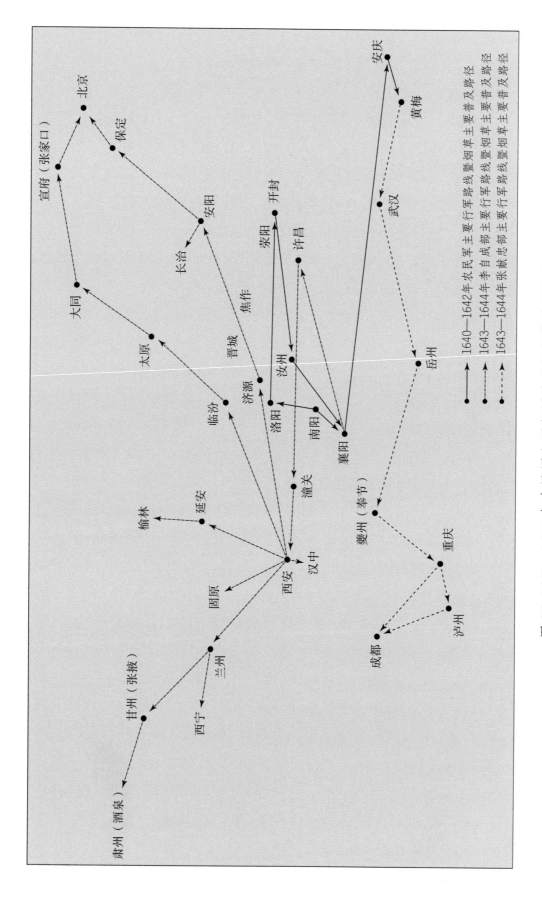

图 26　1641—1644 年农民军主要行军路径暨烟草普及路径

并向北扩展，收用三边明军壮大自己的实力；第二步再经山西进攻北京。

崇祯十六年（1643 年）八月六日，孙传庭军出潼关，八月二十日至陕州，九月八日进至汝州。李自成与明军战于宝丰、郏县之间，败走。孙传庭不待粮车到达，于十二日攻占宝丰，十三日攻占郏县，同时分兵一部陷唐县。李自成在襄城坚壁清野，坚守不战，并派精骑切断孙传庭粮道，明军溃逃，孙传庭败还潼关。十月六日，李自成开始进攻潼关，孙传庭战死。李自成初八日攻占商州，十一日占领西安，随即派田见秀、刘宗敏、李过等，分别率军占领延安、汉中、固原等城。十一月又攻占榆林，十二月复占兰州、甘州、肃州、西宁等地。至此，陕西全境皆为李自成军控制，三边明军亦大多被收编。1641—1643 年间，农民军主要转战于河南、安徽、湖北、陕西等地，促进了这一区域的烟草普及。

崇祯十七年（1644 年）正月初一，李自成在西安正式建国，国号大顺，建元永昌，改西安为长安，称西京。李自成在西安建国后，决定立即实施夺取天下的第二步——进军北京。

永昌元年（1644 年）正月，刘芳亮率大顺左营军渡河进入山西，沿河东进，连克豫北怀庆、孟县、济源等地，于二十二日占领卫辉，又破彰德府（今河南安阳）及武安；同时派出一部兵力由怀庆北上，占领山西长治及其附近地区。三月初十日，刘芳亮经磁州进入广平府（今河北邯郸永年区），二十四日占领保定。

李自成率主力于永昌元年正月初八日从西安出发，由蒲津渡过河后，即转军北上，二十三

日到达平阳（今山西临汾）。二月初占领太原，二十日过雁门关，二十一日转攻宁武，三月初一日进大同，六天后北至阳和（今山西阳高），尔后转军东进。十二日到达宣府（今河北张家口宣化区），十五日抵居庸关，十六日至昌平，前锋于当夜进至北京平则门（今阜成门）。

三月十七日，大顺军于进至北京，城外明军三大营首先投降；十八日夜，守彰仪门（今广安门）太监开门献城，大顺军主力遂于十九日晨分别由德胜、朝阳、正阳、宣武等各门进入北京。当日上午，皇城被攻破，明朝灭亡[350]。李自成北上进军，促进了山西、河北、北京、天津等地区的烟草传播普及。

张献忠在武昌称帝（1643 年）后转战于岳州、荆州、夔州，进入重庆，兵分两路，一路经泸州，于 1644 年抵达成都，建立大西政权，促进了重庆、川东南地区的烟草普及[351]。

到 17 世纪 40 年代，在明末农民战争推动下，不仅陕西、甘肃、宁夏、山西、河北、河南、安徽、天津、广东、湖南、湖北、江西、云南、贵州、四川等省区城镇居民烟草普及程度进一步提升，更为重要的是战争波及省区农村、山区的烟草普及程度也得到了提升。

三、清朝统一战争推动的烟草普及路径与时间重建

清朝统一战争指的是从顺治元年（1644 年）清军入关到康熙元年（1662 年）发生的统一中国战争，主要包括清军消灭大顺、大西、南明政权等重大战事。顺治元年四月，吴三桂在内外交

困之下降清，清摄政王多尔衮率清军在山海关击败大顺军，占领北京城，清朝正式定都北京。这时，清朝兵力共二十余万，控制地区仅为辽东和京畿附近。而与清军并存的尚有三方势力：南京南明弘光政权，豫陕李自成大顺政权，以及四川张献忠大西政权。三方兵力均超过清军，且占据着南方及西北全部。

清摄政王多尔衮制订了先收西北、后定东南的战略方针，在巩固北京周边地区的同时，向西北进攻威胁最大的李自成大顺农民军；将其攻灭后，以北方为依托，向东南进攻南明政权，以达到各个击破的目的。到康熙元年（1662年），清朝基本上消灭了农民政权和南明反抗势力，除了台湾，初步实现了国家统一。在持续近二十年的战争中，烟草也跟随双方大军再次转战各地，双方行军路线也是烟草的深入普及之途。

（一）清军剿灭大顺政权推动烟草普及的路径与时间

顺治元年四月二十三日，多尔衮封吴三桂为平西王，命其率一万人为先锋军追击李自成。吴三桂在保定、定州（今河北定县）两挫农民军，接着向山西进攻，大同守将姜瓖投降，平阳（今山西临汾）陈永福被俘，全晋落入清兵之手。同时，河北、山东大部分地区也被清兵占领。六月，清兵进入山西，十月攻下太原，京畿及附近地区基本安定。十月，清兵分南北两路进攻大顺军：北路由英亲王阿济格、吴三桂、尚可喜率领，经大同、榆林、延安南下；南路由豫亲王多铎、孔有德率领，经河南攻潼关。十月十九日，清廷以英亲王阿济

格为靖远大将军，同平西王吴三桂、智顺王尚可喜等部，共三万余骑，由大同经内蒙古迂回入陕，进攻大顺军。

翌年（1645年）正月，多铎在潼关击败大顺军，李自成率主力撤回西安，入陕门户洞开。阿济格所部进入陕北后，分兵一部围攻榆林、延安大顺军，自己领兵南下进占西安。在清兵两路重兵合击下，李自成不得不放弃西安，取道商洛、豫西，转入湖北襄阳。在清军追击之下，三月又弃襄阳，沿汉水南下武昌，四月再弃武昌。清军沿长江追击至九江，大顺政权遭到毁灭性打击，李自成在富江九宫山被袭击杀害，大顺政权灭亡[349]。

清军剿灭大顺政权的军事行动涵盖山西、河北、内蒙古、陕西、甘肃、湖北、湖南、四川等地，沿军事行动路线，进一步推动了这些地区的烟草传播普及。

（二）清军剿灭南明等政权推动的烟草普及路径与时间

1. 消灭南明弘光、鲁王、隆武、大西政权推动烟草普及的路径与时间

弘光政权覆灭：1645年，在清军占领西安后，多尔衮命令多铎转军向南京前进，占领归德（今河南商丘）后分兵两路：一路由都统准塔率山东兵，经徐州、宿迁、泰州南下；一路由多铎率军从归德出发，经泗州南下。四月十八日清军进至扬州，二十五日占领扬州。五月七日，清军进至长江北岸；八日渡过长江，京口（今镇江）守军溃败，郑鸿逵逃回福建，杨文聪逃去苏州。清军占领京口，绕经句容，五月十四日晚抵达南京城

下，驻军正阳门（即光华门）外。南明大臣赵之龙、王铎、钱谦益等奉舆图册籍，冒雨跪道旁迎降。十五日，多铎率军进入南京，弘光政权灭亡[352]。

弘光政权覆灭之后，由南京率军返回福建的郑鸿逵等，于当年（1645年）闰六月初七日，在福州拥立唐王朱聿键为监国，建立了南明第二个政权。二十天后，朱聿键正式即皇帝位，建元隆武。与此同时，前弘光政权兵部尚书张国维等，于闰六月二十八日在绍兴拥立鲁王朱以海为监国，于是南明同时有了两个政权。

鲁王政权覆灭：顺治三年（1646年）五月下旬，清贝勒博洛率军至杭州，六月渡江占领绍兴，鲁王逃出。鲁王监国三年（1648年）三月，所部收复福建三府一州二十七县[353]，清廷调两广、江、浙清军三路进讨。七月，鲁王仅余宁德、福安二县。鲁王监国四年（1649年），清将陈泰平定福建全省。顺治八年（1651年），鲁王逃依郑成功。

隆武政权覆灭：朱聿键在福州建立隆武政权，得到活动于湖广地区的大顺农民军余部支持，十一月在江西抚州大败清军，占领荆门，包围荆州（今湖北江陵），进占宜城（今属湖北）、火烧樊城、围攻襄阳。随后，南明刘体纯部进攻光化（今湖北老河口北）、邓州（今河南邓县），接着挥师西进，破竹林关入陕，于次年二三月间攻占山阳（今属陕西）、商州（今陕西商县），试图与围攻西安的大顺军贺珍部会合。南明隆武军队在湖广血战的同时，还在江西以赣州为中心组织抗清，先后收复泰和、万安等地。顺治三年三月二十四日，清军攻克吉安，南明退保赣州。

五月，清军进逼，围困赣州。八月，隆武帝逃往汀州，二十八日汀州城破被俘，隆武政权灭亡。

大西政权覆灭：顺治元年（1644年），张献忠于成都称帝，国号大西。顺治二年十一月，清廷以驻防西安内大臣何洛会为定西大将军，进兵四川；顺治三年正月，清廷又增派靖远大将军肃亲王豪格入川。五月，豪格率部由西安向汉中进发。十八日，清将尼堪抵鸡头关，击败大顺军；抵汉中，又击溃大顺军贺珍；二十五日，豪格遣鳌拜、马喇希等分别于汉中、西乡（今属陕西）追击大顺军贺珍、孙守法和刘体纯。在清军、前明军、乡绅武装的多路进攻下，大顺军于七月放弃汉中，撤往陕西。十一月，豪格率部抵四川南部县，大西军保宁（今四川阆中）守将刘进忠投降。豪格以刘进忠为向导，以护军统领鳌拜等为先锋，星夜兼程，进击大西军。二十七日凌晨清军抵西充，张献忠急率部将出营，至凤凰山。当时清军已及营门，仅一溪之隔，随后张献忠被清将射中阵亡，大西政权消亡。孙可望、李定国等收集余部，由顺庆（今四川南充）撤往重庆，转入贵州遵义等地，持续抗清十余年。

2. 消灭南明永历政权推动烟草普及的路径与时间

顺治三年十二月，永历皇帝朱由榔从肇庆溯西江、漓江，经梧州抵达平乐、转桂林。顺治四年（1647年）正月，清军李成栋相继攻克肇庆、梧州、平乐，三月围攻桂林。顺治五年（1648年），江西、广东汉族将领叛清归明，永历版图扩张到包括云南、贵州、四川、广东、广西、江西、湖广七省之地，朱由榔也重返肇庆。顺治六年（1649

年），清军收复南昌。至顺治七年（1650 年），收复江西、湖广全境，十月攻入广州，十一月占领桂林，朱由榔进入贵州安隆（今安龙）。顺治十年（1653 年），洪承畴为五省经略，根据往年清军在南方"进守无兵、驻守无粮、旋得旋失"的教训，提出了"安襄樊而奠中州、固全楚以巩江南"的战略方针，军事上采取守势，政治上采取招徕等措施，待兵精粮足之际再进取云贵。此后四年，云贵方向没有发生大的战事。

顺治十四年（1657 年）十二月，孙可望降清，清朝决定进攻云南，军事路线部署为：以贝子洛托为宁南靖寇大将军，由湖南进军；以吴三桂为平西大将军，由四川进军；以提督卓布泰为征南大将军，由广西进军，最后会师贵州。顺治十五年（1658 年）四月，洪承畴与洛托经湖南进入贵州，攻占镇远；卓布泰在广西南丹、那地（南丹西南）等土司配合下，与洪承畴军联合攻占贵阳；吴三桂经重庆入贵州，击退南明军阻击，进占遵义。此时三路清军均已进至贵州地区（按明朝行政区划，遵义属四川，称播州；但大西军进入云、贵之后，遵义实际上已在贵州势力范围之内）。

顺治帝命郡王多尼为安远大将军，率京师八旗劲旅攻云南，九月间进入贵州，与三路清军统帅在平越（今贵州福泉）会合，然后进驻贵阳，统一指挥各路清军。十月，多尼率中路军，从贵阳经关岭渡盘江后向云南府进攻；吴三桂率北路军，从遵义经七星关（今毕节西南）向云南府进攻；卓布泰率南路军，从都匀至罗平向云南府进攻，预期十二月会师云南府。

多尼攻占鸡公背进至关索岭（今贵州关岭），

李定国部败走，遂进驻曲靖。吴三桂军受阻七星关，迂回攻占乌撒府（今威宁），遂进驻沾益州（今云南宣威）；卓布泰军攻占安隆，进至凉水井（今贵州兴义东），遂进驻罗平州。李定国于十二月十三日返回云南府，十五日护送朱由榔西去永昌（今保山）。

顺治十六年（1659 年）正月，三路清军会师云南府。二月中旬，清军突破大理玉龙关，逼近永昌。李定国派靳统武率四千人护卫朱由榔去腾越（今云南腾冲），自己率军西渡潞江（今怒江），在磨盘山组织防御，失败后返回腾越，朱由榔逃入缅甸。清军追至腾越国境线还师，清廷宣布云、贵、川、两广、湖六省平定，命平西王吴三桂驻镇云南，平南王尚可喜驻镇广东，靖南王耿继茂驻镇四川，后又改为驻镇福建。

顺治十七年（1660 年）四月，朝廷采纳吴三桂的建议，出师缅甸消灭永历残余势力[354]。顺治十八年（1661 年）九月，以内大臣爱星阿为定西将军，率京师八旗禁军赴云南与吴三桂会合，兵分两路由大理、腾越进入缅甸，一方面击灭南明残余之军，一方面向缅甸强索永历帝朱由榔。十一月，两路清军会师于木邦，十二月进击阿瓦，永历帝被俘，于康熙元年（1662 年）被处死，南明永历灭亡。

平定大顺以及南明的战争波及范围涉及北京、内蒙古、甘肃、陕西、云南、贵州、河南、河北、安徽、山东、湖南、湖北、两广、江苏、浙江、福建等接近二十个省区[355]，旷日持久的反复拉锯战促进了烟草在这些省区的进一步普及。

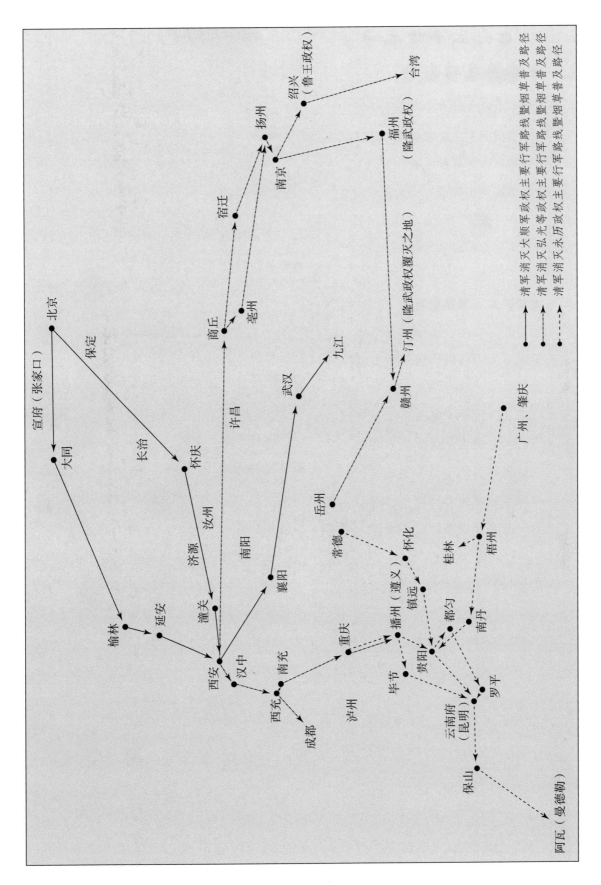

图 27 1644—1662 年清军消灭大顺，南明宏光，鲁王，隆武，大西，永历政权主要行军路线暨烟草普及路径

四、17 世纪上半叶战争活动对烟草传播普及的影响

17 世纪上半叶，先后发生了明与后金（清）的辽东战争、明末农民起义以及清朝统一战争。由于具有辟瘴、御寒、医治各种疾病外伤以及舒缓压力等作用，烟草成为交战双方广大将士随身携带之物，也应是各方维持军队战斗力的重要保障物资。长达六十年左右的战争对烟草的普及产生了深远影响，主要表现在四个方面：

一是军事活动扩大了烟草覆盖面。这一时期的军事活动除了在省级中心城市展开外，整个战争进程中，双方实力经常出现此消彼长、不断转换的局面，除了关键性的决战之外，双方军队在避战、求战过程中不断游走于各省区的次级中心城市甚至乡村山区。军事活动的展开也将烟草普及从各省区的中心军贸城镇扩张普及到了次一级的军贸城镇和周围乡村地带，甚至是崇山峻岭中的重要商镇，进一步扩大了烟草种植覆盖面。

二是军事活动补强了烟草传播的薄弱省区。17 世纪初叶，边境地区的新疆、内蒙古、东北、云南、广西以及内陆地区的四川、贵州、川东南等地，烟草使用者还比较少，属于烟草普及薄弱地区。通过明与后金（清）战争、明末农民军战争以及清统一战争，双方军队的反复争夺、占领与建设，烟草的使用以及相关知识在这些地区得到了进一步的普及；军队的大范围、长时间驻留进一步增强了这些地区的烟草传播力度，扩大了普及范围。

三是军事活动扩大了烟草在各阶层中的消费群体。17 世纪初开始持续到 60 年代的战争，影响到了中华大地上的每一个地方、每一个族群，无论是军人、官员、商人，还是普通的农民阶层。在持续的战争中，各阶层民众都在相互交流和接触中不断认识烟草、学习使用烟草，烟草消费群体进一步扩大，普及程度进一步提高。

四是清统一战争早期的战争惨剧对部分省区烟草发展造成了严重破坏。战争在促进烟草普及的同时，也对部分省区的农业生产和烟草稳定发展造成了毁灭性打击，使其发生严重倒退。特别是在战事反复拉锯和集中的川陕地区，加上张献忠的破坏性杀掠，出现了蜀地十室九空、人烟绝迹的局面，川陕地区再一次成为烟草的空白地带 [356]。

第三节　（川陕）大移民活动推动烟草恢复普及的路径重建

对整个社会来讲，战争带来的主要是破坏，而移民活动带来的主要是建设。对于烟草传播来讲，无论是战争还是移民，都是促进它广泛普及的重要推动力量。不可否认，明末清初的战争对

四川、陕南地区的破坏尤其严重，对烟草的传播和普及也带来了毁灭性的打击，使其几乎变成了烟草的空白地带。这一节主要讨论明末清初的川陕移民活动（1660—1750 年），并重建由此推动的烟草恢复普及路径。

明末清初大移民主要是湖广（湖南、湖北）、福建、广东、江西、安徽以及江南各省流民移入川陕各地从事垦荒生产活动[357]。鉴于从 16 世纪末开始，湖广、闽粤、赣皖、江南各地主要军贸城镇的烟草种植逐渐普及，成为一种深受大家认同的药材和具有极大商业价值的经济作物，这些地区部分流民在准备进入川陕时，会随身携带烟草和烟草种子，一是满足自身医疗和使用需求，二是作为在新的土地上安身立命和发家致富的寄托。此外，一部分流民可能在进入川陕之前就找到了合适的安身之所，在迁徙途中进一步促进了沿途各地的烟草恢复普及。例如，康熙收复台湾之后的台湾移民在迁徙过程中就推动了河南邓州地区的烟草恢复普及。这类移民在推动沿途各地烟草恢复普及中起到了拾遗补阙作用，本文不做论述。

一、引发川陕大移民的主要因素

（一）川陕民生凋敝、天灾人祸引发的移民

伴随着张献忠、李自成农民运动的兴起与失败，明朝政权的垂死挣扎与崩溃，清兵入关后的肆虐侵扰与掠夺，可以说全国绝大部分地方都经历了连年战祸的洗劫，随之而来的便是瘟疫和灾荒。当时，陕南及与其毗邻的四川省，由于清军与抗清武装交战时间最长、接触面最广，遭受破坏也最为严重，连年战祸灾荒造成粮食奇缺而出现了"人相食"的惨剧。顺治五年，"瘟疫流行，有大头瘟，头发肿赤，大几如斗；有马眼睛，双目黄大，森然挺露；有马蹄瘟，自膝至胫，青肿如一，状似马蹄，三病中者不救"。到清初，四川人口仅残存 62 万左右（另一说为 50 万左右），整个四川出现了"有可耕之地，而无可耕之人"，甚至猛虎出没，"大为民害，殆无虚日"。

与陕南、四川东部接壤的湖北省也是连年水灾、民不聊生，仅顺治时期的 18 年就有 14 年遭受洪涝灾害。其中，最为触目惊心的是顺治戊戌（1658 年），汉江溃堤造成京山、汉川、云梦、汉阳七八百里漫成水湖。据史料记载，从康熙五十七年（1718 年）到乾隆四十年（1775 年），向四川移民最多的嘉应州曾发生大范围重大自然灾害 17 次。另据学者研究，清代是广东历史上自然灾害最多的年代，共发生灾害 2505 次，迫使人们向外流迁。东南各地也是苦不堪言，清军先后对南明政权和农民抗清武装进行镇压将近 20 年，"大兵所至，田舍一空"，破坏极为严重，青壮劳动力锐减，严重影响了农业生产，造成全国性粮食价格暴涨，致使河南、山西、云南、贵州、湖广（湖南、湖北）、两广等省大批灾民成群结队外出流徙逃荒。

天灾人祸的两面夹击，使百姓难以承受，他们只能流离失所、辗转他乡。在经过明末清初战乱洗劫后，川东和陕南人去地空。这里有

秦岭、巴山天然屏障，大片被废弃的土地分布在南北山区的山间谷地和小平台上，土壤肥沃，气候温和，雨量充足，水源丰富，极适宜于南北各地人民生活。更重要的是，这里"地广赋轻，开垦易以成业"，因而川陕成为流民谋求生路的理想之所。

（二）"迁界禁海"造成的政治移民

清王朝建立之后，反清复明斗争在相当长的一个历史时期内未能平息。东南沿海地区，顺治四年（1647 年）至六年（1649 年），郑成功率领海上义师讨伐清廷。为了切断他们同内陆群众的联系，清廷便令"迁界"，广东、福建地处沿海，被列入"迁界"范围。广东从顺治十八年至康熙三年（1661—1664 年）三次"迁界"，距海约达八十里甚至百里。此时正值川陕大量招抚流民垦荒，这些被迁沿海居民成为法定对象[358]。除了扶老携幼、千里跋涉、辗转流徙之外，不少人被强行驱赶甚至押解内地。四川、陕南至今仍有"湖广填四川""湖广填陕西"的种种传说，以及称大小便为"解手"的方言。

从有关学者对大量家谱、碑文的研究成果以及历史调查资料可以看出，沿海六省居民在川、陕各地均有分布，而最多的莫过于福建和广东两省之人。例如，安康市流水区易家河蔡氏家族，系广东韶关阳山县籍；汉阴县蒲溪涧池一带张氏家族，系福建漳州籍；汉中地区西乡县上高川乡陈氏家族，系广东嘉应州程乡县籍等。濒海居民除了迁往川渝东北和陕南定居外，也有部分居民迁往湖南、湖北乃至云南、贵州等地。

（三）"圈地"导致的失地移民

顺治元年（1644 年），随着清军占领北京，满族贵族、官吏、满蒙八旗士兵及随从人员、奴仆等大量涌入北京。当年十二月，清廷以"东来诸王、勋臣、兵丁人等，无处安置"，下令"凡近京各州县无主荒田及明国皇亲、驸马、公、侯、伯、太监等死于寇乱者，无主地甚多……尽行分给东来诸王、勋臣、兵丁人等"。顺治二年（1645 年）十一月，又下令将圈占土地的范围扩大到河间、滦州、遵化等府州县，这是第二次大规模圈地。顺治四年（1647 年）正月，清廷再次下令于顺天、保定、河间、易州、遵化、永平等四十二府州县内进行第三次大规模圈地。康熙八年，清政府又决定圈占张家口、东虎口、喜峰口、古北口、独石口、山海关外的旷土，拨给八旗官兵[359]。在长达 26 年之久的圈地运动中，北方背井离乡的流民数量绝不亚于东南沿海的"迁界"流民。在这些流民中，相当一部分人迁转流徙定居于陕、鄂、川各地。其中流徙于川渝东部和陕南的流民山西籍最多，至今在川渝东部、陕南很多地方，一些群众都称自己祖辈是山西大槐树人氏。

（四）"剃发"引起的士民离乡背井

满族习俗，男人头发要剃去前额和四周，仅留存头顶长发，编成辫子垂之脑后，各族投降、归顺者都要以剃发作为归顺标志。顺治元年，多尔衮进入北京后，立即宣布京城内外军民人等尽行剃发以示归顺；顺治二年六月，多尔衮颁发了"留发不留头"的剃头令。剃发令下达后，遭到广大汉族民众反对，加剧了清初民族矛盾，引发了激烈的反清复明抵抗运动，太仓、秀水、昆山、苏州、常熟、吴江、嘉定等广大地区义民纷起，杀死清军派遣到地方的官吏。江南一些士族之家，为了逃避"剃发"，纷纷举家逃亡，部分来到秦巴山区荒山僻野，耕稼其中，隶籍川陕。

（五）朝廷激励政策措施的推进

为了避免土地撂荒、保证田赋收入、摆脱财政困乏局面，在战乱刚刚平息不久，清政府即对四川、陕西、中原地区等省实行休养生息政策，采取一系列措施来增加人口、开垦荒地。在川陕，最重要的措施就是招徕外省流民进山垦荒。顺治六年（1649 年）四月，清廷正式颁布垦荒令，宣称"招徕各处流民，不论原籍别籍，编入保甲，开垦荒田，给以印信执照，永准为业"。但是，清初陕南战乱和灾荒此起彼伏，社会极不安定，本地人亦流徙他乡，外来之客民又怎能在此垦荒落业？因此，从顺治到康熙初年，川陕招抚流徙落籍垦荒之举收效甚微。

康熙七年（1668 年），四川巡抚张德地建议鼓励湖广等外省农民入川落籍开星，提出了奖励官员招民的办法。为了减轻垦荒负担，康熙十二年（1673 年）又修改了顺治时的垦荒定例，规定荒地垦熟后，由原来最高限六年起科，改为"嗣后各省开垦荒地，俱再加宽限，通计十年，方行起科"。康熙二十五年（1686 年），户部

同意四川巡抚关于"四川乡绅应回原籍"的疏请；二十七年（1688 年），康熙谕令"四川乡绅迁居别省者甚多，应令伊等各归原籍，则地方富庶，于贫民亦有裨益，此事尔等次第行之"，此后多次对四川乡绅返蜀做出训谕。雍正五年（1727 年）六月，户部批复四川巡抚"楚民入川落业者，定例令地方官给印照验。凡入川穷民，务令各该地方官给以印照，到口验明安插"，"应准入籍者，即编入保甲，加意抚绥，毋使失所"。乾隆六年（1741 年）规定："广东惠、潮、嘉二府一州原属无业贫民携眷入川，不必强禁，许其开明眷属名口、年貌报本地方官查明，给票听往，不必倒省关移。关切知沿途营县验明人票相符，即予放行，到川编入年册，移知原籍存案。"康熙二十二年（1683 年）三月己未，户部议复河南巡抚王日藻条奏开垦豫省荒地事宜四条：

"一宜借给牛种，请将义、社仓积谷借与垦荒之民，免其生息，令秋成完仓。二宜招集流移，凡外省民垦田者，如他处以往事发，罪只坐本人，勿得株连容隐。三宜严禁阻挠，凡地土有数年无人耕种完粮者，即系抛荒，以后如已经垦熟，不许原主复问。四是新垦地亩，请暂就该县下则承认完粮，俟三年后，仍照原定等则输粮。均应如所奏。得上口谕，依议。"[360]

在如此优厚的条件招引下，移民蜂拥而至，很快形成垦荒热潮。除了优厚的政策激励，为了有效组织移民进入川陕，顺治和康熙初年，朝廷两度在湖广和四川地区共设一个总督，时称川湖总督。所谓"湖广"，原指元代所设"湖广行省"（含今湖南、湖北、广东、广西和贵州一部分）的简称；

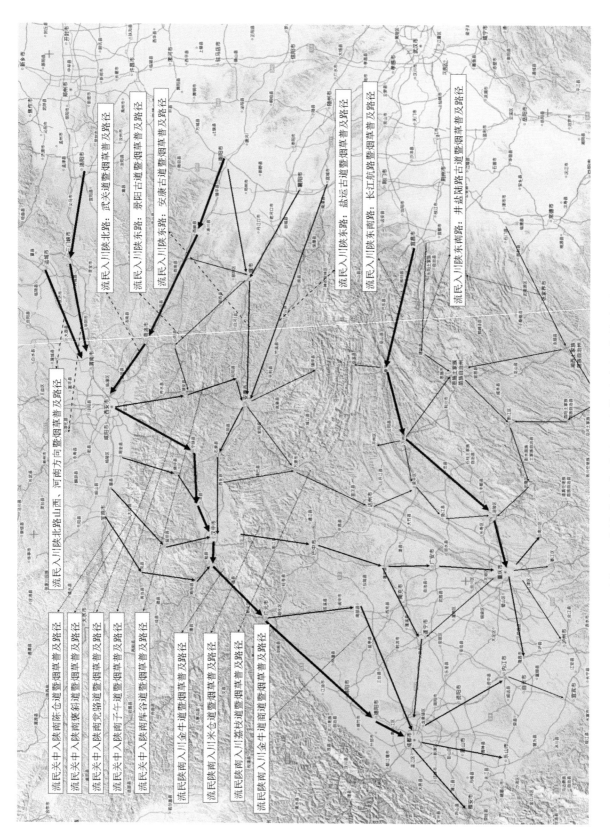

图 28　（川陕）大移民活动推动的烟草恢复普及路径

到明代，"湖广行省"分为广东、广西、湖广三个布政司（省），这时的"湖广布政司"辖今湖北、湖南之地，习称"湖广"。清初的川湖总督府先驻湖北荆州，后驻重庆，有效地加强了对移民运动的督促。顺治十年（1653年），清廷又设置川陕总督，以孟乔芳总督川陕。到康熙初年，因四川巡抚张德地奏议之故，复又偏重湖广；从康熙二十年起，清廷又恢复川陕总督，直至康熙五十七（1718年）年川、陕分治。此后的雍正、乾隆时期，仍有不少年代川陕合治。川、陕行政区划一体，促进了移民的迁徙融合。到了乾隆六年（1741年）七月，户部议复陕西巡抚张楷奏报陕西省荒地应行开垦并酌议招垦事宜六项，把陕南招徕流移垦荒之事进一步落到实处：

"一、商州及所属地方，尚有未开垦荒地三万余亩。现令地方官确查，开明亩数四至，官为插标招垦。无主之地，即给垦户为业。其有主而自认无力开垦者，定价招垦，给照为业。

"二、隙地多在山石榛莽中，凡零星土地，在五亩以下不成丘段者，永免升科。

"三、本地人力无余，其邻近无业之人，亦听开垦。应将认垦之人着落土著识认，移原籍邻户保结，到日准其给照，即编入土著保甲之内，令该管保长等查察。为其赌窃为匪，禀官究治。

"四、平衍易收之地，每一壮丁限以五十亩为率。山冈沙石难收之地，每一壮丁限以百亩为率。有父子兄弟俱系壮丁者，酌量加增。

"五、荒地全无土产者，应查出开垦。现有民在割漆砍竹及采取构皮、木耳等项者，听民自便，地方官不得强令垦种，亦不得以现获微利，勒报

升科。

"六、此项地亩，实力招徕，渐次开辟，毋庸定以议叙，处之额限。

"应如所请，从之。"[361]

这些政策的颁布，有力地促进了川陕招徕移民，各府、州、县地方官及地主绅民纷纷招徕流民。在流民迁徙垦殖过程中，不仅膏腴之地，部分贫瘠山地也得到耕种，这也意味着烟草的种植也随之从平原丘陵延伸到了山岭之地。

二、（川陕）大移民活动推动烟草恢复普及的路径重建

（一）移民入陕、入川的三路烟草恢复普及路径

虽说世间之路千万条，但在清朝初期，如果以关中为中心，北京、山西、河北、湖广（湖南、湖北）、福建、广东、江西、安徽以及江南各省流民携带烟草进入陕西和四川，主要有三个大的方向迁徙路线，推动烟草恢复普及：

北路：北京、山西、河北、山东、河南、安徽一带的游民一般会选择北路直接从山西或河南过黄河进入关中，还有一部分游民会选择聚集在南阳、襄阳、十堰一带，经武关道进入关中，再往南进入陕南和四川。因为交通相对便捷，这一方向的移民数量可能最大。

东路：湖广（湖南、湖北）、福建、广东、江西、安徽以及江南各省流民汇聚在十堰、襄阳、宜城一带，从十堰出发，分别经景阳古道、安康古道，从宜城出发经盐运古道，汇聚安康，再从

东部进入陕南，或南下进入四川。这一方向路途险阻，移民数量可能最小。

东南路：湖广（湖南、湖北）、福建、广东、江西、安徽以及江南各省流民汇聚在长江沿线的宜昌、荆州以及长江支流的常德等地，通过长江航路沿岸古道、川盐陆路盐运古道从东南部进入四川涪陵、黔江、重庆等地。这一方向的移民数量很大，可能仅次于北路。

（二）关中穿越秦岭进入陕南的五条烟草恢复普及路径

由于山川阻隔，中原、湖广、福建、江西、安徽、江苏、浙江、台湾等地移民携带烟草，选择北路进入川陕地区，一般经过山西、河南、湖北等地先进入关中，再由关中翻越秦岭古道进入汉中地区，主要有五条古道[362]，其路径分别是：

陈仓道：其经行路线大致为，从陈仓（今宝鸡东）出发，经黄花川、凤县、河池县、长举县至兴州治所顺政县（今略阳县）。

褒斜道：其经行路线大致为，从眉县出发，由斜谷口入秦岭，经五里坡、两河口、马道镇，穿石门或越七盘岭出褒谷口，到褒城。秦、汉、魏、晋各代皆把此道作为关中至汉中再南到四川的主要通道。

傥骆道：其经行路线大致为，从周至出发，从西骆谷入秦岭，越骆谷关，经留坝，沿汉江北岸渡胥水，经流王城，到汉中。

子午道：其经行路线大致为，从西安出发，在长安县子午镇附近子午谷入秦岭，经宁陕县沙沟街、石泉县、西乡县、洋县，到城固县城。子

午道是古代长安通往汉中、安康及巴蜀的驿道，因穿越子午谷且从长安南行开始一段道路方向为正南北向而得名。

库谷道：其经行路线大致为，从库谷（库峪口）溯库峪河而上翻越秦岭，经镇安县，循乾佑河而下，经两河关进入旬水谷道，至旬阳县，沿汉江北岸到达金州（今安康），从安康经石泉可到汉中。

在这里再简单介绍一条湖广进入关中平原的武关道：从蓝田出发，经牧护关（唐时称蓝田关）翻越秦岭梁，顺丹水支流七盘河下至黑龙口，折东行经商州、丹凤县后出武关，又东经商南县富水镇出今陕西省境，经西峡县、内乡县至南阳、荆州、襄阳，以至江南、岭南。这条通道也是明末清初战争期间军队出关中进入湖广、中原、江南的主要通道。

（三）川陕之间穿越巴山的三条烟草恢复普及路径

"噫吁嚱，危乎高哉！蜀道之难，难于上青天。蚕丛及鱼凫，开国何茫然。尔来四万八千岁，不与秦塞通人烟"，这是唐代大诗人李白对蜀道艰险的感叹。移民携带烟草从北路穿越巴山入川主要有三条古道[361]，其路径分别是：

金牛道：它是迄今为止人类最早的大型交通遗存、世界上历史最悠久的官道，比古罗马大道还早。其大致路线是，从成都出发，经德阳罗江县、绵阳梓潼县，至广元剑阁，过剑门关至昭化，渡嘉陵江，经广元朝天区往东北方向至陕西宁勉县，再经宁勉县到达汉中。这是官道，也是最繁忙的一条通道。此外还有一条经广元向东南到阆

中，经南部、盐亭到成都的商路。

米仓道：从汉中中部出发，沿汉水支流濂水河谷进入巴山，过分水岭后沿着最近的巴江河谷南下，经巴中到达重庆，也可在去往重庆途中的南充、广安等地分支到成都。因为这一带的巴山古时叫米仓山，所以这条道叫米仓道。

荔枝道：其大致路线是从汉中东部的西乡出发，沿着洋河河谷进入巴山，再沿巴江东源，经万源、宣汉、达县（今达州）到达重庆。这条路曾用于为杨贵妃送荔枝，所以被称作荔枝道。荔枝道还有一个比较土气的名字——洋巴道，当时主要用于运送四川产的井盐。米仓道与荔枝道的终点都是重庆。

三、川陕大移民对烟草恢复普及的影响

明末清初的川陕大移民促进了川陕地区人口的恢复和农业生产，也促进了商品经济的迅速发展，对烟草恢复普及的影响主要体现在两个方面：

一是促进了烟草在流民迁徙沿途及川陕周边区域的进一步恢复普及。不论是因为躲避战争、瘟疫、自然灾害、苛捐杂税，还是战争结束后的强制军队迁徙、移民屯垦，在迁徙过程中如果找到合适的地方停驻耕种，就意味着这些地区人烟稀少，烟草种植普及程度较低，甚至部分偏远山区聚居地此前可能还没有烟草种植。游民到来填补了烟草空白，提高了这一地区的烟草普及程度。如福建龙岩烟商就十分活跃，烟铺开到了河南开封，湖北宜昌，江西玉山、吉安、瑞金、甘肃兰州等地。其中，仅谢氏一族就有二十五家在外经营烟草，谢氏家族的谢晏波最早在外经营烟草生意，雍正年间他在江西瑞金、台湾诸罗开设了"晏记烟铺"。同时代还有谢次红、谢俊良在湖北宜昌开设"宜昌""永昌""俊元昌"三家烟铺。据《谢氏族谱》记载，谢鸿恩祖父士隆公于乾隆初年迁居江西玉山，开设烟铺，开谢氏族人在玉山经营烟铺的先河。此后，谢氏家族历代都有人到各地经商，最多时开设烟铺达数十家，其中族谱中有记载就有十一家，经营地区遍及广东、湖南、河南中州以及长江南北。

二是促进了烟草在川陕地区的恢复普及。明末清初，川陕地区遭受战乱和自然灾害最为严重，许多地区人烟绝迹，烟草种植遭到毁灭性打击。随着游民大量进入，烟草种植在这一地区重新开始恢复普及，出现了烟草商业活动。如在陕南，"汉川民有数十亩之家，必栽烟草数亩"。在南郑县，"北坝旱地种粟谷、黄豆、芝麻、烟、姜等物，以为换买盐布、完粮佣工之用"，"城固胥水以北，沃土腴田，尽植烟苗。盛夏晴霁，弥望野绿，皆此物也。当其收时，连云充栋"。在兴安府所属紫阳县，"务滋烟苗，较汉中尤精，易售"。

由于烟叶出产丰富，从事经营者也就在整个商业活动中占有比较显著的地位。从收购、加工到转运、发售，都有人专门负责，"汉中郡城，商贾所集，烟铺十居其三四"，一些大商人"重载此物历金州以抵襄、樊、鄂渚者，舳舻相接，岁糜数千万金"。除了商人之外，很多生产或经营烟叶的"兴汉之人，以此糜金者不少耶"。在重庆，天启年间（1621—1627年）烟草从湖北、湖南传入巫山县、秀山县、石柱等地，当时人们

把它称为土烟，又称叶子烟、"和气草"等；随着烟草生产发展，顺治元年（1644 年），重庆奉节县设常关（夔关）征收烟税，进出川渝烟叶在此验关征税；到了康熙十六年（1677 年），重庆万具、城口县出现了丝烟加工作坊。康熙三十五年（1696 年），在乌思藏霸踞打箭炉（今康定），吞占蛮地数千里、侵夺番民数万户，喋吧昌侧集烈等在 1699 年还擅发蛮兵数千，占住河东擦道、若仪等堡、不放客商来往的情况下，四川提督岳昇龙把烟草作为一种制裁工具，"禁阻茶烟米布"

交易，惩罚乌思藏，这也说明四川烟草生产已基本得到恢复。

至此，本书第二部分重建了烟草在国内启蒙阶段的传播路径与时间以及由战争、大移民推动的烟草普及路径和时间，为认识烟草在中国境内传播、普及和发展提供了新的视角。在初步探明烟草在中国的传播路径和时间后，我们将进入本书第三部分，关注中国烟草和中式烟斗文化的发展历史。

第三部分
中国烟草与中式烟斗文化发展历史重建

  随着葡萄牙航海事业持续向东方推进，欧洲商人、海员、士兵、传教士们携带着烟草，在16世纪的第二个十年正式登陆中国海岸。在他们的示范教习下，部分与其接触的中国官员、商人、海员以及民众开始尝试学习使用烟草。由于烟草具有广泛的医疗效用，部分医生也开始将其推荐给病人，并迅速得到认同。在成瘾性作用下，部分民众开始养成日常用烟习惯。同时，在中医学温补理论加持下，烟草上升到了养生必备用品的高度，成为达官显贵、士绅贤达交朋结友、礼尚往来的馈赠礼品，以及升斗小民茶余饭后、劳作之余的消遣之物。借助国内商业网络，烟草开始了它从沿海、沿边向内陆地区的渗透与启蒙活动，经过近一百年发展，到17世纪初，烟草几乎传播到了中国每一个省区，在主要军贸重镇、各地区政治经济文化中心出现了烟草商业种植和销售。从17世纪20年代开始，在明末农民起义以及清朝统一中国战争的推动下，烟草开始了在全国范围内的传播和普及进程。但战争也带来了极大破坏，导致部分地区人口锐减、土地荒芜，部分区域尤其是川陕大部分地区再次成为烟草空白地带。战后重建以及清初持续一百多年的川陕大移民，再次促进烟草在中国各地包括川陕大地的恢复普及。

  烟草在传入我国之后，除了药用之外，最主要的用途还是被加工成满足人们日常消遣使用的烟草制品，例如旱烟、水烟、鼻烟。直到19世纪末，雪茄和机制卷烟兴起，传统烟草消费方式才逐渐被取代。烟草消费使用的中式烟斗主要有三类：一是旱烟烟斗，也称旱烟袋、干漏、烟杆等，是过去最普遍、使用民众最多的吸烟器具；二是水烟烟斗，也称水烟袋、水烟壶、水烟筒等，与旱烟相比，烟气更加凉爽，口感更舒适，使用的民众也非常广泛，但便捷性、便携性上相对欠缺；三是鼻烟斗，也称鼻烟壶，用于盛装经过研磨的烟末。虽然抽吸雪茄烟、卷烟的烟斗也可以归为旱烟斗类，但影响和使用范围较小。

  目前，人们日益重视烟草消费的健康影响，更加追求生活品位和品质。鉴于传统烟草吸食方式更有利于减少吸烟危害，它们开始重新受到关注，特别是慢食主义流行，越来越多人开始回归传统，尝试使用烟斗，回味美好岁月，追寻中式烟斗所承载的历史与文化。本书第三部分将聚焦于旱烟、水烟、鼻烟三类中式烟斗与文化的历史重建。

　　关于中国烟草和中式烟斗文化发展历史的研究成果不多，这也为本书写作增添了不少难度。同时，烟草进入中国已超过 500 年，初期烟斗实物样本缺失，对于中国传统烟斗的形制演变、烟斗文化历史研究，我们只能另辟蹊径，主要依靠传承下来典籍、影像、考古发掘以及现存的古董烟斗，再辅以生活常识加以判断。

第六章
中式旱烟斗的
发展历史脉络重建、主要形制与未来

随着烟草的引入，中国旱烟斗与中国传统的陶土、竹木、金属等制作工艺以及传统文化相结合，开创了富有中国特色的中式旱烟斗发展和烟斗形制演变历史。在新的历史时期，中式旱烟斗发展如何取得突破，也需要我们进行思考。

第一节　中式旱烟斗的发展历史脉络重建

一、中国历史上存在的类旱烟斗器具

旱烟斗源于抽吸旱烟的需要，其基本结构包括烟斗钵、烟杆和口柄三大部分，其中最为关键的是烟斗钵和烟杆，前者用于盛装和燃烧烟草，后者用于传输冷却烟草燃烧产生的炙热烟气，口柄的作用更多是装饰与增添吮吸烟气的舒适感。早在烟草进入中国以前，中医就开始尝试采用烟疗来治疗一些疾病，出现了类似烟斗钵、旱烟斗的医疗器具。

1973 年出土于湖南长沙马王堆三号汉墓（168 年）的帛书上，记载有医治疾病的药方，因其目录后题有"凡五十二"字样，被命名为《五十二方》。这是我国现存最早的医方著作，约成书于战国时期（前 475 年—前 221 年），作者已不可考。医方中有熏洗治疗法，用于治疗病症、痔瘘、烧伤、瘢痕、干癣、蛇伤等多种病症，其中有一种直接烟熏治疗痔瘘的方法：将药物放在药钵中，置于洞口，下置炭火，铺上席子后坐在上面用烟熏治[207]。燃烧药物的药钵就相当于盛装烟草的烟钵，烟气能治疗疾病已得到医生认同。

崔知悌，许州鄢陵（今河南鄢陵）人，约生于隋大业十一年（615 年），历任洛州（今河南）司马、度支郎中、户部员外郎，唐高宗时升殿中少监，后任中书侍郎、尚书右丞，调露元年（679 年）官至户部尚书。在政事之余，他喜欢从事医疗实践和研究医药书籍，集合众长，临床诊治药到病除，颇多创新，尤其擅长灸骨蒸之法。王焘（670—755 年），陕西郿县人，著名医家，其著作《外台秘要》（成书于 752 年）博采众家之长，引用此前医家医籍达六十部之多，差不多所有前期医家留下的著作都是他论述、引用的对象。在"熏

咳法六首"中，他就引用了崔知悌治疗久咳不愈的烟熏法：

"崔氏疗久咳不瘥熏法：款冬花上一味，每旦取如鸡子许，用少许蜜拌花使润，纳一升铁铛中，又用一瓷碗合铛，碗底钻一孔，孔内插一小竹筒，无竹，苇亦得，其筒稍长作碗铛相合，及插筒处，皆面塈之，勿令漏烟气。铛下着炭火，少时，款冬烟自从筒中出，则口含筒吸取烟咽之。如觉心中少闷，须暂举头，即将指头捻筒头，勿使漏烟气，吸烟使尽止。凡如是三日一度为之，待至六日，则饱食羊肉博饦一顿，则永瘥。"[208]

崔知悌提出的治疗方法是：每天早上取鸡蛋大小的款冬花，用少量蜂蜜拌匀变润后放在一个铁铛中，上面用一瓷碗扣上，瓷碗的底部再钻一个小孔，孔内插上小竹筒，没有竹筒，可以用芦苇管代替，其长度稍微长于瓷碗和铁铛高度即可，在合铛与底部插小竹筒的地方都用面粉（或泥）封闭，不让烟气泄露。铁铛下方放置炭火，很快款冬花燃烧产生的烟气就从小竹筒中散出，用口含住竹筒，吸入款冬花烟气下咽。如果感觉胸闷，就暂时抬起头，并用手指按住竹筒头部，不让款冬花烟泄露，缓和后继续吸食，直到烟尽为止。这里使用的是下燃法，铁铛相当于烟钵，瓷碗相当于烟斗外接烟杆的斗颈，小竹筒相当于烟杆和口柄。这种吸烟方式与陈拙 2016 年推出的立式反燃烧烟斗非常相似[363]，也与陈琮在《烟草谱》中所描述的烟草刚进入中国时，人们吸烟的方法非常神似：

"烟初入内地时，食者将烟草置瓦盆中，点火燃之，各携竹管向烟，群聚而吸之，其管不用头，

今则人人随身携带矣。"[364]

另一位唐代医家孙思邈，从小就聪明过人，长大后爱好道家老庄学说，十分重视民间的医疗经验，不断积累走访，及时记录下来，在唐高宗永徽三年（652 年）左右完成了著作《千金要方》。后来孙思邈接受朝廷邀请，于显庆四年（659 年）完成了世界上第一部国家药典《唐新本草》。唐高宗上元元年（674 年），孙思邈年高有病，恳请返回故里，永淳元年（682 年）与世长辞。王焘（670—755 年）在《外台秘要》"熏咳法六首"中引用其著作中烟熏治疗咳嗽的方子如下：

"《千金》疗咳熏法：细熟艾薄薄布纸上，广四寸，复以石硫黄末薄布艾上，务令调匀，以荻一枝，如纸长，卷之作十枚。先以火烧缠下去荻，其烟从荻孔中出，口吸取烟，咽之取吐，止。明旦复熏之，昨日余者，后日复熏之，三日止，自然瘥。惟得食白糜，余皆禁之。"[208]

孙思邈采用的治疗方法是：将陈艾碾成细末，放置在四寸见方的纸上薄薄摊开，然后再把硫磺细末均匀撒在艾末之上，调匀，将一枝荻草（多年生草本植物，形状像芦苇）放在布满硫磺和艾末的纸上，然后卷起来，同时制作十支。先用火烧卷缠的荻草，使荻草管畅通，等到烟气从荻草孔中冒出时，用口吸食下咽，如此反复，直到想吐为止。第二天、第三天接着熏，每日三次，连熏三天，自然就好了。食物禁忌是只能吃白粥，其余一切勿用。这里用于吸食陈艾与硫磺的荻草管，与此后直接用于吸食烟草的芦苇管、竹筒烟管几乎可以无缝对接。陆耀在《烟谱》中对烟管做了如下描述：

"烟管亦曰烟筒，北方直谓之烟袋。其法：截竹为筒，闽人取烟置近根处，着火而自稍吸之。"[365]

《五十二方》治疗痔疮所使用的药钵，孙思邈治疗咳嗽所使用的荻草管，以及崔知悌医治咳嗽使用的铁铛、瓷碗和小竹筒，都与此后用于吸食烟草的旱烟袋具有一定相似之处，但它们主要作为医疗器具形式存在，为后来中式旱烟斗的使用与形成提供了直接设计制作思想来源。当时还没有烟袋的概念。

宋代著名医学家苏颂（960—1279年）在其医学著述《本草图经》中再次引用了崔知悌用款冬花治疗咳嗽的方法，并一直传承至今。这些治疗工具的制作思路、使用方法都与旱烟袋（斗）具有相似之处，是中国早期类烟斗形态的物件。此外，烟草在进入中国初期，其中一个名称就与中医治疗方式名相通——薰。可以说，中医的熏疗与美洲烟草烟斗抽吸方式之间存在相似性，烟草烟气能用于疾病治疗的特性与中医采用烟熏法治疗疾病是相通的，这为烟草在中国早期的使用减少了传播阻力。

二、葡萄牙与荷、英、法等国入侵亚洲及其对中式旱烟斗发展的影响

（一）葡萄牙入侵亚洲对中式旱烟斗发展的影响

16世纪初叶，葡萄牙人占领马六甲，1514年左右登陆中国屯门岛，烟草的零星使用也随之而来。鉴于从西班牙人发现美洲到葡萄牙人登陆中国屯门岛，时间间隔二十几年，加上这些拓展海外事业的欧洲人多数时间奔波于海上贸易，我们认为，烟草登陆中国的时候，烟草制品的形式还比较单一，葡萄牙人使用的烟草制品应该是最为简单的烟丝或者烟草碎片，将其放入用木材或者陶土等材料做成的旱烟斗中点燃抽吸。

随着葡萄牙人不断涌入东南亚以及中国沿海地区从事贸易，进入中国并养成烟草使用习惯的人也开始增多，初期主要是葡萄牙人、印度人以及在马六甲从事海上贸易的其他外国人。登陆中国之后，他们使用的烟斗在损毁或者丢失后必然需要补充和重新制作。具备制作技能的人承担了这一任务，例如，北部湾合浦港附近的窑工开始零星烧制陶土烟斗用于出售，其中最早的Ⅰ式烟斗，甚至可以上溯到正德末期（1520年）左右，斗钵内部为圆锥形，容量小，外部为便于持握的方形。出土数量只有一个，说明这一时期用烟人少；外形为方形，使用群体应为从事海上贸易的商人或者船员，便于在海上颠簸中也能更好持握。嘉靖二十八年（1549年）左右制作的Ⅱ式、Ⅲ式陶土烟斗，其外形与Ⅰ式相比发生了变化，斗钵整体为圆形，斗钵容量仍然较小，说明当时抽烟的人仍较少、每次抽吸用烟量小，且价格高昂。圆圆的陶土烟斗外形也反映出这些烟斗主要为本土享受抽烟乐趣的人制作，他们不需要考虑旅途颠簸烟斗应具备的握持效果（烟斗外形详见图3）。

虽然目前还没有其他能确定为16世纪早期的烟斗出土，但根据中国那一时期对外贸易发展

图 29　马背上的葡萄牙人——南怀谦神父 [366]

情况，我们可以推断，广州、福建、江苏等地在16世纪三四十年代对烟斗的需求量比合浦所在区域更大，烟斗外形、斗钵容量大小与合浦出土烟斗基本相似，因为当时烟草使用人数总量少，烟草种植规模小，人们对烟草致醉的耐受力还比较弱，烟草价格高昂。所有这些因素都决定了斗钵容量不可能很大，而且烟斗使用对象以商人、水手、官员、士兵为主。可以看出，这一时期葡萄牙人、登陆中国的海上游商以及中国烟草使用者，对烟斗制作者提出的要求可能就是内圆外方，斗钵容量小，便于持握。

他们在福建、浙江、江苏和广东等沿海军贸城镇站稳脚跟之后，开始在当地设立贸易站、仓库，留驻长期驻守人员，烟草和烟斗的使用开始向沿海、内陆地区渗透。生活的安稳，必然会让这些烟草使用人员对烟斗形制的要求从满足握持转向舒适性、美观性以及个人偏好，促使中国烟斗制作者改变原来的设计制作思路，进行适当创新。在留驻中国的一些葡萄牙人中，部分虔诚的教徒基于宗教责任和热情，冒着生命危险向中国内陆传播宗教信仰，他们会随身携带烟草和烟草种子，在传播信仰的同时传播烟草知识，也把烟斗的使用推向内陆经贸发达城镇。

如果不出意外，16世纪30年代左右，繁华的南京可能已经出现了零星的烟草使用者，他们也开始在南都使用烟斗。明朝画家仇英[367]（约1498—约1552年），号十洲，原籍江苏太仓，后移居吴县（今苏州），曾习漆工，后拜师周臣，其画博采众长，集前人之大成，形成了自己独特的艺术风格，当时人们把他与周臣、唐寅称为院派三大家，后人把他与沈周、文徵明、唐寅并称

为"明四家"。创作于16世纪30年代、具有现实主义风格的《南都繁会图》，描绘了当时南京街市的繁华荣景。明朝虽然号称"片板不得下海"，但在水陆交通便捷、货通四海的南京街头，声称"东西两洋货物俱全"的店铺招幌飘然于市，作为西洋货的典型和神奇药材——烟草也应在这些店铺中销售吧！

（二）西班牙入侵亚洲对中式旱烟斗发展的影响

虽然早在1521麦哲伦船队就曾抵达菲律宾，但限于同葡萄牙签署的《萨拉戈萨条约》，西班牙一直把主要精力集中于美洲开发。直到明嘉靖四十四年（公元1565年），西班牙人在黎牙实比率领下登陆菲律宾，才在宿务建立了基地，

图30 《南都繁会图》局部[368]

▲ 图 31　巴西印第安人使用的荷兰烟斗 [48]

图 32　印第安人使用的烟斗 [370]　▶

1571 年征服马尼拉后才和中国商人真正相遇。他们被中国的丝绸和瓷器所吸引，一面在菲律宾进行中转贸易，一面竭力修好中国，试图开通与中国的直接贸易。在明朝闭关锁国政策影响下，双方正式贸易虽然没有建立起来，但在海上走私贸易帮助下，中国—马尼拉—西班牙—墨西哥贸易网得以建立。例如，1572 年春，中国三艘平底帆船出现在菲律宾，带来了西班牙人梦寐以求的丝绸、瓷器和茶叶。西班牙人用他们从墨西哥带来的几乎所有白银买下了这三艘船货，带回欧洲销售后获取巨额利润，而中国人也满载香料和白银而归。此后每一年，都会有中国商船从福建漳州、泉州或广东海岸出发，出南海，进入马尼拉湾，泊于马尼拉港；从墨西哥来的西班牙商船，用他们带来的白银和其他货物交换中国商品，然

后经过马六甲、好望角返回欧洲，赚取厚利，用于在非洲购买或者抓捕大量黑奴，带到墨西哥开采银矿，形成了新的横跨四大洲、两大洋的全球贸易网络。自 16 世纪 40 年代到 19 世纪 20 年代的 280 年间，在海上对外贸易中，大量白银流入中国。有学者通过对前人文献的整理和分析，得出一个粗略结论：在上述时期，通过海上对外贸易流入中国的白银约有 6 亿两，其中从日本流入的白银约 2 亿两，约 1/3 通过中日直接贸易输入，2/3 为转口贸易输入；从美洲流入的白银约 4 亿两，经由马尼拉流入以及经由欧洲和美国流入的各约 2 亿两 [369]。

　　很显然，西班牙人不仅会从美洲带来白银，也会带来烟草，部分西班牙走私船也会像葡萄牙人一样进入中国，在与同行分享带来的墨西哥烟

草时，也会炫耀他们使用的漂亮烟斗，以及具有美洲特色的印第安烟斗。部分中国商人或船员与西班牙人在马尼拉贸易时，还可能把交换的烟斗带回中国销售。这种交流活动可能为当时的中国烟斗制作者带来了新的创意和灵感，比如在中国少数民族地区，也有将捕获猎物的毛发、骨角等用于装饰烟斗的习俗。

（三）荷兰入侵亚洲对中式旱烟斗发展的影响

1596 年 6 月 27 日，荷兰航海家科尔尼里斯·德·霍特曼历尽艰险，终于沿着葡萄牙人所开辟的航线抵达了传说中的"香料群岛"以及扼守巽他海峡的万丹。这次航行在经济上可谓是一场巨大灾难，由于沿途缺乏补给据点，249 名水手最终仅有 89 人返回阿姆斯特丹，带回的货物不过是在巴厘岛上购买的几桶胡椒。但这次航行却证明，荷兰可以绕开葡萄牙封锁，直接抵达香料群岛。1598 年，荷兰人组织了 22 艘武装商船、5 支远航船队奔赴香料群岛，其中雅各布·范·内克领导的舰队不仅发现了斯里兰卡、抵达万丹港购买了廉价香料、在爪哇建立了据点，还实现了与中国商人直接贸易，利润高达 400%。雅各布的成功激发了属于荷兰人的大航海时代，无数家经营东方商业的公司相继成立，迅速与香料群岛苏丹建立贸易关系，并在 1601 年打退了葡萄牙人对万丹港的攻击，彻底站稳了脚跟。

此后，荷兰与中国开始了贸易和军事接触。根据《明史·外国列传》"和兰"条记载，万历中期荷兰人来到东方时，福建商人主要将他们带

到大泥、吕宋等地贸易，直到万历二十九年（1601 年）击败葡萄牙人后，荷兰人才尾随葡萄牙人来到香山澳要求贸易。当地官员再三确认荷兰人只是进行贸易之后，才让他们入城，历时一个月，随后让其和平离去，因明廷禁止外国商船入境贸易，税务官员李道也不敢将此事禀报朝廷。

在荷兰人千方百计寻求与中国建立长期正式贸易的过程中，海澄人李锦、商人潘秀、郭震因久居大泥，与荷兰人熟悉，告诉他们与中国进行贸易最好选择漳州，如果先占领漳州南部的澎湖屿再提出贸易请求就更容易实现。他们还建议荷兰人以重金贿赂官员，诱其将荷兰通商请求上报朝廷。荷兰舰队司令韦麻郎（Wybrand Van Warwijck）采纳了这一建议，1604 年 7 月，在明朝防倭汛兵撤离之后，他率领两艘大船侵占了澎湖屿，并让一位中国商人去福建同中国当局商谈通商，威胁如果不同意贸易，就派军舰进攻福建

图 33　1640 年荷兰的抽烟者 [371]

图 34　手拿烟袋的中国官员 [372]
（1665 年法文版纽霍夫《荷兰东印度公司使节团访华纪实》作者描绘的插图）

沿海。明朝随即派出沈有容率领 50 艘战船奔赴澎湖屿，在力量对比的震慑下，荷兰人和平退出。但他们仍继续到台湾贸易，并在明朝忙于其他战事情况下，逐渐蚕食台湾，沿海地区海商也仍然继续与其贸易。他们又开始出入澎湖，设立据点。在得到当地官员拆毁据点就可通商的承诺之后，他们在天启三年（1623 年）主动拆毁了据点，朝廷不许通商后再次侵占澎湖。天启四年（1624 年），大明派遣水师大规模围攻澎湖，荷兰人虽然倚仗坚固工事、火力强大的战船负隅顽抗，但最终败退。1633 年，荷兰人为垄断对华贸易卷土重来，派遣舰队威胁大明，明朝派遣郑芝龙率领水师，围剿并大败荷兰。荷兰舰队伤亡惨重，残部逃往台湾，被迫向明朝每年缴纳 12 万法郎保护费，以获得在远东海域的安全保证 [373]。

从这些内容中我们可以感受到，1601—1633 年之间，荷兰与明朝开展了频繁的贸易交流和军事接触。远道而来的荷兰商人、军人和船员在那一时期大多数已是烟草爱好者，他们从荷兰出发时必然会带上自己喜欢的烟斗一路享用。来到中国沿海广东、福建和台湾，在其烟斗损毁后也必然会委托中国制作者为他们制造相似的烟斗。此外，荷兰人与当地的商人、船员、官员、士兵广泛接触时，他们使用的全陶烟斗、金属烟斗必然也会引发中国同行关注，进行模仿制作，其制作形制、结构、材料能为中国烟斗生产者提供借鉴。

（四）英国入侵亚洲对中式旱烟斗发展的影响

与葡萄牙、西班牙、荷兰相比，英国与中国进行贸易的时间要稍微晚一点。明神宗万历二十四年（1596 年），英国女王伊丽莎白一世曾致书中国，希望两国能开展贸易，因为使者遇难，信件最终没有送达。荷兰人在巽他群岛扩张势力，开始在当地推行经纪人制度，要求英国东印度公司（1600年设立）必须在荷兰代理人见证下才能在香料群岛交易，遭到了英国人强烈反对。1613年、1615年两国分别在伦敦和海牙进行贸易协调，英国开始将贸易重点转向南亚次大陆和中南半岛，与莫卧儿帝国、暹罗和缅甸展开贸易，开始了与中国商人之间的直接接触。1635年，印度果阿葡萄牙总督为了抵抗荷兰、拉拢英国，在没有征求澳门葡萄牙人意见之下，单方面同意英国东印度公司分享与中国贸易的机会，而此时的澳门葡萄牙人因被荷兰人排斥，在东亚只剩下澳门到马尼拉一条贸易通道可以维持。英国

派遣的舰队1636年抵达葡属果阿，1637年抵达澳门南部海域。

澳门葡萄牙人看到英国商船到来，意识到新的竞争者加入对他们来讲有害而无益，开始积极建议中国政府驱逐英国武装商船，同时阻止英国人到澳门贸易。英国船队进不了澳门，只能继续向广州开进，未经许可便驶向珠江。双方在虎门炮台交火，明军失利，一百多英国水手占领了炮台，挂起了英国旗帜。随后，广州地方官员派出一个外国翻译保罗·诺瑞第与英国船队指挥官威德尔交涉，但翻译没有传递明朝官员要求英国船队赶紧离开的指令，反而私自答应英国人退还明

▲ 图 35 女扮男装的抽烟女人 [375]
（1602 年英国《咆哮女孩》舞台剧女主角插图）

图 36 18 世纪抽烟的满族妇女 [376] ▶

图 37　1858 年在广州城门抽烟的英法军官与士兵 [379]

军物资并缴纳一笔银两后，可以进行贸易。英国人在退回物资、缴纳银两后继续深入内河，并上岸采购货品。广州官方和葡萄牙人见此状况，以为英国人狂妄不听劝阻，随即扣押上岸英国人，炮击英国船队。威德尔指挥船队攻击大明水师兵船，登岸烧毁沿岸村庄，抢夺牲畜和粮食，占领了一个小镇，并承诺放还使者后立即开船回国，永远不再来。在葡萄牙澳门总督调解下，威德尔签署了一份公文，承认违反了中国法律，保证今后不再犯。随后广州政府释放了被囚禁的英国人，如数归还了属于英国人的货物与银钱。崇祯十一年（1638 年）两广总督张镜心到任，听说威德尔船队还逗留在澳门，于是部署兵力"示以必剿"。

看到大明态度后，威德尔在广州和澳门购买了糖、生丝和瓷器等中国产品以后于 1638 年 12 月回国。

但贸易之路一旦形成，再想彻底关闭已不可能，此后英国通过各种途径继续与中国进行贸易。根据美国历史学家马士研究，英国东印度公司输华白银，1677 年为 4778 两、1681 年为 37500 两、1682 年为 84000 两、1698 年为 60000 两、1699 年为 79833 两，5 年平均达到 53222 两。有人据此测算，1637—1699 年的 62 年间，英国输华白银为 330 万两左右。庄国土在《16—18 世纪白银流入中国数量估算》一文中引用了一组数据：1700—1753 年间，英国东印度公司共有 178 艘船前往中国贸易，其中已知 65 艘船共载白银

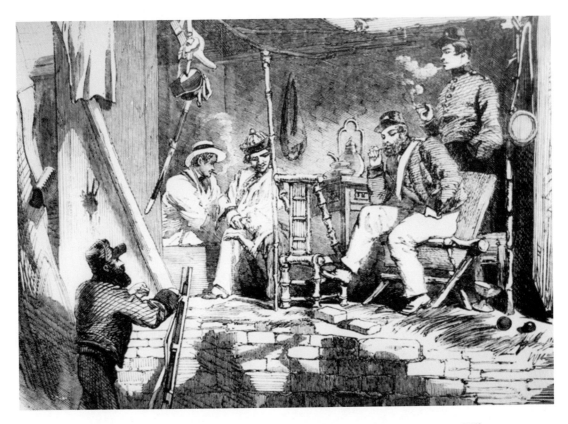

图 38 1858 年在广州城内抽烟斗、雪茄的英法军官与士兵 [380]

7099068 两，即每船平均 109216 两。有人据此测算，1700—1753 年间，英国共运了 1944 万两白银到中国 [374]。频繁的商业往来，导致英国以及欧洲其他国家的商人、水手、士兵甚至把家眷也带到中国，交流也促进了烟斗文化的融会发展，中外妇女们甚至可能在聚集时就争取妇女抽烟权益进行了交流。

（五）英法联军、八国联军入侵对中式旱烟斗发展的影响

到了 19、20 世纪，烟草消费在欧洲获得了巨大成功。这也是烟斗在欧洲空前繁荣的时期。列强不断入侵中国，也会带来欧洲烟斗的传播和扩散，这一时期最具影响力的入侵活动就是英法联军入侵广州 [377]、八国联军侵华 [378] 等。

1856 年 10 月初，广东水师查获了一艘亚罗号船只，逮捕了船上全部水手。英国广州领事巴夏礼声称国旗被撕毁，有辱大英帝国之尊严，要求清朝政府放人、赔偿和道歉。叶名琛虽允诺放人但不道歉，随即英国公使来函，如不满足和约要求将兵戎相见。1856 年 10 月 25 日，3 艘英舰攻陷海珠炮台，直逼广州城下；28 日，炮轰广州城南之墙；29 日下午，英军约 100 人攻入广州城，准备活捉巡抚叶名琛，没有成功，英军因兵力不足撤退，但持续炮轰广州。英国公使再度提出入广州城和总督商谈，叶名琛拒绝，并号召市民乡勇"杀夷夺船"。此后英国邮轮提斯特尔号两次被中国小船所围，十余名船员被杀。12 月，广州

市民四处烧洋行，广州十三行付之一炬，英军也焚毁了数百家店铺民房。

消息传到伦敦，英国政府最终决定对华出兵。1857年3月，英国政府任命额尔金（Lord Elgin）为全权大使；刚好此时法国神父马赖非法闯入广西西林县传教被杀，法方借此迅速与英国结盟；美国政府派遣驻华公使威廉与英法一致行动；同时，俄方也加入，形成了四国联合阵线。11月，联军集结英舰43艘、法舰10艘，海陆军约一万人。12月28日，英法联军开始进攻，一支5500多人的联军部队（法军约900人）连同20艘军舰迅速登陆，逼近广州城下，密集炮轰两广总督官府。29日，广州城墙被攻破，联军以阵亡15人的代价宣告占领广州。英法联军占领广州后，官员们坐在城门边趾高气扬地抽着烟斗，士兵们则抽着烟斗招摇过市。面对胜利者，广州居民在满足其烟草消费需求的同时，也会受到他们使用的烟具、生活方式的深刻影响。与中国传统旱烟袋存在一定差异的烟斗以及雪茄烟开始出现在人们的生活中。

清光绪二十六年（1900年）5月28日，英、美、法、德、俄、日、奥、意等八个国家组成联军，对大清帝国实施武装侵略。6月6日前后，八国联合侵华计划相继得到各自政府批准，随即战争爆发；21日，清政府也向各国"宣战"。8月初，联军两万余人由天津进犯北京，8月13日进至北

图39　甲午战争期间，抽着烟斗袖手旁观的英、美、法、俄[381]

京城下，进攻东便门、朝阳门、东直门，英军率先突破广渠门进入城内。8 月 14 日，北京失陷；15 日晨，西太后和光绪皇帝仓皇出逃。八国联军占领北京后，派兵四处攻城略地，扩大征伐。9 月，俄军在攻占秦皇岛、山海关的同时，集中庞大兵力，分五路对东北地区实行军事占领。10 月中旬，德军统帅瓦德西率兵三万来华，攻占保定、张家口等地。法德联军在侵犯井陉、娘子关一带时，受到清军刘光才部的顽强阻击，付出重大伤亡后败退。12 月 22 日，英、俄、德、美、法、日、意、奥以及西班牙、荷兰、比利时等十一国公使联合向奕劻、李鸿章递交《议和大纲》十二条，清政府于 27 日同意接受。1901 年 2 月 21 日，清政府接受列强要求，处死十二人——载漪、载澜、载勋、英年、赵舒翘、毓贤、启秀、徐承煜、徐桐、刚毅、李秉衡、董福祥等；4 月，接受列强要求惩罚地方官员共达 142 人，并接受白银四亿五千万两的赔款要求。9 月 7 日，总理外务部事务、和硕庆亲王奕劻，文华殿大学士、北洋大臣、直隶总督李鸿章代表清廷与帝国主义签订了《辛丑条约》十二款及十九个附件。该条约保住了清朝政权，加强了帝国主义对中国人民的统治，清政府由此成为帝国主义的傀儡。

这次联合侵华军队人数众多，其中不仅有长期驻扎在中国的各国士兵，还有从各自国内调集而来的。参战的同时，他们也会从国内带来时髦的烟斗，在中国的土地上享用。不可避免，伴随着此前长达半个世纪的驻扎以及日常消费需求，外国士兵对烟斗的偏好也会对中式烟斗制作产生影响。

三、旱烟斗的中国本土化发展历史脉络重建

（一）中式旱烟斗的早期发展历史研究

旱烟袋有时也被称为烟筒，现在称为烟斗，加上"旱"字以区别于水烟袋、鼻烟壶。烟草是外来之物，在葡萄牙人影响下，烟斗与中国本土文化融合后，获得了长足发展，烟斗带来的情趣也受到了抽烟者的喜爱，鸿儒硕士们纷纷赋诗填词予以颂扬，但真正系统研究烟斗发展的人却比较少。有两位清代著名学者研究过中式烟斗的早期发展历史，一位是陆耀（1723—1785 年）。陆耀，字青来，号朗夫、朗甫，吴江人，乾隆十七年（1752 年）中举，授内阁中书，入军机处，累官至湖南巡抚。任上洁身自好，告诫部下不准行贿受贿。和珅擅权，他未曾献一物。乾隆五十年（1785 年）六月，湖南大旱，陆耀带病在酷暑中奔波于抗旱一线，劳累致死，遗物仅旧衣数箧而已。在所著《烟谱》中，他对烟袋进行了论述：

"器具第三：烟管，亦曰烟筒，北方直谓之烟袋。其法：截竹为筒，闽人取烟置近根处，着火而自稍吸之。竹气清香，又先含水在口，故烟性虽烈而不受其毒。然火之所灼，竹老者半岁一更，稍嫩则月一再更，为用甚费。江浙则镂木为置烟之器，而截竹以为之管，朴实无华，田野间多用之。士大夫则用金、银、铜、铁之类嵌其两头，又或用乌木、象牙为之，管不久便裂，远不及竹。滇人象牙管内另制铜管纳其中，但取不裂，然与工匠、佣夫纯用铜铁铸成者无异，每得火，全管

皆热，火气直达喉中，最易损人。又或以锡盂盛水，另为管插盂中，旁出一管如鹤头，使烟气从水中过，犹闽人先含凉水意，然嗜烟家不贵也。竹坚者可数年不断，岁久色黑如退光漆，好事者以数金易一管。长者至与人等，不便携带，长一尺四五寸者佳。朝士于靴中置一管，长不过五六寸。"[365]

根据陆耀的记载，在18世纪中后期，人们也把烟管称为烟筒，北方人叫烟袋。那一时期，制作的材料与方法简单易行，有竹子即可。福建人把靠近竹根的一侧制作成烟斗钵以盛放烟草，点燃烟草时烟气中还含有竹木特有的清香，由于耐燃性较差，半年甚至一个月就需要更换一次。江浙地区采用镂空木材作为烟斗钵，然后给它装上竹管制成烟斗，朴实无华，农民们用得较多。士大夫阶层则用金、银、铜、铁等昂贵的金属做成斗钵和烟嘴镶嵌在竹管两头，或者用乌木、象牙制作，但容易开裂，效果还不如竹管。云南人为了防止象牙管制作的烟斗开裂，在管内放置铜管，这种象牙烟斗与工匠、工人们直接用铜铁做成的烟斗没有差异，每次点火，整个烟斗发热，炙热的烟气直达喉咙，容易伤人。为了解决这个问题，有人用锡罐盛水，另外再做一个烟管，一头插入水中，再在插入锡罐的烟斗旁边引出一根烟管，样子犹如鹤头，使炙热的烟气先经过水，其效果就和福建人口含凉水吸烟差不多，但嗜好抽烟的人并不认为这种方法好。好的竹烟管可以几年不坏，时间一长，其色泽就像黑色的退光漆，爱家甚至愿意出高价购买。有的竹烟管长度和人一样高，但不便于携带，一尺四五的竹烟管最受人们欢迎。在朝廷中行走的抽烟者经

常在靴子中插一烟管，长度大概有五六寸。

另一位清代学者是陈琮（1761—1823年）。陈琮，字应坤，号爱筠，江苏青浦（今属上海）人，一生耽于撰述，举业之外，尤喜诗词，但在科场上颇不得志。嘉庆三年（1798年）科场失利后，"独处穷愁，自伤颠蹶"（《墨稼堂稿》卷五小引），四十以后更是"绝意功名"。王昶开书局于三泖渔庄，曾折简招陈琮"任分校之役"，但陈氏"以堂上年高，不敢稍离膝下为辞"，"从此键户读书，益肆力于诗古文词"。陈琮闭门读书、专事著述、酷嗜烟茶的情景，在《墨稼堂稿》中得到清晰体现，卷五《绣雪山房稿》中收录了陈氏嘉庆五年（1800年）至嘉庆九年（1804年）的诗作，

"日手一编，坐卧于绣雪山房，白昼茶烟，清宵灯火，偶有所作，不暇计工拙也"[382]。

卷六《小岑溪诗钞》中收录了陈氏嘉庆十年（1805年）至嘉庆十四年（1809年）的《感怀》诗：

"小岑溪上闭门居，一榻茶烟意有余。"[383]

从诗作中我们可以看出，除了茶以外，烟也是其书斋生活中不可或缺的：

"信手闲拈玉管，探囊细吸金丝。味美于回，嗜在酸咸之外；心清闻妙，香生茹吐之间。"

正是嗜好烟草，才催生了《烟草谱》的问世。书中详细考证了烟筒的源起与形制：

"烟筒：吸烟之具，铜头木身，名曰烟筒，又曰烟管、曰烟袋。有金、银、铜、铁四种，或用竹管，两头以玉石铜铁镶之。式样不同，短者七八寸，长者四五尺。《本草》云：烟管长者丈余，好事者以吸管长远则烟来舒徐为美。近日有嘉定

竹刻烟管，山水、人物、花卉及诗词之类最为奇胜。

"张燮《东西洋考》云：烟筒山，此交趾、占城分界处也，以状似烟筒，故名。知海外行之久矣。烟初入内地时，食者将烟草置瓦盆中，点火燃之，各携竹管向烟，群聚而吸之，其管不用头，今则人人随身携带矣。余锡纯诗有'蜀锦连头裹，长悬小史身'之句。

"有以梅枝、柘条为烟筒者，磊砢错节，亦甚可玩。王昶有"斫剧梅枝为烟筒"词，中云：差喜淡巴菰叶在，轻飏烟丝一剪。算偏少、碧筒堪玩。听说蛮山冰雪里，堕霜华、尚有寒梅干。唤康结，此稀见。《淞南乐府》注云：暹罗国藤烟管，黄质黑章，鳞编织细，难至而易售，价值大昂。

"夏日取莲蓬梗，摘去其房，只留蒂，挖空令与梗通，入烟草吸之，颇有清芬之气，可配郑公悫碧筒杯、南方之钩藤酒。"[364]

根据陈琮的论述，在18世纪末、19世纪初，人们把吸烟的用具称为烟筒、烟管、烟袋，斗钵一般采用铜制，烟管一般采用非金属材料。斗钵主要有金、银、铜、铁四种，也有用竹木做烟杆，两头镶嵌玉石或者铜铁的。款式很多，短的七八寸，长的四五尺。《本草》里还提到："烟管长的有一丈多，他们喜欢长烟管带来的烟气舒缓之感。"最近嘉定地区出现了竹刻烟管，上面雕刻山水、人物、花卉以及诗歌词赋等，美不胜收。

陈琮同时考证了烟筒一名的来历：根据张燮《东西洋考》的记载，烟筒山位于交趾和占城的交界处，因为外形与烟筒相似而得名，由此可知，很久以前在国外就有烟草存在了。烟草刚进入国内的时候，人们带上吸烟管聚集在一起，将烟草放在瓦盆中点燃，然后用烟管吸食烟气。当时的吸烟管没有斗钵，现在则是每个人都随身携带。余锡纯曾经在一首诗里说，官员们常用蜀锦把烟斗裹起来随身携带。

陈琮还考证了烟筒的制作材料：有人采用梅树、柘木（一种多刺的灌木）的枝条制作烟斗，烟管遍布疙瘩、坑坑洼洼，非常有意趣。王昶为此还作"斫梅枝为烟筒"词《金缕曲》一首，赞叹如此完美的梅枝烟斗非常罕见。他提到《淞南乐府》中有一批注，说暹罗的藤烟管，拥有黄色的材质、黑色的斑纹，色彩错杂，千金难求。有的人采摘夏天的莲蓬梗，摘掉莲房，只保留莲房蒂，挖空后与莲梗相通，把烟草放在莲房蒂上点燃抽吸，清香而芬芳，这可与郑公悫以荷叶为杯、南方以钩藤饮酒的做法相媲美。

两位清代学者在烟斗早期历史研究中提到，最为常见的竹木烟斗，斗钵多采用金、银、铜、铁四种材料制成，乌木、象牙、梅枝、柘条、木藤、莲梗等也被用于制作烟杆或烟斗。他们还追述了烟草初入中国时人们的吸烟方式。但从美洲和欧洲烟斗发展历程、国内考古发掘、明末清初对铜铁等金属管制的情况看，两位清代学者对烟斗发展的总结性概述只是对18世纪中后期、19世纪初烟斗情况的描述，对烟草进入中国初期盛极一时的陶土烟斗、瓷烟斗概无提及。而19世纪以后中式旱烟斗研究更多是基于收藏品的描述，对国内旱烟斗发展历史研究较少。根据16世纪以来的相关文献以及中外交流发展情况，本文简单梳理重建中式旱烟斗的发展历时脉络。

（二）中式旱烟斗发展的历史阶段界定

葡萄牙人将烟草及其使用方法传入中国后，吸烟用具的制作才正式拉开历史序幕。从主要材料来看，烟斗可以划分为两类，一类是金属，另一类是非金属。鉴于金属在明清时期属于国家战略管控物资，它们被大规模用于烟斗制作的时间应该相对较晚。例如，在雍正年间，金属仍然处于严格管制状态。根据《大清世宗宪皇帝实录》，雍正四年（1726 年）户部等衙门议覆陕西道监察御史觉罗勒因特疏奏：

"欲杜私毁制钱之弊，必先于铜禁加严。康熙二十三年，大制钱改铸重一钱，彼时即有奸民私毁。迨四十一年，每文仍重一钱四分，而钱价益复昂贵，皆由私毁不绝、制钱日少故也。盖以银一两，兑大钱八百四五十文，约重七斤有余。制造铜器，可卖银二三两。即如烟袋一物，虽属微小，然用者甚多，毁钱十文制成烟袋一具，辄值百文有余。奸民图十倍之利，安得不毁。请敕步军统领、五城、顺天府严行禁止等语。查康熙十八年，已严铜器之禁。三十六年，又定失察销毁制钱处分之例，而弊仍未除者，以但禁未造之铜，其已成者置之不议也。"[384]

按照陕西监察御史的奏疏，康熙二十三年（1684 年）开始，民间就存在毁制（铜）钱用于制造铜器的现象，原因在于粗铜的价格高，而制钱所含铜重量与银的价格之比存在套利空间，人们就通过私毁铜钱来制造铜器，其中仅将铜钱用于制造烟斗就可获利十倍。由此可见，

在康熙年间及其以前，用铅、铜、锡、铁等金属制造烟斗不经济，普通的烟民承受不起。康熙十八年时也有严禁制作铜器的禁令，毁制钱造烟斗更是属于违法行为。但康熙年间民间毁钱制作铜器的现象仍然禁而难绝，直到乾隆元年（1736 年）：

"停止收铜禁铜之令，民间买卖听从其便。"[385]

这则记载表明，乾隆元年朝廷才开始放松对民间使用金属的管制。

本书将金属能合法且大规模地用于制作铜器的乾隆元年作为烟斗发展历史上的一个分水岭。民间能自由地、大规模地将铜、锡、铁等金属合法用于制作烟斗之前的时期，定义为中式旱烟斗发展的早期，也是成长期，在这一时期民间主要采用非金属材质制作烟斗。金属能合法、广泛用于制作烟斗后，以前只有士绅、官宦阶层才用得起的金属烟斗进入平民阶层生活，大量的金属烟斗开始被制作出来，陶土烟斗几乎完全被抛弃，其普及程度甚至让 19 世纪末的一些烟斗研究者在论述中国烟斗发展历史时忽略了陶土烟斗。20 世纪初叶，一些国外观察者在总结中国烟斗的发展情况时甚至特意指出，中国没有陶土烟斗。中式金属旱烟斗的发展黄金期持续到了 1890 年左右，卷烟出现后烟斗发展进入成熟期，烟斗需求量开始逐渐萎缩。据此，我们将中式旱烟斗发展简单划分为三个阶段：

第一个阶段是烟斗的成长期，这个阶段从 16 世纪初期一直持续到乾隆初年（1736 年）；第二个阶段是烟斗发展的黄金期，这个阶段从乾

隆元年持续到国内卷烟出现（1890 年）；第三个阶段是烟斗发展的成熟期，从 1890 年持续至今，烟斗的需求量逐渐萎缩。

（三）成长阶段中式旱烟斗的发展脉络

在成长期，制作旱烟斗的材料主要为非金属材质，例如陶土、竹、木、玉石、兽角、珊瑚等。

陶土旱烟斗： 哥伦布发现美洲之后的 30 年左右，伴随葡萄牙人海洋事业扩张，烟草开始在中国沿海地区落地生根。中国早期旱烟斗使用者主要是与葡萄牙、东南亚等地区海商有贸易合作关系的商人、官员（士兵）、海员以及当地士绅。在海上营生的商人、海员以及海军官兵，时常要提防海浪颠簸、风暴袭击以及各种不确定性事件冲击，长期处于高度紧张的精神状态。为了在大海上短暂的停歇期间抽烟，使用的烟斗必然具有

以下几个特点：

一是在长度上必定较短，便于从贴身携带的腰包、肩袋或者衣裤的口袋里随时取放；军官、商人可能会携带一些长度较长的烟斗，在风平浪静时享用。

二是在材质上，必须选择阻燃性、烟气质量好，轻便且便宜的材料，以满足长时间反复使用需求。阻燃性不好则需要频繁更换，难以满足动辄几个月时间的海上吸烟要求；烟具材料的烟气质量不好则容易灼烧口鼻，不能充分享受吸烟乐趣。

三是要轻便且价格便宜，方便携带，士兵、水手们更换烟斗的经济压力要小。

四是在烟斗造型上要便于握持，防止在动荡的环境中滑落。

要同时满足这几个要求，使用陶土烧制烟斗就成为当时的最佳选择。对早已熟悉陶瓷制作的

图 40 山东聊城出土的两把陶土烟斗 [386]（年代未定）

中国沿海陶土工人来讲，制作这样的烟斗非常简单，一部分具有简单色彩且施釉的烟斗最先被制造出来，以满足商人、官员、士绅等富裕阶层人员吸烟需求。随着抽烟群体扩大，陶土烟斗隔热、耐燃烧、烟气质量好等吸烟品质得到了越来越多人的认同，并伴随烟草传播一同进入内陆地区。陶土烟斗需求量进一步扩大，同时也意味着对陶土烟斗的需求可能开始出现分化。官宦、富绅之家的吸烟者开始追求各种名贵的、根据个人偏好定制的陶土烟斗，有些陶土烟斗开始成为文人雅士竞相追逐的抽烟器具，并被冠以博山、博山炉、博山垆等名称。张梁（1683—？），江苏华亭人，字大木，自号幻花居士，康熙五十二年（1713 年）进士，充武英殿纂修官，后乞假归乡，与友朋以诗、烟、酒为乐，不再仕进。在其谈及抽烟情趣的诗作中提及自己钟爱的烟斗：

"似桂祛寒赤，如梅止渴青。吹香纷瑞霭，吞篆灿文星。一气丹田返，双烟玉垒经。身非博山垆，闲闷暂时醒。"[387]

图 41　青黄釉烟斗（年代未定）

此外，在中式烟斗成长期，于慎行（1545—1607 年）、吴伟业（1609—1672 年）等人也有关于烟斗的诗词流传于世。

社会底层抽烟民众使用的陶土烟斗可能会简陋一些，普通灰陶、黄陶、黑陶烟斗成为最寻常的选择，有的烟斗可能会简单施釉，做工也非常粗糙（例如，合浦出土 II、III 式烟斗）。随着时间推移，烟草开始变得丰富，抽烟群体继续扩大。在享受抽烟乐趣的同时，喜爱陶土烟斗的吸烟者开始对烟具提出新要求，例如，遵循"会其意、取其形"的原则，一些陶工开始制作各种动物、植物形态的陶土烟斗，并且在陶土烟斗上绘制各种纹饰、图案，在保持握持力的同时，进一步美化烟斗，提升价值。

乾隆元年，朝廷放宽金属管控，开始允许民众自由买卖和使用金属制作器具，金属烟斗兴起，对陶土烟斗生产和制作带来了巨大影响。相较于陶土烟斗，对当时的人们来讲，金属烟斗具有让他们趋之若鹜的三个特点：一是金属烟斗价格更贵，一直以来只有士绅和官宦人家才有能力使用，一旦放开，人们都会倾向于使用金属烟斗以标榜自己有着更高的生活品位和地位，这与瓷烟斗刚在欧洲出现时的情景相似；二是金属烟斗更便于保存，且不容易损毁，携带更为方便；三是与陶土烧制的烟斗质量高度不可控相比，金属烟斗更便于塑形，"所见即所得"的特点让更多吸烟者倾向于拥有一把称心的金属烟斗。在金属旱烟斗发展的黄金时期，尤其是 18 世纪末期以后，陶土烟斗几乎绝迹，以至于在一些人看来中国不存在陶土烟斗。

幸运的是，中国的吸烟群体很大，每个人的吸烟情趣和烟具偏好之间存在差异，始终为陶土烟斗发展留下了一片天地，极少数人执着于陶土烟斗的烟气品质，持续坚持制作和使用陶土烟斗。即使在今天，一些少数民族地区，例如有烟斗活化石之称的云南普洱等地，人们仍然在制作和使用陶土烟斗。与欧洲地区喜欢采用全陶土制作烟斗不同，中式旱烟斗一般是斗钵部分采用陶土制作，而烟杆部分多采用竹木与之相配，口柄则采用金玉，相互组合构成独具特色、个性鲜明的中式陶土旱烟斗。

竹制旱烟斗：根据文献记载，烟草进入中国后，一开始人们就用中空竹节吸食瓦盆中烟草燃烧产生的烟气。同时，还有文献记载显示，烟草在传入西藏初期，藏民们一般在坡地上挖一个坑，放入点燃的烟草，覆盖上沙土，然后将中空的芦管或竹管插入其中吸食烟气，与早期印度人吸食烟草的方式相近。烟草最先在气候温和、雨量丰沛的福建、江浙和广东一带登陆，这些地方竹木种类繁多，首先被他们用于制作旱烟斗。用竹制烟斗吸烟除了能品味醇和的烟气之外，还有竹木特有的清香之味，很受欢迎。毛竹、斑竹、筇竹、湘竹、紫竹等开始不断被运用于制作旱烟斗。竹制烟斗具有独特的"清新雅洁、质朴生动"[389]之感，别具趣味，深受历代抽烟人士的喜爱。

石杰，生于 1685 年左右，字裕昆，号虹邨，浙江嘉兴府桐乡人，康熙五十四年（1715年）乙未科二甲进士，入翰林院。雍正九年（1731年），从泰州知州调任徐州知州；雍正十三年（1733年），调补邳州知州；乾隆二年（1735年），升任徐州知府；后加升为淮徐兵备道、湖北督粮道，再调四川建昌道，因办理军需粮饷出色受到褒奖；后来又转战四川打箭炉（今四川康定）、章谷屯（今四川甘孜丹巴县）、仁连等地，积劳成疾，升任四川按察使司后不久病故。石杰是烟草的狂热爱好者，他认为烟草能为民众广泛接受，

图 42 抽烟的苦聪少女 [388]

关键在于烟趣。在所著文章中，他讲述了烟草来历、色香味韵产等。在谈及抽竹烟斗之趣味时他说：

"筠管未尝，以为不堪系恋，一旦含英咀华，而寐思梦想，刻不可离，以是知宇宙内实获我心者，此中确有别肠。"[390]

爱新觉罗·昭梿（1776—1833年），字汲修，清朝宗室大臣，史学家，礼亲王代善第六世孙，嘉庆十年袭封礼亲王，其《啸亭杂录》中记载了刘统勋（1698—1773年）家境贫穷，年少之时好抽烟，用竹烟筒向邻居讨要烟草的旧闻轶事：

"刘文定公绲，武进人。少时家贫穷，曾至绝食，尝以竹烟筒乞烟草于邻家。邻人诮曰：'烟草消食，勿多吸也。'公笑受之。后受知尹文端公，首荐博学鸿儒。张文和公喜其文颖锐，既读其诗，至'可能相对语关关'句，曰：'真奇才也。'因擢第一，后致位宰相。本朝汉阁臣不以科目进者，惟公一人而已。"[391]

王又曾（1706—1762年），一作右曾，字受铭，号谷原，秀水（今嘉兴）人，乾隆十六年（1751年），乾隆南巡召试一等，赐举人，授内阁中书。十九年成进士，改礼部主事、刑部主事，未久即以疾归。著有《丁辛老屋集》。他所填《天香》一词描写了制作旱烟丝、淑女用筠竹烟管抽烟的曼妙情景：

"蒉笼匀铺，银刀细切，丝丝尽化金缕。葱茎点注，樱颗含咀，散作一天花雾。恁般滋味，比橄榄、槟榔犹愈。仿佛挑灯夜悄，谩解罗囊无语。　相思日常几度。把筠枝、顿忘吟苦。最是梦阑酒醒，那回情绪，石火星星逝处。渐

一阵、兰香暗中吐。怕不禁寒，炉熏便住。"[392]

黄定文（1746—1829年），字仲友，号东井，浙江鄞县（浙江宁波）人，曾任归善县令，著有《东井诗文钞》六卷。他在京城居住时得到一把紫竹烟斗，试抽之后感觉其色香味无与伦比，同时感叹以烟草赋诗的人太少，专门赋《紫竹烟杆》七律一章：

"风味青于中圣贤，篆香细入紫云鞭。醉笼筼谷千寻影，闲吸湘江万里烟。冷焰微通霜后节，死灰旧为岁寒然。相思唤起空山梦，一缕白云留远天。"[393]

陶梁（1772—1857年），字宁求，号凫芗，一作凫香，江苏长洲（今苏州）人，嘉庆十三年（1808年）进士，改庶吉士，授编修，官至礼部侍郎。在一首赞美烟草的诗中，他提及喜欢亲手制作斑竹烟斗：

"餐霞宛似吞丹篆，吸露曾殊劝碧筒。自爱删栽斑竹老，祗愁索取锦囊空。"[394]

沈学渊（1788—1833年），字梦塘，江苏宝山

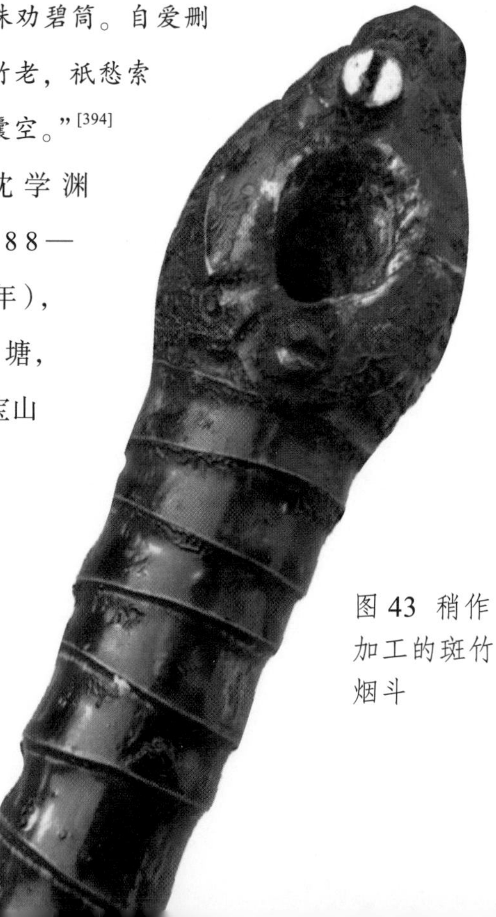

图43 稍作加工的斑竹烟斗

（今属上海）人，嘉庆十五年（1810年）举人，著有《桂留山房词》一卷。他曾作诗极力称赞竹烟筒之妙趣：

"海国春生一缕烟，渔梁岭外碧芊芊。芝房制作寻常事，争补熙朝瑞草篇。

"著述年年捡竹扉，银囊不卷读书帏。携来左右双筠管，澹墨浓香玉屑霏。

"茶力初浓酒未醺，检书属草染兰薰。陆家经与苏家谱，齿颊流芳定让君。

"截竹为筒暖律吹，终朝伴我燃吟髭。何如小阁明釭畔，呼吸烟云满幅时。"[395]

中式竹烟斗因其吸烟品质、多变形态带来的自然情趣广受吸烟者喜爱，文人雅士在烟筒上的雕琢镂刻又进一步增添了它的文化品位和艺术情趣，使其在各阶层的爱烟者中广受欢迎，经久不衰。在中式烟斗发展的成长期，人们一般直接采用竹根、竹节来制作烟斗钵，采用中

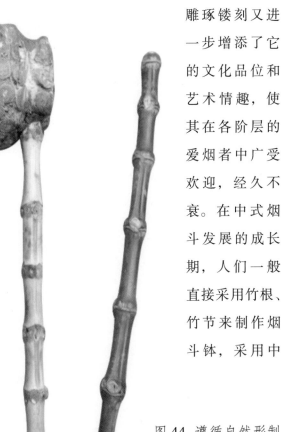

图44 遵循自然形制的竹根烟斗

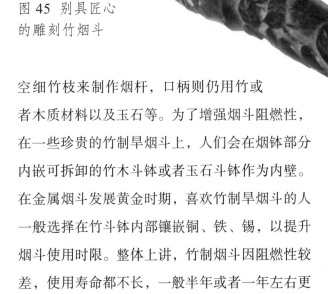

图45 别具匠心的雕刻竹烟斗

空细竹枝来制作烟杆，口柄则仍用竹或者木质材料以及玉石等。为了增强烟斗阻燃性，在一些珍贵的竹制旱烟斗上，人们会在烟钵部分内嵌可拆卸的竹木斗钵或者玉石斗钵作为内壁。在金属烟斗发展黄金时期，喜欢竹制旱烟斗的人一般选择在竹斗钵内部镶嵌铜、铁、锡，以提升烟斗使用时限。整体上讲，竹制烟斗因阻燃性较差，使用寿命都不长，一般半年或者一年左右更新一次。

木质旱烟斗：与竹制旱烟斗相比，木质旱烟斗的制作要更为复杂一些，如烟斗钵、烟杆以及口柄烟道的制作，就比竹制烟斗更费时日。从这个角度讲，木质旱烟斗的发展可能比前者稍微晚一点，但其价值一般要高于竹制旱烟斗。我国地域广阔，用于制作烟斗的树木资源极为丰富，出于耐燃性考虑，一般采用植物根材，主要树种有檀、柏、榉、榆、黄杨、枫、楠、花梨、枣、石榴、梅、紫藤、杜鹃、葡萄根等。此类烟斗制作根据"藏魂于天然，纳灵于神功"[396]的原则，在遵循树木根部自然形态的同时，通过烟斗艺术家想象力、创造力，制作出巧夺天工的中式木质旱烟斗。这些烟斗在古籍中也多有记载，例如：

王昶（1725—1806年），字德甫，号述庵，

又号兰泉，江苏青浦朱家角（今属上海）人，清代文学家、金石学家。乾隆十九年（1754年）进士，二十二年（1757年）召试第一，入军机处，三十二年（1767年）涉两淮贪污案罢官，四十一年（1776年）因平定金川有功，升任鸿胪寺卿兼军机章京，历任江西按察使、陕西按察使、云南布政使，官终刑部右侍郎，嘉庆十一年（1806年）逝世。他是一位喜欢烟斗的烟草爱好者，曾用梅树枝条制作了一把烟斗，为此还填《金缕曲》一首：

"差喜淡巴菰叶在，轻飏烟丝一剪。算偏少、碧筒堪玩。听说蛮山冰雪里，堕霜华、尚有寒梅干。唤康结，此稀见。"[364]

与竹烟斗类似，木质旱烟斗虽然广受欢迎，但斗钵的阻燃性限制了其寿命，吸烟者一般需要两到三年更换一次烟斗。在中式旱烟斗发展的成长期，部分价值昂贵的木质旱烟斗会在斗钵内镶嵌可更换的玉石、乌木等阻燃性更好的内置斗钵以延长寿命。在金属可广泛用于烟斗制作后，烟斗制作者一般会在木质斗钵内镶

图 47 崖柏根雕烟斗

图 48 黄花梨木烟斗

嵌金、银、铜、铁、锡作为内壁，进一步增强其阻燃性，延长使用寿命。

玉石、乌木、珊瑚、海柳木等旱烟斗：玉石、乌木、珊瑚等一直是中国艺术创作的主要材质，烟草进入中国后，除了享受烟草带来的情趣外，把玩吸烟器具也是人们的一大雅好。玉石、乌木、珊瑚珍稀昂贵，用其制作的吸烟器具一般被用作摆件陈列，深受鸿儒硕士、官宦、士大夫和豪绅们喜爱。它们虽然观赏性、阻燃性好，但散热性较差，一般很

图 46 葡萄藤根烟斗

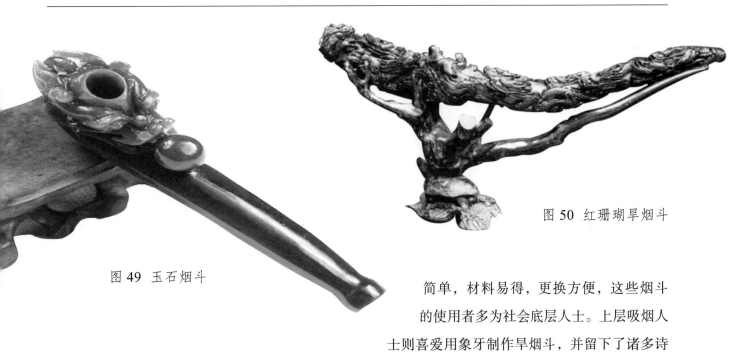

图 49 玉石烟斗

图 50 红珊瑚旱烟斗

少单独用于制作旱烟斗，通常和其他材质一起组合使用，如珊瑚、玉石、乌木、海柳木等一般用于制作烟斗钵或口柄，烟杆采用竹木材质。玉石、珊瑚、乌木等用于制作旱烟斗和烟斗钵，取其阻燃性和观赏性之价值，价格不菲，使用人员集中于社会中上层吸烟者。例如，康熙曾赏赐陈元龙和史文靖水晶旱烟斗，以惩罚他们嗜好烟草，令其戒烟。在金属烟斗大行其道的时代，玉石、珊瑚、海柳木、乌木等主要作为口柄与竹木类的烟杆搭配，单独使用较为少见。

兽角（骨）旱

烟斗：烟斗所能体现的意趣得到吸烟者重视后，兽角、兽骨等材料也开始得到关注，例如动物的桡骨、腿骨，牛羊角等逐渐被用于制作旱烟斗。因加工

简单，材料易得，更换方便，这些烟斗的使用者多为社会底层人士。上层吸烟人士则喜爱用象牙制作旱烟斗，并留下了诸多诗词。

沈德潜（1673—1769 年），江苏长洲人，字确士，号归愚，江苏苏州府长洲（今江苏苏州）人，乾隆四年（1739 年）进士，从此跻身官宦，备享乾隆荣宠。在谈及烟草乐趣时他赞叹：

"筒内通炎气，胸中吐白云。助姜均去秽，遇酒共添醺。就火方知味，宁同象齿焚。"[397]

句末"象齿"二字，表明诗人使用的烟斗为象牙制作。当时这种烟斗只有有名望的公卿或富贵之人才能拥有，足见其珍贵。

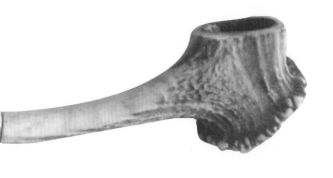

图 51 骨质旱烟斗

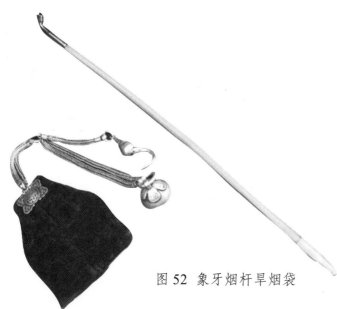

图 52　象牙烟杆旱烟袋

张熙纯（1725—1767 年），字策时、少华，号敬亭，上海人，乾隆二十七年（1762 年）举人，三十年（1765 年）召试，授内阁中书。在讴歌烟草之趣的《天香》中，他称赞用象牙烟斗抽烟时芬芳四溢：

"芳讶熏兰，温疑麝炙，牙筒缕缕香喷。曾采忘忧，更怜服媚（兰花），底事逊伊清韵。何堪忍俊，看小醉、已添微晕。缥缈吟情正远，明霞几番徐引。　罗囊漫愁易尽。望琼沙、翠云连畛。试摘早春缃叶，露芽同嫩。最忆甘回舌本。便一片、氤氲六窗润。无限相思，梦阑酒困。"[398]

象牙烟斗价昂但易裂，散热性与阻燃性较差，较少直接用于制作斗钵，一般用来制作旱烟袋的烟杆或烟嘴。

当然，在重视旱烟斗发展的成长阶段，受创新思想驱动，工匠们会持续尝试使用不同材料制作烟斗，以满足吸烟者的情趣需求，提升吸烟趣味和品质，这里不再一一列举。

（四）中式金属旱烟斗的发展脉络

在中式旱烟斗成长阶段，金、银、铜、锡等金属材料属于国家战略管制物资，不仅价格昂贵，民间使用还受到严格的限制。在讲究等级的 16 世纪中期，只有极少数高层官员、富豪之家才可能购买得起白银、白铜、铁等金属制作的旱烟斗，其使用者少，发展较为缓慢。在 17 世纪中叶，典籍记载中开始零星出现军队人员采用白银、铜等金属制作旱烟斗。张献忠沉银处发掘出的金烟斗，仅将黄金用于烟斗钵的制作，而烟杆和口柄采用了其他材料。尤侗（1618—1704 年）的一首词中也提及军人使用银烟斗：

"朔云寒，边月苦。觱栗西风，吹乱黄沙舞。夜半雪深三尺许。毡帐驼峰，倒载琵琶女。　打围来，圈地去。银管炊烟，茶煮乌羊乳。蛮府将军穷塞主。匹马随他，看射南山虎。"[399]

民间可以自由使用金属制作烟斗后，金属烟斗从奢侈品成为人人可使用的物品，必然会获得快速发展。阮葵生（1727—1789 年），字宝诚、安甫，号吾山，山阳人，乾隆壬申（1752 年）举人，辛巳会试取中正榜，授内阁中书，官至刑部右侍郎。他在《茶余客话》（成书于 1771 年）中指出：

"烟，一名相思草，满文曰淡巴菰。初出吕宋，明神宗时（1563—1620 年）始入中国。继而北地多有种者，一亩之获，十倍于谷。后乃无人不用，虽青闺稚女，金管锦囊与镜奁牙尺并陈矣。闻崇祯己卯（1639 年）禁甚严，犯者死。有会试举人初至京，不知禁例，仆人带入被获，械系城坊，遂刑于市。相传世宗谓烟燕音同，以吃烟为嫌。壬午（1642年）后禁乃弛，从洪承畴请也。韩慕庐以之命题课庶常，陈广陵二律一时传诵。家笠亭叔诗云'味浓于酒思公瑾，气吐成云忆马卿'，人推佳句。陆青来作《烟草歌》前后两篇，形容尽致。明人小说称中叶时高丽王妃死，王思甚。梦妃云：葬处生卉，名烟草。细言其状，燃火吸之，可以止悲。王如言采之，遂传其种，殆亦忘忧之类也。"[400]

可见在18世纪中叶，烟草已是人人皆用之物，青闺幼女的梳妆台上，金属烟斗、装烟的锦囊荷包与铜镜并列。19、20世纪，金属斗钵、烟杆与口柄组合而成的中式旱烟斗形制千变万化，上至皇亲国戚，下到贩夫走卒，莫不用焉。能保留至今的18、19世纪中国旱烟斗已属凤毛麟角，即使在一些考古发掘中出土了烟斗，但由于缺乏明确的断代依据，只能笼统地归为明清时期。

幸运的是，18、19世纪的欧洲掀起了一股"中国热"，广州由于"一口通商"的独特地位，成为中西方商品和文化交流的重要门户。广州手工艺人根据欧美市场的需要，创作、生产出各种具有浓厚中国趣味而又略带欧洲艺术风格的外销艺术品，在照相技术尚未出现的时代，外销画成为欧美人士了解"中国风情"的重要媒介。广州口岸的外销画家们创作了油画、水彩画、象牙细密画、玻璃画等多种形式的外销画，画作中抽烟人物使用的烟斗，为我们研究中式烟斗尤其是中式金属旱烟斗的形制与发展、使用场景等提供了难得的窗口。

玻璃画中的中式旱烟斗：安德鲁·埃弗拉蒂斯·凡·布拉姆·霍克基斯特（Andreas

图 53 霍克基斯特《商人与中国官员室内商谈》玻璃画（完成于 1780 年左右）

Everardus van Braam Houckgeest），曾作为公司职员在 1773 年到 1788 年三次访华，18 世纪 80 年代他是该公司在广州洋行的领导。在纪念贸易成功的一幅《商人与中国官员室内商谈》玻璃画中，意气风发的荷属东印度公司商人头戴三角帽、身穿金线红衣，与两位中国官员相对而坐，戴顶戴官员面前摆放着一把算盘，另一位官员则手拿一把长短适中的旱烟袋。这一场景表明，18 世纪的中国，在客人面前抽烟并不是一种失礼行为。在官员与夫人对弈的玻璃画中，官员一手拿烟斗，眼睛盯着棋盘，一手从棋盒中拿棋子，一副沉思模样，夫人则手夹棋子，端坐于椅上，显得雍容华贵。

大英图书馆藏品画作里的中式旱烟斗：18 世纪至 20 世纪初，中国广州等地制作出口了大量兼具中国风情与商业性质的特殊绘画，受到欧洲顾客欢迎。美国、欧洲等地图书馆、博物馆中大量收藏了这一时期的画作。它们绝大多数由中国画师和画工创作完成，因此，这一时期画作人物使用的吸烟用具，应是当时中国各阶层烟具使用习惯和整体情况的真实体现。本书选取一组大英图书馆所收藏的 18、19 世纪具有代表性的吸烟人物肖像画，通过它们，读者可以感受当时旱烟斗的形制、发展盛况以及使用场景等。

威廉·亚历山大 18 世纪末中国人物肖像画中的中式旱烟斗：1787 年（乾隆五十二年），英国国王应东印度公司请求，派遣凯思·卡特为使臣，前往中国交涉通商事务，并谋求建立外交关系，但在中途病死。1792 年（乾隆五十七年），英国派遣马戛尔尼使团访华，想通过与清王朝最高当局谈判，取消清政府在对外贸易中的种种限制和禁令，开拓中国市场。马戛尔尼使团于 1792 年 9 月 26 日从英国朴次茅斯港出发，1793 年 7 月 1 日在舟山登陆，1793 年农历八月十三日（乾

图 54 手拿旱烟斗与夫人对弈的官员（完成于 1800 年左右）

图 55 都司的烟斗[401]（19 世纪）

图 56 千总的烟斗[402]（19 世纪）

图 57 烟杆工匠[403]（19 世纪中叶）

图 58 造模胚工的烟斗[404]（19 世纪初）

图 59　工厂老板的烟斗[405]（19 世纪）

图 60　媒婆的烟斗[406]（19 世纪）

图 61　将军夫人的烟斗[407]（19 世纪）

图 62　庭院休闲时用的烟斗[408]（1800—1805 年）

图 63　船客的烟斗[409]（19 世纪）

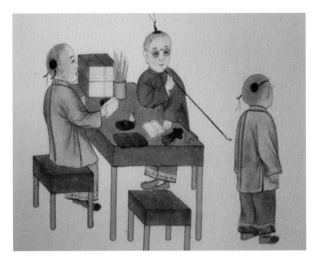

图 64　学童模仿先生抽烟[410]（19 世纪）

隆八十大寿）在热河避暑山庄谒见乾隆皇帝。10 月 7 日，在没有举行谈判、没有完成使命的情况下，英国使团踏上了归程，由军机大臣松筠伴送，沿运河南下，1794 年 1 月自广州回国。1792 年，威廉·亚历山大（William Alexander）在其启蒙老师伊博森的强力推荐下，作为制图员、马戛尔尼使团随团画家托马斯·希基的助手访问了中国。他于 1784 年进入皇家美术学院专业学习绘画，1794 年回到伦敦后创作了大量的中国人物速写和水彩画，1802 年成为英国马洛的军事学院教师，1805 年在任教期间完成了《中国的服装》一书，1808 年任大英博物馆古文物部助理馆员，1815 年出版了《中国人的服饰和习俗图鉴》，1816 年病逝于伯利克斯利，在其墓碑上写着：

　　"1792 年他随一个特使团去了中国，通过他的画笔，欧洲比之前任何时候都更好地了解了中国。他性情温和、平易近人、待人宽厚，具有圣洁的人格，静静地等待着福音书所带来的名

望与不朽。1767 年 4 月 10 日他生于梅德斯通，1816 年 7 月 23 日长眠于此。"[411]

　　威廉·亚历山大是 1792—1794 年中英外交历史的见证者，在中国接近半年的生活为他提供了近距离观察中国各阶层民众生活的机会。作为一位画家，他的观察会更加细致入微，通过他的画笔，生动真实地展现了当时中国人的生活、服饰与习俗。在表现各阶层的人物速写和水彩画中，人们抽着旱烟斗，享受着闲适的生活，反映出 18 世纪末，中国各阶层旱烟袋的使用非常普遍，是当时中国旱烟斗时尚的生动再现。参看他的作品，能让我们更好地了解、研究和欣赏那一时代中国旱烟斗发展盛况、各阶层旱烟斗形制的偏好、欧洲烟斗对中国旱烟斗的影响，感受其发展脉络。

　　19 世纪、20 世纪初摄影照片、画报、年画、民俗画里的中式旱烟斗：从 19 世纪 40 年代开始，随着英法等国入侵亚洲，陆续有随军随行人员或商业摄影师带着笨重的照相设备来到中国，为国

家的扩张历史和个人冒险经历存证。他们的拍摄对象广泛，从底层民众到皇亲国戚都有涵盖。其中，涉及中国人物肖像摄影且比较有影响的中西方摄影师有约翰、汤姆逊、赖阿芳、奥古斯特·莫拉什、吕吉·巴津尼等，部分肖像照片中有抽吸、使用中式旱烟袋的影像。

　　在19世纪末的中国，画报是一种广受欢迎的出版物，内容涉及山川、人物、新闻时事、文学戏曲等。在众多画报中，《点石斋画报》是中国最早的旬刊画报，由上海《申报》附送，每期画页八幅，参与创作的画家除吴友如和王钊外，

还有金蟾香、张志瀛、周慕桥等17人。《点石斋画报》光绪十年（公元1884年）创刊，光绪二十四年（公元1898年）停刊，共发表了四千余幅作品，反映了19世纪末帝国主义列强的侵略行径和中国人民抵抗外侮的英勇斗争，揭露了清廷的腐败丑恶现象，也有大量时事和社会新闻内容。此外，还有中国传统的年画、木版画等，这些作品的写实风格画面中出现了不少手拿中式旱烟斗的人物，赋予了画报鲜活的时代感，能为我们考察中国旱烟斗发展脉络和使用信息提供重要支持。

图 65　穿便服官员的烟斗[412]（18世纪）

图 66　穿官服官员的烟斗[412]（18世纪）

图 67 官员的烟斗 [413]（18 世纪）

图 68 官员的烟斗 [414]（18 世纪）

图 69 运河船家的烟斗 [415]（18 世纪）

图 70 农夫一家的烟斗 [416]（18 世纪）

图 71 避雨者的烟斗 [417]（18 世纪）

图 72 运河纤夫的烟斗 [418]（18 世纪）

图 73 木偶戏摊贩的烟斗 [419]（18 世纪）

图 74 卖烟杆商贩的烟斗 [420]（18 世纪）

图 75 书摊商贩的烟斗[421]（18 世纪）

图 76 卖灯笼商贩的烟斗[422]（18 世纪）

图 77 仕女的烟斗[423]（18 世纪）

图 78 贵妇的烟斗[424]（19 世纪））

图 79　卖水妇女的烟斗 [425]（18 世纪）

图 80　乡村妇女的烟斗 [426]（18 世纪）

图 81　乡村农民的烟斗 [427]（20 世纪）

图 82　冬装老者的烟斗 [428]（19 世纪）

图 83 趴门窗者的烟斗[429]（19 世纪）

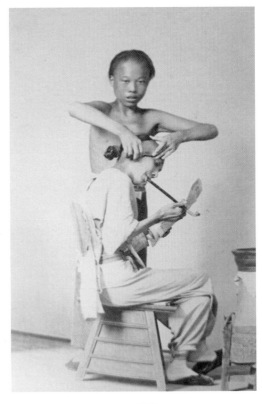

图 84 理发者的烟斗[430]（19 世纪）

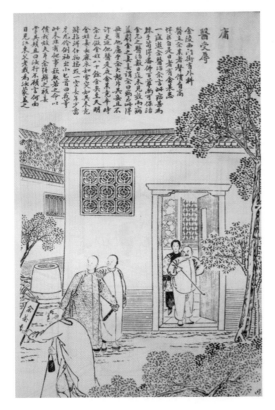

图 85 路人的拐杖烟斗[431]（20 世纪）

图 86 耍猴人的烟斗[432]（20 世纪）

图 87　旅人的烟斗 [433]（19 世纪）

第二节　中式旱烟斗的主要材料与制作过程

与其他事物一样，中式旱烟斗的发展同样经历了由简单到复杂、由稀少到普及、由质朴到奢华的演变。中式旱烟斗最初形态就是简单的烟杆（烟筒），一头塞烟点燃后从另一头吸食，制作材料是竹节、芦苇等中空植物。这种烟筒的最大优势就是取材便捷，但阻燃性差，需要频繁更换。为了解决耐燃性问题，人们首先尝试最为熟悉的陶土、各种植物的根部，用它们做成盛装烟草的斗钵，然后与竹管、芦苇等中空植物的根茎装配成简单、耐用的旱烟斗。随着旱烟斗使用者增多，制作材料开始出现分化，例如，人们开始尝试采用贵重金属（金、银、铜、铁、锡）、玉石、乌木、象牙、珊瑚、玳瑁等制作旱烟斗的烟钵、烟杆、口柄，以满足不同阶层的需求。伴随中式旱烟斗的进一步发展和普及，人们在制作上开始了进一步的创新和突破，例如，装饰上应用雕刻、花丝、实镶、錾刻、焊接、鎏金、烧蓝、镶嵌宝石、彩绘、铸锻、髹饰等工艺，主题上涉及人物、山水、诗歌词赋等，造型上求新谋变、千姿百态。中式旱烟斗的基本结构应在 16 世纪中期趋于固定，主要包含烟斗钵（烟锅头）、烟杆与口柄。本节主要介绍中式旱烟斗的主要材料、基本形制，并思考中式旱烟斗的未来发展方向。

一、陶土烟斗的种类与制作

采用黏土或陶土烧制生活器具在我国具有悠久的历史，早在新石器时代就已出现简单的粗陶器。陶土的特点是可塑性强、易碎、阻燃性好、热传导性低、疏松多孔、吸水性好、价格便宜。可塑性强意味着可以使用陶土制作任意外形、任意大小的全陶土旱烟斗或者独立的旱烟斗部件，例如，有的只用陶土制作烟锅、烟杆或者口柄部分，有的则将烟锅与烟杆部分采用陶土一体化烧制。陶土旱烟斗阻燃性好，不容易烧蚀，防护得当则使用时限很长；陶土烟斗热传导性低，较低的外部温度便于握持使用；疏松多孔、吸水性好可以降低烟气刺激，显著改善烟气质量。缺点就是碰触坚硬物体易碎，但价格便宜，更换也容易，这是陶土烟斗得到中外吸烟者喜爱的重要原因。在中国，著名的陶土产地有江苏宜兴（紫砂陶）、云南建水（紫陶）、广西钦州（坭兴桂陶）、重庆荣昌（安富陶）等。

1. 陶土烟斗的种类与烧制

根据不同的标准，陶土烟斗可以划分为不同种类。这里按照烧制后呈现的颜色划分为灰陶、黑陶、彩陶、白陶烟斗，简单介绍一下烧制过程：

灰陶烟斗的烧制：在烧成后期不添加柴草的情况下封闭窑顶出气孔，再往窑内适量喷水，造成烧成后期的窑室氧气减少、呈还原气氛，陶胎中的铁元素以黑色 FeO 的形态展现，最后使烧成的陶土烟斗呈灰色，俗称灰陶烟斗。由于灰陶烟斗陶土一般不需要精细淘洗，在烧成后期窑室加入水汽，能迅速降低窑室内部温度，生产周期短，产量大，灰陶烟斗的价格可以做到很低[434]。

彩陶烟斗的烧制：彩陶烟斗是指在打磨光滑的橙红色陶坯上，以天然矿物质颜料进行描绘，用赭石和氧化锰做呈色元素，然后入窑烧制，颜料发生化学变化后与陶胎融为一体，在橙红色的胎体上呈现出赭红、黑、白等诸种颜色的美丽图案，形成的纹样与器物造型高度统一，这样的彩陶色彩不易脱落，经久耐用而且美观。在烧制方面，一般先除潮，然后素烧，温度控制在 700—800℃，保持氧化气氛冷却后成品为砖红色的刻画陶；素烧后也可以再次进行釉烧，即外部整体或局部涂以含铅、二氧化硅、粉土的釉料后放入陶制的匣钵内，逐渐加大温度，达到 1000—1050℃[435]，烧两天两夜。与灰陶烟斗的烧制相比，彩陶烟斗温度高、工艺复杂，价格高。

黑陶烟斗的烧制：黑陶烟斗采用无釉无彩碳化窑变工艺烧制，出窑后浑然天成，不再做任何处理，其外观效果黑如漆、亮如镜。烧成温度在 1000℃左右，在焙烧时主要采用氧化焰，仅在最后快结束时采用浓烟熏制，加入超量柴草，封闭窑门与烟囱，从窑顶徐徐加水，使木炭熄灭，在窑室内形成大量的气化碳素，通过烧结形成的孔隙渗透进入陶器内部，从而制成黑色的陶土烟斗[436]。我国著名的黑陶产地有河南淇县，黑龙江绥棱、勃利，山东日照、德州，河北馆陶，浙江遂昌等地，按质地可分为泥质黑陶、夹砂黑陶和细泥黑陶三种。黑陶烟斗生产工艺偏于烦琐复杂，传播区域小，烧成不易，数量稀少，价格昂贵，制作工艺曾一度失传。

白陶烟斗的烧制：白陶烟斗是以瓷土和高岭土为原料、在 1100℃左右的温度中烧成的陶器。由于胎质中所含氧化铁比例极低，大约只有 1.6%，因此烧成后表里和胎质都呈白色。与其他陶土烟斗，白陶烟斗的吸水性较差。

陶瓷烟斗的烧制：陶瓷烟斗采用瓷土和高岭

图 88　全陶旱烟斗与陶土烟斗钵

土为原料，烧成温度为 1200—1300℃ 以上 [437]，陶瓷烟斗美观、高雅，但吸水性、散热性较差，一般用于制作观赏性烟斗，严格意义上讲是一种质量更高的白陶烟斗。

中式旱烟斗中全陶的较少，陶土一般用于制作烟斗钵部分，陶土烟斗钵再与其他材质制作的烟杆、口柄配合，最终构成一支完整的旱烟斗。

2. 陶土烟斗（烟钵）的制作过程

陶土烟斗是以陶土为主要原料，辅以各种天然矿物，经过粉碎混炼、成型和烧制后得到的烟斗制品或烟斗部件。制作完成一件完美的烟斗，大致需要经过以下五道工序 [438]：

第一步，练泥：制作陶土烟斗的基本材料是陶土，从矿区采取陶土，经水碓舂细，淘洗，除去杂质，沉淀后制成砖状的泥块；然后再用水调和泥块，去掉渣质，用手搓揉，或用脚踩踏，使泥中的水分均匀，沉淀后制成泥砖，如此反复多次。练泥的目的是改进陶土性能，增大坯泥密度，提高坯料可塑性。

第二步，坯体成型：陶土烟斗的成型过程可以说是制作工匠情感的表达过程，制作者可以在满足烟斗基本功能的基础上，将自己的思维、构想、感情投射到所要成型的烟斗上，从而得到一件独一无二、体现个性的陶土烟斗。制作者可以采用泥条成型、拉坯成型、旋坯成型、模具成型等方法，它们各有特点，只是辅助创作的手段，可根据制作需要来采用。

第三步，修坯：成型后的陶土烟斗坯体有的需要再修坯，比如拉坯后坯体还很粗糙，表面不够光滑、有毛刺，厚薄不够均匀等，这些瑕疵都需要经过修坯来调整。同时，可以根据需要做一些修饰，例如镌刻花纹、粘贴浮雕等，这些都可在修坯过程中完成。修坯的重要性远超成型，其好坏直接决定坯体的命运。修坯之后还要进行打光，用鹅卵石、陶瓷、玻璃体的光滑表面对烟斗进行打磨，避免高低不平。

第四步，干燥：修胚完成后，在烧成或上釉之前有一个干燥的过程，否则釉面会出现开裂或脱落的现象，在烧窑时坯体如果残留水分过大，会急剧汽化引起膨胀而破裂。陶土烟斗使用者一般很在意吸烟质量，因此烟斗内侧不施釉，为了美观也只在外表面进行局部施釉，外表面整体施釉的陶土烟斗较少，一般陶器制品的上釉工序不适用于烟斗制作。陶土烟斗坯体干燥是一个缓慢的过程，要放置在阴凉通风处干燥，时间一般持续六个月以上，直接在阳光下暴晒会导致胚体表面水分蒸发过快、干湿度温度不均匀而出现开裂。

第五步，焙烧：这是完成制作陶土烟斗的最后一个步骤。将干燥后的生坯或半成品烟斗放入窑内烧制，使其在高温下发生物理、化学变化，完成烟斗的烧制。按照烧制所采用的能量来源，现阶段一般可分为电窑、气窑和柴窑，除了一些艺术家为了获得特殊的烧制效果而采用柴窑外，一般都采用煤气窑进行烧制，烧成温度视所烧物品的原料而定，一般控制在700—1150℃之间。

二、竹制旱烟斗的种类、制作

竹的种类较多，外形高挑飘逸，是君子的化身，为"四君子"之一。竹有七德：竹身形挺直，宁折不弯，是曰正直；竹虽有竹节，却不止步，是曰奋进；竹外直中空，襟怀若谷，是曰虚怀；

竹有花不开，素面朝天，是曰质朴；竹超然独立，顶天立地，是曰卓尔；竹虽曰卓尔，却不似松，是曰善群；竹载文传世，任劳任怨，是曰担当。制作文房四宝中的毛笔，竹枝是上等的材料；在纸张出现之前，竹简是人们记载事物的书写材料。自古以来，众多文人雅士常借它来表达自己清高拔俗的意趣，或作为自己品德的鉴戒。古人爱竹，文人墨客为之挥毫吟咏、绘画抒怀，也形成了独有的竹文化。竹子具有良好的力学性能，竹纤维强度高、弹性好、密度低，易于塑形，可用于制作工艺品。干燥的竹材多微隙，具有优异的吸水性，多年生的竹根、竹鞭阻燃性较好，是制作旱烟斗的优质材料[439]。文化的魅力加上竹材所具有的性能，致使竹制旱烟斗成为众多烟草爱好者尤其是文人烟草爱好者的选择。

1. 竹制烟斗的种类

正如陶土烟斗一样，按照不同的标准，竹制烟斗也可以分为不同种类，这里按照旱烟斗中竹材占比的多少简单划分为竹根、竹节（竹竿、竹枝）、竹烟杆三类；竹材主要为观赏竹，例如罗汉竹、琴丝竹、凤尾竹、斑竹、墨竹等。

竹根旱烟斗：顾名思义，就是主体部分尤其是烟钵部分采用竹根或竹鞭制作的中式旱烟斗，烟杆和口柄部分直接采用竹节或竹鞭制作。这类烟斗的阻燃性优于竹节烟斗，竹鞭结节多而密，造型独特，极富情趣，使用时间较长。

竹节旱烟斗：主要采用竹竿制作斗钵部分，烟杆和烟嘴一般直接采用细小竹枝制成，制作简单方便，配合烘烤等手段，可改变竹枝造型，价格便宜，缺点是阻燃性差，需要频繁更换。

图 89　竹根旱烟斗 [440]　　　　　　　图 90　竹烟杆旱烟斗

图 91　竹节旱烟斗

竹烟杆旱烟斗：竹烟杆旱烟斗指烟杆部分采用竹材制作的旱烟斗，烟杆可以使用竹鞭、竹竿、竹枝，而烟斗钵、烟嘴采用其他材质制作。这种烟斗的一大优点是充分利用了竹材密度小、吸水性强的优点，可显著改善烟斗烟气质量，使用年限较长。

2. 竹根、竹节旱烟斗的制作过程

竹根、竹节旱烟斗一般采用全竹材料，其制作过程可以简单地归结为四个大的步骤：

第一步：材料的选择。根据制作的需要，有目的地挑选合适的竹材。最好选择成长年限长、外形美观、无虫蛀、无霉变的优质竹材，选择竹鞭、竹根时还要注意尽量选择结节数量多、结构致密的，尽量完整提取，不要破坏竹鞭竹根完整性，便于后续制作过程中的取舍。

第二步：蒸煮与干燥。这是在烟斗正式开始制作之前的一个重要步骤，蒸煮的目的是改变竹材颜色，尤其是减少竹根心部与周围材质的色差；缓解竹材初始含水的梯度差，降低竹材在干燥阶段发生缺陷的可能性和杀虫；去除杂味，通过蒸煮可以有效去除竹根、竹鞭因成长环境因素而带有的杂味，提高燃烧品质以及烟气质量。经蒸煮后的竹材还需要经过彻底干燥才能进入后续制作程序。竹材的干燥也是一个缓慢的过程，要放置在阴凉通风处干燥，时间一般持续六个月以上，有的甚至要历时一年以上，避免暴晒或放置在温度变化剧烈的地方导致表面失水过快、干湿度温度不均匀而出现开裂。

第三步：加工成型。这是竹烟斗制作过程中最为重要的一步，也是考验烟斗艺人功力的环节，需要根据竹材外形、原始构想对木材进行适当加工，开斗钵、烟道开孔、适度矫形等都需要在这一阶段进行。

第四步：修饰与打磨。竹制烟斗加工成型后，还需要根据成型、功用等进行适度的修饰，例如镌刻纹饰、题写文字、镶嵌装饰物等，然后是精心打磨，增强使用体验和意趣。

中式竹烟杆旱烟斗的制作重点是做好烟斗的处理和成型。一般选择合适的竹鞭或者竹竿、竹节来制作烟杆，竹竿长度可根据使用者偏好选取，内部烟道开孔适度，太细则阻力大，太大则少了抽吸的意趣。

三、木质旱烟斗的种类、制作

木材也是制作中式旱烟斗的常用材质，但有一定要求，例如木质坚硬、纹理致密、不易开裂、耐高温等。国内最常用的烟斗木材有麻梨木、黑檀、紫檀、红木、柏木、花梨木、鸡翅木、榉木，此外还有荔枝木、龙眼木、核桃木、枣木、樱桃木、楠木等。制作烟斗钵一般采用阻燃性最好的根部，烟杆、烟嘴则一般使用树干、树枝部分。在欧洲，人们更倾向于采用质轻、纹理艳丽细密、透气散热、阻燃力强的石楠木[441]制作烟斗钵；在东南亚地区，人们也喜欢采用黄金桑树瘤（俗称阴木）来制作烟斗。

1. 木质旱烟斗种类

能用于制作旱烟斗的木材很多，其外形、大小、长短也千差万别，要进行细致深入的分类很难，也不是本书的重点，在这里我们借助欧洲烟斗的划分方式，将木质旱烟斗分为随形、经典两类。

随形木质旱烟斗：随形木质旱烟斗也可以称为木艺旱烟斗、雕刻旱烟斗等。旱烟斗制作匠人需要根据木材的原始自然形态，充分发挥自己的主观创意、想象力和艺术表现力，借助匠人的巧思、巧艺，制作出体现自然美感、神形酷肖的随形旱烟斗。通常烟斗钵、烟杆、烟嘴一体成型，没有固定式样。由于加工难度高、耗时长，这类旱烟斗非常昂贵，属于收藏级的"腐败烟斗"，当然，也可以用于真正抽吸，其烟气质量当属卓越级别。

经典木质旱烟斗：经典木质旱烟斗是人们通过借鉴陶土烟斗钵造型，根据木材的材质特征和制作特点，总结归纳出的旱烟斗造型，主要有：圆形的苹果式旱烟斗，烟斗钵呈圆形，有时也把近似于圆形或者椭圆形的烟斗归为这一类；锥形旱烟斗，烟斗钵纵切面呈上宽下窄的锥形结构；菱形旱烟斗，斗钵外形纵切呈菱形；罐式旱烟斗，烟斗钵外形近似于一个陶罐；以及其他类型的自由式旱烟斗。这种旱烟斗的烟斗钵、烟杆、烟嘴一般采用独立结构，分开制作，最后组装在一起，烟杆、口柄可以是木质材料，也可以使其他材质，讲究散热良好、舒适和美观。

2. 木质旱烟斗的制作

随形木质旱烟斗、经典木质旱烟斗，核心的烟斗钵部分一定会采用木材制作。与竹质旱烟斗基本相似，可以简单地归结为四个大的步骤：

第一步：材料的选择。根据制作的需要以及材料的可获得性，有目的地挑选适合制作烟斗的树木干材、枝材、树苑、树根。木材的生长之地最好在半干旱、贫瘠砂砾之地，成长年限要长，这种地方出产的木材在相同条件下一般纹理更致密鲜明、更阻燃，拥有更为优异的散热性。在挖取树苑时尽量连同树根一起完整提取，树干视需要截取，然后将树苑先放置于活水中涵养一段时间，以减少材质各部分之间的含水差异，一般静置两三个月后再进入下一步骤。

第二步：蒸煮与干燥。这是木质烟斗开始制作之前的一个重要步骤，目的是改变木材颜色，特别是减弱木心与周围材质色差；缓解初始含水的梯度差，降低木材在干燥阶段的缺陷发生概率，以及杀虫、去除杂味等，以利于保证成品燃烧产生的烟气品质。经蒸煮后的木材还需要彻底干燥后才能用于制作烟斗。与竹材相比，木材干燥更为缓慢，一般要持续两年甚至更长时间。要放置在阴凉通风处干燥，避免放置环境温度、湿度出现剧烈变化导致木材开裂，破坏其完整度。

第三步：加工成型。这也是木质旱烟斗制作过程中最为重要的一步，考验烟斗艺人的艺术修养，对木材纹理走向、内部品质的把握能力，以及制作技艺水平。他们需要根据木材的自然形态、纹理以及斗型的特定要求，对木材进行加工，如挖斗钵、烟道开孔、修形，烟杆、烟嘴制作、装配等都需要在这一阶段进行。

第四步：打磨与修饰。烟斗加工装配成型后，还需要仔细打磨、抛光，再进行装饰，例如镌刻纹饰、题写文字、镶嵌装饰物等，最后是精心打磨，补土、上色、抛光等，增强使用体验和意趣。

四、金属旱烟斗的主要类型与制作

金属旱烟斗发展的黄金时期是在乾隆元年之后，其鼎盛时期可能达到了旱烟斗使用总量的90%以上。19世纪末20世纪初的一些外国观察家到中国后，一度认为这里只有金属烟斗。制作金属旱烟斗一般采用铜、铁、锡，偶尔也采用更为昂贵的黄金和白银，其他种类金属应用较少。

1. 金属旱烟斗的种类

金属因其耐烧蚀、可塑性强、不易损坏的特点，一直是烟斗制作者用于制作烟斗钵的理想材料。如果按照烟斗钵所选用的金属类型，中式金属旱烟斗可以分为金、银、铜、铁、锡等常见的五种；按照金属在旱烟斗中的比重，可以分为纯金属与非纯金属旱烟斗两类；如果按照是否可伸缩来划分，则又可以分为可伸缩式与不可伸缩式旱烟斗等。因此，站在不同的角度，可以区分出不同类型，这里不再一一列举。

2. 金属烟斗的制作

历史上金属烟斗的大规模生产一般为铸造成型，现在小批量个性化的金属烟斗制作通常采用机床制作。这里主要介绍历史上最为常见的金属旱烟斗的铸造制作过程。所要铸造部分为烟斗钵，主要有五步：

第一步：模型设计与制造。 根据选用的金属类型（一般是铜、铁、锡）以及烟斗的设计形制、大小要求，制作合适的浇铸模型。

第二步：金属熔炼。 根据金属选择合适的坩埚类型，并将装有需要熔炼金属的坩埚放入熔化炉，加温加热，直到坩埚内的金属全部处于熔融状态，待用。

第三步：浇铸凝固。 将铸造模型放置在合适的位置，注意周围不要有任何易燃易爆物质，然后使用专用的坩埚钳将装有熔融金属液体的坩埚取出，将液态金属缓慢倾倒进入模型浇注口，倾倒的速度不能太慢，否则金属容易在模型内腔凝固，阻碍金属液填满整个铸模内腔；也不能太快，否则容易四处飞溅伤人。铸型内腔完全填满熔融金属液且有少量液体溢出时停止浇铸，然后待其凝固，直至完全冷却。

第四步：脱模清理。 采用专用脱模针，从铸模中取出铸造完成的烟斗，清理内腔、表面残留物，去除打磨浇铸中烟斗表面出现的金属毛刺；如烟斗出现贯穿性砂眼，则需要将金属重新回炉，再次浇铸成型。

第五步：装配、装饰、打磨成型。 将清理后的金属烟斗钵与准备好的烟杆、烟嘴装配成型，精心装饰打磨后得到一把完美的金属旱烟斗。

五、其他材质旱烟斗

除了上面提到的四大类材质外，还有玉石、海柳木、珊瑚、海泡石、乌木、象牙、兽角、兽骨等也经常被用于制作中式旱烟斗，其中玉石、海柳木、珊瑚一般用于制作烟斗钵、烟嘴，乌木、象牙一般用于制作旱烟斗的烟杆、口柄部分，兽角、兽骨一般用于制作烟斗钵、烟杆。新材质的开发与使用与其说能体现出人们享受吸烟的乐趣，不如说凸显出他们更在意探寻和享受新型烟具带来的吸烟意趣。

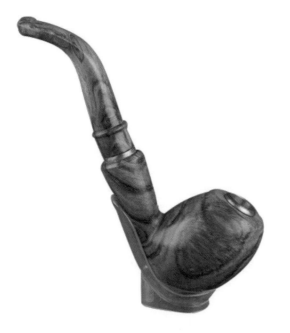

图 92　经典木质旱烟斗

图 93　经典木质旱烟斗

图 94　随形根雕旱烟斗

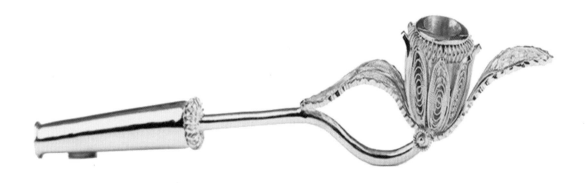

图 95 14K 金旱烟斗 [442]

图 96 紫铜旱烟斗

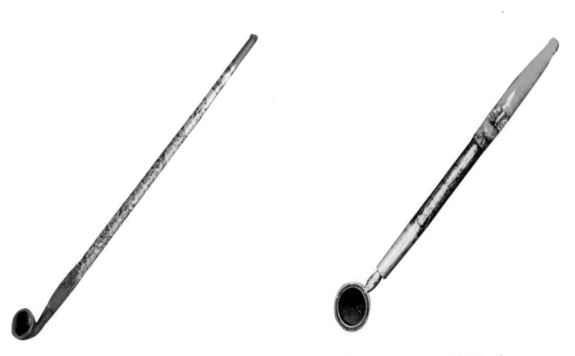

图 97 铁质旱烟斗   图 98 金属旱烟斗

图 99　海柳木烟斗

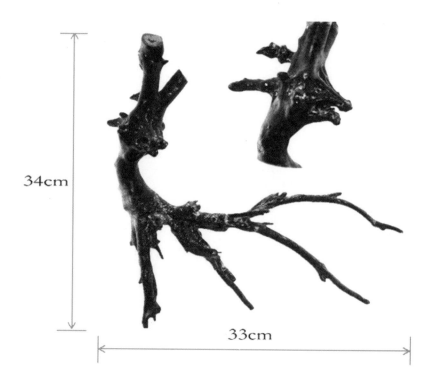

图 100　鹿回头海柳木烟斗（图片来自深圳盛礼典藏烟斗烟具）

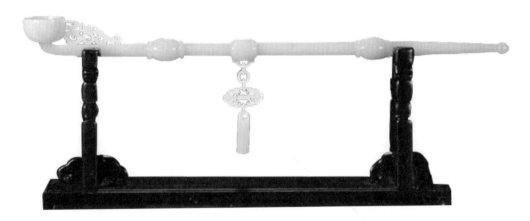

图 101 玉石旱烟斗

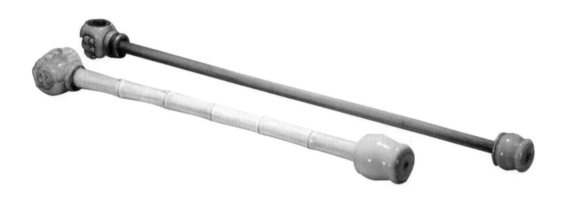

图 102 象牙旱烟斗

图 103 玉石旱烟斗

第三节　中式旱烟斗的基本形制及未来发展思考

伴随着 16 世纪初期烟草的引入，旱烟斗就在中国开始了它的本土化进程，不断与中国传统的陶艺、髹漆、雕刻、书画、金工等技艺相结合，形成了具有中国特色的中式旱烟斗，出现了许多广受欢迎的经典旱烟斗形制，产生了许多别具一格、反映个人情趣爱好的自由式随形旱烟斗，为世界旱烟斗发展做出了独特贡献。

目前有关中式旱烟斗的相关研究和文献资料更多侧重于中式旱烟斗所使用的材质、装饰风格、装饰主题等方面，在中式旱烟斗的基本形制以及中式旱烟斗与欧式烟斗之间的差异等主题上，还尚未见有人展开研究。本书在这里提出中式旱烟斗基本形制这一概念，并在此基础上进行简单探索，希望有专业人员能进行更为深入的分析。

从烟斗基本形制演变上看，陶土烟斗处于核心地位，任何其他烟斗形制的发展和演进都建立在陶土烟斗前期形成的经典形制基础之上。中国旱烟斗形制的演变和发展也经历了同样过程，能佐证这一论断的除了 1980 年广西合浦出土的嘉靖年间陶土烟斗之外，还有 2013 年在广西南宁邕江岸边的三岸窑遗址，此地发掘出土了数量众多、形制各异的明代陶土烟斗，清晰地说明在明代中后期，最先实现大规模、批量化生产的就是陶土烟斗。此外，在一些工地、内河淘沙过程中也不断发现陶土烟斗，例如，江西景德镇河流挖泥船作业中发现了不少形制各异的陶瓷烟斗，虽然具体年份不能确定，但从冲刷痕迹可以看出，烟斗存在时间比较久远，它们的形制对此后中式金属旱烟斗生产有着重要影响。

陶土烟斗能获得最优先发展，主要有四个原因：一是陶器、瓷器生产工艺非常成熟。中国制陶的历史源远流长，距今 8000—10000 年前的江西万年仙人洞、江苏溧水仙人洞等地区就发现了烧制成型的陶器和碎片，到元朝、明朝更是中国陶瓷制品发展的高峰时期，以中国当时的陶器烧制和工艺水平，烧制烟斗对中国陶工来讲没有任何技术难度。二是材料价廉易得，生产旱烟斗的陶土随处可得，烧制成本低，可以大规模制作，能满足大多数人吸食烟草的需要。三是陶土可塑性强，可以根据制作者的偏好制作出任何外形和形制的烟斗，满足人们对烟斗形制的特殊爱好。四是陶土烟斗吸烟品质优异。中式旱烟斗之间的差异除了基本形制变化外，主要体现在不同材料制作烟斗带来的吸烟品质、装饰效果差别，以及采用不同材料制作烟杆、口柄，不同装饰主题之间相互搭配带来的价值差异。这些差异造成了使用阶层的区隔。

基于这一认识，本书尝试将国内出土的陶土烟斗、少数民族地区仍在使用的（陶土、竹木、金属）烟斗以及当前流行的旱烟斗进行综合归纳，提炼出中式旱烟斗的基本形制，并与流行的欧式旱烟斗进行简单对比，对其未来发展方向进行思考。

一、中式旱烟斗的基本形制

（一）中式旱烟斗的构成以及基本形制划分标准的确定

日常使用的完整中式旱烟斗一般包括烟斗钵、烟杆、口柄、烟荷包等四大部分，其中：

烟斗钵主要包括斗钵体、斗钵以及斗颈三部分，斗钵用于盛装燃烧的旱烟丝，斗颈用于连接斗体和烟杆，相关纹饰位于斗钵体外表面。

口柄主要由口柄杆和烟嘴两部分组成，口柄杆用于与烟杆装配连接，烟嘴部分则主要便于牙齿扣咬，其材质可以与烟斗、烟杆相同，也可不同。

烟杆是烟斗钵和口柄之间的连接物，主要作用是清凉和清洁烟气，材质选择广泛，可以与烟斗、口柄材料一致，也可以选择其他材质。

烟荷包主用于盛装旱烟丝，多采用手工缝制，内衬通常为具有保湿作用的动物皮革。

烟斗钵形态的差异，在很大程度上决定了一

图 104 广西南宁三岸窑出土的明代烟斗 [443]

支烟斗的美感，也对吸烟质量产生影响。国际上烟斗形制有多种划分标准，例如，根据口柄中心线与斗颈中心线是否重合可分为弯式和直式，也可根据整体外形、习惯称呼等方式来划分。中式旱烟斗的基本形制划分标准也大体遵从同样的思路。中式旱烟斗经过几个世纪的不断演进和变化，形成了三十来种经典的基本斗型；此外，同种斗型，烟杆、口柄长度大小不一，材质不同，也可以衍生出许多不同的类型。人们对于不同形制旱烟斗的选择，与使用者年龄、地位、性别、性格以及抽烟的环境等息息相关。

如果根据斗钵体中心线与斗颈中心线夹角的大小，旱烟斗可以分为三类——倾斜式、（垂）直式、平行式；如果按照斗钵体的形状，还可以区分为圆柱形、方形、圆形和随形等几大类。总之，按照不同的标准可以将中式旱烟斗划分为不同的形制，这是仁者见仁智者见智的问题，本文不一一列举。

（二）中式旱烟斗的基本形制

欧式旱烟斗一般根据斗颈与口柄中心线是否重合简单分为直式和弯式两大类，有时也直接根据斗钵体的形态命名，例如苹果式、烟囱式、葫芦式、斗牛犬式、拨火棍式等，烟斗形制的命名

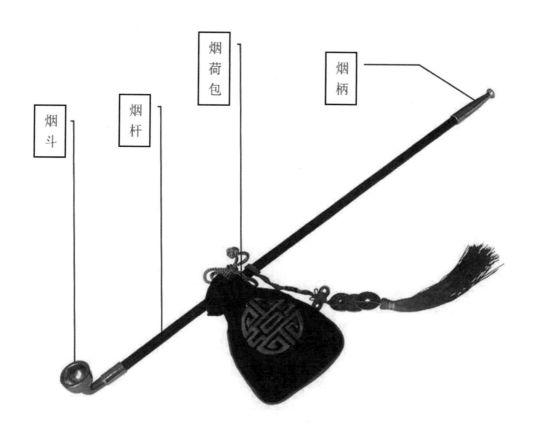

图 105 中式旱烟斗的基本结构

更多采用习惯称呼。

为了便于分析和归纳中式旱烟斗的基本形制，本文按照中式旱烟斗斗钵体中心线与斗颈中心线夹角的关系来确定旱烟斗的基本形制，并在此基础上进一步细分。采用这种标准划分中式旱烟斗基本形制，可以简化材质以及烟杆和口柄长短、大小、曲直差异等带来的划分难题。下面按照倾斜式、（垂）直式、平行式、随形自由式进行简单介绍：

1. 倾斜式中式旱烟斗

这一形制的中式旱烟斗又可分为内倾式旱烟斗（斗钵体中心线与斗颈中心线夹角在 30°—80° 之间）以及外倾式旱烟斗（斗钵体中心线与斗颈中心线夹角在 100°—150° 之间）。欧洲的弯式烟斗一般采用内倾式结构。

经典形制一： 内倾柱式。斗钵体内倾，为圆柱形结构，与圆柱形斗颈连接，可一体成型，过渡连接部分不明显。可以采用平底式、凸点式、叶片式底托，底托边缘可以凸出于整个斗体，也可以不设置底托。斗颈接口部分一般进行加强处理，斗颈末端加厚或者在其外表面设置陶土环，兼顾斗颈刚性的同时增强装饰性。斗钵体的内部钵形一般采用 U 形或 V 形结构，前者占绝大多数。圆柱形的体体外表面一般会添加装饰性的花卉纹、人物纹、动物纹、吉祥纹等，纹样既是装饰，也能起到增强握持摩擦阻力的效果。

经典形制二： 内倾苹果式。斗钵体内倾，为苹果形结构，与圆柱形斗颈连接，可用模具一体成型，过渡连接部分不明显。斗颈、底托、钵体内部钵形处理方式与内倾柱式基本相似，苹果形斗钵体外表面一般不再添加其他装饰元素。

经典形制三： 内倾经筒式。斗钵体内倾，类似藏族转经筒结构，与圆柱形斗颈连接，可用模具一体成型，过渡连接部分不明显。斗颈、底托、钵体内部钵形处理方式与内倾柱式基本相似，钵体表面可添加陶土环、施釉。

经典形制四： 内倾圆壶式。斗钵体内倾，为圆茶壶式结构，带杯耳。斗颈一般为圆柱形，斗颈与斗钵体连接部分明显，外表面主要采用花卉、人物、动物线条纹饰，可用模具一体成型。底托为台座式样，斗钵体的内部钵形一般采用 U 形或 V 形结构，前者占绝大多数。

经典形制五： 内倾圆钵式。斗钵体内倾，为圆形钵体结构。斗颈一般为圆柱形，斗颈与斗钵体连接部分明显，外表面主要采用花卉、人物、动物、吉祥线条纹饰，可用模具一体成型。底托为平台式，斗钵体的内部钵形一般采用 U 形或 V 形结构，前者占绝大多数。

经典形制六： 内倾随形烟斗。斗钵体内倾，外形可以制作成任何具象，斗颈可根据斗钵体采用相应的外形结构。斗钵体与斗颈间一般存在明显的过渡，斗钵体内部钵形采用 U 形或 V 形结构，前者占绝大多数。

经典形制七： 外倾莲蓬式。斗钵体外倾，外形为莲蓬形状。斗颈一般采用圆柱形或者圆锥形结构。斗颈与斗钵体之间的连接部分细长、形似莲梗，可一体成型，斗钵体的内部钵形多采用 U 形结构。这种形制在金属旱烟斗中采用较多，由于斗颈和斗钵体之间连接细长，刚性不足，通常会在斗钵体以及与斗颈的连接部分外侧设计加强筋，并在末端做成倒 Y 字形，与烟杆配合，可以做成拐杖式旱烟斗。

经典形制八：外倾喇叭式。 斗钵体外倾，外形为渐开的喇叭形状。斗颈一般采用圆柱形或者圆锥形结构，斗颈与斗钵体之间采用弧形连接，可一体成型。斗钵体的内部钵形一般采用 U 形或 V 形结构，前者占绝大多数。这种烟斗形制在金属旱烟斗或竹木旱烟斗中采用较多，可用作防卫器具，一般会在斗钵体与斗颈连接部分外侧添加刀片式加强筋突出部，并在片状突出部打孔悬挂装饰物，如铃铛等。清朝时期习武之人喜欢这类烟斗。也可将末端做成倒 Y 字形或简单地添加片状突出，与烟杆配合，可以做成拐杖式旱烟斗，并用作防卫武器。

经典形制九：外倾圆短式。 斗钵体外倾，外形为渐缩式圆柱结构。斗颈一般为圆柱形结构，斗颈与斗钵体之间采用弧形连接，可一体成型，斗钵体的内部钵形多采用 U 形结构。斗钵体外表面可饰螺纹、花卉等，与欧式圆短式旱烟斗极为相似。此类烟斗在中式陶土旱烟斗、竹根旱烟斗中较为常见。

经典形制十：外倾青灯式。 斗钵体外倾，外形神似礼佛用的香油灯座。斗颈一般为圆柱形结构，斗颈与斗钵体之间采用弧形连接，有的将斗颈连接部设计成龙形开口以承接青灯式斗钵体，钵体内部钵形一般采用 U 形结构。此类旱烟斗在陶土烟斗、金属烟斗中较为常见。

经典形制十一：外倾圆钵盖式。 斗钵体外倾，外形下部类似圆钵，上部为收缩的圆盖。斗颈一般为圆柱形或圆锥形结构，斗颈与斗钵体之间采用弧形连接。如果连接强度过低，可在外侧设置加强筋。根据需要，加强筋可设计成花鸟鱼虫等装饰物。斗钵体内置钵形一般采用 U 形结构。此类旱烟斗在金属烟斗中较为常见。

经典形制十二：外倾随形烟斗。 斗钵体外倾，外形可以制作成任何具象，斗颈可根据斗钵体采用相应的外形结构。斗钵体与斗颈间一般存在明显过渡，斗钵体的内部钵形一般采用 U 形或 V 形结构，前者占绝大多数。

2.（垂）直式中式旱烟斗

斗钵体中心线与斗颈中心线夹角在 80°—100° 之间，这种处理方式也常为欧式旱烟斗经典形制所采用，主要有以下经典形制：

经典形制一：苹果式。 斗钵体中心线与斗颈中心线近乎垂直，钵体为苹果式圆形结构，内部钵形一般采用 U 形或 V 形结构，平底底托。此类形制在陶土烟斗、竹木旱烟斗中较常见，与欧式苹果式旱烟斗类似。

经典形制二：桶式。 斗钵体中心线与斗颈中心线近乎垂直，斗钵体为圆柱形桶式结构，斗颈为圆柱形，斗颈与斗钵体连接部分不明显，外表面主要采用花卉、人物、动物线条纹饰，内部钵形一般采用 U 形或 V 形结构，底托为平底或点状凸起等。此类旱烟斗形制在陶土烟斗、金属烟斗中较常见。

经典形制三：圆台式。 斗钵体中心线与斗颈中心线近乎垂直，斗钵体为圆台形结构，斗颈一般为圆柱形，斗颈与斗钵体连接部分不明显，外表面主要采用花卉、人物、动物、吉祥纹等线条纹饰，内部钵形一般采用 U 形或 V 形结构，底托为平底或点状凸起。此类旱烟斗形制在陶土烟斗、金属烟斗中较常见。

经典形制四：喇叭式。 斗钵体中心线与斗颈中心线近乎垂直，斗钵体为渐开式圆喇叭结构，斗颈为收缩式圆柱形，与斗钵体连接部分不明显，外表面主要采用花卉、人物、动物、吉祥纹等线条纹饰，内部钵形一般采用 U 形或 V 形结构，底托为平底、手形或者点状凸起。此类旱烟斗形制在陶土烟斗、金属烟斗中较常见。

经典形制五：竹节式。 斗钵体中心线与斗颈中心线近乎垂直，斗钵体仿竹节，有环形凸起，采用骑跨方式与竹节状斗颈连接，连接部分不明显，外表面施釉，内部钵形多采用 U 形结构。此类旱烟斗形制在陶土烟斗、竹木烟斗、金属烟斗中较常见。

经典形制六：短柱式。 斗钵体中心线与斗颈中心线近乎垂直，斗钵体为短圆柱体，直接放置在挖空的渐缩圆柱形斗颈上，连接过渡不明显，外表面一般采取施釉处理，内部钵形采用 U 形结构较多。此类旱烟斗形制在陶土烟斗、金属烟斗中较常见。

经典形制七：花苞式。 斗钵体中心线与斗颈中心线近乎垂直，斗钵体为圆球或圆锥体结构，钵体底部呈收缩状，直接安放在圆柱体或圆锥体表面，犹如枝头含苞待放的红梅花苞。斗颈与斗钵体连接部位不明显，外表面施釉，钵体内部钵形多采用 U 形结构。此类旱烟斗形制在陶土烟斗、金属烟斗中较常见。

经典形制八：指节式。 斗钵体中心线与斗颈中心线近乎垂直，整个旱烟斗犹如弯曲的手指指节，斗钵体、斗颈为扁柱体结构，斗颈与斗钵体连接采用弧形结构，内部钵形多采用 U 形或 V 形结构。此类旱烟斗形制在陶土烟斗中较常见。

经典形制九：罐式。 斗钵体中心线与斗颈中心线近乎垂直，斗钵体外形为陶罐形状，无明显斗颈结构，罐状底部侧面留一圆形接口与烟杆相装配，内部钵形多采用 U 形或 V 形结构。此类旱烟斗形制在陶土烟斗、金属烟斗中较常见。

经典形制十：锥体式。 斗钵体中心线与斗颈中心线近乎垂直，斗钵体外形为锥体形状，无明显斗颈结构，内部钵形一般采用 U 形或 V 形结构，底托可为点凸起或平底形。此类旱烟斗形制在陶土烟斗、金属烟斗中较常见。

经典形制十一：月牙式。 斗钵体中心线与斗颈中心线近乎垂直，斗钵体外形为月牙形状，无明显斗颈结构，钵体内部钵形一般采用 U 形或 V 形结构。此类旱烟斗形制在陶土烟斗、竹根烟斗、金属烟斗中较常见。

经典形制十二：碗式。 斗钵体中心线与斗颈中心线近乎垂直，斗钵体为圆碗形结构，斗颈为圆柱形或圆锥形，与斗钵体采用弧形连接，外表面主要采用花卉、人物、动物线条纹饰，内部钵形一般采用 U 形或 V 形结构。此类旱烟斗形制在陶土、竹木、骨质、金属烟斗中较常见。

经典形制十三：随形式。 斗钵体中心线与斗颈中心线近乎垂直，斗钵体外形可以制作成任何具象，斗颈可根据斗钵体采用相应的外形结构，一般存在明显的斗钵体与斗颈间过渡部分，内部钵形多采用 U 形或 V 形结构。

图 106　内倾柱式旱烟斗　　图 107　内倾苹果式旱烟斗　　图 108　圆台式旱烟斗

图 109　平底斗托　　　　图 110　树叶型斗托　　　　图 111　平底斗托

图 112 内倾经筒式旱烟斗

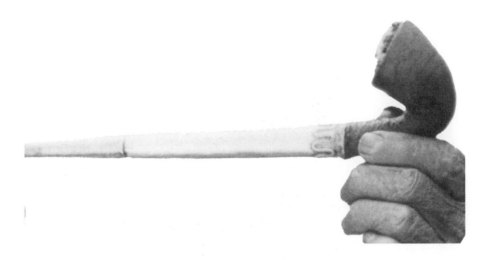

图 113 内倾随形旱烟斗

图 114 内倾圆壶式旱烟斗

图 115 内倾圆钵式旱烟斗

图 116　外倾莲蓬式旱烟斗

图 117　外倾喇叭式旱烟斗

图 118　外倾喇叭式旱烟斗

图 119　外倾圆短式旱烟斗

图 120　外倾青灯式旱烟斗

图 121　外倾圆钵盖式旱烟斗

图 122　苹果式旱烟斗

图 123　桶式旱烟斗

图 124　喇叭式旱烟斗

图 125　竹节式旱烟斗

图 126　短柱式旱烟斗

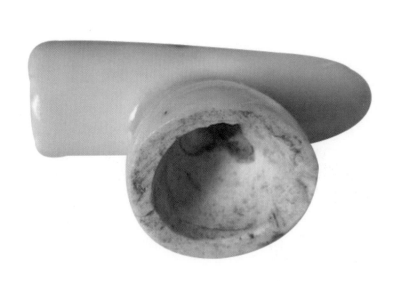

图 127　花苞式旱烟斗

图 128　手式旱烟斗

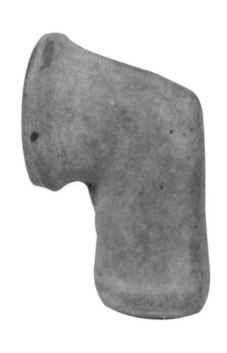

图 129　指节式旱烟斗

图 130　罐式旱烟斗

图 131　锥体式旱烟斗

图 132 锥体式典型底托

图 133 月牙式旱烟斗

图 134 碗式旱烟斗

3. 平行式旱烟斗

这一形制的中式旱烟斗斗钵体中心线与斗颈中心线夹角在0°—30°或150°—180°之间，前一种也可称为回头式旱烟斗，后一种也可称为直线式旱烟斗。

回头式旱烟斗：回头式旱烟斗与欧式全弯式旱烟斗类似，有的呈S形，有的直接在斗钵和斗颈之间采用桥式连接，使斗颈中心线与斗钵中心线平行，斗颈和斗钵公用底托，不用时可将旱烟斗直接竖立放置。

直线式旱烟斗：直线式旱烟斗一般为斗钵、烟杆、口柄一体化设计的烟斗，主要用于卷制型烟草，例如卷烟、雪茄烟等，斗钵不直接用于盛装烟丝。

4. **特殊的烟斗形制**

社交旱烟斗。在云、贵、川等少数民族地区，有一种旱烟斗可以同时满足多个人抽烟需求，人们可以一边抽烟一边交流，与一种能满足六个人同时抽烟的欧洲德布勒森黑陶旱烟斗类似。在拉祜族、白族中有一种名叫火塘烟或"小烟炉"的旱烟斗，也属于这种特殊形制的中式社交烟斗。

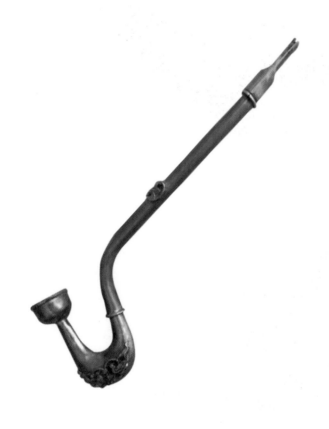

图 135　回头式旱烟斗

图 136　直线式旱烟斗

图 137　火塘烟旱烟斗 [445]（中式社交烟斗）

图 138　德布勒森黑陶社交烟斗 [444]

二、中欧传统旱烟斗的主要异同

无论在欧洲还是中国，相较于水烟、鼻烟，旱烟都是最主要的使用形式，使用最频繁的吸烟器具也是旱烟斗。按照人类学的观念，不同地域的人在做同一件事情的时候，他们使用的工具在功能和外形上具有相似性。因此，欧洲旱烟斗和中式旱烟斗在发展上也具有相似性，主要有四点：

首先，在旱烟斗的制作材料选择上，都是将陶土作为旱烟斗规模化生产的优先选择材料，此后才逐渐过渡到竹木、石质材料，最后才选择金属作为制作材料。

其次，在旱烟斗形制的选择上，都将垂直式、倾斜式作为最大规模量产的大众经典烟斗形制，随形烟斗只作为满足少数个人情趣爱好的个性化奢侈烟具。

第三，都非常关注旱烟斗带来的吸烟品质，将是否有效吸附烟气杂质、降低烟气湿度和温度等作为评价旱烟斗优劣的重要标准。

第四，重视旱烟斗的制作工艺。

存在的差异主要体现在三个方面：

一是欧洲旱烟斗强调优异材质的最大化使用，例如，欧洲特别青睐于全陶烟斗，石楠木和海泡石烟斗一般也只在口柄部分采用其他材料制作。而中式旱烟斗更倾向于利用不同材料之间的优化组合，例如，采用陶土制作斗钵，而烟杆采用细竹竿，口柄部分则换成玉石等，讲究不同材料搭配带来的整体最优效果。

二是烟斗材质的使用侧重点出现了分化，欧洲一直注重使用非金属材质制作旱烟斗的斗钵体，而中国在 18 世纪初期以后，更倾向于使用金属制作旱烟斗的斗钵体。出现这种选择性差异的原因在于对金属阻燃性、热传导性的关注度不一致，欧洲烟客更在意斗钵的热传导性，金属热传导性过强，不利于手握，中国烟客更在意烟斗的阻燃性和耐用性。

三是中欧对长杆烟斗的偏爱存在差异。虽然欧洲也出现过长杆旱烟斗的热潮，但持续时间不如中国，可能是两地区文化差异所致。欧洲强调个体的自主独立，而中国强调集体的相互协作与友善，因此长杆旱烟斗在中国一直都有一席之地。

三、中式旱烟斗未来发展的主要方向

随着中国社会经济发展和物质生活的丰富，人们开始逐渐回归闲适的慢生活节奏，而采用旱烟斗悠闲地抽吸烟草、享受生活是慢生活的重要标志之一。在倡导适度吸烟和健康生活的理念下，本书就如何更好地发展中式旱烟斗产业谈几点思考：

首先是要做好中式旱烟斗的制作传承。中式旱烟斗在材料选择、形制演变、装饰风格主题元素等方面经历了几个世纪的考验，能做到历久不衰肯定有它特殊的内在驱动力，未来要发展好中式旱烟斗，前提是做好传承。

其次是要做好烟趣文化的传播。"烟以趣胜"，中式旱烟斗要获得人们的认同，必须让烟草爱好者认同传统旱烟斗所能带来的烟趣，要从形制上、装饰风格主题上、不同制作材料的搭配上给潜在使用者耳目一新的感觉。同时，结合中国传统的礼俗文化加以引导，例如，将"孝与家和"理念导入中式旱烟斗使用场景，增强烟草使用者亲近人员的接受度。

第三是要做好中式旱烟斗的使用场景需求研究。当前，卷烟因其使用便捷性占据了主导地位，中式旱烟斗要发展好，需要分析在现代生活与工作环境中，在什么的场景下具备烟斗使用条件，什么形制的旱烟斗适合在这种场景中使用，不断

图 139　孝顺的儿子给抽拐杖烟斗的老爷子点烟

图 140　可爱的宝宝抢
夺旱烟斗 [446]

图 141　霸气十足的抽
烟大臣 [447]

地去发现烟草使用者的需求，这样才能开发出满足使用者需求的中式旱烟斗。

第四是要做好中式旱烟斗制作材料的研究与探索。石楠木、海泡石因其优秀的品质，能为吸烟者带来优异的吸烟体验，这是欧式旱烟斗能被世界各地烟草爱好者所接受的根本原因。中式旱烟斗除了做好传承外，更要强化制作材料的筛选和研究，进一步提升吸烟品质。

四、旱烟斗的装填、点火与抽吸技巧

旱烟斗的使用是一门艺术，除了旱烟斗本身带来的享受之外，在烟草装填、点火、抽吸中也有不少小技巧，这些能带来新奇的体验。

（一）装填烟草

喜欢旱烟斗的人会为了追求美妙的烟草享受耗费大量的精力和金钱，而完美地装填烟草则能在不耗费任何金钱的情况下给吸烟者带来意想不到的体验。可以说，装填烟草是一门学问和艺术，它直接影响到人们的抽吸感受，每个人都可能拥有最适合自己的装填方法。装填烟草并不是把烟草塞进旱烟斗的斗钵里就完事，完美的装填需要综合考虑所使用烟斗斗钵的大小、形状以及旱烟丝的湿度、类型等。装填得当，则烟草容易点燃、抽吸自然、燃烧充分、均匀、节奏合理，有利于体味烟草调配的本色和细微变化。熟练掌握这门既简单又高深的艺术，考验一个人的细心、耐心、技巧和经验，需要装填者不断地练习、体验。

第一步，搓揉。旱烟斗使用的烟草一般为丝烟或片烟，由于工艺、防潮、运输等需要都会在挤压后包装在烟匣或包装袋内，所以在装填之前一定要用手指搓揉至松软、分散状态。

第二步，装填。旱烟斗烟草的装填遵循上紧下松的原则，即靠近斗钵底部的烟草要疏松，靠近斗钵顶部的烟草要压实。最简单的方法就是将揉松的烟草洒落进斗钵至满，然后用手指或工具轻轻将烟草均匀压至斗钵中间位置，然后再洒落烟草至满斗，均匀压实至离斗钵口四分之一处，最后再重复一次，略加力压至满斗。如果是阻燃性较差的非金属旱烟斗，还需要注意烟草与斗钵口平面应保持约 2 毫米左右的距离，即烟草平面要略低于斗钵口平面，目的是避免烟草烧蚀斗钵内口边缘。

这样几次添加、压实烟草，目的就是使烟草在斗钵内形成上紧下松的状态。如果压太紧，会堵住底部的气孔，抽吸不畅；如果压太松，会让烟草燃烧太快，而且烟灰容易飞散。填装完成后还要手指轻压烟草，没有弹性则表示烟草太紧，一按就塌陷则表明烟草装填太松。

第三步，试吸。这是在旱烟斗点火前决定抽吸质量最为关键的一步，需要先试着空吸几口，感受烟斗抽吸阻力大小是否适当，既不能感觉毫无阻力，也不能感觉抽吸不畅。如果发现抽吸不顺畅，就表明斗钵内烟草太紧，或者烟草堵住了底部气孔，要将斗钵烟丝倒出，用一根通条伸入烟道疏通后重装烟草。如果感觉抽吸阻力适当，就是完美的装填，这样可以让烟草的香、韵、劲十足，带来最好的体验 [448]。

还有一种非常简单的装填方法，在一些乡村

地区也是最常用的方式：把旱烟斗的烟斗钵伸入烟荷包，抖动烟荷包让烟草自动落入斗钵，然后轻按，再重复一两次，感觉斗钵松紧适度、有一定弹性后拿出试抽，根据松紧适度添加或拔出烟草，满意后即可开始点火享受。

（二）烟草点火

旱烟斗点火的传统方法是使用火镰捻子、炭火或者长木条，火柴出现后人们才使用火柴点烟。旱烟斗点火需要注意以下技巧：

一是使用任何火源都要尽量使火苗稍微远离烟草表面来点燃，通过轻吸烟袋产生的微气流将火吸入烟斗，而不是直接把火塞进斗钵里。一开始尽量点燃最浅层的烟草，缓缓地在烟草表面画圈，以使斗钵里的烟草受热均匀。由于表层烟草燃烧受热膨胀可能会出现爆口，可以用工具将其轻轻抚平，这时切不可用力压实烟草。调整到位才能让烟草的抽吸又顺又香。

二是把表面燃烧层理平之后才能正式点火，依旧采用在斗钵烟草表面上方画圈的方式点燃。最好使用松木火柴，且划燃火柴时要离斗钵有一段距离，以免火柴燃烧产生的化学刺激性烟气被吸入斗钵，影响吸烟体验。并且要等待火柴完全燃烧至松木后才开始点烟，用火柴点烟的好处是能获得温和稳定的口感[449]。

（三）抽旱烟斗的节奏把控

抽旱烟斗可以说是一门技术，也是艺术，它必须建立在娴熟的使用基础之上。旱烟斗烫舌（咬舌）是新手很容易碰到的问题，原因可能是旱烟斗本身品质不好，烟杆、口柄的吸热性不够，也可能是烟道过短，炙热的烟气没有得到充分冷却就抵达了舌头，还有一个可能是烟道里积累了大量烟油，伴随抽吸被吸入口腔，粘结在舌苔表面，从而产生了刺痛感。如果不能更换烟袋，则可以通过以下方法和技巧来避免咬舌情况发生：

一是清理烟道，改善烟斗本身的不良状态，或者放缓抽吸节奏和力度。

二是恰当地装填烟草，使其抽吸和顺协调，过松或过紧都会使烟气质量不稳定，导致进入口腔的烟气过热。

三是保持旱烟丝干湿度适当，尤其是抽吸潮烟，除了保持好水分之外，还应控制好湿度，过湿烟气必然灼热发生咬舌的问题。

抽吸旱烟斗，还需要理清几点认识：

首先，抽吸旱烟斗并不需要真正吸入烟气，而是体验、享受、回味口中吸入的"烟气"，否则就破坏了抽旱烟的本质。

其次，抽旱烟斗不仅有经济上的好处，更在于它能带来健康和心理上的和平安宁。旱烟丝价格适度，同时烟气不进入肺部，更有利于健康，在口腔中品味、体验烟气会带来心理上的舒缓与平静，这是在现代社会快节奏生活中抽吸卷烟所不能带来的心理健康收益。

第三，享受抽吸旱烟斗的乐趣在于适度。过度沉溺烟草会削弱其带来的快乐，和品酒一样，适度饮酒带来的快乐总大于伶仃大醉。因此，享受抽吸旱烟斗的快乐不等于放纵，需要根据个人偏好适度控量，适度而不过量[450]。

第七章
中式水烟壶及其发展历史重建

16世纪早期烟草进入中国后，最早的用烟器具是旱烟斗，这种用烟方式不仅可以由考古发掘出土的文物佐证，也可以从烟草进入中国初期被取名为"薰"得到证实。随之而来的是水烟斗，也被习惯称呼为水烟壶、水烟袋等，本文在此不做区分。人们使用水烟壶让烟气首先通过凉水过滤的原因、水烟壶在中国的发展脉络、独立式水烟壶和集成式水烟袋的主要形制、水烟的制作以及吸食水烟的趣味等，都是本章将要涉及的主要内容。

第一节 中式水烟壶发展的历史脉络重建

早期关于烟草的著作、诗词中明确提及水烟壶的比较少，主要原因可能是当时水烟壶携带不便，使用者也多为女性，加上点火较为麻烦，文人们使用较少、体验不够。然而，一些诗词中虽然没有明确提及水烟壶，但其中的一些用词例如"剔透""停针"等，也让我们有理由相信作者描述的就是水烟壶。关于水烟壶的发展溯源，本书还是首先通过历史典籍记载以及相关的常识来展开。

一、18世纪有关水烟、水烟壶的典籍记载

18世纪，主要有七位学者在其烟草著述中提及水烟或水烟壶：

其一，曹庭栋（1700—1785年），清代养生家，一作廷栋，字楷人，号六圃，又号慈山居士，浙江嘉善魏塘镇人，乾隆六年（1741年）举人，著有《老老恒言》（又名《养生随笔》）五卷，总结了他的养生之道，书中提及有人制作水烟筒[311]。

其二，汪师韩（1707—？），字抒怀，号韩门，浙江钱塘（今杭州）人，卒年不详，在一首七言烟草诗中有"倾心还有壶公在"一句，疑暗指水（鼻）烟壶：

"瑶草耕烟岁取资，黄云叶叶柳丝丝。茅柴霁景编篱薄，筐筐宵分析缕迟。风俗小函盛满把，火传重晕结相思。倾心还有壶公在，鼻观通参出愈奇。"[451]

其三，赵学敏（约1719—1805年），在《本草纲目拾遗》（刊于1765年）中介绍烟草发展历史时提及：

"近兰州出一种烟名曰水烟，以水注筒吸之。令烟从水过，云绝火毒，然烟味亦减。"[452]

其四，吴江人陆耀（1723—1785年），著有《烟谱》（成书于1774年以前），"生产第一""器具第三"中分别提及用凉水配合抽烟以及用锡盂盛水的方式抽吸烟草：

"生产第一：……第一数闽产，而浦城最著，彼土甚嗜者连食不过一二筒，筒不过三四呼吸。或先含凉水在口，然后食之，云可解毒。" [453]

"器具第三：……滇人象牙管内另制铜管纳其中，但取不裂，然与工匠、佣夫纯用铜铁铸成者无异，每得火，全管皆热，火气直达喉中，最易损人。又或以锡盂盛水，另为管插盂中，旁出一管如鹤头，使烟气从水中过，犹闽人先含凉水意，然嗜烟家不贵也。" [364]

其五，吴镇（1721—1791年），初名昌，字信辰，出生于临洮。根据《青城水烟》介绍，他嗜好吸水烟。乾隆十五年（1750年）中举，先后任陕西耀州学正、韩城县教谕、济南府陵县知县、湖北兴国州知州、湖南沅州知府等职，终获罪还乡，晚年主讲兰山书院达八年之久。吴镇著述甚多，有《松花庵全集》十二卷传世，虽以诗名，亦能为词，其咏物之作《竹香子·刘时轩司马送斑竹烟管》别具匠心：

"斑竹一支秋老，呼吸湘烟袅袅。泪痕宜湿淡巴菰，渠是相思草。　莫问吞多咽少，钓诗竿何妨饥咬。天台云气接苍梧，珍重刘郎惠好。" [454]

其六，李调元（1734—1803年），字羹堂，号雨村，别署童山蠢翁，四川罗江县人。他在《童山诗集》中提到人们使用鹅颈水烟壶：

"水烟壶，腹如壶，以铜为之，柄如鹅颈长，其筒入口以嘘烟气，其烟嘴横安背上，腹内受水，

嘘毕则换。诗云：本系呵烟器，呼壶亦近之。鼻嘘龙虎彩，腹吐雨云驰。" [455]

其七，李斗（1749—1817年），在其所著《扬州画舫录》中提到匡子卖水烟：

"匡子驾小艇游湖上，以卖水烟为生。有奇技，每自吸十数口不吐，移时冉冉如线，渐引渐出，色纯白，盘旋空际；复茸茸如髻，色转绿，微如远山；风来势变，隐隐如神仙鸡犬状，须眉衣服、皮革羽毛，无不毕现；久之色深黑，作山雨欲来状，忽然风生烟散。时人谓之'匡烟'，遂自榜其船曰'烟艇'。" [457]

这些文字记载虽然提及了水烟或者水烟壶，但均未对水烟或水烟壶历史进行考证。

二、19世纪有关水烟、水烟壶的典籍记载

19世纪，在著述中提及水烟或水烟壶的主要有如下几位：

一是舒位（1765—1816年），诗人、戏曲家，字立人，号铁云，直隶大兴人，生于吴县（今江苏苏州），乾隆五十三年（1788年）举人，屡试进士不第，贫困潦倒，游食四方，以馆幕为生，从黔西道王朝梧至贵州，为之治文书。作有《兰州水烟》诗一首：

"兰州水烟天下无，五泉所产尤绝殊。居民业此利三倍，耕烟绝胜耕田夫。有时官禁不能止，贾舶捆载行江湖。盐官酒胡各有税，此独无吏来催租。南人食烟别其品，风味乃出淡巴菰。迩来兼得供宾客，千钱争买青铜壶。贮以清水及扶寸，有声隐隐相吸呼。不知嗜者作何味，酸咸之外云

模糊。吁嗟世人溺所好，宁食无肉此不疏。青霞一口吐深夜，那知屋底炊烟孤。且勿呼龙耕瑶草，转缘南亩勤春锄。"[458]

二是陈琮（1761—1823 年），江苏青浦人，所著《烟草谱》中有"水烟"条：

"水烟，出甘肃之五泉，一名西尖，从陕中来，烟色紫，结成块者佳。近有以烟屑用火酒制者，俱不堪食。《辨香录》云：用水烟袋吸之，烟从水过。其制有鹤形、象形、葫芦形等式。《淞南乐府》注云：水烟出兰州，范铜为女鞋，腹贮水，面装烟，跟引管尺许，隔水呼烟。无名氏有《水烟筒铭》：手口相应，水火既济，异哉斯器，旨哉斯味，凛之哉，熏其心而灼其肺。

"《童山诗集》李调元云：水烟壶，腹如壶，以铜为之，柄如鹅颈长，其筒入口以嘘烟气，其烟嘴横安背上，腹内受水，嘘毕则换。诗云：本系呵烟器，呼壶亦近之。鼻嘘龙虎彩，腹吐雨云驰。既济占《周易》，司人缺礼仪。最宜微醉后，旁挈小童儿。又，成都学正王仪亭喜用水烟壶，诗以戏之云：自从烟草来中国，截竹为筒任吸呼。大抵皆将铜贮火，迩来更以水为壶。趋炎世态今皆是，喜冷人情古所无。独有仪亭清到底，终朝嘘尽置门盂。

"烟起嘉庆初，吾乡汤显业，姚前柜、前机有联句诗云：巴荍蔓别种，嘘吸谢截竹。非烟游云飚，得水跃金伏。锤炼蜀岭铜，剧切昆刀玉。圆仿兔作钟，薄若虎镂轴。宛转历鹿肠，空洞膨脖腹。星钩蟠苍龙，乳穴掠白蝠。金斗琢麟首，银钥闪鱼目。平底占景盘，浅注凝脂盂。此制殊玲珑，就中贮涟渌。灌之聊润枯，把彼不盈掬。

斛流响桔槔，蘸波影辅辘。厥产贩兰州，其臭分香谷。嗜痂梁刘邕，幻茶宋陶縠。琐屑杂米盐，供亿先菽首。严报宵更三，暑移日时六。童偷抱琴闲，客抵吹角续。故纸萤焰红，散篆凤烟绿。飞头劫灰烬，喷口余霞缛。隆隆撼砥柱，汩汩倒奔瀑。斑粘指甲痕，光射眸子瞩。登场引诗词，解酲间醽醁。如螺纹则旋，非鳊项何缩。贫不碍谭谐，饱更快敏速。矫立鹭足翘，弯形象鼻曲。窍透碧藕灵，气炽芳芸熟。情根激回澜，肺叶饶清沃。长柄鸧鹕杓，小涌鹈雕啄。既济协水火，共赏一雅俗。当世盛新谱，稽名勘旧录。翠壶水激怀，奇器慎颠覆。"[451]

三是梁章钜（1775—1849 年），字闳中，又字苣林，号茝邻，晚号退庵，祖籍福建福州府长乐县，曾任江苏布政使、甘肃布政使、广西巡抚、江苏巡抚等职。他在著述中对甘肃发展烟草商业种植与农业之间的矛盾感到忧虑：

"余尝藩甘肃，屡欲申兰州水烟之禁，询之绅士，皆以为断不能禁，而徒以扰民。盖今日之吃水烟者遍天下，其利甚厚。利愈厚则逐末者愈多，甘肃土地硗瘠甚于吾闽，循此而不知返，则本计益绌，农利益微，甚可虑也。"[459]

四是陈其元（1812—1882 年），字子庄，晚年自号庸闲，生长在浙江海宁鼎族之家，著有《庸闲斋笔记》一书，其中提及婺州春秋佳节有斗牛风俗，热闹非凡，有人在现场卖水烟：

"燕齐之俗斗鸡，吴越之俗斗蟋蟀，古也有然。金华人独喜斗牛，则不知始于何时。余在婺州十有六年，每逢春秋佳日，乡氓祈报祭赛之时，辄有斗牛之会，先期觞延客，竭诚敬，比日至之时，国中千万人往矣。斗场辟水田四五亩，沿田塍皆搭台，或置桌凳，以待客及本村老幼妇女。卖饼饵者，卖瓜果者，装水烟者，薨薨缉缉然，猱杂于前后左右。牛之来也，鸣钲前导，头簪金花，身披红袖，族拥护之者数十人。既至田中，两家各令健者四人翼其牛，二牛并峙，互相注视，良久乃前斗，斗以角，乘间抵隙，各施其巧，三五合后，两家之人即各将其牛拆开，复族拥去。观者不知其孰胜负，而主之者已默窥其胜负矣。胜者亲友欢呼从之，若奏凯状，牛亦轩然自得，徐徐步归。负者意兴索然，即左右者俱垂头丧气焉；小负之牛尚可养成气力，更决雌雄；大负则杀而烹之，盖锐气已挫，不能再接再厉矣。"[460]

五是《梼杌近志》，其中有捻军（1853—1868年）首领李长寿使用黄金水烟筒抽烟的记载：

"李兆受又名长寿，为捻匪渠魁，其生平跋扈反覆、叛降抚剿之事实，具载清史，不复录，兹录其与李巧玲遗事：长寿雄于财，挟资走上海，盖耳李巧玲之艳名而来者也。时丹桂戏园，创于甬人刘维忠，廓式恢宏。李长寿至，据其中厅，责令戏园侍者，毋令他人入座，曰：'为我召北里姝来。'侍者见颓然一老翁，装束类乡曲，不知其为何如人也，姑诺之。然彼时北里姝，声价高甚，所谓长三者，非有介绍不得近。侍者乃商之于么二，择其最下者，召十许人至，侍坐于旁。李视之若无睹焉。剧将终，命仆人辇金至，人赏百金，灿然列案上。于是一夜之间，李长寿之名大震。

"明夜又来，仍命召妓，则为长三者，为么二者，妍者，媸者，纷至沓来，亦不及辨为若干人也。长寿左顾右盼，意殊不慊。诸妓之当其一盼者，即引以为荣，窃窃然谓其同侪曰：'李大人顾我。'同侪视李大人，则呼仆方奉黄金水烟筒以进也，是故晚近奢习，有以黄金为烟筒者，实自李长寿始。剧将终，李长寿起，拂衣去，侍者请赏。则曰：'上海妓者，例以三元为一局，吾昨所发者，已溢今日之数矣。'侍者无如之何。是夕也，北里诸姬空巷而至，后来者坐无隙地，中独有一人岸然不顾者，则李巧玲也。长寿以巧玲不为所屈，笑曰：'婢子乃不为动耶？'乃夤缘以识李巧玲，狂恣豪奢。巧玲之婢请盥，长寿臂金条脱，承其巾，微水溅脱条。婢曰：'条脱着水矣。'长寿遽解下曰：'既着水，无所用之，即以赏汝。'婢惊愕却顾，目视巧玲。巧玲曰：'此何物事，值得如许惊怪！'婢乃谢而受之。"[461]

六是方濬师（1830—1889年），字子严，号梦簪，清代安徽定远人，咸丰年间举人，官至直隶永定河道，所著《蕉轩随录》对烟袋的发展脉络进行了简单梳理：

"烟草出吕宋国，一名淡巴菰，中国惟闽产佳。万历末有携至漳泉者，马氏造之，曰'淡肉果'。渐传至九边，皆衔长管而火点吞吐之，有醉扑者。崇祯时严禁不止。见方氏《物理小识》。本朝则到处有之，王阮亭先生所谓'今世公卿士大夫，下逮舆隶妇女，无不嗜烟草者'。乾隆以前，尚系用木管、竹管，镶以铜烟锅吸之，名曰旱烟。后则甘肃兰州产水烟，以铜管贮水其中，隔水呼吸，或仍以旱烟作水烟吸。而水烟之名，又有青条、黄条、五泉、绵烟诸目。旱烟斗大小不等，以京师西天成家为最。水烟袋用白铜制者，惟苏州汪云从著名，湖北汉口工人亦专精制造。近年来又有铜制二马车水烟袋者，以皮作套，空其中，一安烟袋，一安烟盒，两旁有烟纸筒二，可以息火，制作益精，且便于携带，于北地车中最宜。洋人复制烟叶，卷束如葱管，长仅三四寸，以口衔之，火燃即吸，其味烈易醉，又于马上最宜。若鸦片烟之流毒天下，实非旱烟、水烟比矣。献县纪文达公好吸旱烟，每一次烟锅中可装二两，自内城至海淀尚不尽，都人呼为纪大锅。吉林文博川宫保吸水烟，一次可二三十袋。予每遇作诗文时，亦手不肯释，然不过时吸时止，不能如宫保之吸而不歇也。烟草之外，复有制为鼻烟者，细如粉末。《香祖笔记》云'可明目，有避疫之功。以玻璃为瓶贮之，瓶之形象种种不一，颜色亦具红、紫、黄、白、黑、绿诸色，白如水晶，红如火齐，极可爱玩。以象牙为匙'云云。不知近日鼻烟壶专尚翡翠、白玉、玛瑙、蜜蜡诸品，一壶有直数十金、数百金者。昔司马温公携茶，以纸为贴，范蜀公用小木盒子盛之，温公见而惊曰：'景仁乃有茶器也。'盖不知后来茶器精丽，极世间之工巧者。古今时势，如出一辙。今之烟壶，非即昔之茶器欤？升勤直公《戈壁道中竹枝词》云：'皮冠冬夏总无殊，皮带皮靴润酪酥。也学都门时样子，见人先递鼻烟壶。'可见此物流传之远矣。"[462]

根据目前能查阅和搜集到的部分典籍资料来看，16、17世纪没有有关水烟的记载。18世纪养生家曹廷栋（1700—1785年）第一次提及有人为了避免吸入烟气之火，制作了水烟筒吸"过水烟"，或者吸"过口烟"；赵学敏（1719—1805年）提及人们在烟筒中装入水，吸一种兰州出产的水烟；陆耀（1723—1785年）在其《烟谱》中提及，为解热毒，人们嘴里含水抽烟，介绍了金属锡器水烟壶的基本构造；李调元（1734—1803年）描写了人们所使用水烟壶的形制。这些资料说明在18世纪，金属水烟壶已经得到了很大发展，并且新颖别致，款式众多。

到了19世纪，在众多水烟产地中，兰州水烟地位最为突出，其五泉出产的水烟得到了各地消费者认同，例如在贵州履职的北京人舒位（1765—1816年）、编撰《烟草谱》的陈琮（1761—1823年）都认为五泉出产水烟最好，后者更是详细记载人们吸水烟的情趣以及主要水烟壶造型。方濬师（1830—1889年）则第一次对水烟的发展进行了溯源性研究，介绍了水烟分类以及各地制作水烟壶的名家。他指出乾隆之前主要是旱烟，乾隆年间（1736年之后）开始出现水烟，采用铜管注水隔水吸烟，或者直接用旱烟烟丝装入水烟袋抽吸，并提及当时新推出的二马车集成式水烟袋，直接将水仓和烟仓装入一个皮套中。

在20世纪初，徐珂（1869—1928年）[原名昌，字仲可，浙江杭县（今杭州市）人，光绪年间（1889年）举人，后任商务印书馆编辑]汇辑野史笔记、新闻报刊中关于清朝一代的朝野遗闻轶事以及社会政治、经济、学术、文化事迹，编撰成《清稗类钞》，在饮食类中简单总结了清朝以来水烟的发展情况：

"水烟有皮丝、净丝、青条之别，皮丝产福建，净丝产广东，青条产陕西。吸烟之具，截铜为壶，长其嘴，虚其腹，凿孔如井，插小管中，使之隔烟，若古钱样，中盛以水，燃火而吸之。吸时水作声，汩汩然，以杀火气。吸者以上中社会之人为多，非若旱烟之人人皆吸也。光绪中叶，都会商埠盛行雪茄烟与卷烟，遂鲜有吸水烟者矣。"[463]

三、中式水烟壶发展脉络梳理

烟草进入中国后，人们最早采用竹木、陶土等非金属材料制作旱烟斗吸食，随着吸食民众增多，人们不仅尝试用更多的材质制作旱烟斗，而且对旱烟斗的吸烟品质提出了更高要求，尤其是那些喜欢和需要使用短旱烟斗吸烟的烟草爱好者面临一个难题：如何解决烟草阳气过盛对阴气的损害——热毒。在当时，影响力最大的中医"丹溪学派"认为"阳常有余、阴常不足"，强调保护阴气的重要性，倡导"滋阴"，他们无论是在杂病的气、血、痰、郁辩证认识上，还是在养老、慈幼、茹淡、节饮食、节情欲等理论上，大都从是否有利于养阴这一大原则出发。在丹溪学派看来，烟草属于阳性物质，炙热烟气带来的热毒不仅焦灼肺经、有损元阴，更是养生大忌。减少和解决烟气的阳性热毒，不仅对于希望减少热烟气刺激的短旱烟斗使用者，而且对于信奉滋阴学派的烟草使用者来讲都是"刚需"。处理好丹溪学派关注的热毒问题，对于增强民众烟草接受度进而促进烟草推广和传播都具有紧迫性。

可以想见，在16世纪早中期，烟草使用者和供应者、烟具提供者、医学家都在思考、探索，并尝试用各种手段来解决烟气热毒对健康的不利影响。按照冷热相济、水火相克的原理，人们除了延长旱烟斗烟杆长度、增加热烟气冷却时间减少热毒之外，接下来的方法应该就是吸烟时用凉水来降低烟气温度，于是一种带点趣味性的口含凉水吸烟的方式便应运而生。但对于喜欢"茶围"活动的文人雅士以及官宦富豪而言，口含凉水吸烟不仅不雅，而且很不方便，缺乏情趣。先由面容姣好的女子吸烟在口，然后喷出，由男士用口鼻接住，再吸入烟气的"过口烟"，开始在上流社会流行。这既解决了烟气过热的问题，又增加了吸烟情趣，非常受欢迎。对大多数人来讲，口含凉水偶尔为之可以，但毕竟不方便，操作不当口中凉水还可能流入烟筒熄灭烟草，这样一来更伤烟趣；吸清凉的过口烟，更不是一般烟草爱好者所能享受的，而且还需要一定的环境。出现让"烟从水中过"的水烟壶已是必然，因为它能很好地解决以上问题。与旱烟斗发展一样，水烟壶的发展如果按照使用材料可以简单划分为非金属水烟壶和金属水烟壶两个发展阶段，而金属水烟壶发展阶段又可以再细分为早期的独立式水烟壶和后期的集成式水烟壶两个发展阶段。

第一个阶段，非金属独立式水烟壶发展阶段[16世纪初到乾隆元年（1736年）]：利用凉水从根本上解决烟气热毒弊端，因地制宜、就地取材必然会成为人们的优先选择和思考方向。首先是在烟草流行的南方地区，采用竹木制作水烟壶非常便捷，尤其是简便易得的各种中空竹材必然会成为人们的最先选择，打通竹节，利用竹枝制作成外接的烟钵，装入水，点燃烟草吸食烟气，应该是最早的水烟壶袋形态。它解决了三个问题：

一是能有效解决人们吸入烟气温度过高的健康忧虑，无论是丹溪学派的拥护者，还是纯粹想降低烟气温度的吸烟者，都能接受、认同这种方式确实能减少烟气热毒；二是解决了携带、使用不便的问题，竹子种类繁多，可大可小、可长可短，水密性好，每个水烟壶的使用者都可以根据实际需要以及个人偏好选择大小长短适度的水烟壶，装入适量的水后用塞子简单塞住即可，使用时只需要取下塞子、装上烟草即可吸食，解决了携带不便、水密性的问题；三是进一步增添了吸烟情趣，竹材透气性好、可塑性强，自古以来就是书写雕刻的材料，人们可以将竹制水烟壶制作成各种外形，不仅可以在表面篆刻题词，还可以采用各种珍稀材质进行装饰美化，在带来更凉爽烟气、提升舒适感的同时，还能陶冶情操，提升修养。

以这些常识我们可以判断出，水烟壶的出现是中国传统医学理论和烟草情趣相结合的一个本土创新烟具，不属于舶来品。一些认为水烟壶来自异域的学者在提出这一结论时 [464]，可能没有深入研究烟草在中国广泛传播前，它所面临的健康危害争议，也可能没有深入研究过波斯地区水烟壶的主要形制、使用习惯与中式水烟壶之间存在的巨大差异。虽然张景岳的"温补"理论将烟草作为一种有利于养生的药物，但在这一理论确立主体地位之前的 16 世纪中后期，丹溪学派仍然占据主导地位，吸食水烟有助于人们从心理上克服烟草热毒的健康忧虑。从这一点看，独立式水烟壶可能早在 16 世纪三四十年代就已出现。

在竹材被成功用于制作水烟壶后，必然会有更多的其他材料被尝试用于制作水烟壶：挖空的木材、中空的烧制陶器、芦苇，以及老化后具有木质外壳的瓜果等，都可能被用于制作水烟壶的主体部分——盛水斗（也称水盂、水仓），例如常见的葫芦、椰子、匏瓜、佛手等。竹木的老根、石材、乌木等被用于制作盛装水烟丝的烟钵，主要利用其耐燃特性，中空的竹节、竹根，掏空的木材枝条等则被用于制作吸管，于是由烟钵、盛水斗和吸管三部分组成的原始形态水烟壶完全成型。后续的发展就是在这个基础上为水烟壶配置抽烟必需的装烟烟袋、火镰、烟草等，接着为了增添水烟壶情趣，以这些功能为基础发展出各种形态的水烟壶，并加上必要的装饰元素。例如，采用陶器制作具有动物形态的水烟壶，采用葫芦制作葫芦形态的水烟壶，采用椰子制作椰子形态的水烟壶等，以及使用翡翠、玉石、乌木等制作吸管烟嘴等，进一步增强吸烟的舒适感。

这一时期存世的水烟壶即使有，由于断代的原因，也很难确定具体年份。但这并不妨碍我们从正常的逻辑和事物的发展规律出发，认识这一时期水烟壶的基本情况。

平民阶层使用的任何物品，在上层社会都有与其平行的奢侈用品。从这个意义上讲，不排除 16、17 世纪部分富贵、官宦之家曾尝试采用奢侈材料和奢靡的装饰风格来制作水烟壶，例如金属类独立水烟壶。但由于政府管制以及价格过于高昂，这些水烟壶必然很稀少。到了 17 世纪中叶，水烟壶可能与旱烟斗一起，已经扩散到全国范围。为了便于吸烟点烟，出现了一种有别于火镰的烟草点火工具——纸煤，主要是方便室内人员用烟。根据徐珂《清稗类钞》记载：

> "吸水烟者必搭纸引火，使之灼烟，俗谓之纸煤，一曰煤头，又曰纸吹。" [465]

随着清朝社会的逐渐稳定，烟草也获得了恢复性发展，使用烟草和水烟的人逐渐增多，社会稳定也使政府开始放松金属管制。康熙三十六年（1697年）禁未造之铜，其已成者置之不议。至少从康熙年间开始，人们可能已经尝试用金属制作旱烟斗或者水烟壶，而且使用铜制旱烟斗、水烟壶已不属于严重的违法之事。加上粗铜价格、银铜价比不合理，这一政策促使人们毁制钱以做烟袋。到了雍正时期，毁十文铜钱制作旱烟斗即可获十倍利润，一方面说明铜烟斗的价格昂贵、稀少，另一方面也说明在此之前的金属烟斗价格只能更高，而耗用金属量更多的金属水烟壶则可

能远远高于旱烟斗，数量更为稀少。直到乾隆元年（1736年）放开金属管制，铜、铁、锡等金属才开始被广泛用于制作旱烟斗和水烟壶[383]。这一发展脉络在方濬师《蕉轩随录》中也能得到印证：

"乾隆以前，尚系用木管、竹管，镶以铜烟锅吸之，名曰旱烟。后则甘肃兰州产水烟，以铜管贮水其中，隔水呼吸，或仍以旱烟作水烟吸。"[462]

基于此，水烟壶的发展与旱烟斗的发展进程一样，乾隆以前是非金属水烟壶发展的黄金时期，乾隆元年以后金属水烟壶才开始进入发展快车道。

图 142　独立式花梨木水烟壶

图 143　独立式根雕水烟壶

图 144 独立式陶瓷水烟壶

图 145 独立式陶瓷水烟壶

图 146 独立式陶瓷水烟壶

图 147 独立式竹节水烟壶

图 148　独立式陶瓷水烟壶

图 149　独立式陶瓷水烟壶

第二个阶段，独立式金属水烟壶发展阶段 [乾隆元年（1736 年到 18 世纪末）]：这个时期，水烟壶的制作材料主要为铜和锡，主要包括三部分：一是盛水斗，一般被称为水盂、水仓等，是水烟壶主体部分，主要作用是装水，以及作为烟管、吸（烟）管的连通器；二是吸管，是连接烟嘴和水仓的器具，一头连接水仓，底部位于水仓水面之上，一头与烟嘴相连，吸烟时会因呼吸作用在水仓水面上部产生负压；三是烟管，是连接烟钵（也称烟窝）和水仓的器具，一头连接水仓，底部位于水仓水面之下，一头与烟钵相连，吸烟时，通过空气的压力作用将烟钵内燃烧产生的烟气压入水仓水中，然后再进入水仓的空腔部分。

金属水烟壶的形制变化主要反映在水仓部分。根据水烟壶制作设计以及消费者个人偏好需要，水烟壶可以被制作成任何形状，主要有飞禽类、走兽类、生活器具类、瓜果类等四大类型。除了水仓主体外形的变化外，吸管烟嘴材质上也可以有变化，例如可以采用金属、象牙、翡翠玉石等来制作烟嘴；金属材质为水烟壶的外表面装饰提供了有别于陶器、竹木类非金属水烟壶的更多可能，例如可以采用錾刻、烧蓝、细金、镶嵌等工艺对水烟壶的表面进行装饰，主题可以是山水书画、花鸟虫鱼、人物故事、寓言等。

这一时期水烟壶的几乎所有与视觉有关的烟趣元素都围绕水仓展开，相关的配属物，例如通针、镊子（烟夹）、装烟的烟囊、毛刷、纸煤等都是额外分散配置，使用时单独取出，便捷性还存在欠缺，主要是室内使用。在 18、19、20 世纪广州外销画以及影像照片的人物像中，我们可以看到当时这种水烟壶的基本形制情况。

图 150 客厅里的独立式金属水烟壶[467]（19 世纪）

图 151 桌上的独立式水烟壶[468]
（18 世纪）

图 152 侍者手中的独立式水烟壶[469]
（18 世纪）

图 153 桌上的独立式水烟壶
（18 世纪）

图 154 桌上的独立式水烟壶

第三个阶段，集成式水烟壶发展阶段（19世纪初及以后）：在 18 世纪 30 年代金属管制放开后，经近六十年的发展，到 18 世纪末，金属水烟壶的使用人员不断增多，其使用便捷性矛盾越来越突出，例如装烟时还需要打开烟囊用烟夹取烟，用于点水烟的纸煤不能熄火等，于是将水烟壶、装烟的烟囊整合在一起的集成式方案应运而生，一种名叫"二马车"的水烟壶开始出现，外形结构大致如下：

"近年来又有铜制二马车水烟袋者，以皮作套，空其中，一安烟袋，一安烟盒，两旁有烟纸筒二，可以息火，制作益精，且便于携带。"[462]

由于方濬师（1830—1889 年）生活在 19 世纪中后期，其记录二马车水烟壶的时间应为 19 世纪下半叶。考虑到当时信息传播较慢，人们接收到新事物信息需要耗费较长时间，我们认为集成式水烟壶在我国出现的时间与方濬师的记录时间应存在较大时间差。参考烟草传播与记录时间差异，把集成式水烟壶出现的时间提前到 19 世纪初期或许较为合理。

通过皮套安装形成的集成式水烟壶存在固定不牢、易破损、装饰性不强等缺陷。针对这些不足，水烟壶制作工匠随后将安装水仓、烟仓的皮套换成了更耐用的金属手托。经过这一改良，制约水烟壶使用的因素得到彻底解决。在集大成思想下，水烟壶的烟管、吸管、水仓、烟仓、手托、通针、镊子、毛刷等，最后通过手托被全部整合在一起，一手之握就能把这些吸烟用具全部带上。烟管、吸管、水仓的作用前面已有介绍，新整合进来的烟仓用于盛装水烟丝，多为筒形，上部配烟盖，防止水烟丝被风干或者污染；通针也被称为剔火，主要用于疏通烟管和吸管，有时也用于吸烟时挑松或压实烟钵中的烟草，增加吸食舒适性，通针的另一头被设计成毛刷，用于清洁；烟夹主要用于夹取烟仓中的水烟装入烟钵并压实；手托主要起到连接作用，盛装水仓和烟仓，而通针、镊子等可以插入手托专门预留的插孔内。为了便于携带，这种水烟壶还设计了手链，一头固定在靠近烟嘴的吸管上，另一头固定在手托上，材质一般为银或铜，更好的水烟壶还会进一步增加一些小挂件，例如流苏、佛像，有的人甚至配上一尊小酒壶以解酒瘾等。

这种一体化的水烟壶，根据手托外形，水仓、烟仓一般采取圆筒形、菱形或者方形设计，通过预留的两个圆形、菱形或方形大孔装入手托，两者之间的多余孔隙则被利用为夹子、通针等其他配件的插孔。讲究的水烟壶，其通针、镊子也通过链条与手托连接，可以防止遗失，进一步增强使用的便捷性、舒适性。手托根据使用者的偏好可大可小，做工精细、装饰精美、小巧玲珑的集成式水烟壶尤其赢得了上层社会女士们的欢心。

与独立式水烟壶相比，集成式水烟壶外形变化较少，主要为六面体方形、多棱柱或者圆柱体形设计。在集成式水烟壶中，水仓和烟仓被封闭在手托内部，其外形基本固定，根据手托的外形进行适配，形制变化主要体现在其手托的装饰风格、装饰主题、装饰手段和材质变化上。19世纪，一种主要用于商业活动的可伸缩式水烟壶值得在这里进行简单介绍一下：

可伸缩式水烟壶借鉴了可伸缩式旱烟斗，这种水烟壶的吸管有多节套管，略带弧形，可伸可缩，最长时可达1.5米左右，最短时仅有30厘米；水仓类似一个有盖子的茶碗，装水后重量可达1公斤左右，无论长度还是重量都远超一般水烟壶。需要吸烟时将吸管拉长，不用时就收起，有人凭借这种自备的水烟壶从事服务，进行商业活动，专门在有钱人家举行婚礼、祝寿、治丧，或者会馆、商会聚会时招待来宾，敬烟点火，俗称"烟袋客"或"水烟客"。

水烟客为客人服务时，蹲在客厅中央，预先装好烟丝，把烟管拉长，按顺序送到客人面前，等到他们用手握住吸管拉到嘴边时，随即吹燃纸煤点火，客人则端坐太师椅上吸烟，有一种尊贵之感。水烟客除了在婚丧嫁娶、商会、会馆的活动中提供服务外，还肩背水烟壶，在人群聚集的节庆活动、固定日期商业交易活动中为需要抽烟的有钱人服务，收取费用。

19世纪及以后，人们除了用金属制作坚固耐用的水烟壶外，民间也有采用竹木等材料制作简易的集成式水烟壶，价格便宜，还别具情趣。

图 155　租水烟 [470]

图 156 二马车水烟壶 [471]　　　　　图 157 左侧二马车水烟壶皮套

图 158 清代女子手中的集成式金属水烟壶 [472]

图 159　清代喀什文官的金属水烟壶　　　　图 160　清代喀什武官的金属水烟壶

图 161　清代妇女手中的金属水烟壶

图 162 清代女子与水烟壶 [473]

图 163 慈禧太后的水烟壶 [474]

图 164　清代女子与水烟壶（19 世纪）　　　图 165　清代女子与水烟壶（19 世纪）

图 166　清代豪势之家祖孙三代合影中的水烟壶 [475]

图 167　清代公堂上的水烟壶 [476]

图 168　清代女子与水烟壶

图 169　清代女子与水烟壶

图 170 清代官员家眷合影中的水烟壶 [477]　　　　　图 171 画家与水烟壶

图 172 清代饭桌上的水烟壶 [478]

第二节 中式水烟壶的主要形制与分类

根据 18 世纪以来李调元、陈琮等人的相关文字记载以及搜集整理到的水烟壶实物、影像资料，我们从形制上直接把水烟壶形制分为两大类，一类是独立式水烟壶，另一类是集成式水烟壶。下面按照这两种分类简单介绍中式水烟壶的细分类别。

一、独立式水烟壶的主要形制与分类

独立式水烟壶一般指没有将烟仓和水仓整合为一体的水烟壶，它只包括水仓、烟管、吸管三大部分，再加上一些配饰，例如烟嘴、挂件等，按照外形结构与材质主要分为以下六类：

一是早期的独立式非金属水烟壶：这类早期水烟壶主要采用竹木、陶土等材料制作，由于时代久远，实物、影像已荡然无存，但从一些地方人们仍在使用的独立式竹木水烟壶，仍能看出它们最初的基本结构形制。以云南一些少数民族地区山寨还普遍使用的竹制水烟壶为例，截取竹筒作为水烟壶水仓，可以将烟管、吸管布置在封闭竹筒上部，也可以将烟管布置在竹筒侧上方，上部留一小孔，作为吸烟之用。此外还有木质、瓜果类水烟壶。

二是飞禽类独立式水烟壶：这类烟斗外形犹如飞禽，或站立或蹲伏，飞禽躯体部分被做成水仓，用以盛水；引出的吸管模仿飞禽颈部，细而长，吸管头部一般被制作成所模仿的禽类头部，

与头部相连的禽嘴则成为烟嘴，吸管另一端插入水仓，位于水面之上，烟管一般位于飞禽脊背之上。陆耀（1723—1785 年）的鹤颈水烟壶、李调元（1734—1803 年）的鹅颈水烟壶均为此类，其他诸如水鸭、鸬鹚、白鹭、鹈雕等外形的水烟壶也与此类似，托底可以为平底或者是飞禽独脚、双脚站立式样。

三是走兽类独立式水烟壶：水烟壶的整体外形犹如走兽，例如大象，修长的象鼻可直接与躯体部分水仓连通，作为吸管；象背预留的孔用于外接烟管，或者将象尾设计成烟管插入盛水斗水面以下，上部则为烟钵。其他诸如龙形、蛇形等。

四是生活器具类独立式水烟壶：这类水烟壶外形通常模仿生活器具制作而成，例如靴形水烟壶，其外形犹如女士穿的靴子，靴筒部分作为水仓，上部用金属制作盖子密封，盖子留出两孔，一孔接长度一尺左右的吸管，插入盛水斗，吸管底部位于水面之上；另一孔接烟管，烟管一头为烟窝（烟钵），一头插入靴形盛水斗水面之下。

五是瓜果植物类独立式水烟壶：这类水烟壶的外形通常模仿人们日常食用的瓜果，例如葫芦水烟壶，其外形犹如人们使用的葫芦，主体部分为水仓，葫芦头部留两孔，一孔可以外接形如藤蔓的吸管，一孔接烟管。其他还有椰子造型、南瓜造型等。

六是自由式独立水烟壶：这类水烟壶满足烟

从水中过的基本要求，但外形、材料不拘一格，可以采用兽骨、玻璃等制作，主要是依据水烟壶制作者的个人情趣或客户的需要定制而成，不属于批量化产品。

本书从历史文献和实物影像资料中摘录了部分独立式水烟壶的图片，供读者参考和感受中式独立式水烟壶的形制与变化。

图 173　独立式非金属水烟壶 [479]

图 174　独立式非金属水烟壶 [480]

图 175　独立式靴形水烟壶

图 176　独立式宝瓶水烟壶

图 177 独立式陶罐水烟壶 　　　图 178 独立式椰形水烟壶

图 179 独立式象形水烟壶

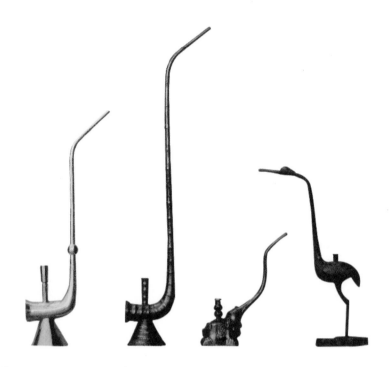

图 180　1736—1795 年间制作的中国独立式水烟壶典型形制 [481]

图 181　独立式水烟壶

图 182　独立式水烟壶

二、集成式水烟壶的主要形制与分类

正如前面所介绍的，为了便于使用和携带，集成式水烟壶将水仓、烟仓、吸管等主要部件和配件集成为一个整体。按照手托外形，经典的基本形制主要有四类：六面体方形、双圆柱体、扁柱体，以及多棱柱体水烟壶。前三种形制的水仓、烟仓也被做成方形或圆柱形，而多棱柱体水烟壶的水仓、烟仓可能稍微复杂一点，需进行适应性修形，以配合手托的多棱柱体结构。其他类型的形制相对较少。

鉴于集成式水烟壶的水仓和烟仓被封闭在手托内部，其外形也基本固定，根据手托外表面的装饰风格、装饰主题、装饰手段和材质等标准，还可以进一步细分水烟壶的类型。例如，按照水烟壶的装饰主题，通常可以分以下几类：

一是文字类：这类集成式水烟壶一般在手托表面突出装饰"福、禄、寿、喜"等表达吉祥如意的文字，或者在其表面錾刻水烟壶制作者创作的诗词、直接引用他人创作的诗词，一般还会配合錾刻图画表达一定的意境。

二是人物类：在中国，传统人物类水烟壶装饰主题一般为神话人物，例如寿星、财神，还有"八仙过海"等神话里面的仙界人物，以及儿童等代表幸福美满吉祥的人物。

图 183 集成式双柱体水烟壶

图 184 集成式六面体水烟壶

图 185　集成式多棱柱体水烟壶

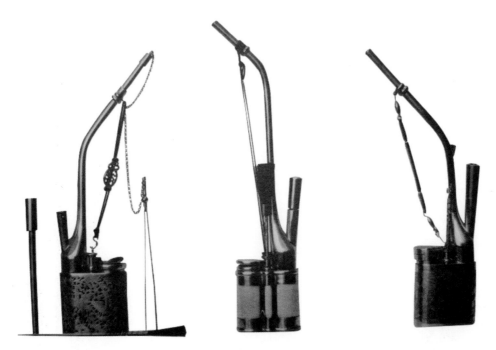

图 186 1900 年左右的集成式水烟壶形制 [482]（1 购自广东，2、3 购自杭州）

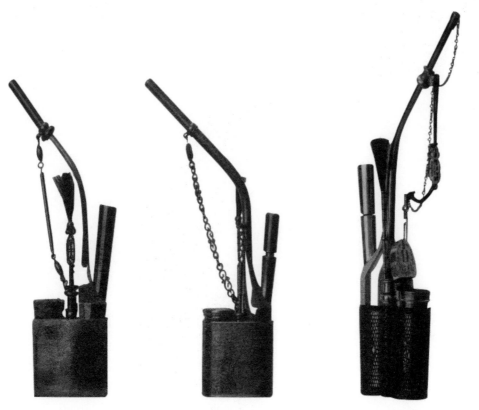

图 187 1900 年左右的集成式水烟壶形制 [483]（1、2 购自苏州，3 购自广东）

图 188　"富贵"文水烟壶

图 189　"福"文水烟壶

图 190　诗文水烟壶

图 191 "寿"文水烟壶

图 192 "双喜"文水烟壶

图 193 人物类水烟壶

图 194 人物类水烟壶

图 195　寿星水烟壶（人物类）

图 196　财神水烟壶（人物类）

图 197　八仙水烟壶正面（人物类）

图 198　八仙水烟壶背面（人物类）

三是花卉植物类：这类水烟壶的装饰主题一般为花卉等，其中梅、兰、竹、菊最为常见，此外还有牡丹、荷花、石榴等，也是人们喜欢采用的装饰主题。

图 199　花卉植物类水烟壶

图 200　花卉植物类水烟壶

图 201　花卉植物类水烟壶

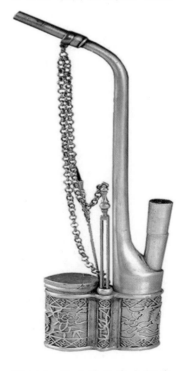

图 202　花卉植物类水烟壶

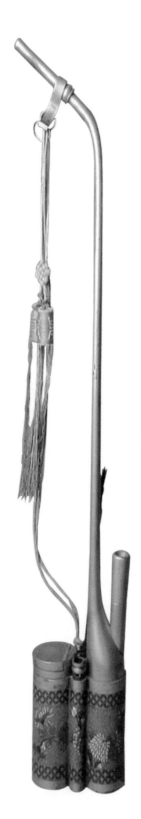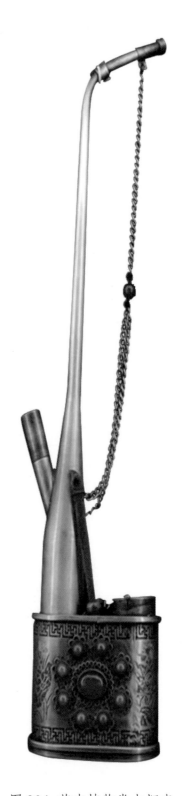

图 203　花卉植物类水烟壶　　　　　　图 204　花卉植物类水烟壶

四是山水类：手托装饰主题为山水画，通常会配诗词一首以描述山水画意境。

五是鸟禽兽类：手托装饰主题为飞禽走兽，尤以龙凤、蝙蝠、骏马、锦鸡等最为常见。

六是祥纹类：手托装饰主题一般为具有吉祥含义的云纹、寿纹、网纹、中国结等纹饰。

图 205　山水类水烟壶

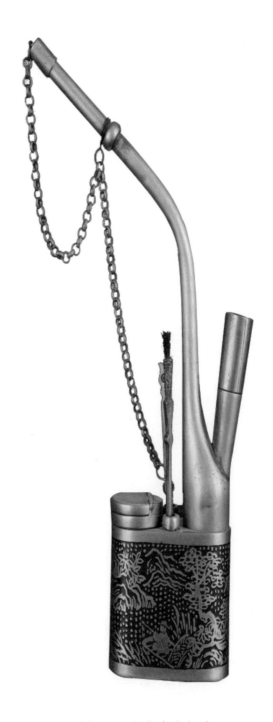

图 206　山水类水烟壶

图 207　鸟禽兽类水烟壶

图 208　鸟禽兽类水烟壶

图 209　鸟禽兽类水烟壶

图 210　鸟禽兽类水烟壶

图 211　祥纹类水烟壶　　　　　　　　　图 212　祥纹类水烟壶

第三节　水烟的制作

烟草作为一种嗜好性经济作物，引入中国不久人们就开始了对它的商业开发，手工制作的用于水烟壶抽吸的烟丝就是最早的烟草商品形式之一。具体的制作工艺和烟草配方非常讲究，注重色、香、味，不同时间、不同区域的配方也存在差异，且存在一个由简单到复杂、由简约到奢华的过程。例如，根据相关记载，康熙年间长江流域万州地区的丝烟配方是烟叶一担，喷洒适量清水或 3 斤白酒，再添加 6—8 斤香油，拌匀后用刨刀切成丝，即可用于出售。而到了民国初期，丝烟则按不同的品种采用不同配方：

香丝配方是泉州烟叶一担，配菜油 15 斤、白酒 3 斤、香油 3 斤、精黄 1 两（由名贵中药材麝香、玫瑰、珠兰等制成，可使烟香更浓郁，口感更好）；贡条丝烟配方是烟叶 1 担（其中板烟叶 50 斤、脚烟叶 50 斤），配菜油 8 斤、白酒 1 斤、香油 1 两、精黄半两（如板烟用量多，烟丝颜色偏黑，可酌情添加姜黄或鸭儿黄 1 两左右，使颜色转黄）。

而在四川川北一带，丝烟配方则与重庆地区略有差异，青烟型配方中绿烟叶占 79%，胡麻油占 5.5%，绿石末占 15.5%；黄烟型配方中黄烟叶占 60%，胡麻油占 15.5%，白盐占 20%，姜黄占 3%，当归、石红、纯碱、香药各占 1.5%（其中香药由香草、薄荷、大黄、川芎、丁香花、陈皮、羌活、白芷、桂枝、兰花米等 23 种草果、草药碾粉混合制成）。

明末清初，手工作坊刨丝生产工序不多，加工方法比较简单，一般是在烟叶上喷洒适量清水回潮，然后将烟叶平铺在木板或地上，再浇上菜油，边浇油边翻动，使菜油均匀地沾在烟叶上，放置 2—4 小时使烟叶油润柔软，再将烟叶层层叠放在木凳上，用木板压住，用绳子捆牢捆紧，直到油渗出为止。待油滴尽后，使用刨刀切刨成丝即可。清宣统时，为改变丝烟色泽，在切好的烟丝上拌以土红或姜黄，为增加烟丝香气，再添加少许檀香木末、珠兰或中药材香料。加了香料的烟丝要在阴凉处放置 12—24 小时才包装出售。烟草加工作坊工具简陋，刨制烟丝的工具有烟榨、烟刨刀、刨丝凳、压板、压辊、绳索、木箱、筛子等。

在中国丝烟中，兰州水烟最为著名，因此本节主要通过介绍兰州水烟的分类、基本设备、配方与工艺流程，让读者了解中国水烟制作的基本情况。

兰州水烟又称芸香草，属黄花烟，以前广泛种植于兰州、榆中、皋兰、靖远、永登、永靖、临姚等地，而以兰州五泉山红泥沟和榆中苑川河流域出产的水烟声誉最高。目前，主要种植区域为榆中苑川河流域的夏管营、金崖、来紫堡和黄河岸边的青城镇。

一、传统兰州水烟分类

兰州水烟主要分为四类：

一是黄烟。采用上等黄烟叶加工而成，颜色

金黄，吸味浓郁、醇正，行销福建等地。

二是青烟。采用霜前采摘晾干的绿烟叶制成，是水烟中的上品。色泽青绿，丝条鲜明，烟牌棱角整齐，身板干透，标记清新，吸味浓烈，劲头大。

三是绵烟。采用霜袭后的黄烟叶制成，分赤红、赤黄两种。吸食平顺，余烟浓香。

四是麻烟。由生产青、黄、绵烟的残渣碎屑混合而成，色褐或暗绿，味道平和。

二、制作传统兰州水烟的基本设备

（一）晾叶工具

木杈：农具，一柄两杈。柄长一米六左右，杈尖长一尺二，杈口宽一尺。柄略有弯曲，杈尖外撇。整把木杈要自然生成，多为榆木、桑木等韧性较强的木材。烟叶入场后，用于挑、抖、叉，翻动烟叶且不损伤烟叶。

木锨：农具，木制，长柄，由一柄一板组成，柄板之间有接茬，烟坊多用于翻拌烟叶。

（二）撕烟工具

筛子：一种用芦席或篾竹编制的生活用具，形状像浅脸盆，中间有很多小孔，用来过滤。过滤时大块的烟叶留在筛子里面，小片的烟叶通过筛孔漏出去。

（三）配料工具

喷壶：浇水的器具，壶状，喷水部分似莲蓬，有许多小孔，有的地方也叫喷桶。烟坊多用于为烟叶喷油、喷水、喷酒。

（四）压捆工具

压捆的烟担主要由榨坯子、龙门架、握杆子、坠驳石组成。

榨坯子：烟担的组成部分，与龙门架相连，由上九块牙子板、下九块牙子板组成，板长三尺二寸，厚三寸，依靠前轴、后轴和棕绳连接控制，绳长需三丈六尺。每轴长五尺，前轴直径六寸，后轴直径五寸，用于将烟叶压榨成坯。

龙门架：四根粗大松木，竖立，下端需埋入地下六尺，加以横桄并坠大石固定，上方、下方用木桄根根相连，相互掣肘，用于控制榨坯子和握杆子。

握杆子：长十二三米，选择具有韧性的榆木制成，一头在龙门架下，一头用于挂坠驳石。

坠驳石：穿孔凿眼的大石头。多为黄河石，用于增加压力。

（五）推丝工具

推刨：从烟坯上面推出烟丝的工具，平推刨采用优质、耐磨的柞木、红木、枣木、梨木等硬木制成。

磨石：一种石头，很光滑，有硬度，用于磨推刨刀子，使其更加锋利。

烟溜子：由两部分组成，一为"榨榨子"，是压黄烟时的专门工具，形似长条板凳，面宽；其上安置一撬压机关，用来压制装进匣内的烟丝，又称为"猴儿头""撬头"，使用时烟匠必须用屁股坐压加力，另一头压出烟块。

烟匣子：制作烟匣的木材为硬质杂木，青烟、黄烟匣具高度为 30 毫米，绵烟、麻烟匣具高度为 40 毫米。

（六）晾烟设施

晾烟板：材质为白杨木板，宽 40 厘米，长 4 米。

晾烟架：由晾烟板搭构而成，烟架间距离 60 厘米，整体高度从地面至晾烟厅屋顶。

平板车：无车帮，由车辕条、木板组成，旧时为木轮，近代为胶皮轮。

三、传统兰州水烟的独特配方

兰州水烟配方药材主要有党参、贝母、麻黄、柴胡、羌活、独活、赤芍、升麻、贯仲、乌头、地榆、甘草、黄芪、红芪、甘遂、白芷、大黄、防风、薄荷、黄芩、冬花、山茶黄、淫羊藿等。

兰州水烟的青烟辅料主要是石膏、白矾、槐籽和紫花等。石膏药性大寒，清热力佳，善清气分实热，能入肺胃二经，有清泄肺胃邪热之功，中医用于肺热咳嗽、气喘、胃火牙痛，煅后用于口舌生疮、咽喉肿痛、湿疹等症。白矾性寒、涩，寒以泄热去毒，涩能收敛湿气，泄热湿而化瘀浊，中医治胆结石多用白矾。槐籽性凉，常用于清除湿热，可治肠风便血、痔疮等。紫花即紫葳之花，中医称凌霄花，性寒，能除热毒，凉血祛瘀，泻肝抑阳，尤长于治疗疔毒恶疮。这些中医常用的寒凉之品加入后，吸用水烟就凉爽不燥、除热化痰，具有防治邪热疮毒、蛇虫咬伤等功效。

兰州水烟的黄烟辅料主要是姜黄、香料（由十多种中药组成，如薄荷、川芎、苍术、丁香花等）。姜黄性辛散温通，中医常用于风湿痹痛，又可用于治疗痈疡疮疔。现代药理研究发现，姜黄能降血脂，可增加心肌营养性血流量，抑制血小板聚集和增强纤溶酶活性，从而有利于防治动脉粥样硬化、心绞痛和心肌梗死。姜黄还能增加胆汁分泌，并能增强胆囊收缩，从而起到利胆作用，此外还有降压、抗菌消炎的作用。黄烟香料由几十味中药组成，其中细辛辛温宣通，散寒止痛；薄荷疏散风热、清利头目、透疹利咽、理气解郁；当归补血和血、调经止痛、润燥滑肠，且止咳逆上气；白芷辛香，祛风止痛；陈皮味辛气温，上化痰养肺，肺得所养而津液灌输，下疏肝去郁，肝疏泄则畅水道；大黄性寒，泻下导滞、破瘀行积、泻火凉血、清热解毒，中医常用来治六腑实热积滞、血分实热、湿热下痢、黄疸瘕积、痈疮肿毒、血瘀经闭、跌打损伤等，并通大便、利小便。由中药材组成的香料制成细沫后，在切丝前加入拌匀，在水烟储运过程中药性释放，温和烟草的重阳之性。在吸食燃烧时有效成分进入烟气，增加了防治疾病的功效 [484]。

四、传统兰州水烟的制作工艺流程

自古以来，兰州水烟都是作坊式手工生产，始终保持着传统的加工制作方式。根据烟叶品种及调制方法不同，水烟可分为青烟和黄烟两大类型。青烟又名绿烟，由在霜降前采摘和采摘后未经日晒的绿色烟叶制成；黄烟由霜降后采摘转变为黄色的烟叶制成。这两种烟叶特点是丝色亮，味香叶厚，并且油分足，耐寒性强。兰州水烟生产操作过程分为八道工序。

一是选叶： 把收购来的烟叶按烟株自然长势从上到下分为口叶（头叶）、二叶、底叶，按颜色分为碧绿、葱绿、老绿、青黄、淡绿、淡黄、赤黄、土黄八类，按所含油分量分为油润、丰满、较丰满、稍丰满和微丰满五类。所有烟叶都以无伤残为上。

二是撕筋： 将选叶分类后的烟叶进行撕缕分级，将烟筋和烂叶去掉，这一工序俗称撕缕。黄花烟叶中的青烟叶和黄烟叶须撕缕分级。青烟叶撕筋后，分口叶、黄口叶、二叶、黑黄叶、底叶五种。黄烟叶撕筋后，将绿叶、黑叶拣出，选出色泽最黄的烟叶做卷皮黄烟丝，其余全部做绵烟丝。

三是晾晒： 撕缕后烟叶一般放在房顶上晾晒，要不断翻抖，掌握好干湿程度，过干会把烟叶弄碎，过湿会发霉变质。烟叶应分类堆放，水分含量以11%左右为宜，然后堆码备用。

四是配料： 在配料车间，一定数量的烟叶根据气候和烟叶所含水分程度，在上面均匀地喷洒温开水。槐籽入锅时必须为冷水，然后将槐籽水烧沸，沸三次扬四次。烟叶回潮后，存放两到三小时再打胡麻油，再按配料标准把焖好的胡麻油、绿沫子、盐碱、香料等均匀喷洒在烟叶上面。烟叶薄厚要摊均匀，辅料喷洒均匀。每喷洒一次至少搅拌两遍，要做到叶叶见水、片片见油。这一工序俗称"焖烟"。

绿烟：每500公斤烟叶，配绿沫子100—110公斤，温热胡麻油35公斤，开水20%。

绵烟：每500公斤烟叶，配温热胡麻油125公斤，白盐125公斤，姜黄35公斤，当归2公斤，香料3公斤，石红1.5公斤，纯碱2.5公斤，开水20%。

黄烟：每500公斤烟叶，配温热胡麻油95公斤，姜黄100公斤，当归3公斤，石膏粉125公斤，凉水20%。

香料配方：每500公斤烟叶，配当归2.5公斤、陈皮5公斤、管皮2公斤、苍术3公斤、白芷3公斤、薄荷1公斤、细辛2公斤、桂枝2公斤、丁香花2公斤、排草5公斤、川芎3公斤、羌活2公斤、冰片2公斤、藿香2公斤、藁本2公斤、干松4公斤、兰花米2公斤、香草1公斤、檀香2公斤、白术2公斤、三萘2公斤、松丁香2公斤、大黄2公斤、灵草2公斤、辛夷2公斤。

五是压捆： 经过焖烟配料的烟叶送到杆榨工棚，然后分层踏箱，挂石压榨成捆坯，经刀切段，再次挂石压成烟捆，切成方形，每捆重500公斤。这一工序俗称"杆榨压捆"。

六是推丝： 又称"刨丝"，是变叶为丝的基本工序。两人一组，分上手和下手，使用推刨（一种特制的推烟推刨），上手推下手拉，上手装烟丝，下手取烟块、削烟块，两人共用一对烟匣，轮换使用，配合操作。上手掌握主要技术，随时观察烟丝均匀程度及烟方的厚薄轻重，并将烟丝分底分面装匣；下手做辅助工作，将装好的烟匣按原料的品质、规格装入，然后用绳扎紧，压成小方块，用刀削齐两边，再取出垒在烟盘上。青烟丝、黄烟丝每块50克，绵烟丝、麻烟丝每方100克。绿烟和黄烟烟丝细度为0.3—0.5毫米，每方（50克）内含小叶片、烟筋不得超过1.5克。绵烟和麻烟为0.3—0.4毫米，每方（100克）内含小叶片、烟筋不得超过3克。烟方外观保持光洁，商标字迹显明端正，四角线条清晰完整。

七是晾方：又称"出风"，即将检验合格的产品，由出风工人摆垒于烟架之上，一般两方为一层，十层为一行，行距间隔6厘米，烟块之间留有2厘米的风眼，经过吹风晒干。晾方周期较长，冬春两季需晾晒25天，夏季可达30天，秋季正常天气需要40天。晾晒完成后绿烟、黄烟含水比例为10%，绵烟为18%。

八是包装入库：整个制作工序完成以后，由装箱工人使用夹刀装入木箱，再用铁条麻绳捆好。后来，包装工序还增加了外盒包装，在方形硬纸盒上印有"甘肃特产""精工特制"和"甘字牌"字样，图案为老式作坊。每盒装十小盒，盒侧印有"内装两块"及"健身消食"等字。精装内衬纸、蜡纸或防潮纸，简装必须包紧横头，折叠严密，表面整洁。箱装必须排列整齐，数字准确，封口粘贴牢固，用五道腰捆卡牢，然后集中入库。

五、传统兰州水烟的质量标准

绵烟：烟丝色泽，甲级颜色金黄，丝条发亮，油润，略有绿条；乙级颜色淡黄，微红，油润，烟丝细绵，有绿条。香气，甲级要求气味清香，谐调无杂味；乙级香气醇厚，谐调，似有杂气。吸食味道，甲级要求入喉和顺，余味舒服；乙级入喉尚和顺，微刺，较舒适。

黄烟：烟丝色泽要求颜色金黄，丝条显亮，油润，略有绿条，香气浓郁、谐调。吸食味道，入喉和顺，舒适。

绿烟：质量分为六级，甲一级色泽要求颜色碧绿油润，烟丝显亮，有白条；甲二级要求颜色碧绿或葱绿，尚油润，烟丝较显亮，略有白条；乙一级颜色老绿，稍油润，丝条较显亮；乙二级颜色老绿，稍油润，丝条较显亮；丙一级颜色青绿花麻，丝条雾暗，欠油润；丙二级颜色青黄花麻，光泽雾暗。香气，甲一级清香浓郁醇正，无杂气；甲二级香气充足谐调；乙一级香气较充足较谐调，似有杂气；乙二级气味清淡，略有杂气；丙一级气味清淡，有杂气；丙二级香气平淡，不谐调，有杂气。吸食味道，甲一级入喉和顺，余味舒服；甲二级入喉和顺，余味较舒服；乙一级入味较和顺，微刺，余味稍不舒服；乙二级入喉稍刺，余味欠舒服；丙一级入喉略刺，余味欠舒；丙二级入喉尚和顺，味道平淡[485]。（本节摘选自《青城水烟》）

第四节　吸水烟之趣

从使用者的多少来看，在整个中国烟草发展历史进程中，水烟壶都是仅次于旱烟斗的存在。水烟的产生源于解决中医"丹溪学派"对烟草阳性特质的健康疑虑，按照水火相克原理，让阳性的烟气通过凉水过滤后再进入肺腑，以降低烟气热毒对"真阴"的损害。这一理论的实践突破给明清时期的吸烟者尤其是闺中女性带来了福音，彻底解决了中医对吸烟健康影响的忧虑，进一步释放和增添了吸烟趣味。

制作水烟壶的材质选择范围广，不仅可以选用竹木、玉石、陶瓷等非金属材料，而且还可以选择铜、锡等金属材料，富有家庭还可以采用金、银制作水烟壶；吸管可以和旱烟斗一样，烟嘴部分采用翡翠、玛瑙、玉石、象牙等名贵材质制造；在外形上可以根据自己的偏好制作成各种惟妙惟肖的动物、植物，以及任何自己期望得到的外形结构与大小；在外表面装饰上，不仅有镂空、錾刻、烧蓝、彩绘、镶嵌等工艺，还有山水人物、花鸟鱼虫、诗词题画等主题。水烟壶不同形制、材质、工艺上的差异，不仅可以体现拥有者的阶层差异，还可以反映个人财富、志趣、文化艺术修养等，进一步增添了用烟趣味。

在吸水烟的诸多趣味中，也包括用纸煤点烟和制作纸煤。由于水烟壶烟钵较小，不可能相互之间"接火（驳火）"，吸完之后如果不过瘾得另装另点，这就需要寻找火源，在火柴、打火机等现代火具出现之前非常不便。经过努力，人们找到了适合点水烟的"纸煤"——有时也称为火捻或纸捻，它采用草纸条裹制而成，点燃后无明火。纸煤点烟有讲究。首先，你得选一个没有风的地方，否则不易吹燃，这也正是水烟壶使用者主要在室内而且妇女居多的原因；其次，吹纸煤的时候力度要掌握得当，力度小了只见烟不见火，力度大了可能烧着手，点烟时要缓慢地把纸煤伸向烟钵，速度快了会熄灭，慢了又用得太快；三是要学会自己制作纸煤，纸煤"多出闺人纤手"，拿捏粗细、松紧也是一门学问，事关纸煤的可燃性、持久性，这是闺中烟友可以相互交流的又一个谈资。

人们说不清楚一个事物产生的时间、地点和缘由时，就倾向于用神话来给以完美的解释，中国水烟壶的产生有这样一则故事：

"很久以前，一个渔民在大海里打鱼，突然见一位白髯齐胸、精神矍铄的老人端坐在一个平常绝无人迹的孤岛礁石上。不久，从一朵白云里飘下一位仙女，手上拿着一支约三尺长的竹筒。降落在小岛后，她走到泉水边往竹筒里灌水，接着将盛有泉水的竹筒捧给仍然端坐在礁石上的老人。只见老人接过竹筒，在竹筒的旁枝上掐了几下，然后敲石取火，点燃一支枯草，悠悠然地抽起烟来。渔民见此情景好生奇怪，于是把船迅速摇近岛边。当他正要靠近老人和仙女时，两个仙人却飘回了天上。渔民走到仙人停留过的地方，发现什么也没有留下，只有刚刚吸过烟草的一支竹烟筒，缕缕青烟还轻轻地从竹管里飘出。微风吹来，渔民顿时感到一阵从未闻过的清香。他拿起烟筒，小心翼翼地吸了一口，一股清凉而又带竹香的烟气使他立即觉得周身轻松快慰。此时，他高兴得胜过捕到一大船鱼，捧着烟筒朝着仙人飘去的方向深深地鞠了一躬，然后架起渔舟直奔家里。后来，仙人留下的水烟筒很快传遍了沿海各地，这就是今天沿海居民所喜欢吸用的水烟筒。"[486]

当然，神话传说也会增添吸食水烟的情趣。而在现实中，我国20世纪著名作家吴组缃（1908—1994年）将水烟称为"一种生活的艺术，这是我们民族文化的结晶"。1944年，他在民国陪都重庆写就了一篇著名的散文《烟》[487]，发表在当年的《时与潮文艺》杂志上，对吸水烟的风俗、情趣与文化进行了精彩而全面的描述：

"自从物价高涨，最先受到威胁的，在我，是吸烟。每日三餐，孩子们捧起碗来，向桌上一瞪眼，就撇起了小嘴巴；没有肉吃。'爸爸每天吸一包烟，一包烟就是一斤多肉！'我分明听见那些乌溜溜的眼睛这样抱怨着。干脆把烟戒了吧；但以往我有过多少次经验的：十天半个月不吸，原很容易办到，可是易戒难守，要想从此戒绝，我觉得比旧时代妇女守节难得多。活到今天，还要吃这个苦？心里觉得不甘愿。

"我开始吸劣等烟卷，就是像磁器口街头制造的那等货色，吸一口，喉管里一阵辣，不停地咳呛，口发涩，脸发红，鼻子里直冒火；有一等

的一上嘴，卷纸就裂开了肚皮；有一等的叭嗒半天，不冒一丝烟星儿。我被折顿得心烦意躁，每天无缘无故要多发几次不小的脾气。

"内人赶场回来，笑嘻嘻的对我说：'我买了个好的东西赠你，你试试行不行。'她为我买来一把竹子做的水烟袋，还有一包上等的水烟丝，那叫做麻油烟。我是乡村里长大的，最初吸烟，并且吸上了所谓瘾，就正是这水烟。这是我的老朋友，它被我遗弃了大约二十年了。如今处此困境，看见它那副派头，不禁勾起我种种旧情，我不能不感觉欣喜。于是约略配备起来，呼啦呼啦吸着，并且看着那缭绕的青烟，凝着神，想。

"并非出于'酸葡萄'的心理，我是认真以为，要谈浓厚的趣味，要谈佳妙的情调，当然是吸这个水烟。这完全是一种生活的艺术，这是我们民族文化的结晶。

"最先，你得会上水，稍微多上了一点，会喝一口辣汤；上少了，不会发出那舒畅的声音，使你得着奇异的愉悦之感。其次，你得会装烟丝，掐这么一个小球球，不多不少，在拇指食指之间一团一揉，不轻不重；而后放入烟杯子，恰如其分的捺它一下——否则，你别想吸出烟来。接着，你要吹纸捻儿，'卜陀'一口，吹着了那点火星儿，百发百中，这比变戏法还要有趣。当然，这吹的工夫，和搓纸捻儿的艺术有着关系，那纸，必须裁得不宽不窄；搓时必须不紧不松。从这全部过程上，一个人可以发挥他的天才，并且从而表现他的个性和风格。有胡子的老伯伯，慢腾腾的掐着烟丝，团着揉着，用他的拇指轻轻按进杯子，而后迟迟地吹着纸捻，吸出舒和的声响：这

就表现了一种神韵，淳厚，圆润，老拙，有点像刘石庵的书法。年轻美貌的婢子，拈起纸捻，微微掀开口，'甫得'，舌头轻轻探出牙齿，或是低头调整着纸捻的松紧，那手腕上的饰物颤动着：这风姿韵味自有一种秾纤柔媚之致，使你仿佛读到一章南唐词。风流儒雅的先生，漫不经意的装着烟丝，或是闲闲的顿着纸捻上的灰烬，而两眼却看着别处：这飘逸淡远的境界，岂不是有些近乎倪云林的山水。

"关于全套烟具的整顿，除非那吸烟的是个孤老，总不必自己劳力。这类事，普通都是婢妾之流的功课；寒素一点的人家，也是由儿女小辈操理。讲究的，烟袋里盛的白糖水，吸出的烟就有甜隽之味；或者是甘草薄荷水，可以解热清胃；其次则盛以米汤，简陋的才用白开水。烟袋必须每日一洗刷，三五日一次大打整。我所知道的，擦烟袋是用'瓦灰'。取两片瓦，磨出灰粉，再过一次小纱筛，提取极细的细末；这可以把白铜烟袋擦得晶莹雪亮，像一面哈哈镜，照出扁脸阔嘴巴来，而不致擦损那上面的精致镂刻。此外，冬夏须有托套。夏天用劈得至精至细的竹丝或龙须草编成，以防手汗；冬天则用绸缎制的，或丝线织的，以免冰手。这种托套上面，都织着或绣着各种图案：福字，寿字，长命富贵，吉祥如意，以及龙凤牡丹，卍字不断头之类。托上至颈头，还系有丝带，线绳，饰着田字结蝴蝶结和缨络。这些都是家中女流的手工。

"密切关联的一件事，就是搓纸捻儿，不但有粗细，松紧之不同，在尾端作结时，也有种种的办法。不讲究的随手扭它一下，只要不散便算。考究的，叠得整齐利落，例如'公子帽'；或折得玲珑美观，比如'方胜'。在这尾结上，往往染上颜色，有喜庆的人家染红，居丧在孝的人家染蓝。这搓纸捻的表心纸也有讲究。春三月间，庭园里的珠兰着花，每天早晨及时采集，匀整地铺在喷湿的薄棉纸里，一层层放到表心纸里熨着，使香味浸透纸质。这种表心纸搓成纸捻儿，一经点燃，随着袅袅的青烟散发极其醇雅淡素的幽香，拂人鼻官，留在齿颊，弥漫而又飘忽，使你想见凌波仙子，空谷佳人。其次用玉兰，茉莉。若用桂花，栀子花，那就显得雅得有点俗气。所有这一切配备料理的工作，是简陋还是繁缛，村俗还是高雅，丑恶还是优美，寒碜还是华贵，粗劣还是工致，草率还是谨严，笨拙还是玲巧，等等；最可表现吸烟者的身份和一个人家的家风。贾母史太君若是吸水烟，拿出来的派头一定和刘姥姥的不同；天长杜府杜少卿老爷家的烟袋也一定和南京鲍廷玺家的不同，这不须说的。一位老先生，手里托着一把整洁美致的烟袋，就说明他的婢仆不怠惰，他的儿女媳妇勤慎，聪明，孝顺，他是个有家教，有福气的人。又如到人家作客，递来一把烟袋，杯子里烟垢滞塞，托把上烟末狼藉，这总是败落的门户；一个人家拖出一个纸捻，粗壮如手指，松散如王妈妈的裹脚布，这往往是懒惰不爱好没教养混日子的人家。

"吸水烟，显然的，是一种闲中之趣，是一种闲逸生活的消遣与享受。它的真正效用，并不在于吸出烟来过瘾。终天辛苦的劳动者们忙里偷闲，急着抢着，脸红脖子粗的狼吞虎咽几口，匆匆丢开，这总是为过瘾。但这用的必是毛竹旱烟秆。水烟的妙用决不在此。比如上面说的那位老先生，他只须把他的那把洁净美观的烟袋托在手里，他就具体的显现了他的福气，因此他可以成天的拿着烟袋，而未必吸一二口烟，纸捻烧完一根，他叫他的小孩儿再为他点一根；趁这时候，他可以摸一摸这孩儿的头，拍拍孩儿的小下巴。在这当中，他享受到的该多么丰富，多么深厚！又比如一位有身家的先生，当他擎着烟袋，大腿架着二腿，安静自在的坐着，慢条斯理的装着烟丝，从容舒徐的吸个一口半口，这也就把他的闲逸之乐着上了颜色，使他格外鲜明的意识到生之欢喜。

"一个人要不是性情孤僻，或者有奇特的洁癖，他的烟袋总不会由他个人独用。哥哥和老弟对坐谈着家常，一把水烟袋递过来又递过去，他们的手足之情因而愈见得深切。妯娌们避着公婆的眼，两三个人躲在一起大胆偷吸几袋，就仿佛同过患难，平日心中纵然有些芥蒂，也可化除得干干净净。亲戚朋友们聚谈，这个吸完，好好的再装一袋，而后谨慎的抹一抹嘴头，恭恭敬敬的递给另一人；这人客气的站起来，含笑接到手里。这样，一把烟袋从这个手递到那个手，从这个嘴传到那个嘴，于是益发显得大家庄敬而有礼貌，彼此的心益发密切无间，谈话的空气益发亲热和融和。同样的，在别种场合，比如商店伙计同事们当晚间收了店，大家聚集在后厅摆一会龙门阵，也必须有一把烟袋相与传递，才能使笑声格外响亮，兴致格外浓厚；再如江湖旅客们投店歇夜，饭后洗了脚，带着三分酒意，大家团坐着，夏天摇着扇子，冬天围着几块炭火，也因店老板一把

水烟袋，而使得陌生的人们谈锋活泼，渐渐的肺腑相见，俨然成了最相知的老朋友。当然，在这些递传着吸烟的人们之中，免不得有患痧疥肺痨和花柳病的；在他们客气的用手或帕子抹一抹嘴头递过去时，那些手也许刚刚抠过脚丫，搔过癣疥，那帕子也许拭过汗揩过鼻涕；但是全不相干，谁也不会介意这些的，你知道我们中国讲的原是精神文明。

"洋派的抽烟卷儿有这些妙用，有这些趣味与情致么？第一，它的制度过于简单了便，出不了什么花样。你最多到市上买个象牙烟嘴自来取灯儿什么的，但这多么枯索而没有意味；你从那些上面体味不到一点别人对于你的关切与用心，以及一点人情的温暖。第二，你燃着一支短小的烟卷在手，任你多大天才，也没手脚可做，最巧的也不过要点小聪明喷几个烟圈儿，试想比起托着水烟袋的那番韵味与风趣，何其幼稚可笑！第三，你只能独自个儿吸；要敬朋友烟，你只能打开烟盒，让他自己另取一支。若像某些中国人所做的，把一支烟吸过几口，又递给别人，或是从别人嘴上取过来，衔到自己嘴里，那叫旁人看着可真不顺眼。如此，你和朋友叙晤，你吸你的，他吸他的，彼此之间表示一种意思，是他嫌恶你，你也嫌恶他，显见出心的距离，精神的隔阂。你们纵是交谊很深，正谈着知心的话，也好像在接洽事物，交涉条件或谈判什么买卖，看来没有温厚亲贴的情感可言。

"是的，精神文明，家长统治，家族本位制度，闲散的艺术化生活，是我们这个古老农业民族生活文化的特质；我们从吸水烟的这件事上，

已经看了出来。这和以西洋工业文化为背景的烟卷儿——它所表现的特性是：物质文明，个人或社会本位制度，紧张的力讲效率的科学化生活，是全然不同的。

"我不禁大大悲哀起来。因为我想到目前内在与外在的生活，已不能与吸水烟相协调。我自己必须劳动，唯劳动给我喜悦。可是，上讲堂，伏案写字，外出散步，固然不能托着水烟袋，即在读书看报时，我也定会感觉到很大的不便。而且，不幸我的脑子又不可抵拒地染上了一些西洋色彩，拿着水烟在手，我只意味到自己的丑，迂腐，老气横秋，我已不能领会玩味出什么韵调和情致。至于同别人递传着烟袋，不生嫌恶之心，而享受或欣赏其中的温情与风趣，那我更办不到。再说，我有的只是个简单的小家庭，既没妾，也不能有婢。我的孩子平日在学校读书；我的女人除为平价米去办公而外，还得操作家事。他们不但不会，没空并且无心为我整备烟具，即在我自己，也不可能从这上面意识到感受到什么快乐幸福，像从前那些老爷太太们所能的。若叫我亲手来料理，我将不胜其忙而且烦。本是享乐的事，变成了苦

役；那我倒宁愿把烟戒绝，不受这个罪！

"客观形势已成过去，必要的条件也不再存在，而我还带着怀旧的欣喜之情，托着这把陋劣的，徒具形式的竹子烟袋吸着，我骤然发觉到：这简直是一个极大的讽嘲！我有点毛骨悚然，连忙丢开了烟袋。

"'不行，不行，我不吸这个。'

"'为什么？'

"'为什么？因为，因为我要在世界上立足，我要活！'我乱七八糟的答。

"'那是怎么讲，你？'她吃惊地望着我。

"'总而言之，我还是得抽烟卷儿，而且不要磁器口的那等蹩脚货！'

"1944 年 9 月 24 日"

今天，随着物质生活的极大丰富，人们对闲逸生活方式的怀念、对吸烟健康问题的关注，特别是互联网的普及，生活与工作的空间界限正在被打破，这促进了中国传统家庭文化逐步回归，水烟袋的情趣又开始受到人们注意，吸食水烟这种生活的艺术又开始逐渐渗透到一部分人的日常生活中。

第八章
中式鼻烟壶及其发展历史重建

1494年，陪伴哥伦布第二次美洲之行的罗曼·帕恩（Roman Pane）修士在其记录中，除了提到人们用烟管点燃抽吸烟草烟气之外，还介绍了印第安人的另一种用烟管吸食烟草的方式：将这种草药制成能通过一根半肘长（五寸左右）烟管吸食的粉末，烟管的一头被放入鼻孔内，另一头放在粉末上，伴随呼吸，烟粉被吸进体内。这是最早被提及的烟草鼻食方式，从此，欧洲人也狂热地爱上了这种草药粉末，频繁吸食以治疗疾病。例如，它开始被用于治疗伤风感冒引起的各种头疼，以及一直以来困扰人们的帕金森疾病，医生们也似乎坚信这种印第安人草药的治疗效果。1562年，在尼古特的推荐之下，法国王后凯瑟琳·德·美第奇成为法国宫廷第一个尝试使用鼻烟的人，随后鼻烟风靡于各种宫廷聚会。

15世纪末，曾参与开拓美洲事业、了解烟草治疗效果和养成了烟草使用习惯的西班牙、意大利、法国、德国以及葡萄牙等各国的冒险家们，在葡萄牙王室船队带领下开始了开拓印度和东方的大航海事业。他们乘坐前往印度、中国的葡萄牙武装桨帆舰船，航行在大西洋、印度洋、太平洋，为了在举火不便的时候享用药草或者使用药草治疗疾病，海员们除了带上烟叶，也可能会带上磨制成粉末的烟草粉（鼻烟）同行。在中国，作为一种有别于旱烟、水烟的烟草形式，鼻烟将会经历怎样的发展历程，纷繁复杂的鼻烟壶有哪些类别，是本章即将展开的内容。

第一节　中式鼻烟壶的发展历史脉络重建

与梳理中式旱烟斗、水烟壶的发展历史脉络一样，我们首先回顾16、17、18、19世纪有关鼻烟壶的主要典籍记载，按相关典籍作者出生时间的先后顺序进行整理。

一、17世纪有关鼻烟壶的典籍记载

在著述中记述、提及17世纪中国鼻烟和鼻烟壶的学者目前发现有三位：

一位是王士祯（1634—1711年），他在《香祖笔记》中有这样的记载：

"吕宋国所产烟草，本名淡巴菰，又名金丝薰，余既详之前卷。近京师又有制为鼻烟者，云可明目，尤有辟疫之功，以玻璃为瓶贮之。瓶之形象，种种不一，颜色亦具红、紫、黄、白、黑、绿诸色，白如水晶，红如火齐，极可爱玩。以象

齿为匙，就鼻嗅之，还纳于瓶。皆内府制造，民间亦或仿而为之，终不及。"[297]

另一位是刘廷玑（1653—1715 年），其著述《在园杂志》中记载了鼻烟的信息：

"谚云开门七件事，今且增烟而八矣，更有鼻烟一种，以烟杂香物花露研细末嗅入鼻中，可以驱寒冷，治头眩，开鼻塞，毋烦烟火，其品高逸，然不似烟草之广且众也。"[18]

此外，姚华（1876—1930 年）填有《天香》词，赞美 17 世纪画家石涛（1642—1708 年）的用贝多树种子制作的鼻烟壶。

这三则记载表明，17 世纪中后期，清朝宫廷鼻烟壶制作技艺已经非常高超、材料来源广泛，民间艺术家石涛等也与鼻烟壶制作相关涉。同时，作为一种药物，鼻烟的医疗效果得到了人们认同，用来治疗寒疾、鼻塞。其品高逸，用者多为高雅上层人士，价格必然不菲。

二、18 世纪有关鼻烟壶的相关典籍记载

18 世纪，记载鼻烟壶的文献较多，其中最具代表性的有：

一是石杰 [康熙五十年（1715 年）进士] 所写《烟趣》一文，他认为：

"烟以气行，而更以味著，故鼻受者兼以口受。"[488]

二是《澳门纪略》（刊于 1751 年），由印光任、张汝霖两位学者编撰，其中有这样的记载：

"西洋出鼻烟，上品曰飞烟，稍次则鸭头绿色，厥味微酸，谓之豆烟，红者为下。"[452]

三是清朝著名医学家赵学敏（约 1719—1805 年）所撰《本草纲目拾遗》，此医学巨著"火部"介绍了一种鼻烟的制作方法以及医疗作用：

"《广大新书》有造鼻烟法：香白芷二分、北细辛八分，焙干，猪牙皂角二分，焙干研，薄荷二分、冰片三厘，干烟丝为君，干丝一钱，必配福烟六七分许，上药各为细末，酌量配合，不必拘分两，以色如棕色者佳。有内府造、洋造、广造及土烟数种。鸭绿者最佳，玫瑰色者次之，酱色者为下，陈久而枯者不堪用。出洋中者，能追风发汗。……张玉叔云：近有广东来者，较内府造者尤胜，有五色，以苹果色为上。《常中丞笔记》：鼻烟，或冒风寒，或受秽气，以少许引之使嚏，则邪秽疏散，积滞亦解。若刻不少间，反有致疾者。烟有多品，总以洋烟为最，取其滋润不烈，所以为佳。"[452]

赵学敏最后确认，鼻烟具有以下作用：

"通关窍，治惊风，明目，定头痛，辟疫尤验。"

四是吴江人陆耀（1723—1785 年）编著的《烟谱》，其中记载了鼻烟：

"别有所谓鼻烟者，屑叶为末，杂以花露，一器或值数十金，贵人馈遗，以为重礼。置小瓶中，以匙取之入鼻，则嚏辄随之。服久相习，亦可不嚏。有红色者，玫瑰露所和也；有绿色者，葡萄露所和也；有白色者，梅花露所和也。所贮之瓶，备极工巧，多用玛瑙、玻璃、玳瑁或洋磁、金、银为之。"[489]

五是李调元（1734—1803 年），他曾考证鼻烟：

"又有鼻烟，制烟为末，研极细，色红，入鼻孔中，气倍辛辣。贮以秘色磁器及玻璃水玉瓶盒中。价换轻重，与银相等。来自西域市舶，今粤中亦造之。本名洋烟，出大西洋。以烟杂香物、花露，碾细末，嗅入鼻中，可以驱寒冷、治头眩、开鼻塞，毋烦烟火，其品最为高逸，足以馈远。"[490]

此外，他还有一首答谢四川屏山县令陆文祖（生平不详）的《赋得鼻烟·答屏山令陆文祖》：

"烟乃口呼也，胡为鼻吸哉。种传洋舶至，贩自海关来。玉碾霏霏雪，珍盛小小罍。玻璃含润泽，琥珀映胚胎。倒泻壶常侧，分遗帕甫开。每拈才一指，屡嗅带千炲。屏气如无息，相吹似有埃。为谁频作嚏，不惯却妨咍。香雾何须噢，醨人绝胜醅。驱寒天不害，辟瘴地消灾。贡品殊难得，多仪每走僮。达官腰例佩，对客让交推。老朽何需此，功名念早灰。琼琚愧难报，拙句出新裁。"[491]

六是彭光斗 [乾隆二十四年（1759 年）举人] 所作、收录于方薰（1736—1799 年）《山静居诗稿》的《鼻烟次某阁学韵》：

"上古食气寿且神，滋味渐开争朵哆。天生圣火淡巴菰，来从异域标碑史。桐雷尝药昔未见，遂令《本草》缺佐使。辟寒驱瘴效最奇，枳术参苓咻徒尔。以兹嘘吸遍世人，嗜烟直等昌歇美。比来斯品更珍绝，不产扶桑产蒙汜。碾成琵琶金屑飞，嗅处微微香雾起。海客售来价百缙，大官朝罢尝一匕。翠管银瓶出袖间，灌脑熏心嚏不已。始知鼻饮口无功，请借禅和明妙理。闻香神女无觉触，辨味钵提非舌揣。尘根互用随处灵，色身

本是栴檀体。旁征轶事佐诙咍，耳食眼饱都类此。人能捉鼻效雄吟，地名炊鼻书鲁纪。吸醋群夸羊鼻公，听莺堪代吴牛耳。何况馨香一气通，宁虑焚身同象齿。不见当年有鼻君，千秋胙蚕蛮方祀。先生大笑信有诸，姑免掩鼻对西子。"[492]

七是李心衡（乾隆年间四川西昌县丞）在《金川琐记》中记载了喇嘛吸鼻烟：

"一喇嘛僧路经绥靖时，与之食，必礼天地四方，身西向持咒，然后食。又喜拾烟草口内咀龁，不用烟管，时时手搓少许纳鼻中，盖夷俗素尚鼻饮也。"[493]

八是王芑孙（1755—1817 年），乾隆五十三年（1788 年）召试举人，任华亭县教谕，后辞官任扬州乐仪书院院长，学问宏博，被称为"吴中尊宿"，有五言《鼻烟》一首：

"命名从鼻触，义假淡菰诠。得味皆于气，餐芳亦号烟。铢分经屡揣，燥润必精权。市满东华路，来争南粤船。盖垂银勺细，囊系绣巾偏。薇露春濡渥，兰薰夜里煡。珍将丹乐重，倾出紫泥鲜。不住千回嗅，宁愁一窍填。沁心频雪涕，染指或擎拳。忽笑吴农嚏，先流燕客涎。倦时闻稍稍，参以息绵绵。谁作香严观，壶中别证禅。"

九是许宗彦（1767—1818 年）作鼻烟诗两首：

"鼻烟其一：论蜡携来市舶，海云养就蛮烟。闻道略如采茗，分别雨前火前。

"鼻烟其二：疏快胜针风府，不嫌假道灵坚。水玉玲珑满贮，提壶劝遍尊前。"[494]

从这九则记载信息可以看出，18 世纪鼻烟的药用价值在得到进一步确认的同时，使用鼻烟已经流行于清朝所有疆域，不仅在北方、东南沿

海等地上层人士中成为时尚，而且在四川、西藏等比较偏远的地区，上层人士之间互赠鼻烟、鼻烟壶，享受鼻烟趣味也成为雅好。

三、19 世纪有关鼻烟壶的相关典籍记载

19 世纪，具有代表性的鼻烟壶载述有以下几则：

一是欧阳兆熊（1800—？），清道光十七年（1837 年）举人，家庭富庶、性情豪爽、仗义疏财，颇能周济贫儒，爱文学，工诗联。欧阳兆熊通医术，曾为曾国藩、左宗棠等大员开处方药，后在湘潭城内开设医药局，专为百姓治病，延请众多中医师，以百姓疾苦为念，以医药之道服务桑梓。其所著笔记《水窗春呓》中记载了一位拥有数百枚珍贵鼻烟壶的阿财神：

"阿财神：起居服食之美，昔以旗员为最，盖多供奉内廷，得风气之先，无往而不当行出色也。以余所见之两淮盐政、淮关监督，嘉、道时以阿克当阿（1755—1822 年）为极阔，任淮鹾至十余年，人称为阿财神。过客之酬应，至少无减五百金者，交游遍天下。仁宗亦极契之，派查河，派查赈，视如星使，乃竟不能一到督抚。其时政体尚严。至道光，则钟云亭同一内府，即任闽督东抚矣。阿之书籍字画三十万金，金玉珠玩二三十万金，花卉食器几案近十万，衣裘车马更多于二十万，僮仆以百计，幕友以数十计，每食必方丈，除国忌外鲜不见戏剧者。即其鼻烟壶一种，不下二三百枚，无百金以内物，纷红骇绿，美不胜收。真琪楠朝珠用碧犀翡翠为配件者，一

挂必三五千金，其腻软如泥，润不留手，香闻半里外。如带钩佩玉则更多矣。"[495]

二是《梼杌近志》记载了一则崇文门兵役苛索鼻烟被人捉弄的事：

"崇文门兵役，索难过客最苛，或有食物，群攫食之。清道光时，有何某者，嗜鼻烟，每行必携精美古壶十数具，壶中皆贮美品。一日入城，尽为门兵所攫。何某因告其友周姓，意极愤恨。周曰：'此易耳，当为君报之。'因研疥痂入鼻烟中，贮八九壶，伪为过客入崇文门。门兵搜得烟壶甚喜，复攫之。越十余月，周复入城，见门兵皆疥，大笑。兵诘之，周从容语前事，众皆怒。周曰：'疥已入脏，急忏犹可治，不然鱼烂死矣。'众惧，跪乞其方，誓以后不再索难。周因与药，并属急须忏罪。越数日，疥者皆瘥，自是门兵诘客稍稀矣。"[496]

三是爱新觉罗·耆英（1787—1858 年），字介春，清宗室，多罗勇壮贝勒穆尔哈齐六世孙，嘉庆朝东阁大学士禄康之子，历官内阁学士、护军统领、内务府大臣、礼部尚书、户部尚书、钦差大臣兼两广总督、文渊阁大学士。《清代之竹头木屑》中记载了其吸烟奢侈无度的情形：

"耆英为两广总督，用度奢汰。每吸鼻烟，辄以手握一把擦鼻端，狼藉遍地，皆上品鼻烟也。其侍者不忍，或随时拾贮之。后其家贫甚，姑取拾贮之鼻烟售诸肆，得数百金。"[497]

四是赵之谦（1829—1884 年），汉族，浙江会稽（今绍兴）人，初字益甫，号冷君；后改字㧑叔，号悲庵、梅庵、无闷等。清代著名书画家、篆刻家，与吴昌硕、厉良玉并称"新浙派"的三

位代表人物，与任伯年、吴昌硕并称"清末三大画家"。其所著《勇庐闲诘》[498]第一次对鼻烟、鼻烟壶的发展历史进行详尽考证，对此后鼻烟壶研究产生了重大影响。这里摘录其鼻烟历史、烟品划分部分：

"鼻烟来自大西洋意大里亚国。明万历九年（1582年），利玛窦泛海入广东，旋至京师献方物，始通中国。徐继畬（1795—1873年）《瀛寰志略》考：意大里亚，于汉为大秦国。《后汉书》言：延熹九年（公元166年），大秦王安敦遣使，自日南徼外入贡。则谓明以前未通中国，殆不其然。按《汉书·西域传》'安息国进犁靬眩人'，《后汉书》'大秦国一名犁鞬'，《魏略》作犁靬，又言，常欲通使，为安息遮遏。安息、犁靬，旧时分并，属部已不可考，无以传信。今仍据《澳门纪略》，断为明季始来。又意大里亚亦称以他利、伊达利、意大利、罗问、罗汶、那吗萨都尔尼哑、厄诺地里亚、奥索尼哑。同治五年（1866年），定通商条约，则称义国，其进口税，则鼻烟入酒果食物类。国人多服鼻烟，短衣数重，里为小囊，藏鼻烟壶。至国朝雍正三年（1725年），其国教化王伯纳第多贡献方物，始有各色玻璃鼻烟壶。咖什伦鼻烟罐、各宝鼻烟壶、素鼻烟壶、玛瑙鼻烟壶及鼻烟，居六十种之六。按利玛窦以明万历二十九年（1601年）至京师，三十八年（1610年）四月卒，其徒如汤若望、利类思、安文思、南怀仁，久居中国。至国朝顺治初，用汤若望修历法康熙九年，命两广总督金光祖檄通晓历法恩理格、闵明我二人入监，于是徐日升、安多、毕嘉、白进、张诚先后供职。《熙朝定案》云：二十三年，圣

驾南巡，汪儒望、毕嘉进献方物四种，上命留西蜡，赐青纻白金。二十九年，南巡，毕嘉、洪若复献方物仪器，命后送来京。张汝霖《澳门纪略》云，康熙中始通贡，其国王以邈远不获诣阙下，图像以朝，当在是时。西蜡为物不可晓，西洋人呼鼻烟瓶为蜡，或即是也。

"鼻烟在康熙时已盛行，见王士祯、汪灏记载。惟《会典》所书，则雍正三年始也。五年，西洋博尔都噶尔国王若望遣使麦德乐贡方物四十一种，有鼻烟。乾隆十七年，国王若瑟复贡方物二十八种，有赤金鼻烟盒、咖什伦鼻烟盒、螺钿鼻烟盒、玛瑙鼻烟盒、绿石鼻烟盒及鼻烟。圣德广大，不宝远物，自诸王贝勒大臣以下，预赐宴赐寿，蒙恩赉者，不可胜纪；幽格神明，远及外藩，咸膺殊赏。乾隆二十二年，孝圣宪皇后南巡，赐淮北惠济祠鼻烟壶一；五十二年，赐安南国王鼻烟二瓶、鼻烟壶一；五十三年，再赐鼻烟三瓶、鼻烟壶二，朝鲜国王鼻烟一筒，南掌国王、缅甸国王瓷鼻烟壶。五十九年，赐哺篮西国王鼻烟壶，外藩陪臣若朝鲜、南掌、英吉利、哺篮西、越南、暹罗、琉球诸国先后来朝者，皆赐玻璃鼻烟壶、瓷鼻烟壶及鼻烟有差。嘉庆元年，举行千叟宴，朝鲜、越南、暹罗使臣人赐鼻烟一瓶、鼻烟盒一。七年，朝鲜使臣预重华宫筵宴，复赐玻璃鼻烟壶，后遂为常制。今世言鼻烟掌故，可考信者，略见于此。

"烟草皆来自海外，中土人得而种之，依法制之，既行，遂擅其业。淡巴菰出吕宋，明万历末，漳泉马氏始造烟，传自九边，今则处处有之，而吕宋无闻矣。鸦片，《明会典》称入贡者为暹罗、

爪哇、榜葛剌三国。今英吉利所货，出都鲁机与东南两印度。然滇、蜀、秦、晋、闽、粤及江浙沿海农氓，亦有违禁私种者，质或过之，制恒不及。昔有人至印度，见其处造烟，如中土造纸法，实罂粟于池，待其烂，而后合之，故所得愈多。依法试造，亦不成，疑尚有秘药点之也。近年雅片入内地者，数稍减，盖禁网渐弛，利不克专。鼻烟中土亦有仿为者，通商各国，咸贩以去，色臭迥异，来自番舶，亦薄劣非旧时物，信乎利所不居，害亦弗及也。吕宋久易主，英吉利尚强盛。道光中，议缴销雅片事起，实为中外构衅之始。意大里亚来濠镜者三百余年，几等土著，国有鸦片，曾禁勿市。其和约第一条云，大义国与大清国素无失睦，噫，亦足记已。

"鼻烟，西洋语旧译为布露辉卢，今英吉利语译为科伦士拿乎，产自中土者为士拿乎，鼻烟盒则为士拿乎薄士，英吉利语译行中土者皆罗马语。罗马，意大里亚属部也，今分九国之一。

"上品曰飞烟。飞，若今山东飞面之飞。曾见乾隆时人题蜡上字曰水磨碾上飞、水磨碾次飞。一说西洋人制鼻烟，为水磨屋碾烟草，以扫自屋顶者为上，故曰飞烟。又云彼国初时未有此制，有人藏烟叶数十年，发视变为尘土，齅之有异，始制碾法，与中土糖霜因大风拔屋而得压法相类。飞兼轻清细腻，古义所称无根而至，绝迹而去，庶近之矣。

"次则鸭头绿色。厥味微酸，谓之豆烟。祁季闻曰：张汝霖《澳蕃篇》言，飞烟、豆烟为对文。豆烟乃言颗粒，凡和药碾极细，实器中往得自结。鼻烟出蜡后经宿辄成颗如豆，气清而润，故凝聚。

此举其形质，非烟品，弗误会为一也。

"旧说鼻烟色深绿为上，鸭头绿者次，然深绿历百年变而深紫，有近墨色者。承日光斜映之，隐隐类玛纳斯石耳。鸭头绿久则微黄，亦有成紫者。旧说以红为下，红者质薄而气烈，然视近时所称鸭头绿犹胜也。有白色者，向所未闻，曩居京师曾一见之。初以为赝物，试尝少许，亦佳品也，市侩奇货居之，不能得。祁季闻识一故家，藏鼻烟甚伙，余偕往求观。主人则罗列几席殆满，给客徧尝，皆精绝，洵富有矣。将告归，主人言尚有一种，留自先世，未敢辨优劣，诸君试评之。及出蛎蜡，色作绀碧，黝然以古，上有标题乾隆元年月江所赠；视其中，损不盈寸，似甚矜贵；齅之，如壁上土；坐定，索然意尽，余谓太羹元酒复见今日。季闻笑曰：此所谓中无所有，独以老见尊者也。主人亦大笑。近又有一种色紫黑，颇具云水纹，既暴而酷，且甘以坏，有争购以为至美者。讥评今古，牧竖司之，无责耳矣。余以观色为疑，季闻直为此皮相，耳不可为目，目何能为鼻，其言是也。"

五是唐宗海（1846—1897年），字容川，四川彭县人，中医七大派"中西医汇通派"创始人之一，所著《本草问答》回答了治疗风寒疾病的用烟方法：

"问曰：治风寒之药？答曰：……鼻孔通脑，故北人以鼻烟散脑中之寒。西洋有用药吹鼻以治脑髓之法，又西医云脑筋多聚于胃，故白芷、辛夷皆从胃能达脑以散寒。"[499]

六是唐晏（1857—1920年），瓜尔佳氏，原名震钧，字在廷（亭），又字元素，号涉江。

他在《天咫偶闻》中记载了鼻烟壶制作名匠：

"光绪初，京师有陈寅生之刻铜，周乐元之画鼻烟壶，均称绝技。陈之刻铜，用刀如笔，入铜极深，而底如仰瓦。所刻墨盒、镇纸之属，每件需润资数金。周之烟壶画，于玻璃之里面，山水、花果仿名人卷册，极辣猴贯虱之巧。周年不永，一生所画不及百枚，殁未几，一枚已直数十金。"[500]

七是爱新觉罗·载涛（1887—1970年），号野云，满洲正黄旗人，宣统皇帝叔父。他在《清末贵族之生活》中记载了晚清宫廷的烟草盛景：

"平日消遣，计分烟、茶两项，为一般最普通之嗜好。

"烟分水、旱、潮三种及鼻烟。

"水烟：用铜水烟袋，以兰州皮丝、青丝、幼丝（以上皆烟叶切制成丝之名称）燃吸之。

"旱烟：吸关东烟叶，用乌木杆，杆下安铜锅，其烟袋嘴则翡翠、白玉、皮子玉、象牙皆可。亲友相见，可互敬吸食，且观摩烟袋嘴之品质而欣赏之。

"潮烟：烟袋杆较旱烟袋为长，铜锅亦较小，用切细之烟丝，稍以水润湿。北京人呼湿为潮，故名曰潮烟。此唯妇女吸食之，烟袋荷包即系于木杆之上。

"鼻烟：其烟料为舶来品，由广东贩卖，分金花、素罐两项，烟味各殊，怕潮怕干，不易收藏。用时以手指摄小许而鼻吸之。其装烟之器名鼻烟壶，式样多种，玉、玛瑙、水晶、套料，制作皆极精（宫廷早即习尚之），上镶翡翠、碧犀、白玉盖，以与壶质之颜色配合为上。另备有小圆烟碟，以烧料、象牙或碎'元瓷'而镶嵌用之。"[501]

这七则记载表明，与17世纪、18世纪相比，鼻烟不仅仍然受到上层社会的喜爱，同时也扩散到中下阶层，且鼻烟品类繁多。赵之谦等人还考证了鼻烟的发展历史，提及鼻烟贸易，详列鼻烟壶的材质、形制等信息。

四、中国鼻烟壶发展历史脉络重建

梳理中国鼻烟壶发展的历史脉络，首先需要厘清中国鼻烟发展的历史起点，而后才能结合朝代更替、鼻烟壶风格变化来进行划分。与旱烟斗、水烟壶可以采取是否广泛使用金属来进行阶段划分不同，鼻烟壶没有这样的典型特征，需要我们另辟蹊径。

（一）鼻烟进入中国的时间起点新辨析

鼻烟进入中国的时间，根据赵之谦所著《勇庐闲诘》判断：

"鼻烟来自大西洋意大里亚国。明万历九年（1582年），利玛窦泛海入广东，旋至京师献方物，始通中国。"[497]

根据当时的历史条件所能掌握的国内信息，赵之谦能判断出鼻烟始于1582年已经是重大成果，非常难得。但到了今天，随着互联网信息技术的发展，我们具备了重新审视和梳理16世纪末以来欧洲烟草、中国烟草发展历史的基础条件。结合中欧烟草信息与常识，鼻烟进入中国可能远早于利玛窦始通中国的时间（1582年）。

首先，鼻烟作为那一时代欧洲的"灵丹妙药"，泛海而来的葡萄牙人不可能不将其携带作为预防用药。烟草作为一种源于美洲的神奇药材，虽然初期在欧洲经历了挫折，但在其致瘾性以及显而易见的医疗效果加持下，最终还是得到了旧大陆人民的认同。鼻烟作为烟草品类之一，15世纪末就受到西班牙人、葡萄牙人关注，印第安人吸食鼻烟、使用鼻烟治疗疾病的习惯和医学知识也被带回了欧洲。开始时医生以及水手、商人、士兵等养成了使用鼻烟的习惯，然后逐渐向中上层社会延伸。1562年，经尼古特推荐，法国王后凯瑟琳·德·美第奇尝试用鼻烟治疗习惯性头疼，发现效果很好，自此鼻烟开始流行于欧洲宫廷。由此可以看出，在1562年以前，吸食鼻烟能有效地治疗各种疾病等医学知识已经在欧洲的中下层社会中得到广泛验证，而航行于大西洋、印度洋、亚洲的水手、商人、军人、医生、传教士更应是鼻烟的忠实使用者。

葡萄牙、西班牙最先接受和使用烟草，按照传播学的一般规律，葡萄牙、西班牙海员、商人、传教士、军人、医生们对鼻烟的使用和探索，要早于法国、意大利等国家和地区。此外，法国人尼古特获得的烟草知识主要来自一个葡萄牙贵族医生，而意大利人掌握鼻烟医学知识的时间可能更晚。例如，在意大利，吸鼻烟被称为一种西班牙风俗，这一点已被鼻烟的意大利语（spaniol）所证实，意大利人当初一定是从西班牙总督以及那不勒斯和西西里的西班牙水手那里学会了吸鼻烟。1561年，红衣主教波普利科拉·桑塔·科诺斯（Poplicola di Santa Croce）就有吸鼻烟的习惯，

因此药用烟草以他的名字命名为"圣十字草"。1565年前后，他甚至让教皇皮乌斯四世（Pius Ⅳ，1559—1565年）也养成了吸食鼻烟的习惯。所有这些情形都显示，是红衣主教科诺斯引领了意大利鼻烟潮流[502]，众多的意大利传教士在他影响下也开始使用鼻烟，并在教会普及了烟草。因此，从常识可以判断，16世纪60年代，鼻烟、烟草才开始在意大利得到普及，而主导亚洲贸易活动的葡萄牙地区，人们普及鼻烟和使用烟草的时间会更早。从这一点上看，鼻烟壶传入中国的时间必然要早于意大利人利玛窦进入中国的时间，即早于1582年。

虽然不能明确断定鼻烟进入中国的具体年份，但我们至少可以确定，1515年以后，跟随葡萄牙商船进入中国的欧洲水手、商人、士兵、医生以及传教士将吸食烟草习惯带入了中国，而需要留驻中国沿海城镇的葡萄牙商业代表以及有志于在中国内陆传播基督教的欧洲人，不管是出于个人享用的原因还是医治疾病赢得信众的考虑，都会把烟草、烟草种子或烟草粉这种灵丹妙药随身携带以防不测，从而将烟草的另一种吸食方式——鼻烟陆续带入中国，并使其向内陆发展。

其次，以商业开拓为主要目的的葡萄牙人不可能不了解鼻烟的商业价值。根据欧洲和印度历史资料记载，烟草首先兴起于西班牙、葡萄牙两个海上强国，1508年在印度开始了规模种植。这意味着烟草不仅作为一种医疗和生活保障物资，而且作为一种商业物资受到了葡萄牙当局重视。16世纪初期，葡萄牙本土的鼻烟热潮也必然会伴随商业扩张，陆续被带到印度、亚洲，被当成名

贵药材和个人嗜好用品推荐给当地的商人、医生以及烟草爱好者。鼻烟质轻而价昂，正是长途贸易者所钟爱的商品物资。15世纪末到16世纪60年代，葡萄牙人主导了欧洲对亚洲的海上贸易，在日常贸易中不可能不将他们早已熟悉的高价值鼻烟纳入海上贸易必备商品范围。如果说因为利玛窦将鼻烟带入中国后，欧洲商人才如梦初醒般地发现鼻烟的商业价值，并在随后的贸易中把鼻烟作为商品运到中国，肯定不合常理。

第三，烦琐的制作工艺以及高昂的价格制约了鼻烟在中国的早期传播。与旱烟、水烟不同，鼻烟制作专业性更强，也更加耗费时日。因此，鼻烟进入中国后很长一段时间的供应都来自欧洲商船输入，价格昂贵，受众面小。在当时的环境中，烟草使用主要以旱烟为主，在中医理论影响下，水烟壶的产生也具有紧迫性。从时间上看，国内的鼻烟制作要晚于旱烟和水烟，具体时间应在葡萄牙商船能合法且大规模进入中国，中国有了稳定的鼻烟需求之后，即1553年左右。制作的鼻烟主要是用于满足海上贸易中的商人、海员以及传教士和医生，最初的商业制作地点应位于东南沿海地区的主要商业贸易中心、政治中心，例如广州、漳泉、宁波、南京等地，随后才逐渐由南向北传播。由于价格高、受众少，鼻烟没有得到普遍的关注，主要限于民间探索和尝试使用，影响力小。

因此，鼻烟进入中国的时间应稍晚于葡萄牙、西班牙等国鼻烟的兴起时间，大概在16世纪三四十年代进入中国，即1531年广州恢复对外朝贡贸易后，更多的东南亚、葡萄牙商船开始在广东、福建、江浙等沿海口岸登陆贸易，逐步

形成了鼻烟的稳定需求。为了满足常驻中国进行贸易的欧洲人的鼻烟消费需求，大概在1553年葡萄牙人侵占澳门后，广州等地开始尝试仿制欧洲鼻烟，但能负担得起的中国人员仍然较少。

（二）中式鼻烟壶发展的历史脉络

相较于旱烟和水烟，早期鼻烟使用者主要是从事海上贸易的商人、水手、士兵以及常驻中国内地的商人、传教士以及中国医生。由于需求量少、制作复杂、价格昂贵等因素影响，中国鼻烟发展缓慢，直到1553年左右才开始进行本土规模仿制，并开启了鼻烟壶在中国的发展历程。

第一个阶段：中式鼻烟壶自由发展阶段（16世纪中期到17世纪40年代）

这一时期，中式鼻烟壶发展的典型特征就是没有官方主导，属于欧洲鼻烟使用者影响下的自由式发展。从16世纪中期开始，除了葡萄牙人外，西班牙、英国、荷兰等国的商船也开始陆续进入中国沿海商贸重镇，越来越多的欧洲商人、士兵、水手开始在中国驻扎、定居，他们的鼻烟消费需求除了依靠欧洲商船输入外，也会推动沿海商业城镇的烟草商人模仿制作欧洲鼻烟，或者是在欧洲鼻烟需求者的直接指导下制作鼻烟、鼻烟壶。同时，由于有熟悉鼻烟医疗效果欧洲人的指导和示范，中国医生可能也开始采用鼻烟治疗疾病，并尝试结合中医理论提出有中国特色的鼻烟配方，共同促进沿海商业城镇鼻烟的自由发展。

而在内陆地区，这一时期欧洲商人、士兵、水手还没有进入，鼻烟传播更多依靠一类特殊的欧洲人士——传教士。15世纪末以及16世纪，

葡萄牙大航海事业的动力除了贸易之外，还有一个因素就是传播基督教，这些行动也获得了教廷支持。1510 年葡萄牙占领果阿后，迅速将其建成亚洲基督教传播和贸易中心，所有来自欧洲的传教士都会得到葡萄牙政府支持，并在果阿经过系统培训后派往亚洲各地。其中，16 世纪末、17 世纪初期在中国鼻烟传播中留下历史记录的意大利传教士利玛窦，其经历可以作为代表帮助理解欧洲鼻烟使用者在推动中式鼻烟传播中的影响。

利玛窦 1552 年出生于意大利安柯那省（Ancona），并在此地进入耶稣会学院深造，成绩优异。十七岁时，父亲将他送到罗马继续求学。1571 年 8 月 15 日，他在罗马加入耶稣会，在罗马耶稣会学院攻读哲学和神学一直到 1577 年。1577 年，利玛窦和几名耶稣会成员得到第四任耶稣会会长埃韦拉多·梅古里昂诺（Everardo Mercariano）神父批准，参加了印度教团，在接受罗马教皇乔治十三世（Gregory the Thirteenth）祝福后开赴葡萄牙，但错过了当年前往印度的商船。在里斯本，葡萄牙国王塞巴斯蒂安（Sebastian）对利玛窦教团十分关切，在接见中国王感激地说："（你们）给印度群岛那么多帮助，我该怎样向会长神父表示感谢才好呢？"事实上，从 16 世纪开始，葡萄牙政府以及澳门葡萄牙商人，为在亚洲和中国传教的牧师们提供了全方位的经济和政治支持。

1578 年，利玛窦乘坐一艘名为圣·路易斯（Saint Louis）的商船离开葡萄牙，于 1578 年 9 月 13 日到达印度果阿，在印度果阿神学院停留了四年，完成了神学课程，随后接受耶稣会官方视察员的委派参加了中国教团。在此后三十年里，利玛窦四进四出中国。基督教团进入中国的目的是争取这个民族，利玛窦采取的方法是赢得有文化的统治阶层的好感和支持。首先他放低姿态，主动融入中国统治阶层。在苦学中国语言、研究中国宗教习俗之后，他极力糅合儒家学说，进行所谓的"合儒""补儒""超儒"工作；在受到统治阶层接待时，利玛窦就穿上中国僧服，并让他的家成为文武官员聚会场所，努力争取好感和认同。他穿了六年僧袍，然后才换上中国儒生衣袍。其次，他以传播欧洲科学知识的名义，努力成为一个受统治阶层尊重的人。利玛窦携带了不少从欧洲经澳门运来的各式钟表，以及其他种种中国人所不知道的科学仪器，在透彻解释和表演这些器械后，再把它们作为礼品送给贵客。这些稀罕玩意儿深受欢迎，也有助于增进与统治阶层人员的感情，赢得尊重，以至于在此后的中文著作中，我们将他称为卓越的物理学、数学、哲学、天文学和地理学家 [503]。在传播的这些科学知识中，也一定有深受 16 世纪中期传教士喜欢的鼻烟，因为在那一时期，鼻烟在欧洲是一种被人们广泛接受且能够医治很多疾病的"特效药"，可以治疗头疼、外伤、肠胃疾病、蛇虫叮咬等。用鼻烟为统治阶层人员治疗疾病，能进一步赢得大家的认同和好感。与其他科学物件相比，这种能治疗各种疾病、高价值的"鼻烟特效药"可能更受欢迎，他也一定会将鼻烟、盛装鼻烟的烟匣和玻璃瓶当成贵重礼品赠送给统治阶层的官员。

利玛窦要在中国顺利传播和扩大基督教信仰，除了赢得统治阶层官员的好感和支持外，还必须得到最高统治者——明朝万历皇帝的支持，得到万历皇帝接见和肯定。这也是他一直以来的努力方向。万历二十八年，利玛窦终于赢得了机会，以大西洋国陪臣名义向万历皇帝贡献土物（特产）。这是他贡献大西洋国特产奏疏原文《上大明皇帝贡献土物奏》：

"大西洋陪臣利玛窦谨奏，为贡献土物事：臣本国极远，从来贡献所不通。逖闻天朝声教文物，窃欲沾被其余，终身为氓，庶不虚生。用是辞离本国，航海而来，时历三年，路经八万余里，始达广东。盖缘音译未通，有如喑哑，因就居学习语言文字，淹留肇庆、韶州二府十五年，颇知中国古先圣人之学，于凡经籍，亦略诵记，粗得其旨。乃复越岭，由江西至南京，又淹留五年。伏念堂堂天朝，方且招徕四夷，遂奋志径趋阙廷。

"谨以原携本国土物，所有天帝图像一幅、天帝母图像二幅、天帝经一本、珍珠镶嵌十字架一座、报时自鸣钟二架、万国舆图一册、西琴一张等物，陈献御前。此虽不足为珍，然自极西贡至，差觉异耳，且稍寓野人芹曝之私。

"臣从幼慕道，年齿逾艾，初未婚娶，都无繁累，非有望幸。所献宝像，以祝万寿，以祈纯嘏，佑国安民，实区区之忠悃也。伏乞皇上怜臣诚愨来归，将所献土物俯赐收纳，臣益感皇恩浩荡，靡所不容，而于远臣慕义之忱，亦少伸于万一耳。

"又，臣先于本国，忝与科名，已叨禄位，天地图及度数，深测其秘，制器观象，考验日晷，并与中国古法吻合。倘蒙皇上不弃疏微，令臣得尽其愚，披露于至尊之前，斯又区区之大愿，然

而不敢必也。臣不胜感激待命之至！

"万历二十八年十二月二十四日具题"奏疏之后，还附上了所献土物的贡品清单：

"时画天主圣像一幅、古典天主圣母像一幅、时画天主圣母像一幅、天主经一册、圣人遗物及各色玻璃、珍珠镶嵌十字圣架一座、万国舆图一幅、自鸣钟大小各一座、三棱镜二方、大西洋琴一张、沙刻漏二具、干罗经一个、大西洋各色腰带计四条、大西洋布与葛布共五匹、大西洋国行使大银币四枚、犀牛角一支、玻璃镜及玻璃瓶大小共八件。"[504]

在这些土产贡品中，虽然没有提及烟草、鼻烟，但"玻璃镜及玻璃瓶大小八件"，如果仅仅是贡献空空如也的玻璃瓶，显然不符合常理，而用玻璃瓶装上珍贵的大西洋国鼻烟作为土物敬献万历皇帝，则更为合理。赵之谦也可能是基于这一判断，才认为利玛窦1582年携带进献的玻璃瓶内装有鼻烟，也就从这一年开始鼻烟进入中国。

我们可以根据那一时代的发展情况，合理推测出以下中国鼻烟发展的真实场景：16世纪中后期陆续进入中国内地的基督教传教士们，也采取了与利玛窦相同的策略，所携带鼻烟除了满足自己需要外，还以基督的名义用于救治信众和其他人员疾病，为基督教和传教士赢得信誉、尊重。为了便于传教和进一步扩大基督教影响，神父们开始指导信徒因地制宜，制作更加适合中国需求的鼻烟。在经过欧洲鼻烟使用者长达近一个世纪的努力后，到明朝末年，东南沿海以及内地各大政治、商业中心已经培育出了相当数量的鼻烟使用者和爱好者。特别是明朝北京，在利玛窦成功事迹的激发下，必然有更多的传教士、欧洲商人

汇聚于此。受他们影响，鼻烟的使用应该更为普遍。这一时期中式鼻烟壶的传播、制作，主要受欧洲鼻烟使用者偏好影响，并适当结合中医理论加以改良，属于自由发展阶段，统治阶层尤其是明朝宫廷并没有深度参与这一活动。

第二个阶段：中式鼻烟壶的快速发展与繁荣（17 世纪中期到 18 世纪末）

明朝末年，在利玛窦等传教士及其信徒的努力下，中式鼻烟需求在明朝首都北京已经有了一定规模，清朝的建立进一步增强了其发展动力。

首先是宗教因素让鼻烟发展得到了更大关注。清朝创建者为满族，宗教信仰为喇嘛教、萨满教，他们视火为纯洁的象征和神灵化身。在这些宗教戒律中有不许吸烟的规定，对于已经养成吸烟习惯的信徒来讲，采用以嗅代吸的方式能回避宗教戒律，既能享受烟草也不违反宗教律令。同时，由于宗教信仰因素，满族人在用火时存在许多禁忌，例如不能用铁器捅火、不能吐痰等，这些禁忌导致吸烟远不如鼻烟来得便捷。此外，满族多为游牧民族，尤其是秋冬季节，牧草干枯，用火更是大忌，这些因素共同促成了满族人在清朝时期更加钟爱鼻烟。在当时，使用鼻烟的人占满族总人数的六成以上。清王朝建立之后，满族人不断迁入关内，基于宗教信仰、生活习惯等因素，为鼻烟壶发展注入了源于宗教信仰、民族经年所养成的习俗的力量。

其次是清朝皇亲国戚甚至皇帝都是资深的烟草爱好者。例如，天聪年间，清太宗虽然严禁烟草，但不禁诸贝勒，上行下效，到了崇德六年（1641年）无奈之下只得开禁：

"上谕户部曰：前所定禁烟之令，其种者用者，屡行申饬，近见大臣等犹然用之，以致小民效尤不止，故行开禁。凡欲用烟者，惟许人自种而用之，若出边货买者处死。"[505]

到了顺治年间，摄政王多尔衮更是烟草的坚定拥护者；康熙年间，皇帝虽然号称不吸烟，但喜欢鼻烟和鼻烟壶，也经常接受国外和大臣们进贡烟草，积极倡导鼻烟壶艺术：

"（康熙六年）是年荷兰国王进贡方物大马鞍，辔具镶金镶银……荷兰绒大花段、荷兰五色大花段、大紫色金段、红银段、大珊瑚珠、五色绒毯、五色毛毯、西洋五色花布、西洋白细布、西洋小白布、西洋大白布、西洋五色花布裤、大玻璃镜、玻璃镶镫、荷兰地图、小车、大西洋白小牛，并进大琥珀、丁香、白胡椒、大檀香、大象牙并琉璃器皿一箱。

"（康熙）八年，琉球国王入贡，于常贡外加贡红铜千斤、丝烟百匣、螺钿、茶钟……

"（康熙）十年，琉球国世子尚贞入贡，于常贡外加贡鬃烟、番纸、蕉布。"[506]

康熙六年（1667年）荷兰进贡的玻璃器皿一箱可能涵盖鼻烟壶，或者说这些玻璃器皿中盛装了鼻烟；八年接受琉球国王进贡丝烟，十年接受进贡鬃烟。康熙年间，烟草具有极高的价值，清廷接受其作为朝贡物资。王士禛在《香祖笔记》中第一次提到了鼻烟的命名方式以及鼻烟的存储："以玻璃为瓶贮之。"

康熙喜爱烟草，还可以从其对待恩师的一则记录中得到佐证。康熙四十二年（1703年）四月十九日一早，高士奇（1644—1703年）在用过御赐早膳、领受康熙赏赐、叩谢拜别之际，还被临时额外赏赐了鼻烟壶、鼻烟。高士奇在《蓬山密记》里有此记载：

> "十九日早，召至渊鉴斋，先赐早饭毕，召至榻前，面谕许久。出渊鉴斋户外，赐上用绒帽，上有金刚石，绒色龙缎袍，石青四团龙褂，命近侍为臣着之。……着衣毕，命在帘外叩谢，谕之：'见尔感涕，朕亦难忍。'复解上自佩鼻烟壶二枚并鼻烟一瓶赐下。命宫首领内监送至苑门外，此时不觉大恸。上遣内侍慰谕再三，复命皇十三子送至苑门。午刻，至皇太子处。时皇太子将至御前，见臣士奇，仍回辇入宫。召至榻前，慰问再四，赐五言律诗一首，南陔春永匾额，绒帽一顶，有金刚石，宝蓝龙缎袍、红青四团龙褂各一装。又欲赐鞍马，以舟行辞。复命侍卫四格舆近侍局进朝送至。又令备皇太子自骑走骡送至通州。少顷，又追赐鼻烟合四枚，鼻烟一罐。" [507]

雍正皇帝也极其喜爱烟草，尤其是鼻烟。鉴于清廷对鼻烟的喜爱，意大利传教士王伯纳还专门敬献：

> "（雍正三年）是年，西洋伊达里亚国教化王伯纳第多遣使奉表庆贺登极，进贡方物厚福水绿玻璃凤壶、各色玻璃鼻烟壶……满堂红镫咖什伦鼻烟罐、盖杯绿石鼻烟合、带头片各宝鼻烟壶……素鼻烟合……鼻烟凡六十种。" [298]

乾隆皇帝也是烟草爱好者，在乾隆元年开金属之禁，更是极大地促进了金属旱烟斗和水烟壶的发展。

三是清朝宫廷对鼻烟壶制作非常重视。大概在康熙十九年（1680 年），清朝内务府就设立了造办处，初设十四个作坊，专门负责制作御用物件。康熙三十五年至四十二年（1696—1703 年），首创制作了当时难度最大的玻璃鼻烟壶。康熙在位六十一年间，频繁地将御制鼻烟壶赏赐给近臣和外官，既宣示皇帝的恩德，也展示宫廷造办处所取得的成就，而受赐之人无不以此为荣，更是促进了鼻烟壶的制作。到了雍正皇帝时，为了在圆明园居住时也能指导御用制品生产，还在那里设置了几个分作坊，如玻璃厂、珐琅作等。到乾隆早期，内务府造办处作坊已增至三十多个，工匠们都身怀绝技，具有很高的文化修养，其中制作各类鼻烟壶就是他们的工作之一。另外，景德镇官窑，各织造、钞关、海关所辖的各种作坊，也为皇室服务，制作了不少鼻烟壶。皇帝的重视与亲自过问，必然会极大地促进鼻烟壶的发展。

四是皇家对鼻烟壶的推崇，必然会影响民间鼻烟壶平行版的生产和发展。因为康熙、雍正、乾隆都推崇鼻烟、喜爱鼻烟壶，文武大臣、地方官员、富豪士绅除了享用旱烟、水烟以外，还以享用鼻烟为荣，催生了民间鼻烟壶的需求和发展，不断出现制作精良、质量上乘的鼻烟壶。它们除了用于进贡、赏赐、赠友、自用之外，部分昂贵的鼻烟壶还被用于行贿以收买官员等。由于造办处的工匠来自全国各地，他们回家探亲、告老回乡、轮班回籍，也把宫廷鼻烟壶制作技艺带到了各地民间，进一步促进了民间鼻烟壶制作水平的提升和发展 [508]。

中式鼻烟壶尤其是宫廷御制鼻烟壶的快速发展和繁荣一直持续到乾隆末期，这一时期鼻烟壶的盛景在《勇庐闲诘》里有生动的描述（括号内为赵之谦注释）：

"鼻烟壶初制，比古药瓶式，故呼为瓶，后惟称壶。壶皆以五色玻璃为之，渔洋所称白如水晶、红如火齐者也。时天下大定，万物殷富，工执艺事，咸求修尚。于是列素点绚，以文成章，更创新制，谓之曰套。套者，白受采也。先为之质曰地，地则玻璃、车渠、珍珠（乃白色明玻璃，康熙中制有之，后不复见）。其后尚明玻璃，微白，色若凝脂，或若霏雪，曰藕粉。套之色有红

有蓝（汉军阎研芗太守为余言：康熙间套红蓝壶，今仅存者俗称三十六天罡，希世珍也。余居京师近十年，见红者二、蓝者一，其言非虚），有绿黑白。白者或蓝绿地，或黑地，无红地者。套蓝有红地，然不多见。更有兼套，曰二采、三采、四采、五采或重迭套，雕镂皆精绝。康熙中所制，浑朴简古，光艳照烂如异宝。乾隆以来，巧匠刻画，远过詹成，矩凿所至，细入豪发，扣之有棱；龙凤盘螭，鱼雁花草，山川彝鼎，千名百种，渊乎清妙。凡所造作，或称曰皮，最著者曰辛家皮（辛家皮最精洁，其色屑珍宝为之，光采夺目）；勒家皮，藕粉地，若冰雪，设色亦异，红紫苍翠，天然间迭；袁家皮，与辛家皮相近；别有古月轩，地则车渠，亦具五色，上为画采，间书小诗，壶足题'古月轩'，其题乾隆年制者尤美。又有雕镂仙山楼阁、珍禽异兽，点缀五色，如星在天，曰桃花洞。自此制行遂有琢玉石、罗珍宝，以示夸耀，争相引重，不知其为耳孙也。昔时造壶，取便适用，式多别异，器但逾寸，且有小如指节者。"

第三个阶段：中式鼻烟壶成熟阶段（19世纪初及以后）

乾隆末期，内画鼻烟壶的产生和发展标志着鼻烟壶制作进入了成熟时期。关于内画鼻烟壶的产生，流传着这样两则大同小异的故事，但地点都在北京：

"其一：老北京曾有个文人叫胡文

图213 两广总督瑞麟（1809—1874年）手持鼻烟壶 [509]

图 214　裕禄总督（1844—1900 年）手持鼻烟壶 [510]

录，此人能书善画，颇有才气。虽嗜好鼻烟，但家境破落，无力购买，只好用一根竹签刮挠烟壶内壁残留的烟垢解瘾。偶尔，他发现竹签在壶内壁画出的条条道道，透过壶壁十分好看。他忽发奇想，竟将竹签伸进烟壶作起画来，效果颇佳。内画壶由此而得。"

"其二：当时，有位嗜好鼻烟的地方小官吏进京办事，因为没有贿赂，致使公事一再拖延，后来被迫寄宿在庙里。由于他嗜鼻烟成癖，壶里的鼻烟用完后又无钱购买，只得用烟签去掏粘在壶内壁的鼻烟，结果在内壁上划出了许多道痕迹。他的这些举动被庙里的一位僧人看在眼里，并从中受到启发，便用一根弯勾的竹签蘸上墨，伸入透明的料器壶内在内壁上作画，这便是内画壶的由来。"

至于内画鼻烟壶产生的真实情形，已经消失在历史尘埃里无从考证了，但大致时间基本可以确定。冯敏昌（1747—1806 年），字伯求，号鱼山，广东钦州（现广西钦州）人，乾隆四十三年（1778 年）进士，历任翰林编修、户部主事、刑部河南司主事，诰授奉政大夫。他作有《瓶内》诗一首，收录于《粤东诗海》：

"瓶内已无红芍药，水边时见白蔷薇。独寻可信春无迹，欲折犹嫌刺着衣。绿蚁樽空余旧酒，黄鹂日暮但深飞。芳园亦有闲庭院，何事东风寂不归。"[511]

这可能是最早描写内画鼻烟壶情趣的诗作。根据作者生活年代，可以推测内画鼻烟壶产生于乾隆末年，一出现便在京城引起轰动，成为鼻烟壶中最受欢迎的类型。

最初，内画鼻烟壶是在没有磨砂的料器（透明玻璃）、水晶鼻烟壶内壁上作画。由于内壁光滑，不易落笔、着色，早期作品通常是寥寥几笔，勾勒出简单的山水人物轮廓。后来，手工艺人们发现用磨砂在烟壶内壁来回摩擦，可以让内壁成为乳白色的磨砂状，细腻而不滑，易于着墨和上色彩，其效果类似于宣纸作画。从此以后，内画壶上便出现了一些颇为精细的作品，如花鸟、山水、人物等，玲珑细腻、别具神韵。

内画鼻烟壶的艺术创作，除了要求具备一般鼻烟壶的和谐外，更需要有独具匠心的巧思、深厚的艺术功底和高超的技艺等。更难能可贵的是对于各种材料，艺人们还要具备因材施艺的能力，以充分体现材料纹理美感，这需要有文人的才华、艺人的精湛、匠人的慧眼。正是由于内画鼻烟壶的这些特征，才使它集清代的文化传统、心理特征、审美情趣和艺术风貌为一体，达到了精、奇、妙三者完美结合的峰巅，产生了无数内画鼻烟壶制作名家。最具代表性的有四位：

周乐元：生卒年月不详，活跃于 1882—1893 年。周氏文底深厚，技艺精湛，作品题材以山水为主，花鸟、雅石、博古亦为一绝。书法苍劲古雅，体现文人底蕴，是近代内画艺术最具影响的巨匠。

马少宣：生于清代同治六年（1867 年），卒于民国廿八年（1939 年），十八岁开始内画创作，至六十六岁搁笔，作品以欧体书法和人物肖像闻名遐迩。

叶仲三：生于清代同治八年（1869 年），卒于民国卅四年（1945 年），早期作品多仿周乐元山水、花鸟题材，以后开拓故事人物先河，如《聊斋》《红楼梦》等，色彩强烈，线描古拙，具有鲜明的个人风格。

丁二仲：生于清代同治四年（1865 年），卒于民国廿四年（1935 年），原名丁尚庚，是位多才多艺的文人艺术家，不仅内画作品意境高雅、技法绝伦，篆刻和工艺雕刻也卓尔不凡[512]。

此外，还有朱占元、毕龙九、张文堂、薛京万以及作坊"辛家皮""袁家皮"等，这里不再一一列举。

第二节　中式鼻烟壶分类

鼻烟壶是一种综合性手工艺品，在艺术上之所以能取得惊人成就，与玉器、竹刻、葫芦、雕漆、螺钿、珐琅等其他手工艺的精湛技艺是分不开的。鼻烟壶又是一种深具文化内涵和艺术修养的手工艺品，要求在主题、形式、材料、色彩、书法、绘画、题词等方面精心设计，在较小的体积里取得完美的艺术效果，耐人端详和观赏。外画鼻烟壶可以两面观赏，正反两面在艺术处理上要互为联系、协调平衡、浑然一体，对于不同品种，要求因材施艺，充分表现不同材料的天然纹理和质地美感。内画鼻烟壶要求艺术家不仅要有较高的绘画书法水平，而且要有较深的文学修养，且立意高远[513]。

鼻烟壶有多少种类，目前还无法进行具体考证。根据《故宫鼻烟壶选粹》一书介绍，仅仅从质地与工艺角度区分，就有一百多种，它们又各有自己的产地、历史和艺术特色，细分下去则是无穷无尽。鼻烟在明清时期主要流行于上层社会和宫廷，采用非金属和金属制作来划分类别已不合适，因此，在鼻烟壶的大类区分上，本文遵从赵之谦《勇庐闲诘》和《故宫鼻烟壶选粹》采用的划分标准，按照材质差异，再将内画鼻烟壶作为一个单独的类别，简单划分为九大类：

第一类，珍珠鼻烟壶。采用珍珠、螺钿制作鼻烟壶，《勇庐闲诘》中有详细描述：

"珍珠大如鸡卵，或云出意兰。凡珠，南海色红，北海微青，西洋白；出松花江，色如淡金，所称东珠者也。珠壶见者色白，非中土产。螺钿，粤人亦呼云母。"

洪亮吉（1746—1809 年）在《七招》中也记载了珍珠制作的鼻烟壶：

"烟草一种，百年来盛行，近复尚鼻烟，皆刳玉为瓶，精者至穴大珠为之。"[514]

由于材料难得、较为珍贵，在鼻烟壶专著中相关的珍珠鼻烟壶影像和图片不多见。

第二类，玉石鼻烟壶。玉和其他珍稀石材鼻烟壶，均由雕琢而成，具有相同的艺术特征，被归为一类。在选材、制作加工、构思技巧上，赵之谦也进行了详细介绍：

"玉之属：白截肪，黄蒸栗，所共知也。或留皮色为之，赤黄相间。或改古玉瑹为之，尤奇丽。珊瑚，少完好，半从黏合，镂花于上，掩其璺痕。玛瑙，诸色毕具，有缠丝、柏枝、水藻诸种，有成天然图画者。尝见一壶，面文错互若丛木，上为峻岭，岸崿刺天，旭日一轮，方出林表；背则平远沙堤，芦苇所交，宿二白鹭，淡月半规，照水有影，奇物也。又一壶，面之左，有一僧兀坐，其右，云气一缕，自下而上；背则类七孩相扑为戏。琥珀，旧时尚赤，近以浅黄为贵，呼金珀。一种杂松根者，称雀脑，伪者曰柳青，亦呼玻璃松。蜜蜡质暗，来自外洋。碧霞玒，红者为上，有黄、碧、紫、白诸色。翡翠，质坚不受磨琢，徒饰外观，叩其中，窄且塞，无以治之。水晶，亦具诸色，有发晶、棕晶，余曾见发晶壶，面发短近竹，背稍长，似画兰，遭俗工琢之而败。有月魄者，中含水珠，能上下，紫晶为多。

"石之属：岫岩石，色黄。金州石，类缠丝玛瑙。云锦石，出江西安仁县云锦湖，每大雷雨过，远望水中有光起，则有佳石，或具物象，类鬼工，然千万石中不得一二。有水藻文者为多，亦有与金州石仿佛者。绿松石，旧时多制之，今不复作。端溪石，砚材之余，云能润燥，亦未然。玛纳斯，似碧玉，来自塞外。咖什伦，褐色，中有金星，晃耀眩目，西洋人以玻璃成之，实非石也。黑石，中具物象者。居京师时，曾见一枚，面为蝶，有五色；背为木通一片、甘草二片，文理无少差别。季闻亦欲得之，后为有力者取去。又见一黑石，类茄，有纹皱起，如网如络。沈子受田极宝爱之，自署其室曰壶斋，不知何地产也。"

第三类，牙、角、竹、木鼻烟壶。 从明代中期开始，象牙、犀牛角、竹、木等雕刻工艺品受到上层文人的喜爱，因而在江南各地兴盛起来，

到清代得到进一步发展，主要产地在嘉定、苏州、杭州、广州和北京等地。许多著名的鼻烟壶雕刻艺术家利用这些材质创作动物形态、植物形态的鼻烟壶，还有木胎、匏器等鼻烟壶。在《勇庐闲诘》中，赵之谦对木质鼻烟壶进行了归纳：

"木之属：木豆，俗呼木腰子，色类榧子，上有水纹。木瘿，色泽奇古，然不足用。竹根，嘉定人制，或取两竹节近合者，随其中空削为壶，颇幽雅，藏之不慎辄裂。木变石，出黑龙江水中，俗称墨珀。桂馥《札朴》云：《周书·王会》'夷用阔木'，孔晁注'木生水中，黑色而光，其坚若铁'，即此。阎百诗《尚书古文疏证》云：宁古塔与肃慎相近，水中木变为石，即石砮也。榆变者上，松变者次之。杨宾《柳边纪略》云：楛木非铁非石，居人多得之虎儿哈河。《札朴》又云：缅江亦有木变石，与黑龙江所出同，性类琥珀，具摄力，盛之易渍。"

第四类，漆器鼻烟壶。 中国漆器工艺有六千多年的历史，到明代已有十六大类，到清代，漆工艺产品遍及南方大半个中国，主要产地在苏州、扬州、福州、贵州、九江以及宫廷和苏州织造下的漆器作坊。漆器鼻烟壶最初产生的年代和产地已经不可考证，从风格特征上看，大致有红雕漆鼻烟壶、描金漆鼻烟壶、黑漆嵌丝鼻烟壶、紫漆浅刻花卉鼻烟壶等。方寸之间，巧妙构思山水、人物、花卉等。

第五类，瓷鼻烟壶。 中国原始瓷器创制始于商代中期或者更早，用于盛装水、酒、食物、药材等。鼻烟进入中国后，因其易于塑形、防水耐潮等特性，被用于制作鼻烟壶。在《勇庐闲诘》中，

赵之谦演绎了瓷器用于鼻烟制作的经过、形制等以及瓷鼻烟壶典故：

"瓷之属：今京师瓷壶有索高价者，视之，为明嘉靖时物，亦有万历中画采者，皆药瓶。又见一定瓷扁瓶，上刻双螭，仿佛宋元器，亦明时药瓶也。自康熙中景德镇始造瓷壶，半从旧式如筒，有作玉壶春诸制者，绘十二辰。乾隆中，始仿鼻烟壶式，画百子及仕女、仙佛、草虫华鸟。道光时有画马者，今不常见。又有雕瓷，制类别红，工拙非一。陈国治者，祁门人，以画法雕瓷，海内无两。余见一壶，上作蝙蝠五，飞伏回翔，似宋院本。后国治以骂贼遇害，其所手制，散亡殆尽。近亦有仿为者，无能及矣。

"余幼秉义方，长承师训，一名一物，不安无知。久居京师，友人见其苦心劳力，迄无所得，托于瓷壶以讽，其言曰：昔有一人，遇事留意，客至其家，自顶至踵，冠裳履舄，必熟察一过。忽以月朔访友，坐中见人持瓷壶，上画一鹊，心甚诧之，未有疑也；越五日，复遇其人，壶上具五鹊也，乃大疑，问姓名住址，乞其壶，审视久之；又越数日诣之，其人出瓷壶，壶上鹊数适如日数。于是情好日密，相处半载，验之辄符，乃与之言，君此壶奇宝也。其人答，以家世相传，莫名其故。因求重金易之，议不决。决矣，约日交易，复迁延爽期，待至月尽，其人始来，索金以去，壶上俨然三十鹊也。次日出视，三十如故，亟往询之，拒而不纳。盖其家本有壶三十，而卖其重出者。此君违俗，不务穷理，遂自取侮。然余尝游庙市，于摊上曾见瓷壶，一十四鹊，一十二鹊，抑亦望文生义，有此言乎？闻者足戒，姑记之，其它游谈，不复录焉。"

第六类，金属胎珐琅鼻烟壶。金属胎珐琅是指用铜、银、金造型，用珐琅釉做装饰的复合工艺品，从加工工艺区分有六种之多，用以制造鼻烟壶的主要有三种：画珐琅、掐丝珐琅、银胎软珐琅（俗称银烧蓝）。珐琅工艺传入中国的时间各不相同，掐丝珐琅约在元末明初由阿拉伯国家传入，画珐琅约在清康熙晚期由欧洲国家传入，银胎软珐琅则是中国人的改进品种。这些工艺传入之后，所制器物的品种和装饰内容就完全中国化了。明清珐琅器的制造地主要有清宫珐琅作和北京、广州、扬州等地的官民作坊。其中制造烟壶最多、生产历史最清楚的属清宫造办处的珐琅作。

第七类，玻璃鼻烟壶。中国玻璃制造工艺已有两千多年的历史，发展至明清时期，生产技术和艺术加工都具备了较高的水平，主要产地有山东博山（清代称益都县颜神镇）、苏州、广州、北京等，其中博山是中国最大的生产地，技术水平最高。根据康熙年间孙庭诠所著《玻璃志》介绍，当时的颜神镇已经掌握了多种颜色玻璃烧制配方，能烧出黑、红、绿、蓝、回青、仿牙白、玉白、各色玛瑙、缠丝玻璃等。清朝宫廷采用玻璃较大规模地制造鼻烟壶，大约在康熙三十五年至四十二年（1696—1703年）之间。在雍正、乾隆年间，玻璃鼻烟壶得到进一步发展。按其制作工艺，大致可以分为五类：单色玻璃鼻烟壶、搅玻璃鼻烟壶、金星玻璃鼻烟壶、洒金星玻璃鼻烟壶以及套玻璃鼻烟壶。这是宫廷和民间制作数量最多的一类鼻烟壶。

第八类，玻璃胎画珐琅鼻烟壶。根据《故宫

鼻烟壶选粹》介绍，玻璃胎画珐琅首创于康熙年间宫内作坊，其工艺是先用玻璃造型，再用珐琅彩釉在其表面绘图，之后入小窑烧成，是玻璃厂与珐琅作的合作产品。其艺术效果比铜胎画珐琅更清丽、更秀美，但在技术实现上却有很大难度，因为玻璃与珐琅釉熔点很接近，在画后焙烧时，温度低，珐琅釉不能充分熔化，则呈色不正、不美；温度过高，则胎体变形，即成废品。玻璃胎画珐琅鼻烟壶的制造仅见于雍、乾二朝的档案，并且并非每年都做，一般一次仅令烧造几件，即便有时命令多做一些，能做成者也很少。制作技艺大约在清后期传至北京民间作坊，就是民间制作的所谓"古月轩"鼻烟壶。玻璃胎画珐琅烟壶，

是玻璃与画珐琅两种工艺美术的结晶，呈现出清丽、明媚、娇艳的效果，图画清晰、俊逸、灵透，美不胜收，令人爱不释手。

第九类，内画鼻烟壶。内画烟壶是鼻烟壶的后起之秀，与其他种类的鼻烟壶利用已有工艺技术进行制作不同，内画技艺则专为画鼻烟壶而诞生，它的突出贡献就在于，把在纸上画和写的艺术，经过工具、操作等多方面革新，改为在硬玻璃烟壶（包括水晶）上作画，而且还是在内壁反面绘画，巧夺天工，其难、其奇、其妙，令人叹为观止。此外，内画壶的成功与发展，还有赖于高透明度玻璃的炼成，尤其是掏腔技术的成功，否则就无内画壶的兴盛。

图 215 珍珠鼻烟壶

图 216 珍珠贴片奔马鼻烟壶

图 217 玛瑙鼻烟壶

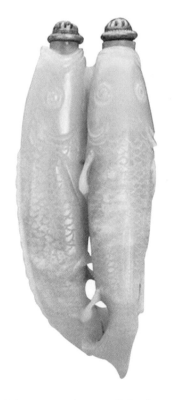

图 218 双鱼玉石鼻烟壶

图 219 白玉茄形鼻烟壶

图 220 象牙八仙鼻烟壶

图 221 象牙镂刻鼻烟壶

图 222 犀牛角鼻烟壶

图 223 竹根雕鼻烟壶

图 224 沉香木鼻烟壶

图 225　漆器鼻烟壶

图 226　漆器鼻烟壶

图 227　漆器鼻烟壶

图 228　瓷鼻烟壶

图 229 瓷鼻烟壶

图 230 瓷鼻烟壶

图 231 铜胎珐琅鼻烟壶

图 232 铜胎珐琅鼻烟壶

图 233　银胎珐琅鼻烟壶

图 234　金胎珐琅鼻烟壶

图 235　素身玻璃鼻烟壶

图 236　刻花透明玻璃鼻烟壶

图 237　黄玻璃鼻烟壶

图 238　玻璃胎画珐琅鼻烟壶

图 239　玻璃胎画珐琅鼻烟壶

图 240　内画鼻烟壶

图 241　内画鼻烟壶

图 242　研玉内画鼻烟壶

第九章
中国烟草与中式烟斗文化发展历史

对人类而言，认识烟草、吸食烟草，是认识自然、利用自然进程中一件再平凡不过的事情。但烟草又在不断的争议中逐渐发展，吸烟甚至成为一种普遍的社会现象，无论人们在肤色、老幼、地域、文化等方面存在多大差异，但在是否接纳烟草这个问题上，国家之间采取的处理方式基本一致，那就是"搁置争议、道德劝说、引导发展"。从烟草发展的历史看，试图彻底禁绝烟草会引起无数的争议和反抗，有时甚至引发社会的动乱与革命。烟草让人们欲罢不能，与其说是致瘾性所致，不如说是人们对烟草文化的认同让其恋恋不舍，禁烟就像拆散一对"热恋中的情侣"，吸烟用具就是吸烟者与烟草之间的定情信物，烟草与烟具文化相伴而生。

在中国，烟草与中式烟斗文化的发展遵循这样的脉络：首先是烟草引起了中国传统医学的关注，逐渐形成了独具特色、用中医理论加以诠释的烟草（烟具）医学文化，促进了烟草的认同和普及；其次是人们在接纳烟草过程中，在满足了基本生理需求之后，开始逐渐发现、挖掘、追求烟草（烟具）情趣，出现了烟趣文化，并形成了"烟以趣胜"的烟文化理念；三是礼俗文化，随着烟草的普及和人们物质生活水平的提高，在中国传统文化浸染下，一些吸烟的礼仪（注意事项）开始被提出，进而形成了一个地区、一个民族约定俗成的风俗，成为烟草礼俗文化。此外，还有烟草闺阁文化、青楼文化以及安全文化等。

第一节　中国烟草与中式烟斗文化中的医学文化

关于烟草的药用价值，从它进入中国之初就受到了高度关注，各个流派的中医医师在长期医疗实践中不断总结烟草的实际药效，论述烟草健康影响，形成了系统的、具有中医特色的烟草医学文化。在李时珍、陈仕贤、倪朱谟、张景岳等早期医学家的医学成就基础上，清代著名医学家赵学敏（约1719—1805年）以李时珍《本草纲目》、

张景岳《景岳全书》为蓝本，重新收集整理了来自民间的烟草临床实践和理论，将其纳入《本草纲目拾遗》（刊于1765年），使其成为明清时期关于烟草医学理论的集大成之作、烟草中医临床实践的重要指南，基本上代表了中国传统医学对烟草的共识。要想系统了解中医的烟草、烟具医学文化，这本书也是首要之选。在《本草纲目

拾遗》中，赵学敏对所引用的烟草文献资料采取了夹叙夹议的论述方式，并结合自己的医学理论进行阐释。为了让读者更好地了解中医烟草理论、发展脉络以及医学文化，我们将其完整引用如下（括号内为本书作者所加注释）：

"【烟草火】

"沈云将《食物会纂》（《食物本草会纂》，1691年刊行）：烟以闽产者佳，燕产者次，石门（湖南）产者为下。春时栽植，夏时开花，土人除一二本听其开花收种外，余皆摘去顶穗，不使开花，并去叶间旁枝，使之聚力于叶，则叶浓味美。秋日取叶，用竹帘夹缚曝干，去叶上粗筋，用火酒喷制。切叶细如发，每十六两为一封，贸易天下。其名不一，有真建假建之分（闽产烟），盖露头黄二黄之别。近日北方制烟，不切成丝，将原晒烟片揉成一块，如普洱茶砖茶一般，用时揉碎作末，入烟袋中贮用。顶上数叶，名曰盖露，味最美。此后之叶递下，味降序。相传海外有鬼国，彼俗人病将死，即弃置深山中。昔有国王女病妄，弃去之，昏愦中闻芬馥之气，见卧傍有草，乃就而嗅之，便觉遍体清凉，霍然而起，奔入宫中。人以为异，因得是草，故一名返魂烟。

"方氏（方以智）《物理小识》：烟草，明万历末年有携至漳泉者，马氏造之，曰淡肉果。渐传至九边，皆含长管而火点吞之，有醉仆者。崇祯时严禁之，不止。其本似春不老，而叶大于菜，曝干以火酒炒之，曰金丝烟。可以祛湿发散，久服则肺焦，诸药多不效，其症令人忽吐黄水而死。

"《粤志》：粤中有仁草，一曰八角草，一曰金丝烟。治验亦多，其性辛散，食其气令人醉。

一曰烟酒，其种得之大西洋，一名淡巴菰、相思草（原注：《物理小识》淡巴姑或呼担不归）。闽产者佳。近出江西射洪永丰者亦佳。制成烟有生熟二种，熟者性烈，损人尤甚。凡患咳嗽喉痛一切诸毒肺病皆忌之。近兰州出一种烟名曰水烟，以水注筒吸之，令烟从水过，云绝火毒，然烟味亦减。

"张良宇云：水烟出兰州五泉地种者佳，食其气能解瘴消膈，宽中化积，去寒癖，但不宜多食。其制法以砒夹香油炒成，故不能无毒也。近日粤中潮州出一种潮烟，其性更烈。

"姚旅《露书》云：吕宋国有草名淡巴菰，一名金丝醺。烟气从管中入喉，能令人醉，亦辟瘴气，捣汁可毒头虱。

"《延绥镇志》：烟草，其苗挺生如葵，叶光泽，形如红蓼，不相对，高数尺，三伏中开花，色黄，八月采阴干，用酒洗切成丝。而各省之有名者：崇德烟、黄县烟、曲沃烟、美原烟。惟日本之倭丝为佳。

"《百草镜》：烟，一名相思草，叶如菘菜，浓狭而尖，秋月起茎，高者六尺，花如小瓶，淡红色。产福建者良。用叶以伏月采者佳，生顶上者，嫩而有力，色嫩黄，名盖露烟。

"烟品之多，至今极盛。在内地则福建漳州有石马烟，色黑，又名黑老虎，系油炒而成，性最猛烈，多食则令人吐黄水。浙常山有面烟，性疏利，消痰如神，凡老人五更咳嗽吐痰者食之，嗽渐止，痰亦消。江西有射洪烟，性情肃导气。湖广有衡烟，性平和，活血杀虫，可已虚劳。山东有济宁烟，气如兰馨，性亦克利。甘肃兰州有水烟，可以醒酒。近日粤东有潮烟，出潮州，每服不过米粒大，性最烈，消食下气如神，然体弱者忌。

"长州张璐（1617—1700 年）《本经逢原》（刊于 1695 年）云：烟草之火，方书不录，惟《朝鲜志》见之。始自闽人吸以祛瘴，向后北方借以辟寒，今则遍行寰宇。岂知毒草之气，熏灼脏腑，游行经络，能无壮火散气之虑乎。近日目科内障丸中，间有用之获效者，取其辛温散冷积之翳也。不可与冰片同吸，以火济火，多发烟毒。不可以藤点吸，恐其有蛇虺之毒也。吸烟之后，慎不得饮火酒，能引火气熏灼脏腑也。又久受烟毒而肺胃不清者，以砂糖汤解之。

"兰上徐沁著《烟诫》，载有祛烟虫方云：杜湘民（康熙年间人士，王追骐之甥）说，凡人食烟则腹中生虫，状类蝇，两翅鼓动，即思烟以沐之，故终日食不暇给，久之虫日盛，而脏腑败，疾大作，不可救药。常有临革吃烟而始瞑者，哀哉！其方用生豆腐四两，戳数孔，黑砂糖二两，加腐上，置饭甑中蒸之，使腐与糖融化，每思烟，辄进数匙，只三日后，其虫尽下，闻烟气则呕不欲食矣。

"汪东藩云：近日有一种熟烟，闽人能制，其法以油炒烟片令黑，名黑老虎。又曰紫建，云食之香辣甘，一体而备三味，中其毒者，欲吐不得，须食北枣一二枚解之。凡烟种有山田之分，山种者味浓，田种者味薄，多草气。

"张景岳（1563—1640 年）云：烟草味辛气温，性微热，升也，阳也，烧烟吸之能醉人。用时惟吸一二口，若多吸之，令人醉倒，久而后苏，甚者以冷水一口解之即醒。若见烦闷，但用

白糖解之即安，亦奇物也。吸时须开喉长吸咽下，令其直达下焦，其气上行则能温心肺，下行则温肝脾肾，服后能使通身温暖微汗，元阳陡壮。用以治表，善逐一切阴邪寒毒，山岚瘴气风湿，邪闭腠理，筋骨疼痛，诚顷刻取效之神剂。用以治里，善壮胃气，进饮食，祛寒滞阴浊，消臌胀宿食，止呕哕霍乱。除积聚诸虫，解郁结，止疼痛，行气停血瘀。举下陷后坠，通达三焦，立刻见效。此物自古未闻，近自我明万历时，出于闽广之间，自后吴楚地土皆种植之，总不若闽种者，色微黄，质细，名为金丝烟者，力强气胜为优。求其习服之始，则向以征滇之役，师旅深入瘴地，无不染病，独一营安然无恙，问其故，则众皆服烟，由是遍传。今则西南一方，无分老幼朝夕不能间矣。予初得此物，亦甚疑，及习服数次，乃悉其功用之捷有如此者，因著性于此。然此物性属纯阳，善行善散，惟阴滞者用之如神。若阳盛气越而多躁多火，及气虚气短而多汗者，皆不宜用。或疑其能顷刻醉人，性必有毒。盖其阳气强猛，人不能胜，故下咽即醉。既能散热，亦必耗气。然烟气易散，而人气随复，阳性留中，旋亦生气。此耗中有补，所以人多喜服，未见其损者，以此。

"敏（赵学敏）按：释氏书言，人乃山川火土之气和合以生，故脾胃亦受火土之气以养。烟本火土之精，人喜吃烟者，病重即不食烟，以脾胃不受火土之气，故烟亦不受也。火土之气不特养阳，亦兼能生阳，所以妖鬼多能吃烟，以无质吸无质，味之气也。至干麂子闭土中多年，亦思得烟吸以融和其体（原注：开矿闭死穴中之人，久不为出，亦不死，凿矿者于山穴中遇之，呼为

干麂子。见常中丞安《宦游笔记》），则知烟力之能走百络、通坚邃可知矣。凡烟气吸出，悠扬于外，阴为鬼吸，人不见耳，故食烟之人多面黄，不尽耗肺而焦皮毛，亦因精气半为鬼吸也。友人张寿庄己酉与予同馆临安，每晨起，见其咳吐浓痰遍地，年余迄未愈，以为痰火老疾，非药石所能疗。一日忽不食烟，如是一月，晨亦不咳，终日亦无痰唾，精神顿健，且饮食倍增，啖饭如汤沃雪，食饱后少顷即易饥，予乃悟向之痰咳，悉烟之害也。耗肺损血，世多阴受其祸而不觉，因笔于此，以告知医者。景岳所云特一偏之见，惟辟瘴却佳。

"《秋灯丛话》（王椷著，刊于 1777 年）：予堂叔疾，延一医至，食毕茹烟，烟房大如升，容烟斤许，尽吸入腹，即瞑目不语，欹椅仰卧，而气息阒如。众大惊。其仆曰：无虑也，顷且苏。俄唇动口翕，烟自口中喷腾而出，蓊然若云雾，数刻始息。乃欠伸而起，张目四顾，曰：快哉。晚食复如之。询其仆，曰：家居朝夕餐烟二次，俱以斤为率，否则病。家人闻其言，惧而辞焉。其酷嗜之量有如此者。辛温。

"《本草从新》[吴仪洛（1704—1766 年）著，刊于 1757 年] 云：治风寒湿痹，滞气停痰，山岚瘴雾。其气入口，不循经络，顷刻而周一身，令人通体俱快，然火气熏灼，耗血损年。药性考：烟草味辛性温，开郁，烧吸解倦。跌伤止血，烟油有毒，杀虫最捷。诸虫咬伤，涂之病失。烟有毒，中其毒者，煎胡黄连合茶服之。汪东藩《医奥》云：烟毒以黑砂糖和井水服之。《延绥镇志》云：性热味辛，有毒。主寒湿胸膈痞满，益津止饥，

多食伤气。《格致镜原》云：损容。

"王桂舟云：烟渣入目，如以他物洗之，愈洗愈疼，必盲后已。须用乱发或发缨缓缓揉之，即愈。《文堂集验》云：凡服至宝丹，须停烟茶酒饭一二时。按：至宝丹即塘疬药。

"脚气：《同寿录》（项天瑞撰，刊于 1762 年）脚气痛不可忍，以致口眼歪斜、手脚如搐，不省人事，昏迷如死。用黄建烟二斤，炒热，以坐桶盛入内，将脚解光，放入烟中出汗，少冷又炒热，隔日一熏，七次即愈。

"金疮止血：《良朋汇集》：以烟末敷之。

"【烟梗】

"陈良翰云：烟叶生者有毒，人食之即中毒，发病难治。其茎更烈，登莱人用以毒鱼，凡溪塘中大鱼难捕者，用此法毒之。用烟茎，干湿俱可，锉碎，同青胡桃皮捣烂，置水中，一饭间，大鱼辄如醉浮水面，小者皆死。虽鳗鲡龟虾鳖蟹蚌蛤之属，一齐击毙。其毒之猛烈如此。然以此造烟，则梗之味淡，迥不如叶之味浓。

"【烟叶】

"治脑漏。《杨春涯验方》：烟叶半斤，晒干，研极细末，调花露四两，晒干，用玫瑰饼再研，吹入。吃兰花烟成脑漏者，以白鳖脊骨烧烟熏之，数日愈。兰花乃江西贾人带来一种兰子，即泽兰子也。气香烈，取其子研拌入烟，名曰兰花烟。人食之作兰花香，然其气窜上，往往入顶伤脑，易成脑漏。

"叶天士《种福堂方》：治风寒湿气，骨节疼痛，痿痹不仁。鹤膝风、历节风、偏头漏肩等症。有见膏，中用新鲜烟叶捣汁，浸松香，晒干入药，

亦取其气味以透利筋络也。

"毒蛇咬伤：《慈航活人书》：先避风，挤去恶血，用生烟叶捣烂敷之，无鲜叶用干者，研末敷，即烟油烟灰皆可。《不药良方》：治毒蛇及毒虫伤。用鱼腥草、皱面草、烟叶、草决明等分，杵烂敷之。

"辟臭虫：《活人书》：用烟叶铺床代褥，或烧熏之，则臭虫尽绝。

"【烟杆】

"年久色黑毛竹，男子用者良。

"《秋灯丛话》：新昌张姓，茹竹烟管五十余年，色如漆而光可鉴，珍同拱璧，虽戚好不轻假也。母病无药饵资，质钱二缗。典主子患损病，诸药周效，或谓非多年竹烟管不可治。遂取张物截之数寸，煎汤服之愈，后酬张以巨万金。陈毅斋云：烟杆虽受烟火熏渍之气，然非借人气津液渐渍之，必不酥透，其杆经男子食者，光泽可鉴。一经妇人口，便色暗不鲜明，且多直裂纹。又最忌粪，凡多年好杆持以上厕，能令光涩，若象牙杆便裂开走油不堪用，物性之相忌如此。

"杀蛊毒、传尸痨、涂恶疮，劈取中心油透而酥者，捣如糊，涂疮即痂，或摊油纸上，贴治虫膈。

"《百草镜》：毒蛇伤，先取妇人旧油头绳扎住肿处，勿令肿上，再取耳垢封之止痛。随用多年油黑竹烟筒杆，紫色者亦可，毛竹者佳，一段约长三寸，咀嚼咽汁，渣淡吐去，并取杆中之油搭患处。烟杆味辣，服之反甜，蛇毒亦随解，痛止自愈。试效多人。凡蛇咬有蛇齿留肉内者，烟油涂之自出。

"妇人血崩：刘怡轩云：凡血崩诸药不效者，

用多年旧烟杆，紫色油透者佳，截一寸烧灰。

"【烟筒中水】

"俗名烟油。

"《古今秘苑》：烟油染衣，以瓜子水洗之即去。《同寿录》云：烟油入目，如小儿及好吃烟者误犯之，若将别汤洗，愈洗愈疼，必至瞎而后已，须用乱头发或缨缓缓揉之即愈。

"解蛇毒，涂恶疮顽癣，杀蛊。

"毒蛇咬：《刘羽仪验方》：取吃烟杆内脂膏，涂在咬伤处，用手指搓入肉中，痛即止，最效。

"蜈蚣咬：《刘氏验方》：用烟筒内膏油涂在咬处，或烟灰擦之，立止痛。

"敏按：烟油一名烟膏，味辛微毒。陈贡士毅斋云：烟油乃五行之气相合而生，近日外丹家用以点药金，又可益金色，术士隐其名，呼为太极膏，又曰气泥，曰五行丹，剔以燃灯代油，则一切毒虫皆不近，入水蛟龙亦畏之。入药，旧竹杆劈取者良，凡梅条、藤条、紫檀、乌木、老鹳草及纯铜、纯银杆中油，皆不及竹中者性良。惟象牙杆中烟油可杀蛊毒。闽有橄榄木烟杆，其中油可毒鱼。至烟膏亦各随所食烟质为高下。烟肆所市烟，俱以烟叶喷油打成块，用铁刨披作丝售之，此为纯叶不杂，为上品。更有打块时夹素馨叶，杂以矾红刨成丝，再加姜黄末以和其色者，其气燥烈损人，烟膏亦淡而薄，不及上品力浓也。

"海盐朱进士醒庵云：烟油解蛇毒，初不甚信，后见里人获一赤练蛇，长八九尺，粗如臂，口吐毒烟，一犬近之，蛇嘘以气，即腹裂死。一人戏以旧竹烟杆去头嘴，以竹丝通出油，刺入蛇口，蛇啮之即瞑目闭口，身卷缩，俄复伸长，如是数次，直如绳而毙。始知其解毒杀虫之功，信不虚谬。

"诸城刘仲旭少府云：西北口外出一种毒虫，名曰蜢，状如中土虻蝇。人出遇之，即触人面，不论何处被其触者，亦不甚痛，顷觉眼眶四围出细蛆，攒食睛膏，痛不可忍。彼土人治法，惟取烟杆四五枝，折取烟油涂目内，忍痛片时，其蛆皆死，然后再用温水洗去烟油，即愈。

"椿园《（西域）闻见录》（七十一著。七十一姓尼玛查，号椿园，乾隆年间人）：挞拉巴哈台即准噶尔故地，夏多白蝇为害，触人畜眼角，辄遗蛆而去，非以胶粘之不出。按《常中丞笔记》云：西北台站及伊芳犁等处出一种野蝇，乱扑人面，若被其触者，眼角内即出蛆虫，痛痒异常，有因此成瞽者。土人多以烟油涂眼角治之。然疾愈后，目亦红肿，数日不消。总不若蒙古治法，以鱼胶一块向眼角粘出之，又不损目，较烟油为佳。

"【烟筒头中煤】

"《济急良方》：治蜈蚣咬伤，取烟筒头内硬煤擦之，立时止痛。

"【鼻烟】

"《广大新书》有造鼻烟法：香白芷二分、北细辛八分，焙干，猪牙皂角二分，焙干研，薄荷二分、冰片三厘，干烟丝为君，干丝一钱，必配福烟六七分许，上药各为细末，酌量配合，不必拘分两，以色如棕色者佳。有内府造、洋造、广造及土烟数种。鸭绿者最佳，玫瑰色者次之，酱色者为下，陈久而枯者不堪用。出洋中者，能追风发汗。

"《香祖笔记》：近京师有制鼻烟者，可明目，尤有辟疫之功。以玻璃为瓶贮之，象牙为匙，就鼻嗅之，皆内府制造。民间不及。

"张玉叔云：近有广东来者，较内府造者尤胜。有五色，以苹果色为上。

"《澳门纪略》：西洋出鼻烟，上品曰飞烟，稍次则鸭头绿色，厥味微酸，谓之豆烟。红者为下。

"《常中丞笔记》：鼻烟，或冒风寒，或受秽气，以少许引之使嚏，则邪秽疏散，积懑亦解。若刻不少间，反有致疾者。烟有多品，总以洋烟为最，取其滋润不烈，所以为佳。

"通关窍，治惊风，明目，定头痛，辟疫尤验。

"【水烟】

"参看前烟草条下。

"沈君士云：水烟真者出兰州五泉山，食之性尤峻削，豁痰消食，开膈降气，惟虚弱者忌服。

"亦解蛇虺毒。予家有烟戚馈食品，因天暮未暇食，置筐中经宿，为蛇涎所渍，次日食之，举家皆患呕吐腹痛，唯一小仆免。询之，则每食后辄服水烟也。蔡云白言：兰州五泉种水烟，其叶与枇杷叶相似，与烟叶迥别。"

明清时期，烟草的医疗效果一直是人们关注的核心话题之一。袁枚（1716—1798年）的《续子不语》中有一则关于老烟杆治疗痨病（肺结核）的故事，神话了烟具的医疗作用：

"张宁人言：其邻老善食烟，手一竹管，长五尺许，已三十余年矣。忽有道者过门，顾张所持烟管曰：'君此物得人精气久，已成烟龙，疗怯者有效，他日有索者，勿轻与。'一日，果有典商来，云其子患怯症，'知君有旧竹烟管，乞市以疗'，乃以七十千截半尺许去。其子服之，疗虫尽化紫水而下。他日，又遇前道者于门，出残管示之，曰：'龙已伤尾，尚可活，须再食十年，乃可作还丹药也。'求其法，但笑不言，径去。其竹管至今犹存，张曾见之，果光泽，须发毕照。夜悬壁间，一切毒虫皆不敢近。"[515]

姚澜（字涴云，号维摩和尚）所著、刊于清道光二十年（1840年）的《本草分经》对烟草的药性、烟油的作用进行了简单描述：

"烟：辛温，行气辟寒，治山岚瘴雾，其气入口不循常度，顷刻而周一身，令人通快，然火气熏灼耗血损年。烟筒中水解蛇毒。"[516]

凌奂（1822—1893年），原名维正，字晓五，晚号折肱道人，为人治病，五十年如一日，寒暑无间，不怨劳，不计酬，贫病者还施以药。道光二十九年（1849年），湖州大水，霍乱流行，罹患者甚多，经其治疗救活者有一百数十人。其所著《本草害利》（刊于1862年）将烟草定义为医治肺部疾病的药物，认为其疗效与苏梗、款冬花、制半夏、生姜相似，并明确指出了烟草使用中存在的利弊：

"〔害〕火气熏灼，最烁肺阴，耗血损年，卫生者宜远之。今人患喉风咽痛、嗽血失音之症甚多，未必不由嗜烟所致。

"〔利〕辛温，入肺，行气辟邪，治风寒湿痹，滞气停痰，山岚瘴雾，为宣散之品。烟管中水能解毒。烟油杀虫最捷，诸虫咬伤涂之病失。

"〔修治〕六月采为伏片，七月采者，则滋膏足而辛甚。南人用油窨为丝烧吸，北人惟将烟片搓碎，纳烟筒中烧，吸其气。"[517]

毛对山在其所著《对山医话》（刊于1903年）中谈及当时烟草的流行情况，针对烟草的利弊，基本认同凌奂的观点，同时认为吸水烟也不能避免烟草带来的健康危害：

"古无烟草，昔闽人自海外得淡巴菰燃之，以管吸其烟，云能辟瘴，故明时征滇军中咸服之，至我朝始盛行于内地。今虽担夫农工之家，无不备以供客。按《本草》云其性纯阳，能得能散，故可化湿御寒，其气入口，顷刻而周一身，令人通体俱快。然火气熏灼，大损肺气，今之多患喉舌诸疮，未必非嗜烟所致。近人欲避其火热，以铜为器，置水于中，使烟从水底起，名曰水烟袋，以为得既济之法，一吸三吸，更伤气分。卫生者还宜远之。"[518]

从烟草（烟具）的医学文化发展的历史脉络中可以看出，随着烟草使用者的增多、普及以及长时间的医疗经验积累，烟草存在的潜在健康危害也逐渐受到人们关注。特别是21世纪《烟草控制框架公约》的签署，使得关于烟草的争议更大，但烟草存在的一些医学价值仍然得到了医务人员、医学研究人员的认同，例如：

"在烟草烟油对家兔感染水痘-带状疱疹病毒影响的临床观察试验中发现，烟草烟油细胞毒性较低（TD50=308μg/ml），能显著抑制VZV感染细胞作用（TI=24.6），对感染水痘-带状疱疹病毒的家兔的止痛、消肿、结痂、痊愈时间及病程与空白组比较，均具有极显著性差异（$P < 0.01$），并能使80%带状疱疹患者治疗达良级，对治疗带状疱疹具有良好的作用[519]；也有研究表明，烟草中的一些化合物可保护人体抵抗疾病，诸如帕金森氏症和图雷特（Tourette）综合征等脑部疾病。"[520]

第二节　中国烟草与中式烟斗文化中的烟趣文化

中国烟趣文化极具特色，它主要体现在关于烟草的辞赋、传记、烟戏、志异小说、烟具等各个方面。

一、烟趣文化之辞赋传记

"文章合为时而著，歌诗合为事而作"，烟草从16世纪初叶进入中国，就得到人们的极大关注，博学鸿儒纷纷赋诗著书以记录烟趣。但直到康熙年间，才由石杰[康熙五十年（1715年）进士，历官四川按察使]在《烟趣》中做出完整的烟趣文化论述，谈及烟草流行传播中的烟趣因素。由此也可以看出，在康熙年间，人们对烟草的需求已经从基本的生理需求上升到了精神情趣层面：

"烟趣：烟以趣胜，嗜者众矣。夫嗜烟者嗜其趣耳，趣胜故嗜之者众。闻之神仙不食烟火物，物从烟火中出，尚不食之，何况于烟？然世之不吸烟者，未见其得为神仙，我又安能以不可必之神仙而夺我烟趣也？烟草不见经传，《宋史》载吕宋国产淡巴菰，即今烟草者。是烟以气行，而更以味著，故鼻受者兼以口受；烟以色显，而特以韵传，故目辨者仍以舌辨。考其产，曰建曰衡，肥瘠殊而产亦殊，建与衡其较著也；问其制，曰生曰熟，精粗别而制亦别，生与熟其总名也。五方自为风气，安能嗜欲皆同，独至烟而东西朔南，海内无不餐霞之辈；万姓各有性情，夫岂效尤能遍，独至烟而童叟男妇，目中无不饮雾之人。诗

思生于机括，一题到手，养似木鸡，得烟而想入风云，与之悠扬上下，觉大含细入，呼吸皆通，卢同七椀，不如金缕半筒矣；谈锋由于气壮，众人客盈前，形同土偶，得烟而神流肺腑，与之吞吐翕张，觉咳玉喷珠，洪织毕露，管辂三升，不如玉尘一咽矣。紫丝宛在，以为无足重轻，及至云消霭散，而觅迹寻踪，无从措手，然后知天壤间与生俱永者，此外更无他物；筠管未尝，以为不堪系恋，一旦含英咀华，而寐思梦想，刻不可离，以是知宇宙内实获我心者，此中确有别肠。至若醉能醒，醒能醉，饥可饱，饱可饥，此皆烟之功用，我不言，言其趣而已。"[487]

石杰认为，抽烟能让人文思泉涌，卢全七碗茶，还不如金丝烟草半筒；不吸烟的人开始认为这个东西不值得尝试，一经尝试则朝思暮想，片刻不能分离，能获得人们的欢心，其中确实有让人牵肠挂肚的东西，那就是烟趣。从石杰的论述中我们也可以感受到，对烟草历史与传播的探寻、不同产地与质量差异的研究，以及对恶烟之言的反击等都是烟趣文化的一部分。此外，鸿儒硕士为烟草、旱烟斗、水烟袋以及鼻烟立传作赋、吟诗以颂，更是让烟趣文化经久不衰。例如，全祖望、陈鼎铭、杨潮观、贾汉（兰皋）、郭淳、李纶恩等都曾为烟草作赋，其中影响最大的是全祖望（1705—1755年）。全祖望字绍衣，号谢山，浙江鄞县（今宁波市鄞州区）人，清代浙东学派

代表人物，著名史学家、文学家。乾隆元年（1736年）会试中进士，选翰林院庶吉士，因不附权贵，于次年辞官归里，不复出任，专心致力于学术，后来讲学，足迹遍布大江南北，曾主讲绍兴蕺山书院，从者云集，后又应邀主讲广东端溪书院，对南粤学风影响很大。所作《淡巴菰赋》也是目前流传最早的烟草赋，现引录如下，一起感受18世纪上叶人们对烟草的热爱：

"今淡巴菰之行遍天下，而莫能考其自出。以其兴之勃也，则亦无故实可稽。姚旅以为来自吕宋。按，"淡巴"者，原属吕宋旁近小国名。王圻言其明初曾入贡，有城郭、宫室、市易，君臣有礼。但淡巴之种入上国，其始事者亦莫知为谁。黎士弘曰：'始于日本，传于漳州之石马。'石马属海澄，然亦不能得其详。爰作赋以志之，或有博雅君子，补予阙焉。

"将以解忧则有酒，将以消渴则有茶。鼎足者谁？菰材最嘉。酒最早成，茶稍晚出；至于是菰，实始近日。凡百材之所成，必报功于千古。酒户则祖杜康，茶仙则宗陆羽。吾欲考先菰以议礼，盖茫然未悉其何人。笑文献之有阙，将汜祭其何因。原夫雕菰之始，载在《曲礼》，受种为芰，结穗为米；紫萼为裹，绿节为围；于焉作饭，绝世所希。其在《尔雅》，更名水蒋。芦中之族，斯称雄长，是菰实非其种也。或曰是即《说文》之所谓'煙'，抑《广韵》之所谓'蔫'。古尝志之，今广其传。譬之屈骚之兰，于今不振；其争芳者，崛起之允。迢迢淡巴，非我域中，僻居荒海，旷世来同。何其嘉植，不径而趋；普天之下，靡往不俱。彼夫河西之焉支，夜郎之邛竹；当其

倾国以相争，良以易地而弗育。而是菰则五沃之土，随在而生；满筹以获，有作必成。不以形化，而以气融；不以味庆，而以臭通。当夫始至，尚多所怪；其习尝者，半在塞外。是以皇皇历禁，颁自思陵；市司所至，有犯必惩。而且琅琦督相，视为野葛（吾乡钱忠介公最恶之）；梁溪明府，指为旱魅（见《南北略》）。

"黄山征君，明火勿污（歙人宗谊事）；赏心尚少，知己尚孤。岂知金丝之薰，足供清欢；神效所在，莫如辟寒。若夫蠲烦涤闷，则灵谖之流；通神导气，则仙茅其类。槟榔消瘴，橄榄祛毒；其用之广，较菰不足。而且达人畸士，以写情愫；翰林墨卿，以资冥助。于是或采湘君之竹，或资贝子之铜；各制器而尚象，且尽态以极工。时则吐云如龙，吐雾如豹；呼吸之间，清空香妙。更有出别裁于旧制，构巧思以独宣；诋火攻为下策，夸鲸吸于共川。厥壶以玉，厥匙以金，比之佩镶，足慰我心。是以茂苑尚书，雅传三嗜；必不得已，去一去二。独爱是菰，长陪研席；王马和钱，更增一癖。风流可即，顾物兴思；谁修菰祭，以公为尸（长洲韩慕虑尚书嗜酒及棋，与此而三。或问之以必不得已之说，初云去棋，继云去酒，时人传为佳话）。且夫醒可醉，醉可醒，是固酒户之所宜也；饥可饱，饱可饥，是又胃神之所依也；闲可忙，忙可闲，是又日用之所交资也。而或者惧其竭地力、耗土膏，欲长加夫屏绝，遂投畀于不毛。斯非不为三农之长虑，而无如众好之难回；观于'仁草'之称，而知其行世之未衰也。我闻淡巴，颇称乐土；寇盗潜踪，威仪楚楚。独于史传，纪载阙然；聊凭盖露，以补残编。"[521]

王露，字德甫，号述庵，又号兰泉，朱家角镇人，清代著名学者。乾隆甲戌（1754 年）进士，官至刑部右侍郎，于学无所不究，名满天下而不立门户，士多依以成名，曾主太仓娄东书院、杭州敷文书院。曾为烟草立传——《烟先生传》，其中不仅涉及烟草原始，还将烟具、烟的药效、各阶层爱烟之情、吸烟带来愉悦之感等烟趣进行了全面描述，是 18 世纪下半叶（乾隆中后期）吸烟情况的真实反映：

"淡巴菰产自吕宋，前明始入中国。初惟戍边军士用以辟瘴驱寒，继而流传渐广，近则名之为烟，或作菸。截竹镂铜以通呼吸，号曰烟筒，用代香若。沚溪居士酷嗜之，爰戏作《烟先生传》云：先生系出竹氏，湘川望族也。父娶滇南铜氏女，相配甚得。既而生先生，名之曰筒，别号虚中。先生赋性明通，且圆融不露圭角，然能持劲节，不屑拳曲随俗，故为时所珍重。前明嘉靖间，有烟生者，本粤东夷产，以医术游中华，善治瘴疾、驱寒疾、消膈胀，屡试辄效，中土人争延致之。然非先生为介绍不能遽达，故先生与烟生交最密，遂袭其姓，自称为烟筒云。先生既知名，蒙上召对，条贯觇缕，大称意旨。尝留置禁中，自公卿以逮士庶，人无不乐与晋接。其时呼吸通上下，彩焰生须史，族大宠多，居然世家矣。及行年既髦，性渐辣，胸亦窒滞，无复如往时通敏。上春日替，将别遣倭人子木氏代其职。先生惧，乃造海陬茅处士之庐而告以故。处士多方为之开导，始得豁然以通，仍复旧职如故。厥后益衰朽，形容伛偻，度不可复用，因乞骸骨归。今其子姓蕃衍，流播诸郡邑，森森卓立，皆通材也。烟氏之昌，其未

有艾欤。赞曰：虚乃心，砥乃节；性温存，气芳烈。蔼五色之流霞，侣灵仙以吞咽。"[522]

人们认为烟草的功劳实在太大，不仅天生丽质、激浊扬清，而且功勋可著汗青，有人甚至杜撰了一则"册封淡巴菰"的帝王之令，为其正名张目：

"册制孤竹大夫品香伯兼掌火部事。以尔宿传荣叶，特秀奇姿；种出浦城，名驰吴俗。占其香色，俨同兰卉之芳；加以品题，卓有云霞之瑞。本崛起于草茅，乃颁分以郡县。涤烦之效既彰，力同酒伯；释滞之功懋著，爵列花侯。玉楼宴罢，协臭味于三清；白马宾来，荐馨香而四达。汝唯苦口，我实甘心。用典喉舌之司，爰借吹嘘之力。黄衣初试，载赐荷筒；白纸斜封，并图硃印。餐芳腴则温和气备，佩幽韵则呼吸风生。霞未散以流虹，云无心而出岫。生从土德，王属火攻。听松风之谡谡，影混茶烟；睹玉色之霏霏，香分菊影。吹入清虚之府，描成镜里烟霞；散归缥缈之乡，撰出空中楼阁。疑是瑶池芳草，何殊月府琼浆。以此激浊而扬清，罔不厌膏而饮德。予昔沉湎曲车，误入酒泉之郡；困遭斛瘕，淹留玉垒之关。今幸而品香伯甘侯，启沃心之益，和若盐梅；醒濡首之迷，忠逾药石。挹兹风味，迥异寻常。

"金谷赋诗而寂静，竹林挥尘以逍遥。一座借以解围，五车资其醉笔。悔不居杨柳先生之宅，惜未登梅花处士之庐。能使茂陵病客，顿扫沉疴；却教风月主人，破除倦眼。裁其风格，不让旗枪；著其勋庸，可垂竹帛。此品在青州从事之上，而名因淇川君子而成者也。今者从善如云，求贤若渴。楮生笔尉，并列公侯；果相蔬王，悉颁家社。而嘉兹木德，未受土田，视犹草芥，心甚耻之。

可进封为淡巴菰氏，其以百花郡为食邑，原官如故。呜呼！蓬山瑶岛，永固根株；苔壁芸窗，赐为汤沐。尔欲召盟，则设金兰之会；尔欲征调，则剖玉竹之符。庶几唇齿相依，勿若包茅不贡。他日无忝厥职，应标名于芳草图中；明试以功，可载笔于凌烟阁上。"[523]

烟草进入中土以来，文人雅士、烟草爱好者们题写了不少脍炙人口的烟草辞赋颂其美德，成为促进烟草繁荣的重要文化推力，展现了烟草文学的魅力。

二、烟趣文化之烟戏

鸿儒硕士喜欢用文字来表达、传播其烟草趣味享受，而普通民众则倾向于通过行为艺术方式来彰显自己的烟草情趣。明清时期，人们喜欢运用吸食烟草的烟气作为道具炫耀烟技。这类记载较多，例如董潮（1729—1764）、吴长元（1770年左右去世）等人都有关于民间烟技的记载。张潮（1650—1707年），字山来，一字心斋，号仲子，自称三在道人，安徽省徽州府歙县人，文学家、小说家、刻书家，其所编《虞初新志》[524]中记载了一则最早的民间烟技表演：

"张山来曰：皖城石天外曾为余言，有某大僚，荐一人于某司，数日未献一技。忽一日辞去，主人饯之。此人曰：'某有薄技，愿献于公。望公悉召幕中客共观之，可乎？'主人始惊愕，随邀众宾客至。询客何技，客曰：'吾善吃烟。'众大笑，因询能吃几何，曰：'多多益善。'于是置烟一斤。客吸之尽，初无所吐。众已奇之矣，又问：'仍可益乎？'曰：'可。'又益之以烟

若干，客又吸之尽：'请众客观吾技。'徐徐自口中喷前所吸烟，或为山水楼阁，或为人物，或为花木禽兽，如蜃楼海市，莫可名状。众客咸以为得未曾有，劝主人厚赠之。"

李斗（1749—1817年），字北有，号艾塘（一作艾堂），江苏仪征人，清代戏曲作家，博通文史，兼通戏曲、诗歌、音律、数学。其《扬州画舫录》中记有一位叫匡子的人，练就了用烟气表演的绝技[457]。

关于烟技的记载还有很多。人们在吸烟的过程中不断熟悉烟草，习得一技，不仅可以凭此谋生，还可以赢得旁人的赞叹与钦佩，吸烟能带来成就感也是重要的烟趣。

三、烟趣文化之志异

在中国烟趣文化中，还有一类关于吸烟的各种诡异故事与传说，不仅让人们在闻说故事中接受传统文化的教育与熏陶，还增添了民众享受烟草带来的文娱乐趣。集民间故事之大成者莫过于清初的蒲松龄（1640—1715年），传说他为了收集故事，每天携带一个大茶壶，里面装满浓茶，并带一包烟草，放在行人路过的大道旁，下面用芦席垫着，自己坐在上面。见有人路过，或者有人渴了，则恭恭敬敬地请人喝茶，或恭敬地奉上烟草。路人尽兴之后，请他们讲述听到的各种怪异故事，回家以后加以整理，历经二十余年写成《聊斋志异》。有一点遗憾的是，以烟草招待路人收集而来的小说中，没有一则是关于烟草灵异事件的。不过，《聊斋志异》中讲述了一位戒烟的李进士的故事，他自以为清廉，却纵狼而不自知：

"邹平李进士匡九，居官颇廉明。常有富民为人罗织，门役吓之曰：'官索汝二百金，宜速办；不然，败矣！'富民惧，诺备半数。役摇手不可，富民苦哀之。役曰：'我无不极力，但恐不允耳。待听鞫时，汝目睹我为若白之，其允与否，亦可明我意之无他也。'少间，公按是事。役知李戒烟，近问：'饮烟否？'李摇其首。役即趋下曰：'适言其数，官摇首不许，汝见之耶？'富民信之，惧，许如数。役知李嗜茶，近问：'饮茶否？'李颔之。役托烹茶，趋下曰：'谐矣！适首肯，汝见之耶？'既而审结，富民果获免，役即收其苞苴，且索谢金。呜呼！官自以为廉，而骂其贪者载道焉。此又纵狼而不自知者矣。世之如此类者更多，可为居官者备一鉴也。"[525]

袁枚（1716—1798 年）在晚年诗文创作之余，"广采游心骇耳之事，妄言妄听，记而存之"，写成志怪小说集《子不语》，其中有一篇骇人的吸烟故事：

"棺床：陆秀才遐龄，赴闽中幕馆。路过江山县，天大雨，赶店不及，日已夕矣。望前村树木浓密，瓦屋数间，奔往叩门，求借一宿。主人出迎，颇清雅，自言沈姓，亦系江山秀才，家无余屋延宾。陆再三求，沈不得已，指东厢一间曰：'此可草榻也。'持烛送入，陆见左停一棺，意颇恶之，又自念平素胆壮，且舍此亦无他宿处，乃唯唯作谢。其房中原有木榻，即将行李铺上，辞主人出，而心不能无悸，取所带《易经》一部灯下观。至二鼓，不敢熄烛，和衣而寝。少顷，闻棺中窸窣有声，注目视之，棺前盖已掀起矣，有翁白须朱履，伸两腿而出。陆大骇，紧扣其帐，而于帐缝窥之。翁至陆坐处，翻其《易经》，了无惧色，袖出烟袋，就烛上吃烟。陆更惊，以为鬼不畏《易经》，又能吃烟，真恶鬼矣。恐其走至榻，愈益谛视，浑身冷颤，榻为之动。白须翁视榻微笑，竟不至前，仍袖烟袋入棺，自覆其盖。陆终夜不眠。迨早，主人出问：'客昨夜安否？'强应曰：'安，但不知屋左所停棺内何人？'曰：'家父也。'陆曰：'既系尊公，何以久不安葬？'主人曰：'家君现存，壮健无恙，并未死也。家君平日一切达观，以为自古皆有死，何不先为演习？故庆七十后即作寿棺，厚糊其里，置被焉，每晚必卧其中，当作床帐。'言毕，拉赴棺前，请老翁起，行宾主之礼。果灯下所见翁，笑曰：'客受惊耶！'三人拍手大剧。视其棺，四围沙木，中空，其盖用黑漆棉为之，故能透气，且甚轻。"[526]

蒲松龄《聊斋志异》中没有有关烟草灵异故事的遗憾，在乾隆嘉庆年间的小说集《夜谈随录》中得到了弥补。这是一本笔记体文言短篇小说集，著者为和邦额，字霁园、闲斋，号蛾术斋主人，满洲镶黄旗人。有研究者推测其生于清乾隆十三年（1748 年），卒于乾嘉年间（1800 年左右）或稍后。此书以描写平民女子见长，塑造了一些带有"村野"气息的少女形象。作者在自序中开宗明义，宣称此书"非怪不录"，并说世人之所以多怪，是因为少见，且不穷事理，而"圣人穷尽天地万物之理，人见以为怪者，视之若寻常也"。书中所述，多狐鬼妖异，怪则怪矣，细究其理，无一不是以怪异来反映现实、描绘人生、针砭时弊。全书四卷（或作十二卷），包括传奇和志怪小说160 篇左右，其中有一则谭九与鬼妇吸烟的故事：

"京都花户子谭九，探亲于烟郊。策卫出门，日已向夕。道遇一媪，跨白蜀马，左右相追随。问：小郎何往？谭以所之告。媪曰：此去烟郊尚数十里，茆舍在迩，盍留一宿以行？谭因随至媪家。室中空无所有，唯篝灯悬壁，一少妇卧炕头哺儿。谭相与坐谈：敢问邦族？媪曰：身本凤阳侯氏，因岁凶，再醮此间村民郝氏，近三十年，今成翁矣。翁以衰耄，傭于野肆，为人提壶涤器。小郎明日当过其处，见鸡皮白髭、耳后有瘤者即是也。谭坐久颇倦，又不便偃息，乃出具就灯吸烟。妇频睇，有欲烟之色。媪察知其意，曰：媳妇垂涎吃烟矣，小郎肯见赐否？谭以烟囊付之。媪曰：近以窘迫，不有此物已半年矣，那得有烟具？谭乃并具奉之。妇吸之甚适，眉声顿舒。媪视之，点首曰：老身在世六十余年，不识此味，不解嗜痂者，何故好之如此？谭曰：亦自不解，不会则已，学会辄一刻不能离，尚可食无饭，不可吸无烟也。媪大笑，谭曰：娘子嗜此，予迟日当市具与烟来，作野人芹敬。妇颔之。时约略四更，月西斜矣，因各就枕。既而梦回，则身卧松柏间。回视，茆舍乌有，媪与妇并失所在。急捉驴乘之，天已向曙。抵烟郊，事毕，复遵故道，小憩旗亭。有涤器老人，酷肖侯媪所述，询之，果郝四也。告以前夜所遇，郝泫然曰：据郎所见，真先妻与亡媳并孙也，讵意尚聚首于地下哉？谭感叹久之。归后，不欲食言于鬼，亟备纸烟具二枚、烟一封，重至其墓，祝而焚之。"[527]

《埋忧集》刊于道光癸巳至乙巳年间（1838—1845年），作者朱翊清（1795—？），字梅叔，别号红雪山庄外史，归安（今属浙江吴兴县）人，屡试不中，绝意科场，终身未仕。

《埋忧集》中记载了成都一位与烟草有关的异人故事——笑和尚：

"见人不言，一味憨笑。喜吸烟，向人索之，其人必多吉利事，故人争与之，转有固却者。居宝光寺，寺僧恶其懒，故迟其饭。或未明即食，乃举箸，笑和尚即在。邻人张裁缝者，知其非常人，俟其出，必从之游。一日笑和尚谓张曰：'尔无间寒暑，俟吾六载，必有所欲。但吾性懒，不耐为人师。此间东洞子门有徐疯子者，堪为尔师，我当送尔至彼。'即偕往。适徐燕火炙死鼠，饮白酷。遥见之，责笑和尚曰：'尔不耐为人师，又何苦拉别人乎？'笑和尚大笑不止。时朔风正劲，城门外寒气尤甚，笑和尚与疯子赤足露顶自如。及夜半，疯子脱身上破衲与张曰：'服之可御寒。'张披之，非絮非帛，奇暖而香。自是张遂从疯子不去。居数年，二人共往访笑和尚。和尚迎笑曰：'汝二人来乎？好！好！'抱张颈狂笑，声如鸾凤，使人心魄俱摇。疯子从旁骂曰：'憨和尚，汝笑至今日犹以为未足耶？'和尚膜拜曰：'吾知罪矣。然老僧不死，笑终不可止也。'竭力忍笑上床，趺坐而逝。徐笑顾张曰：'可以行矣。'携手出门，忽不见。仙乎仙乎！或谓笑和尚生长太平，其以乐死也，自非生逢离乱者所可拟。然观其临逝数语，乌知其中无长歌当哭时耶？此笑和尚之溺于笑，殆犹醉和尚之溺于饮而意不在饮也，则其笑亦可传已。"[528]

烟草志异故事从17世纪开始陆续出现，本文只摘引有限几篇以供闲阅。通过这些烟草志异，人们能感受到生活与社会中蕴藏的哲理，这也是烟趣文化的魅力。

四、烟趣文化之烟具

限于本书内容，此处所说烟具为吸烟用具，只包括旱烟斗、水烟壶和鼻烟壶，而不涉及烟灰缸、打火机等其他与吸烟有关的器具。烟具作为一种烟草爱好者的日常用品，除了具有一定的基本功能属性，还需要有一定的艺术情趣观感。这与我们日常生活中使用的锅、碗、瓢、盆在具备盛装东西这一基本功能外，还有大中小，各种花色、款式、材料供人们选择是一个道理。烟具的情趣主要有对形制、材料、长短、装饰等的个性化偏爱，以及烟具赋予使用者的特殊情感、作用、期待、赏玩等等。

比如，明清时期教书先生喜欢长杆烟斗，除了享受更为清凉的烟香之气外，学童们为其点燃烟草带来的"动口不动手"、尊师重教心理的满足感也是一个原因，更不用说长长的烟杆对于先生来讲是代表惩罚学童的权杖。喜欢水烟壶的烟草爱好者，一只装饰精美的水烟壶除了能给他带来更为清凉干净的烟气，还有完美别致的造型带来的视觉享受、呼吸之间水花翻动发出咕噜咕噜之声带来的听觉感受，以及镂刻题款带来的情感共鸣等。喜欢鼻烟壶的烟草爱好者，拥有一只上等的鼻烟壶除了能装纳、保护昂贵的鼻烟之外，独一无二的材质与造型、精美绝伦的内画等都会成为鼻烟爱好者们一起交流的话题，这些都是烟具带给烟草爱好者们的独特情趣。

（一）诗词中的烟具情趣

才子佳人、文豪大儒们以烟筒为题吟诗作赋的雅趣，对推动烟草、烟具的普及和发展起到了重要的引导作用，提升了烟具情趣的文化品位，也使得每一时代的烟具情趣得到记录、流传至今。16、17 世纪的沈宜修（1590—1635 年）、叶小鸾（1616—1632 年）、吴伟业（1609—1672 年）、陈章（1696—1760 年）、尤侗（1618—1704 年）、杨守知（1669—1730 年）等人就以旱烟斗为题创作了许多诗词（详见第四章、第五章、第六章）。随着烟草的进一步普及，到了 18、19 世纪，烟具诗词的创作走上高峰，不少烟具诗词成为经典。甚至到卷烟出现后的 20 世纪，人们仍在以烟具为题创作诗词。这里再适当列举各年代具有代表性的烟具诗词，帮助大家感受烟具情趣魅力。

梁以壮（1607—？），明末人，字又深，号芙汀居士，番禺人，其祖辈在明朝历有宦声。梁以壮家学渊源，弱冠之年即有著述，后曾出岭游历。有五言诗《烟筒》一首：

"岂尽投时好，烟筒亦所需。吹嘘全入世，持握半分奴。不律何轻重，为云在有无。平生一相见，惟尔易相娱。" [529]

爱新觉罗·弘历（1711—1799 年），清朝第六位皇帝，定都北京之后的第四位皇帝，在驻跸吉林将军署期间得诗三首，在第三首追忆其皇祖简朴治国的诗中，提及了那一时期的抽烟习俗和人们常用的吸烟用具，充满感怀之情：

"皇祖当年驻荣衔，迎銮父老尚能夸。讵无洒扫因将敬，所喜朴淳总不奢。木柱烟筒犹故俗，纸窗日影正新嘉。盆中更有仙家草，五叶朱蕤茁四椏。" [530]

赵庆熺，字秋舲，浙江仁和人，生卒年均不

详，约道光二十年（1840年）前后在世，性倜傥，工诗词，家贫好读书，后中进士。曾应其姑母所请，为她圆润可爱、吸烟香甜的嘉定产竹烟筒题写《沁园春》词一首，并篆刻其上：

"万筱连山，新粉丛边，分来露梢。记金摇竿影，横量钿尺；珠排节数，圆截银刀。密裹龙头，细拖凤尾，水样鹅黄玉一条。中通处，有拾余瑶草，好逗心苗。 琴余书后无聊，便浓注薰丝着意烧。尽荷筒暗吸，篆随云吐；兰膏徐爇，香逐风飘。红腻油脂，黑蟠灰字，一点星星火易消。清宵坐，更斜笼翠袖，未忍轻抛。"[531]

张景运，生卒不详，在其所著《秋坪新语》[最早为清嘉庆二年（1797年）刻本]中提及，静海吕惟精的妻子喜欢附庸风雅，擅长吟诗诵词，所作《长烟筒诗》风趣幽默，被许多烟草文化研究文献引用：

"者个长烟袋，妆台放不开。伸时窗纸破，钩进月光来。"[532]

黄遵宪（1848—1905年），字公度，别号境庐主人，广东嘉应州（今广东梅州市）人，清朝大臣、爱国诗人、外交家，梅州八贤之一，光绪二年（1876年）中举，历任驻日参赞、旧金山总领事等职。戊戌变法期间署任湖南按察使，变法失败后还乡，光绪三十一年（1905年）病逝。1899年曾作《烟筒》七言诗一首：

"自携蜡屐自扶筇，偶亦偕行挈小童。积习未除官样俗，袖中藏得歙烟筒。"[533]

许南英（1855—1917年），台湾人，号蕴白、窥园主人、春江冷宦，1890年中进士，授官兵部主事，先后在广东为官十数年，曾任乡试阅卷

官、税关总办、知县等，1917年底客死印尼棉兰市。工诗歌，后人辑有《窥园留草》等，有两首《竹烟筒》诗流传于世：

"虚心劲节本通材，气味时时近草莱。太息热中如火炽，醉心熏得黑如煤！"[534]

"一竿吐纳烟云气，草已成灰思未灰。好是诗余兼酒后，吹嘘坐索此君来。"[535]

姚华（1876—1930年），字一鄂，号重光，一号茫父，别号莲花庵主，贵州贵筑（今贵阳）人，光绪二十三年（1897年）举人，三十年（1904年）进士，授工部虞衡司主事。戊戌变法时东渡日本，就读于法政大学，归国后改任邮传部船政司主事兼邮政司科长。入民国后，任贵州省参议院议员，后任北京女子师范大学校长。曾作《天香》词一首，赞美石涛（1642—1708年）用贝多树种子制作的一只鼻烟壶：

"身树齐观，槲禅喻隐，壶天更辟新境。逗鼻霏微，非烟缥缈，意味手头先领。注香熨□，□把玩、蒲团云冷。家国微尘何着，王孙自哀谁省。 蕉盦万缘都静。试余薰、撚酸偏永。也似褚毫闲趣，画兼诗迥。为问西来意旨，视叶叶、真经伴清磬。镂我袈裟，休惊自影（壶有程松门为石涛刻小象，《战国策》：吾苦夫匠人且以绳墨规矩刻镂我。《智证传》：良马见物辄惊，独见自影不惊，知从身所出故）。"[536]

（二）小说中的烟具情趣

明清时期，戏曲、小说等文学作品中开始出现烟草、烟具元素，尤其是清朝的一些小说，出现了人们把玩烟具、使用烟具、用烟的情景描写。

这些内容在让我们了解烟具品类繁复的同时，也能感受它们带来的别样情趣。小说中的烟具也是当时现实中追逐的时尚。涉及人物用烟的小说很多，例如曹雪芹（1715—1763年）的《红楼梦》、张潮（1650—1707年）的《虞初新志》等，现代小说中的用烟情景就更多了。这里再略举极少被其他烟文化研究者引证过的几部小说，其中用烟的情趣别有洞天。

《镜花缘》是清代文人李汝珍（约1763—1830年）创作的长篇小说，在"述奇形蚕茧当小帽，谈异域酒坛作烟壶"这一回中，闺臣、紫芝、小春等三人谈论把玩鼻烟壶、用鼻烟壶谋利、骗鼻烟来享用的情形：

"闺臣道：说来更觉可笑，原来那长人国都喜闻鼻烟，他把酒坛买回，略为装潢装潢，结个络儿，盛在里面，竟是绝好的鼻烟壶儿，并且久而久之，还充作'老胚儿'，若带些红色，就算'窝瓜瓢儿'了。

"紫芝道：原来他们竟讲究鼻烟壶儿。可惜我的'水上飘'同那翡翠壶儿未曾给他看见，他若见了，多多卖他几两银子，也不枉辛辛苦苦盘了几十年。

"小春道：姐姐这个'十'字如今还用不着，我替你删去罢。

"紫芝道：我那壶儿当日在人家手里业已盘了多年，及至到我手里又盘好几年，前后凑起来，岂非几十年么，这个'十'字是最要紧的，如何倒喜删去？辛亏姐姐未在场里，若是这样粗心浮气，那里屈不死人！

"小春道：姐姐才说要把壶儿多卖几两银子，原来你玩鼻烟壶儿并非自己要玩，却是借此要图利的。

"紫芝道：我也并非专心为此，如有爱上我的，少不得要赚几个手工钱。

"小春道：我见姐姐于这鼻烟时刻不离，大约每年单这费用也就不少？

"紫芝吐舌道：这样老贵的，如何买得！不瞒姐姐说，妹子自从闻了这些年，还未买过鼻烟哩。

"小春道：向来闻的自然都是人送的了？

"紫芝道：有人送我，我倒感他大情了。因附耳道：都是'马扁儿'来的。

"小春道：马扁儿这个地方却未到过，不知离此多远？

"婉如道：'马扁'并非地名，姐姐会意错了，你把两字凑在一处，就明白了。

"小春想了一想，不觉笑道：原来鼻烟都是这等来的，倒也雅致，却也俭朴。但姐姐每日如此狠闻，单靠马扁儿，如何供应得上，也要买点儿协济罢？

"紫芝道：因其如此，所以这鼻烟壶儿万不可不多，诸如玛瑙、玳瑁、琥珀之类，不独盘了可落手工钱，又可把他撒出去弄些鼻烟回来。设或一时马扁儿来的不接济，少不得也买些'干铳儿'或'玫瑰露'勉强敷衍。就只干铳儿好打嚏喷，玫瑰露好塞鼻子，又花钱，又不好，总不如马扁儿又省又好。"[537]

《李公案》是清代惜红居士（生卒年无考）创作的中篇小说，共三十四回，主要讲述了李公断案故事，情节新颖，加深了对案件侦查过程的叙述，打破了以往公案小说或严刑逼讯、或托梦示兆等熟套，有较强的逻辑推理色彩。小说主人公李公，双讳持钧，表字镜轩，辽东人氏，生得方面大耳、虎背熊腰，能文能武，惯使两柄熟铜流星锤，所向无敌，人称"铜锤李"，实指清光绪年间（1871—1908 年）有"北直廉吏第一"之称的李秉衡（生卒年无考）。在"穷开心周起寻春，趁利口虔婆接客"这一回中描写了李公、虔婆、周起使用长烟袋、水烟袋，互相交谈的场景，人物刻画非常有趣：

"里边出来了一个老婆子，年纪五十上下，头包元青绉纱，身穿蓝绸棉袄，外罩青缎领褂，黑绸裤脚虚镶裹着绣花裙膊。尺二金莲，一双鞋跟露着白袜。一脸粉花皱纹，两个头风膏药。分明积世虔婆，亲自开门接客。

"李公道：我们俩专诚拜访，讨碗茶吃。

"那虔婆一手攀着门框，一手拿着根长烟袋，斜溜着眼，将两人浑身上下打量了一遍，将身子望后一扭，说道：您两位找错了，我们不是茶馆呀。说话未完，随手要将这隔扇门带上。

"李公忙上前一步，将门扳住，一手在袋里掏出一块钱，递给虔婆，说道：我们闻名来的，并没走错。这块钱，请你随便给我们沏壶茶，我们歇歇脚。

"那虔婆见了钱，笑着说道：你瞧瞧，我真是老糊涂，连自己人都不认得。说着，一面将门开了，说道：快里边坐吧。

"李公同周起便跟着他进去。虔婆让过二人，复身将门关上，回过来在前面领路。走进后院，穿过了月亮门，有一溜五间南向的矮房。虔婆将门帘掀起，让二人进去，便高喊道：四儿，有客呀，

还不快出来？听见隔壁娇声娇气答应道：让我洗完脸就来。

"李公看那屋子，是通长的两间。西屋靠墙摆着一张炕桌，铺着半新不旧的红哔叽坐褥靠枕。炕桌上供着一大篮子佛手。四扇时花炕屏，朝外持一幅五彩牡丹的画。桌上分列着花瓶、帽镜，中间桌上摆着个盘香盘，墙上挂着一面琵琶。李公就在东边凳子坐了。

"周起不敢坐，李公递了个眼色，也就在西边椅上坐下了。虔婆递过水烟袋，李公是不吃烟的，转送给周起。虔婆道：两位大爷贵姓？

"李公道：我姓张。指着周起道：他姓周。我们久仰你姑娘大名，今天特来见识见识。

"正说着话，一个小使送进一盘茶来。虔婆接过送上，回头向小使道：叫你姑娘快来。

"周起接口道：不忙。虔婆道：我给二位开个灯，好躺着歇歇。一面说，一面将炕桌搬开，底下摆着副烟具，划根洋火，将烟灯点上。

"李公便走过来靠上首躺着。周起也拿了水烟袋过来，尚未坐下，听隔壁房门响，出来个人，直望外走。周起便回身望窗眼里一张，却看不清。虔婆将他袖子一拉，说：请用烟，有什么看的。

"周起放下水烟袋，躺下烧烟。忽见帘子掀起，进来个粉头。虔婆忙说：四儿，快来给两位爷请安。

"李公定睛一瞧，见是偏偶中等身材，有五尺高，团头团脸，眼微凹，乌黑头发，浓浓的眉毛，鬓簪茉莉，口上点樱桃，辅颊鲜红，眼圈青黑，脂粉盖银颈。葱绿宽衫，绛紫的袄，大红褶裤宝蓝绦。半尺莲船，光着地步步也娇，满头花簇

簇压云翘，真个魂销。"[538]

《官场现形记》是晚清文学家李伯元（1867—1906年）创作的长篇小说，由三十多个相对独立的官场故事连缀，涉及清政府上自皇帝、下至佐杂小吏等人物，开创了近代小说现实主义的批判文学风格。小说中有许多不同人物赏玩、享用旱烟斗、鼻烟壶、水烟壶的情景，下面分类列举一二，让大家感受不同人物的烟具偏好以及烟具使用场景。

出行的官员抽旱烟斗："列位看官记清：黄大人现在已经变为道台，做书的人也要改称，不好再称他为黄知府了。当日黄道台上院下来，便拿了旧属帖子，先从藩台拜起，接着是臬台、粮巡道、盐法道，以及各局总办，并在省的候补道，统通都要拜到。一路上，前头一把红伞；四个营务处的亲兵，一匹顶马，骑马的戴的是五品奖札，还拖着一枝蓝翎；两个营务处的差官，戴着白石头顶子，穿着'抓地虎'，替他把轿杠；另外一个号房，夹着护书，跑的满头是汗。后头两匹跟马，骑马的二爷，还穿着外套。黄道台坐在绿呢大轿里，鼻子上架着一副又大又圆测黑的墨晶眼镜，嘴里含着一枝旱烟斗。四个轿夫扛着他，东赶到西，西赶到东。那个把轿杠的差官还替他时时刻刻的装烟。从午前一直到三点半钟才回到公馆。他老的烟瘾上来了，尽着打呵欠，不等衣服脱完，一头躺下，一口气呼呼的抽了二十四袋。跟他的人，不容说肚皮是饿穿的了。"[539]

账房孝敬水烟袋："不料走到帐房里，只见里间外间桌子上面以及床上，堆着无数若干的簿子，帐房师爷手里捻着一管笔，一头查，一头念，旁边两个书办在那里帮着写。帐房一见他来，也不及招呼，只说得一句：'请坐！兄弟忙着哩。'钱琼光见插不下嘴，一人闷坐了半天。值帐房的送上水烟袋，一吃吃了五根火煤子。无奈帐房还没有忙完，只得站起身来告辞，意思想帐房出来送客的时候，可以把请他吃饭的话通知于他。谁知钱琼光这里说'失陪'，帐房把身子欠了一次，说了声：'对不住，我这里忙着，不能送了，过天再会罢。'说完，仍旧查他的簿子。"[540]

鼻烟壶行贿："他一心只想着包松明说中堂赏识他的烟壶，晓得银子没有白花，不久必有好处，却忘记把'中堂还要照样再弄一对'的话味一味。一团高兴，便想去告诉黄胖姑。忙唤套车，到了前门大栅栏黄胖姑开的钱庄上，会着了胖姑，按照包松明的话述了一遍。黄胖姑听了，只是拿手摸着下巴颏，一言不发。贾大少爷莫明其妙，忙又问道：'包松明说的话很有道理，的确是中堂荐来的，但是怎么连个荐条都没有呢？'黄胖姑微微笑道：'大人先生这些事情岂肯轻易落笔。你送他烟壶，他都肯同姓包的说，这姓包的来历就不小。你如何发付那姓包的呢？'贾大少爷便把留他住的话说了。黄胖姑道：'很好。倒是姓包的后头那句话，你懂不懂？'贾大少爷茫然。黄胖姑道：'中堂的意思，还要你报效他一对呢！'贾大少爷道：'我报效过了。'黄胖姑：'我也晓得你报效过了。他说中堂心上还想照样再弄这们一对，他不是点着了你仍旧要你孝敬他？倘若不想到了你，他为什么要把这话叫姓包的来传给你呢？'贾大少爷听了这话，手摸着脖子一想，不错，踌蹉了半天，说道：'银子多也化了，就是再报效一对也有限。但是到那里照样再找这们一对呢？'黄胖姑沉思了一会，道：'你姑且再到刘厚守铺子里瞧瞧看。'贾大少爷一听他话不错，好在相去路不多远，立刻坐了车去找刘厚守。见面寒暄之后，提起要照前样再买一对烟壶。刘厚守故作蹉蹉道：'我的大爷，前一对还是彼此交情让给你的，叫我那里去照样替你去找呢？现在的几个阔人，除掉这位老中堂，你又要去送谁？'贾大少爷正想告诉他原是华中堂所要，既而一想，怕他借此敲竹杠，话在口头仍旧缩住，慢慢的道：'是我自己见了心爱，所以要照样买这们一对。'刘厚守是何等样人，而且他这店就是华中堂的本钱，他们里头息息相通，岂有不晓得之理。他既不谈，也不追问，歇了一会，说道：'有是还有一对，是兄弟留心了二十几年才弄得这们一对，原想留着自己玩，不卖给人的，如今彼此相好，也说不得了。'贾大少爷一听他还有，不禁高兴之极，连说：'如蒙厚翁割爱，要多少价钱，兄弟送过来就是了。'刘厚守只要他一句话，立刻走到自己常坐的一间屋里，开开抽屉，取了出来，交给贾大少爷。

"贾大少爷托在手中一看，谁知竟与前头的一对丝毫无二。看了半天，连说：'奇怪！怎么与前头买的一对一式一样，竟其丝毫没有两样呢？'刘厚守立刻分辩道：'这一对比那对好，怎么是一样？前头一对你是二千两买的，这一对你就是再加两倍我亦不卖给你。'贾大少爷道：'依你要多少？'刘厚守道：'一个不问你多要，一文也不能少我的，你拿八千银子来，我卖给你。'

贾大少爷道：'倘然是另外一对，果然比前头的一对好，不要说是八千，连一万我都肯出。现在仍旧是前头的一对，怎么要我八千呢？'刘厚守道：'你一定说他是前头的一对，我也不来同你分辩。你相信就买，不相信，我留着自己玩。'说着，把对烟壶收了进去。

"贾大少爷坐着无趣，遂亦辞了出来，仍旧赶到黄胖姑店里。黄胖姑见面就问：'烟壶可有？'贾大少爷道：'有是有一对，同前头的丝毫无二。据我看起来，很疑心就是前头的一对。'黄胖姑不等他说完，忙插嘴道：'既然有此一对，就该买了下来。'贾大少爷道：'价钱不对。'黄胖姑问：'多少价钱？'贾大少爷道：'他问我要八千。'黄胖姑便道：'八千不算多，就是八万你亦要买的。'贾大少爷忙问其故。黄胖姑叹一口气道：'咳！你们只晓得走门子送钱给人家用，连这一点点精微奥妙还不懂得！'贾大少爷听了诧异，一定要请教。黄胖姑便告诉他道：'你既然认得就是前头的一对，人家拿你当傻子，重新拿来卖给与你，你就以傻子自居，买了下来再去孝敬，包你一定得法就是了。'

"说到这里，贾大少爷也就恍然大悟，想了一想，说道：'仍旧要我二千也够了，一定要我八千，未免太贵了些。'黄胖姑把头一摇，道：'不算多。他肯说价钱，这事情总好商量。'贾大少爷还要再问。黄胖姑道：'你也不必多问，我们快去买了下来，再配上几样别的古董，仍上托刘厚守替我们送了进去。老弟，不是愚兄夸口，若非愚兄替你开这一条路，你这路那里去找呢？'说着，两人一块儿坐车，又去找到刘厚守，把来意言明。刘厚守嘻开嘴笑道：'我早晓得润翁去了一定要回来的，如今连别的东西我都替你配好了。'取出看时，乃是一个搬指、一个翎管、一串汉玉件头，总共二千银子，连着烟壶，一共一万。贾大少爷连称'费心'。黄胖姑便说：'银子由我那里划过来。'当下又议定三千两银子的门包，仍托刘厚守一人经手。"[541]

第三节　中国烟草与中式烟斗文化中的礼俗文化

中国素有礼仪之邦之称，相传在 3000 多年前的殷周之际，周公制礼作乐，就提出了以道德为核心的纲领。其后经过孔子和七十子后学以及孟子、荀子等人的提倡和完善，礼乐文明成为儒家文化的核心。西汉以后，《仪礼》《周礼》《礼记》先后被列为官学，不仅成为古代文人必读的经典，而且成为历代王朝制礼的基础。古代有五礼之说，祭祀之事为吉礼，冠婚之事为喜礼，宾客之事为宾礼，军旅之事为军礼，丧葬之事为凶礼。在实际生活中，礼仪又可分为政治与生活两大部类：政治类包括祭天、祭地、宗庙之祭，祀先师、先王、圣贤，乡饮、相见礼、军礼等，生活类包括五祀、高禖之祀、傩仪、诞生礼、冠礼、饮食礼仪、馈赠礼仪等。这些礼仪以儒家道德文化为核心，有种种相对固定的模式和礼仪规范，渗透进国家政治生活和社会生活的方方面面，在道德文化约束下有着"准法律"的作用。

烟草作为一种人们日常享用的饮食类物品进入中国后，除了医疗作用、烟趣受到广泛关注外，为了提高烟草使用者的素质和外在形象，在中国礼仪文化的指导下，人们开始着手对烟草的使用行为进行规范。例如，在嘉靖时期出现童谣"天下兵起，遍地皆烟"（吴伟业），"相传上以烟为燕，人言吃烟，故恶之也"（杨士聪），可以看出，导致嘉靖皇帝下令禁烟的原因主要就是要求民间遵循避讳这一礼仪。为了维护等级特权，清太宗也曾做出了这样的禁烟措施，《东华录》记载：

"上谓贝勒萨哈廉曰：'闻有不遵烟禁，犹自擅用者。'对曰：'臣父大贝勒曾言，所以禁众人不禁诸贝勒者，或以我用烟故耳。若欲禁止用烟，当自臣等始。'上曰：'不然，诸贝勒虽用，小民岂可效之？民间食用诸物，朕何尝加禁耶！'又谓固山额真那木泰曰：'尔等诸臣在衙门禁止人用烟，至家又私用之，以此推之，凡事俱不可信矣。朕所以禁止用烟者，或有穷乏之家，其仆从皆穷乏无衣，犹买烟自用，故禁之耳。不当禁而禁，汝等自当直谏；若以为当禁，汝等何不痛革？不然，外廷私议禁约之非，是以臣谤君，以子谤父也。'"[542]

根据清太宗的禁令，诸贝勒、贵族和官员因为富有可以用烟，而小民太穷，连温饱都不能保证，则须禁用，表面上看是体察下情、为苍生考虑，实际上是采用封建等级礼仪制度来规范人们的烟草使用行为。

当然，无论是崇祯出于避讳，还是清太宗出于等级思想的禁烟政策，都是基于传统的封建礼仪文化做出的政策决策，但在现实政治利益以及禁下不禁上带来的负面影响下，禁烟不可能取得成功。"水可载舟，亦可覆舟"，在人们普遍不遵守禁烟，"法不责众"的情况下，统治阶层只能在允许用烟的大前提下，考虑如何提升人们的吸烟行为修养，营造更加和谐的烟草消费环境。于是，一些烟草消费行为的日常规范开始被提出，例如，清初著名的医生江之兰在《文房约》（1636年成书）中提到：

"文房雅地，吃烟喷人面亦不可也。"[543]

乾隆五年（1740年），太常寺少卿奏请整肃祭祀中的吸烟礼仪，得到乾隆皇帝首肯：

"坛庙祭祀，大典攸关，请于陈设祭品之后，令御史会同太常寺官员巡察。凡陪祀及执事各官，如有吃烟、吐唾、咳嗽、笑言者，无论宗室觉罗大臣官员，即指名参奏以肃明。"[544]

随着在日常生活中对用烟行为影响的理解不断深入，人们逐渐形成了比较统一的认识。陆耀（1723—1785年）在《烟谱》中对吃烟的行为规范做出了系统总结，提出：

"烟有宜吃者八事：睡起宜吃，饭后宜吃，对客宜吃，作文宜吃，观书欲倦宜吃，待好友不至宜吃，胸有烦闷宜吃，案无酒肴宜吃。

"忌吃者七事：听琴忌吃，饲鹤忌吃，对幽兰忌吃，看梅花忌吃，祭祀忌吃，朝会忌吃，与美人昵枕忌吃。

"吃而宜节者亦七事：马上宜节，被里宜节，事忙宜节，囊悭宜节，踏落叶宜节，坐芦篷船宜节，近故纸堆宜节。

"吃而可憎者五事：吐痰可憎，呼吸有声可憎，主人吝惜可憎，恶客贪饕可憎，取火而火久不至可憎。"[545]

这些提议有的虽是经验之谈，但仍值得借鉴。虽然没有什么明文规定，但在中国传统文化影响下，吸烟确实需要遵循注意一些礼俗，总结起来主要有以下几个方面。

一、中国烟草文化中的尊长爱幼礼俗

儒家认为，有些礼仪可以因时因地而变，但有些礼仪恒久不变：

"圣人南面而治天下，必自人道始矣。立权度量、考文章、改正朔、易服色、殊徽号、异器械、别衣服，此其所得与民变革者也。其不可得变革者则有矣：亲亲也、尊尊也、长长也、男女有别，此其不可得与民变革者也。"[546]

简单地说，就是圣人治理天下，一定要从身边的人抓起。度量衡、礼法、历法、衣服颜色等，都是可以随着朝代的更替而让百姓也跟着改变。但是，也有不能随着朝代兴替而随意改变的东西，那就是同族相亲、尊祖敬宗、幼（卑）而敬长、男女有别，这四条不能跟着变。孝敬亲人、尊敬祖先、恭敬长辈，这是每一个人无论什么时期、无论做什么事情都应该遵循的基本做人道德规范。与此相似的是孔子所提出的君君、臣臣、父父、子子：

君君：做国君的要有做国君的样子，对下属要仁爱体恤，不能残暴无情，这是做领导的本分、资格、道德。

臣臣：做下属的要有做下属的样子，对上司要尽职尽责，不能玩忽职守，这是做下属的本分、资格、道德。

父父：做父亲的要有做父亲的样子，对儿女要慈爱关怀，不能虐待遗弃，这是做父母的本分、资格、道德。

子子：做儿女的要有做儿女的样子，对父母要孝敬孝顺，不能忤逆叛逆，这是做儿女的本分、资格、道德。

君、臣、父、子如果违背上述行为规范，就丧失了做领导、做下属、做父母、做儿女的本分、资格、道德。这是贯穿于中国社会上下的"普世价值"，在此影响下，形成了具有特色的尊长爱幼的烟草礼俗文化，这也是中国传统烟草礼俗文化中最为核心的文化要素。

如果长者、长辈不吸烟，自己最好不吸烟；如果长者、长辈用烟袋吸烟，应先为他们装烟，或者待他们装好后为其点烟，敬烟时要双手捧上烟袋，为其点烟后自己再吸。在长者、长辈递来烟袋或烟卷时要双手接过。而为了照顾晚辈，不吸烟的长辈看见吸烟的晚辈可主动回避、绕道离开，以免吸烟的晚辈难堪。在现代文明下，则要求成年人在未成年的孩子面前最好不要吸烟，以免造成他们被动吸烟，甚至模仿大人偷偷吸烟。为了遵守吸烟的尊长礼仪，有这样一则典故：

图 243　纪晓岚故居纪大烟袋铜像

"河间纪文达公酷嗜淡巴菰，顷刻不能离，其烟房最大，人呼为'纪大烟袋'。一日当值，正吸烟，忽闻召见，亟将烟袋插入靴筒中，趋入。奏对良久，火炽于袜，痛甚，不觉呜咽流涕。上惊问之，则对曰：'臣靴筒内走水。'盖北人谓失火为'走水'也。乃急挥之出。比至门外脱靴，则烟焰蓬勃，肌肤焦灼矣。先是，公行路甚疾，南昌彭文勤相国戏呼为'神行太保'，比遭此厄，不良于行者累日，相国又嘲之为'李铁拐'云。"[547]

纪晓岚（1724—1805年）喜好抽吸旱烟，每一次烟锅中可装二两，自内城至海淀尚不尽，都人称为纪大烟袋。在这次走水事件中，纪晓岚在四库馆值班，正抽着烟，乾隆皇帝紧急召见，仓促之中为了规避吸烟失礼、顾全君臣礼仪，他将未熄灭的烟袋插入靴子。由于这次谈话的时间过长，烟袋烟火烧穿了鞋袜都还未结束，以致最后焦灼肌肤、痛哭流涕。受此伤害后，往日行走如风的神行太保纪晓岚，被南昌的彭文勤相国称为"李铁拐"。可以看出，明清时期，人们十分注重抽烟中的尊长礼仪。出于对纪晓岚忠于礼制的肯定，乾隆也特意"赐斗一枚，准其在馆吸食"，皇帝仁爱体恤、纪晓岚忠君达礼，也就有了奉旨吃烟的美谈。

烟草深受各阶层人们的喜爱，尤其是在清朝后期和民国初期，无论是城里的掌柜、官宦还是皇宫王府、乡村种田之家，无论男女，几乎都嗜好抽烟。长期的吸烟礼俗积淀，使吸烟文化更为盛行。普通老百姓家里的老爷、老太太，手托长烟斗在太师椅或炕上盘腿一坐，儿媳妇、孙辈们立马就在旁边给他们装烟、点烟，这是显示家庭

尊卑等级的象征。在清朝宫廷中，旱烟和水烟是皇亲国戚们茶余饭后的重要消遣之物，奴婢们如何侍候主子不仅体现尊卑等级，更是一个技术活。《清宫太监回忆录》对此有这样的描述：

"比如主子吸水烟的时候，你得跪在地上，把仙鹤腿水烟袋，用手握紧，小水烟袋你得站着捧在手里，随时装烟，吹纸煤儿。你得掌握好点火的时间，这件事不经过长时间的留心观察是做不好的。那时候清宫里主子抽水烟、旱烟成了生活中的常事，一般是饭后抽水烟，平时抽旱烟，用不着主子吩时，到时候就准备好，捧上去。"[550]

《宣南杂俎》（刊于1875年）里的装烟诗对此进行了精炼的描写：

"莫负殷勤美意虔，纤纤亲送几筒烟。笑她老大生涯贱，惯向人前胁双肩。"

而在喜欢鼻烟壶的蒙古族相互之间敬奉鼻烟壶礼仪中，尊长文化则显得更为庄重，很多礼节一直保留至今。根据《中华全国风俗志》记载：

"蒙古人交际，其礼仪多沿清制：一递哈达，二递烟壶，三问安，四装烟，五打签……烟壶递于见面时。平等相交递送，彼此均双手高举，或双手略低，鞠躬相互，各举向鼻端一嗅，互相璧返，一如递状；尊长向卑幼，则微欠身右手授之，卑幼以两手接，以一足跪，敬谨领受，捧举鼻端，仍如接壶状，还纳之尊；卑幼向尊长则反是。若王前则双足跪，双手举，王上坐，身略俯，受之一嗅而授之，不答，递者礼毕，无一言而退。蒙古人无论男女，必斜插旱烟袋于左胁，挂火镰、荷包于后腰，晤面时，行其应用之礼，或请安，或递烟壶，再行装烟之礼；用客人之烟袋纳诸主

图 244　成衣店内老爷的长杆旱烟斗

图 245　总理衙门大臣的旱烟斗 [548]

图 246　两下棋小吏的旱烟斗 [549]

人之荷包装烟，燃火后以布拭烟嘴，用一手或双手送诸客，客受之亦如法还之。老幼尊卑，累分先后，若平等则互换云。" [551]

　　如果是吸旱烟斗，烟杆长度也体现着尊长礼俗。通常使用的旱烟斗长度在一臂之长以内最为适宜，不同身份地位、不同职业和不同年龄的人使用的烟杆的长度也不同，地位较高者、年长者的烟杆多比较长。例如在汉族、满族家庭中，一般年龄越大、辈分越高，其使用的烟杆就越长，年轻人需要工作活动，烟杆一般都比较短小，既显谦卑也便于携带。在城镇店铺中，一般大掌柜使用长烟杆摆谱，学徒负责点烟；长工、帮工则用短烟杆；私塾的老夫子则爱用特别加长的细斑竹烟杆，学生给老师点烟；商人的烟杆一般比从

事体力劳作人员的烟杆长，身份地位较高；老爷外出，一般会携带一根较长的旱烟杆；地位相同的人之间聚会，烟杆长度基本相当 [552]。

二、中国传统烟草（烟具）文化中的馈赠、宾礼礼俗

　　礼是人之为人的标志，人们需要通过礼物的交换来表达感情：

　　"是故圣人作为礼以教人，使人以有礼，知自别于禽兽。太上贵德，其次务施报。礼尚往来，往而不来，非礼也；来而不往，亦非礼也。人有礼则安，无礼则危。故曰：礼者不可不学也。夫礼者，自卑而尊人。虽负贩者必有尊也，而况富贵乎？富贵而知好礼，则不骄不淫；贫贱而知好

礼，则志不慑。"[553]

烟草进入中国后，逐渐成为人们吟风月、助清谈、激文思、发雅兴之物。烟草、烟具不仅是人们日常的生活用品，而且质量价格还有高低贵贱之分，关系着用烟的品位、身份和地位。好的烟草犹如陈年好酒，好的烟具犹如艺术佳品，总是稀缺和让人惦记，拥有好烟、好烟具的人也总愿意与人分享，烟草、烟具成为传送友谊的媒介，馈赠烟草、烟具也成为传递情感友谊的方式，并形成了烟草礼俗中的馈赠文化，相互之间来往，上可到国家，下可达庶民百姓。明清时期，朝廷将烟草、烟具列入朝贡物资，要求属国、属地定期敬献，皇帝也会代表国家将烟草、烟具作为奖励之物赏赐给属国和臣民。严格意义上讲，这种烟草、烟具的敬献与赏赐也是一种官方的馈赠行为，它有严格的礼仪要求。例如，烟具必须采用最新奇、最好的材料，让技艺高超的工匠运用最精湛的工艺制作；烟草则必须是该地区最好的烟区出产的最好烟草，才能作为进贡之物敬献，这是约定俗成的一种文化，以表达尊崇、孝敬之意。而皇帝的赏赐则更多表达的是肯定、仁慈、关爱之意。烟草、烟具作为封建王朝国家层面的敬献、赏赐的馈赠之物，史书上均有记载，例如：

"（康熙）八年（1669 年）琉球国入贡，于常贡外加贡红铜千斤，丝烟百匣，螺钿、茶钟十具；……十年琉球国世子尚贞入贡，于常贡外加贡鬃烟、番纸、蕉布。……（康熙）二十年（1681 年）奉旨，琉球国进贡方物，以后只令贡琉黄、海螺壳、红铜，其马匹、丝烟、螺钿、器皿均免进贡。

"……[乾隆四十九年（1784 年）]三月，

安南国王遣陪臣谢恩入贡，恭遇圣驾南巡，陪臣等于江宁省城外接驾，钦命题作诗，恩赏段各一、纸笔墨各一分，特赐国王御书、南交屏翰四字《御制古稀说》，又加赏蟒段倭段等物，赐使臣筵燕于江宁将军衙门。八月，使臣进京赴热河瞻观，奉旨作诗恭进，赏五丝大段三匹、笔墨各三匣、纸大小六轴，特赐国王御制诗一章，瑞芝如意一柄，蟒段、闪段、章段、锦段各一，又赏陪臣三员各色段及羊皮袄、镶如意鼻烟壶、荷包、牙签艺器、蜜浸荔枝茶膏、茶饼鲜具等物。"[298]

直到今天，在部分国家，烟草仍然承担着"国礼"重任，被用于赠送给国外的领袖、友好人士。在臣民之间，将好烟、烟具作为礼品赠送，甚至相互之间分享，就更加普遍和随意。例如，爱新觉罗·永瑆（1752—1823 年），乾隆第十一子，人称成亲王，戒烟十三年之后听说状元钱湘舲 [1781 年，钱湘舲连中三元（乡试解元、会试会元、殿试状元），一时间朝野惊叹，以为盛事，古来罕见] 有好烟，急作书信一封索取，还为开戒找了理由：

"近有一奇举，乃吃烟之谓也。戒之十三年，今复开之。其中以开为戒，别有因缘，总之下乘有为法耳。欲乞上好南丝一二斤许，翘伫翘伫。不宣。与钱湘舲。"

成亲王以开戒为戒的思想来自佛教的经典著作《大乘起信论》：

"是故三界虚伪，唯心所作；离心则无六尘境界。此义云何？以一切法，皆从心起妄念而生。一切分别，即分别自心；心不见心，无相可得。当知世间一切境界，皆依众生无明妄心而得住持。

是故一切法如镜中像，无体可得。唯心虚妄，以心生则种种法生，心灭则种种法灭。"[554]

通俗说法就是"酒肉穿肠过，佛祖心中坐"，只要我心中想着戒烟，即使抽烟也是在戒烟。

"投我以木瓜，报之以琼琚；匪报也，永以为好也。"[555]

朋友之间相互赠送烟草意为相思，代表的是心心相印，相互牵挂、关爱之意，不仅是一种高尚的情感，也是暗示相互之间对情谊格外珍视。因此，互赠烟草、烟具一直被国人所看重，具有独特的文化含义。赠送的人诚意满满，接受的人心怀感恩。陈逵（1753—1807年），原名梦鸿，字吉甫，号东桥，江苏青浦人，诸生。有一次收到朋友赠送的烟草之后，他写了一封表达感激之情的信，并回赠木炭和虎斑竹烟筒：

"天寒岁暮，酒兴诗情，谅增胜也。顷接爱筠大兄手翰，极蒙关注。又承赐烟草，其寓相思之意，以慰孤馆之愁，拜领之下，齿颊俱香，肺腑顿暖，感何如之！附上小炭一篓、虎斑竹烟筒一枝，得之友人者，转以奉赠。不敢当琅玕之报，幸哂存之。"[556]

烟草除了用于馈赠之外，犹如茶酒香雅可口，其社交功能还被广泛用于招待宾客：

"小草无端化作烟，乍经离火已飘然。闲偕宾客陪清茗，愿共云霞上碧天。吐纳不差兰嗅味，芬芳终待口流传。漫嫌一缕云情薄，拟与炉香结凤缘。"[557]

"瀛岛传香，闽山分翠，江乡近日都有。绿叶齐干，金丝细切，味比槟榔差厚。玉纤拈得，待吸取、清芬盈口。朵朵巫云轻扬，余痕隔帘微透。 筠筒一枝在手，闷无聊、尽消残昼。留客茶铛未熟，探囊先授。最忆宵寒时候，频唤剔、春灯小红豆。几度氤氲，如中卯酒。"[558]

这是清朝诗人姚渊创作的七律和朱方蔼（1721—1786年）填的《天香》，寥寥几句就道明了烟草是款待朋友的重要物品及烟草的使用场景和礼节。明清时期，如同饮酒礼仪一样，用烟招待宾客的礼节也遵循以下原则[559]：

"宾酬主人，主人酬介，介酬众宾，少长以齿，终于沃洗者焉。知其能弟长而无遗矣。"

康熙年间编撰的《诸罗县志》中，介绍当地风俗情况的"风俗志"也有相似的记载：

"途次相遇，少者侧立，先问讯长者，俯以俟；长者既过，乃移足。朋侪则互相问，饮食无论多寡，分甘必遍。或汉人入社，以烟、糖相饷（二物皆所酷嗜）。已遍而忽有后至者，虽素不谋面，必更均而与之。"[560]

也就是说，在分发烟草的时候，无论主宾都必须顾及在场的所有人，不能遗漏，即使分完之后才来的也要匀一些，强调"分甘必遍"。如果有需要装烟、递烟、点烟的服务，则有尊长的礼仪，年长的人可以坐着，年幼的需要站立侍候，为大家服务，即：

"六十者坐，五十者立侍，以听政役，所以明尊长也。"

明清时期的烟草，被主流医学认为有益健康，是养生之物，招待宾客时分发烟草出现遗漏，一般被认为是故意的怠慢和无礼之举。而到了现代，随着人们更加重视烟草对健康的潜在危害性，过去的烟草宾客礼仪已经有所改变，现在的处理方

式一般是:

在主人面前: 到别人家做客时,特别是到不熟悉的人家里做客,主人如果不主动敬烟,周围又无烟具,这时客人就不应该喧宾夺主,取烟递给主人。如果主人不吸烟,又没有主动向客人敬烟,客人应不动声色,谅解他人,露出不悦之色是失礼的。如在较为熟悉的人家里做客,可另当别论,但注意不要在不吸烟的主人面前无节制地用烟。

在客人面前: 主人在客人面前,可按传统礼俗主动敬烟。主人敬烟时,客人不用时,会吸烟的主人应自我克制,不能当着客人的面抽个不停,也不要劝客人吸烟。在冬季通风不便、空气不好的房间里,主人尤其不能当着客人的面多吸烟,使其坐不下去。

在新人面前: 婚礼敬烟是中国的传统宾客礼俗,参加新娘、新郎婚礼时,新人敬烟时应高兴地接过,即使不吸烟也要象征性地抽几口,等待主人应酬他人时再熄灭,拒不接烟同喜庆的气氛不谐调。

三、中国传统烟草(烟具)文化中的婚恋礼俗

烟草在中国普及之后,不仅在尊长、宾礼、馈赠等礼仪中扮演着重要作用,而且也逐渐渗透进人们的婚恋礼俗。在中国,传统的婚恋礼俗讲究"六礼告成",大致分为六个阶段:一纳采,媒人代表男方到女方家里提亲;二问名,男方请媒人问女方的名字和生辰八字,意味着男女双方已经有了初步的接触;三纳吉,双方择定吉日定亲;四纳征,男方向女方送达聘礼;五请期,择定婚期备礼通知女方;六迎亲,男方去女方家迎娶。在这些阶段中,不同地域、不同民族,烟草成为传情达意的信物,从而形成独特的烟草婚恋文化。例如:

纳采阶段: 居住在广西河口瑶族自治县大围山上的瑶族,青年男女的婚姻由父母包办。因此,做父母的通常在暗地里为自己的儿子物色对象,一旦发现了合心意的姑娘,就会立即亲往或者委托媒人赶到女方家里去,会见女方的父母。见面时,首先要装好一袋烟,递给女方父母点燃后才能提出结亲的事,否则女方父母不予理睬。

在另一些瑶族村寨中,则是男女青年对歌相恋之后,再走纳采程序。由男方委托媒人说媒,即向女方父母送去上等烟叶一包,女方父母若不同意这门亲事,就将烟叶退回去,若是同意就将烟叶留下。男方根据女方是否接受赠送的烟叶来决定下一步行动。如果没有退回,就继续请媒人再送一次烟叶,仍被接纳,则可以进入下一阶段。

居住在云南金平的哈尼族,当小伙子与姑娘相识并看中后,男方父母会买一只新饭箩,放进一包毛烟、一对新梳子、一小把野麻,委托两个媒人,一个举火把,一个拿新饭箩去女方家。按照习俗,媒人不能说话,进门前先咳嗽三声以告知女方家人,然后灭火进门,把饭箩放在火塘的烤板上。两个媒人各自取一只烟筒,在火塘边抽烟,吸几口之后,再分别把烟筒和烟草递送给女方父母,随后依次递给火塘边的其他人。烟筒传了两圈之后,媒人就走了。第二天鸡叫头遍时,姑娘悄悄走进男方家,把昨天晚上媒人送去的饭箩放回男方家的烤板上。第二天晚上,两个媒人像头

天晚上一样，再把饭箩拿到女方家。女方如果同意，就不再送回饭箩，算是同意交往。如果第三天一早姑娘再将饭箩送回，则表示女方不同意交往[561]。

问名阶段：一些恋爱自由的地区，年轻男女则会跳过纳采，先进行问名阶段的一些活动。在滇南的彝族中，一般由小伙子邀请别家寨子的姑娘到本寨玩，地点选在山顶，点燃篝火，尽情跳舞欢唱；如果姑娘钟情于某一小伙子，则会在为小伙子点烟前清唱一句"嫌不嫌弃我，给你点烟火"，这时小伙子通常对唱"帮我点烟火，恐怕雷打我"，女方则继续跟进对唱"雷打对门对，不打郎和妹"，小伙子对姑娘满意则不会继续矜持，同意姑娘点烟，相当于男女双方取得了初步的交往意向[562]。而广西巴马的瑶族青年男女，则换成另一种套路，当想要与对方交往时，就会找借口向对方借烟杆抽烟，抽完之后就直接装进自己的口袋，等对方索要时故意说不知道，对方就明白了其中的意味。如果对方也有意，接着就是用情歌来进行相互较量，表面上看是要继续讨回烟杆，实则是考验对方，满意则交换信物，若没有，烟杆照样留下；不满意则一开始就不借烟杆，即使误借也不再讨回，立马离开。

纳吉阶段：经过纳采、问名之后，广西巴马瑶族的男青年需要到女方家帮三次农活，接受女方的考察。第一次帮忙后返回时女方送至半路，会赠送头巾，如果头巾有彩色花卉刺绣，则表明对男方很有感情；随后男方还得第二次、第三次去女方家帮忙，并相互赠送礼物。春节临近时，男方需要买两斤好烟敬送女方父母，女方父母将一部分烟叶分送给同村的邻居和亲朋，每户两张，

亲戚朋友就知道女方父母同意这门婚事。春节后，男方再次到女方家帮忙，回家时女方会包十到十五个粽粑，用精制的头巾包好让男方带回家，男方回家后把一些粽粑切成两半，同样分送亲戚朋友，以此宣告完成订婚。在满族，这一环节又叫会亲家，被相中的姑娘会在定亲之日盛装打扮后拜见男家长辈，并恭恭敬敬地用烟袋依次敬烟，也称"装烟"。当然，这烟也不会白装，男方的尊长会立即给银钱，称为"装烟钱"。在此后的热恋中，烟草、烟具也会继续带来助力。例如，贵州东部的苗族青年男女完成定亲之后喜欢在林中约会，为了防止别人打扰，就在周围醒目的地方挂上烟荷包或者烟叶，提醒他人绕道，让其他情侣另觅佳地。白族的姑娘则要精心绣制一个配置烟袋、烟丝、火镰、火石的烟荷包给对方作为爱情的信物，男方需要随身佩戴以示对爱情的忠贞永恒。

烟草在纳采、问名、纳吉阶段的使命完成后，在纳征阶段作为聘礼、在请期中作为礼物更是明清时期各民族的通行做法，人们都会自觉地将烟草作为珍贵的馈赠之物。

迎亲阶段：在三江的侗族，男方的迎亲队伍到来之前，女方会在叔伯家大摆筵席，并在此先接待男方。这个接待也是有门槛的，女方会将叔伯家大门关上，男方在门外要唱完十二对开门歌，女方才会开门；开门后，男方要唱进屋歌，到堂屋入座后，男方唱讨烟歌，女方才会取烟出来招待男方宾客；男方接烟之后再唱谢烟歌，并且是边吸烟边唱歌。吸完烟，还要唱讨茶歌等等，直到天亮男方走后，女方才回自己家正式出嫁。而

在屏边的瑶族，在迎亲时男方必须由一个媒人和两个伴郎陪同前往女方家迎接新娘；此时，新娘家会在新郎前来的半道上用把凳子架起烟筒和烟火，男方见到这些后必须立马停下来，等待女方派一个媒人和两个伴娘前来迎接，并在此接受新娘最后一次对歌考验。

我国民族众多，并不是所有的民族婚恋都严格遵循这样的烟草、烟具礼俗，尤其是现代社会，这种婚恋中烟草、烟具礼俗已经大为减少，甚至在一些地方用其他物品代替烟草。

第四节　中国烟草与中式烟斗文化中的青楼与闺阁文化

青楼文化是中国历史文化中独具韵味却又充满神秘色彩的一部分，它随着唐宋文化的发展而风生水起，也丰富和促进了中国文化的发展；青楼诗词有的哀怨凄婉，充满离愁别绪，也有的旖旎华丽、情意缠绵。在历史上，文人才子一般都与青楼歌女有交往，才子佳人相得益彰，青楼诗词深思婉出、风韵绝传，几多辛酸、几多风情都浓缩在一首首优美的诗词里。

16世纪初烟草传入中国后，青楼女子可能在与吸烟男士一起活动的过程中开始学会了抽烟。此后，吸烟逐渐成为高级青楼提供商业化招待中不可或缺的一部分，也成为明清诗社、宴请宾客"打茶围"等活动的一部分。清末描写十里洋场妓院生活的吴语小说《海上花列传》中，就有大量关于抽烟的描写。青楼女性不仅按照惯例向男性客人呈上烟管，而且还与才子们吟诗作赋，留下了许多佳品名作，使得烟草的青楼文化蒙上了些许神秘味道和瑰丽色彩。

在17世纪、18世纪初，董友文、方文（1612—1669年）、尤侗（1618—1704年）、厉颚（1692—1752年）、董伟业（1669—1730年）、杨守知（1740年在世）等人也写下了不少与烟草相关的青楼诗词。18世纪下半叶、19世纪更是烟草青楼文化的繁荣时期，许宗彦（1768—1818年）、李伯元（1867—1906年）等也作有青楼烟草诗词（详见本书相关章节）。

许宗彦（1768—1818年），原名庆宗，字积卿（一字固卿），号周生，德清人，嘉庆四年（1799年）进士，官至兵部车驾司主事，居官仅两月，即以亲老辞归。好藏书，曾填《天香》一首，描写淑女吸烟的婉约优雅：

"玉瓯灵芽，霜含嫩叶，相思种就仙草。堆绣囊青，浮竹箛紫，浅拨兽炉红小。停针暗吸，看飐出、柔情多少。闲傍雕阑仁立，浓噷怕被花恼。

底事消磨客抱，剔兰缸、片云低绕。算是最萦情绪，酒阑人悄。半露荑尖小握，待递与、纤纤一枝好。背启樱唇，几丝翠袅。"[563]

李伯元（1867—1906年），字宝嘉，别号南亭亭长，在其《庄谐词话》中收录了一首与侍女一起吸烟的《鹊桥仙》：

"樽前席上，明憧传与，吹气如兰堪忆。山人肠肚转车轮，这吃字、虚名何益。 偷闲忙里，消除烦恼，也有些儿风力。醉乡户小不封侯，拼做个、烟霞成癖。" [564]

烟草也受到淑女们的喜爱，有几位明清才女写下了受人称道的闺阁烟草诗。

一位是朱中楣（1622—1672年），一作中湄，字懿则，一字远山，人称远山夫人，江西南昌人，自幼聪颖，才气甚高。因亲历明末清初之世事更替，以及夫君李元鼎（1595—1670年？）之宦海沉浮，其诗词多感怀情绪。她与李元鼎合著有《石园全集》，其中有《美人啖烟图》一首，暗透吸烟佳人的悲戚之感：

"惜惜佳人粉黛匀，轻罗窄袖晓妆新。随风暗度悲笳曲，馥馥轻烟漫点唇。" [565]

沈彩，清藏书家陆烜（一字梅谷，1761—？，作有《烟草三十韵》）侧室，字虹屏，平湖人，在其《食烟草自哂》中提到，那些清新脱俗、貌似不食人间烟火的精英妇女，也禁不住烟草的诱惑：

"自疑身是谪仙妹，沆瀣琼浆果腹无。欲不食人间烟火，却餐一炷淡巴菰。" [566]

在19世纪中后期，一些影像也记录了不同职业的女性用烟的场景。

中国烟草（烟具）文化博大精深、内容广泛，本书仅仅列举了有限的几个方面，还有许多遗漏之处。例如，中国烟草（烟具）文化中还有独特的安全文化。乾隆时期，记载了不少吃烟遗火受到严厉处罚的事例。

光绪时期，聂树楷 [贵州务川县人，光绪甲午科（1894年）中举，第二年入京会试，1913年担任兴义县知府时被举为贵州全省清廉六官吏之一] 收到一位从四川返回的朋友送的一把湘竹拐杖，拐杖首尾用铜装饰，取下之后还可以作为旱烟斗使用，开心之余填《金缕曲》[567] 一首：

"三尺琅玕紫。范青铜、月镰霞杵，横颠竖趾。入手宛承灵寿赐，筇竹一枝差拟。喜拄地、声闻铿尔。临水登山堪济胜，步慵时、不碍身斜倚。坚挺节、直如矢。 烟霞久癖难湔洗。旋启螺、忽开双眼，灵通个里。陡觉氤氲萦齿颊，香赛澧兰沅芷。还待把精神振起，莫笑一身兼二役。想扶危舒困无殊理，缄汝口、我行矣。"

对烟草文化的探寻本书只是抛砖引玉，期待能有更多的烟草文化研究者参与进来。

图 247　爱抽烟的卖艺女子（18 世纪中后期外销画）

图 248　坐榻上抽烟的女子（18 世纪中后期外销画）

参考文献

[1] 张泌.女冠子·露花烟草 [OL]，https: //so.gushiwen.org/search.aspx?value= 女冠子.露花烟草.

[2] 袁庭栋.中国吸烟史话 [M]，济南：山东书报出版社，2007：1.

[3] 罗贯中.三国演义 [M]，第八十九回.

[4] 中国烟草工作编辑部.中国烟草史话 [M]，北京：中国轻工业出版社，1993：43—45.

[5]Bastien, André-Paul. *Von der Schönheit der Pfeife* [J]. - William Heyne Verlag. - München, 1976: 37.

[6]F. W. Fairholt. *Tobacco History and Its Associations* [M], London, Chatto and Windus Piccadilly, 1876:21.

[7] 高文德.中国少数民族史大辞典 [M]，长春：吉林教育出版社，1995：250.

[8] 李京.云南志略 [M]，卷一.金齿百夷.

[9]Bastien, André-Paul. *Von der Schönheit der Pfeife* [J]. - William Heyne Verlag. - München, 1976: 90.

[10] 兰茂.滇南本草 [M]，务本卷二.野烟条.

[11] 杨慎.艺林伐山 [M]，卷十五.芦酒.

[12] 姚旅.露书 [M]，卷十.错篇.

[13] 方以智.物理小识 [M]，卷九.淡巴姑烟草.

[14] 吴晗.灯下集 [M]，谈烟草.

[15] 中国烟草工作编辑部.中国烟草史话 [M]，北京：中国轻工业出版社，1993：47.

[16] 熊人霖（涵宇通校释）.地维 [M]，上海：上海交通大学出版社，2017：1—7，49—51.

[17] 郑超雄.从广西合浦明代窑址内发现瓷烟斗谈及烟草传入我国的时间问题 [J].农业考古，1986（2）：383—387.

[18] 刘廷玑.在园杂志 [M]，卷三.烟草.

[19] 陈琮（黄浩然笺注）.烟草谱笺注 [M]，北京：中国农业出版社，2017：253.

[20] 黎士弘.仁恕堂笔记（世楷堂刻本）[M]，卷二十五.

[21] 周仲瑄、陈梦林.诸罗县志（康熙版）[M]，卷十.物产志.

[22] 曾日瑛、李绂等.汀州府志（乾隆版）[M]，卷八.

[23]Carol Benedict.*Golden-Silk Smoke—A History of Tobacco in China*（1550—2010）[M]，London University of California Press，2011.25-28.

[24] 原野. 嘉靖年间的烟斗在广西合浦出土 [J], 烟草科技, 1987（3）: 25—30.

[25] 蓝日勇. 广西合浦上窑瓷烟斗的绝对年代及烟草问题别议 [J], 南方文物, 2001（2）: 77—80.

[26] 周赟、王晓阳等. 宁夏海原石砚子汉墓发掘简报 [J], 文博, 2018（4）: 3—16.

[27] 石苑等. 郧县东汉墓发现铜烟斗, 我国烟草传入史将改写 [OL], http://www. chinanews.com/cul/news/2008/10-21/1419552.shtml.

[28] 潘雪茹. 澄迈福安古窑:"碗灶岭"掩埋的古窑烟火 [OL], http://www.hkwb.net /news/content/2015-09/21/content_2652741.htm.

[29] 梅毒的历史. 六百年间, 起源、传播和发展过程分析 [OL], https://www.sohu.com/a/432603528_120870071.

[30] 吴子孝. 诉衷情 [OL], https://www.guoxuedian.com/authorv_16505.html.

[31] 汪瑀修、林有年. 安溪县志（嘉靖版）[M], 卷一.

[32] 保罗·维尔纳·朗格. 哥伦布传 [M], 北京: 新华出版社, 1986: 89—107.

[33] 彭巨彦等. 青城水烟 [M], 兰州: 甘肃人民出版社, 2012: 22—40.

[34] 特伦斯·M. 汉弗莱. 美洲史 [M], 北京: 民主与建设出版社, 2004: 2—60.

[35] 尔雅 [M], 第九篇. 释天.

[36] 吉尔曼等. 吸烟史 [M], 北京: 九州出版社, 2008: 2—10.

[37] 米南德. 海洋帝国——葡萄牙开创海权霸主的先河（1415—1583）[M], 武汉: 华中科技大学出版社, 2018: 1—250.

[38] George D. Winius. *Portugal the Pathfinder—Journeys from the Medieval toward the Modern World 1300-ca.1600* [M], Madison, 1995: 75-77.

[39] 山海经 [M], 卷九.

[40] 姚思廉. 梁书 [M], 卷五十四. 列传第四十八. 诸夷. 海南诸国.

[41] 保罗·维尔纳·朗格. 哥伦布传 [M], 北京: 新华出版社, 1986: 22—78.

[42] Ferenc Levárdy. *Our Pipe-Smoking Forebears*:10-15.

[43] 克里斯托弗. 哥伦布航海日记 [M], 北京: 译林出版社, 2016: 60—65.

[44] 保罗·维尔纳·朗格. 哥伦布传 [M], 北京: 新华出版社, 1986: 144—218.

[45] 叶启晓. 人类学概论 [M], 北京: 北京大学出版社, 2012: 1—4.

[46] 钟敬文. 民俗学 [M], 上海: 上海文艺出版社, 2009: 45—47.

[47] Cudell, *Robert: Das Buch vom Tabak* [M], Verlag Haus Neuerburg. Köln, 1927: 16-24.

[48]F. W. Fairholt. *Tobacco History and Its Associations*[M], London, Chatto and Windus Piccadilly, 1876:1-18.

[49]Hochrain, H. *Das Taschenbuch des Pfeifenrauchers*[M], Wilhelm Heyne Verlag - München, 1972: 41.

[50]*The History of Syphilis*[OL]，https://www.stdaware.com/blog/the-history-of-syphilis/.

[51]George D. Winius. *Portugal the Pathfinder－Journeys from the Medieval toward the Modern World 1300-ca.1600*[M]，Madison, 1995: 77-79.

[52] 罗杰·克劳利. 征服者——葡萄牙帝国的崛起 [M]，北京：社会科学出版社，2016：48—75.

[53] 姚风. 中外文学交流史（中国—葡萄牙卷）[M]，济南：山东教育出版社，2015：8—9.

[54] 顾卫民. 葡萄牙海洋帝国史 [M]，上海：上海社会科学院出版社，2018：121—127.

[55] 郑文龙、万瑜. 巴西通史 [M]，上海：上海社会科学院出版社，2017：3—5.

[56]Pero Vaz de Carminha. *The Letter of Pero Vaz de Carminha to El-rei d Manuel of Portugal Concerning the Discovery of Brazil*[M]，Timthy Plant, 2020:1-85.

[57]Ronaldo Vainfas. *Naufragos Traficantes e Degredados–as Primeiras Expedicoes ao Brasil 1500-1531*[M]，Sindicato Nacional Dos Editores De Livros, RJ, 1998: 38-45.

[58]Ronaldo Vainfas. *Naufragos Traficantes e Degredados–as Primeiras Expedicoes ao Brasil 1500-1531*[M]，Sindicato Nacional Dos Editores De Livros, RJ, 1998: 74-78.

[59]Ronaldo Vainfas. *Naufragos Traficantes e Degredados–as Primeiras Expedicoes ao Brasil 1500-1531*[M]，Sindicato Nacional Dos Editores De Livros, RJ, 1998: 81-86.

[60]Ronaldo Vainfas. *Naufragos Traficantes e Degredados–as Primeiras Expedicoes ao Brasil 1500-1531*[M]，Sindicato Nacional Dos Editores De Livros, RJ,1998:51.

[61]G. Bouchon. *Le Premiere Voyage de Lopo Soares en Inde（1504－1505）*[M], Mare Lusolndicum, Ⅲ (1976): 196-198.

[62]M. N. 皮尔森. 新编剑桥印度史——葡萄牙人在印度 [M]，昆明：云南人民出版社，2014：54—72.

[63] 罗杰·克劳利. 征服者——葡萄牙帝国的崛起 [M]，北京：社会科学出版社，2016：81

[64]M. N. 皮尔森. 新编剑桥印度史——葡萄牙人在印度 [M]，昆明：云南人民出版社，2014：43—44.

[65] 罗杰·克劳利. 征服者——葡萄牙帝国的崛起 [M]，北京：社会科学出版社，2016：60—61.

[66]*Voyage de Vasco de Gama: Relations des Expeditions de 1497-1499 et 1502-1503*, ed. And trand.

Paul Teyssier and Paul Valentine, Paris, 1995: 280-330.

[67]Silva, *Joaquim Candeias. O Fundador do Estado Portugues da India-D. Franciciso de Almeida*[M]，Lisbon, 1996: 259-261.

[68] 罗杰•克劳利.征服者——葡萄牙帝国的崛起 [M]，北京：社会科学出版社，2016：250—270.

[69]Sanceau, Elaine. *Indies Adventure*[M], London, 1936: 18-20.

[70]Earle, T.F.,and Jhon Villiers, ed. and Trans. *Albuquerque, Caesar of the East: Selected Texts by Afonso de Albuquerque and His Son.* Warminster, 1990: 55-57.

[71]Ronaldo Vainfas. *Naufragos Traficantes e Degredados–as Primeiras Expedicoes ao Brasil 1500-1531*[M]，Sindicato Nacional Dos Editores De Livros, RJ,1998:54-57.

[72] 迈克尔•皮尔森.港口城市与入侵者——现代社会早期斯瓦希里海岸、印度和葡萄牙 [M]，北京：民主与建设出版社，2015：58—91.

[73]Francis. p. de. *Laval, Voyage of Pyrard of Laval*, 2 vols, London, 1887: 223-225.

[74] 罗杰•克劳利.征服者——葡萄牙帝国的崛起 [M]，北京：社会科学出版社，2016：187.

[75]Grandes Viagens Maritimas. *Albuquerque，Luis de，and Francisco Contente Domingues, eds*[M]，Lisbon, 1989: 83-85.

[76]M. N. 皮尔森.新编剑桥印度史——葡萄牙人在印度 [M]，昆明：云南人民出版社，2014：54—56.

[77]Subrahmanyam, Sanjay. *The Career and Legend of Vasco Da Gama*[M]，Cambridge, 1997: 189-191.

[78]M. Lopes de Almeida.Castanheda, Fernao Lopes de. *Historia do Descobrimento e Conquista da India Pelos Portuguese*，2 vols. Porto, 1979: 435-438.

[79]Monteiro, Saturnino. *Portuguese Sea Battles.* Vol.1, The First World Sea Power, 1139-1521[M]，Lisbon, 2013: 264-265.

[80]M. Lopes de Almeida. Castanheda, Fernao Lopes de. *Historia do Descobrimento e Conquista da India Pelos Portuguese*[M]，2 vols. Porto, 1979: 394-396.

[81]Correia, Gaspar. *Lendas da India.* 2 vols. Lisbon, 1860: 98-103.

[82]M. Lopes de Almeida. Castanheda, Fernao Lopes de. *Historia do Descobrimento e Conquista da India Pelos Portuguese*[M]，2 vols. Porto, 1979: 555-563.

[83] 罗杰•克劳利.征服者——葡萄牙帝国的崛起 [M]，北京：社会科学出版社，2016：210—

217.

[84]Albuquerque, Luis de, and Francisco Contente Domingues, eds. *Dictionario de Historia dos Decobrimentos Portugueses*[M]，2 vols. Lisbon,1994: 88-90.

[85]M. Lopes de Almeida. Castanheda, Fernao Lopes de. *Historia do Descobrimento e Conquista da India Pelos Portuguese*[M]，2 vols. Porto, 1979: 501-506.

[86]Silva, Joaquim Candeias. *O Fundador do Estado Portugues da India-D. Franciciso de Almeida*[M]，Lisbon, 1996: 313-318.

[87]M. N. 皮尔森. 新编剑桥印度史——葡萄牙人在印度 [M]，昆明: 云南人民出版社，2014: 50—53.

[88]Ibn Iyas. *Journal d'un Bourgeois du Caire*. Translated and Edited by Gaston Wiet[M]，Paris, 1955: 81-84.

[89]FAIFA . *History of Tobacco Cultivation in India*[OL]，https://www.protectourlivelihood.in/ tobcropsacco/ history-of-tobacco-cultivation-in-india/.

[90]Sanceau, Elaine. *Indies Adventure*[M]，London, 1936: 69-71.

[91] 罗杰·克劳利. 征服者 _ 葡萄牙帝国的崛起 [M]，北京: 社会科学出版社，2016: 252—254.

[92]Bailey. W. Diffe, George D. Winus. *Foundations of the Portuguese Empire, 1415-1580. Minneapolis*[M]，The U. of Minnesota Press, 1977:244-263.

[93]Noonan, Laurence A. *Jhon of Empoli and His Relations with Afonso de Albuquerque* [M]，Lisbon, 1989: 182-184.

[94]M Tampa, I Sarbu, C Matei, V Benea, and SR Georgescu. *Brief History of Syphilis*[J]，J Med Life. 2014 Mar 15; 7(1): 4–10.

[95] 俞弁. 续医说 [M]，卷十. 草.

[96] 桑贾伊·苏拉马尼亚姆. 葡萄牙帝国在亚洲 [M]，桂林: 广西师范大学出版社，2018: 98—99.

[97]Noonan, Laurence A. *Jhon of Empoli and His Relations with Afonso de Albuquerque* [M]，Lisbon, 1989: 189-190.

[98]Ibn Iyas. *Journal d'un Bourgeois du Caire*. Translated and Edited by Gaston Wiet[M]，Paris, 1955: 219-222.

[99] 多默·皮列士. 东方志 [M]，北京: 中国人民大学出版社，2012: 12

[100]Antonio Baiao.Albuquerque, Afonso de. *Cartas para El-Rei D. Manuel* Ⅰ [M]，Lisbon, 1942: 178-

180.

[101] 罗杰·克劳利. 征服者——葡萄牙帝国的崛起 [M], 北京: 社会科学出版社, 2016: 382—383.

[102] 多默·皮列士. 东方志 [M], 北京: 中国人民大学出版社, 2012: 14.

[103]Ibn Iyas. *Journal d'un Bourgeois du Caire*. Translated and Edited by Gaston Wiet[M], Paris, 1955:420-426.

[104] 哈全安."肥沃的新月地带"诸国史 [M], 天津: 天津人民出版社, 2016: 9.

[105] 罗杰·克劳利. 征服者——葡萄牙帝国的崛起 [M], 北京: 社会科学出版社, 2016: 127.

[106]George D.Winius. *Portugal the Pathfinder—Journeys from the Medieval toward the Modern World 1300-ca.1600*[M], Madison, 1995: 201-202.

[107]Bailey. W. Diffe, George D. Winus. *Foundations of the Portuguese Empire, 1415-1580*[M], Minneapolis, The U. of Minnesota Press, 1977:187-194.

[108] 多默·皮列士. 东方志 [M], 北京: 中国人民大学出版社, 2012: 64—65.

[107]George D.Winius. *Portugal the Pathfinder—Journeys from the Medieval toward the Modern World 1300-ca.1600*[M], Madison, 1995: 249.

[108]William B. Greenlee, ed.. & comp. *The Voyage of Pedro Alvares Cabral to Brazil and India*[M], London, The Hakluyt Society, 1938: 48-50.

[109]Correia, Gaspar. *Lendas da India*[M], 4 vols. Lisbon, 1858: 138-140.

[110]Antonio da Silva Rego, ed.. & comp. *Documentation para a Historia das missoes do Padroado Portugues*[M], 12 vols, Ⅰ: 296-299.

[111]Antonio da Silva Rego. *Historia das missoes do Padroado Portugues do Oriente I,1500-1542*[M], Lisbon, Agencia Geral das Colonias, 1949: 416-418.

[112]George D. Winius. *Portugal the Pathfinder—Journeys from the Medieval toward the Modern World 1300-ca.1600*[M], Madison, 1995: 250.

[113] 多默·皮列士. 东方志 [M], 北京: 中国人民大学出版社, 2012: 84.

[114] 桑贾伊·苏拉马尼亚姆. 葡萄牙帝国在亚洲 [M], 桂林: 广西师范大学出版社, 2018: 101.

[115] 多默·皮列士. 东方志 [M], 北京: 中国人民大学出版社, 2012: 92.

[116] 多默·皮列士. 东方志 [M], 北京: 中国人民大学出版社, 2012: 94—95.

[117]George D. Winius. *Portugal the Pathfinder—Journeys from the Medieval toward the Modern World 1300-ca.1600*[M], Madison, 1995: 78.

[118] 桑贾伊·苏拉马尼亚姆. 葡萄牙帝国在亚洲 [M]，桂林：广西师范大学出版社，2018：108—113.

[119] 多默·皮列士. 东方志 [M]，北京：中国人民大学出版社，2012：248—254.

[120]G. Bouchon. *Albuquerque: Le Lion des Mers d'Asie*[M]，Paris, 1992: 193.

[121] 罗杰·克劳利. 征服者——葡萄牙帝国的崛起 [M]，北京：社会科学出版社，2016：127, 324—334.

[122] 多默·皮列士. 东方志 [M]，北京：中国人民大学出版社，2012：255—257.

[123]M. N. 皮尔森. 新编剑桥印度史——葡萄牙人在印度 [M]，昆明：云南人民出版社，2014：91—92.

[124]Antonio Baiao. Albuquerque, Afonso de. *Cartas para El-Rei D. Manuel I*[M]，Lisbon, 1942: 138-139.

[125] 多默·皮列士. 东方志 [M]，北京：中国人民大学出版社，2012：91.

[126]Joaquim J. de Campos. *Early Portuguese Accounts of Thailand, in Journal of the Thailand Research Society*[M]，XXXII, pt.I: 83-86.

[127] 张天泽. 中葡早期通商史 [M]，香港：中华书局香港分局，1988：42..

[128]Joao Baros. *Da Asia, Decada III*, Livo Ⅱ, Chapters IV&V.

[129]George D. Winius. *Portugal the Pathfinder—Journeys from the Medieval toward the Modern World 1300-ca.1600*[M], Madison, 1995: 220.

[130] 张天泽. 中葡早期通商史 [M]，香港：中华书局香港分局，1988：36.

[131]Rui Manuel Loureiro, Fidalgos,. *Missionarios e Mandarins-Portugal e a China no Seculo XVI, Fundacao Oriente*[M]，Lisboa, 2000: 124.

[132]Rui Manuel Loureiro, Fidalgos,. *Missionarios e Mandarins-Portugal e a China no Seculo XVI, Fundacao Oriente*[M]，Lisboa, 2000: 126.

[133]Walter de Grey Birch. *The Commentaries of the Great Afonso Dalboquerque*[M], 3vols: 98-114.

[134] 多默·皮列士. 东方志 [M]，北京：中国人民大学出版社，2012：93.

[135] 多默·皮列士. 东方志 [M]，北京：中国人民大学出版社，2012：116—117.

[136]Joao Baros. *Da Asia, Decada III*[M], 6vol, Chapters II: 20.

[137] 林梅村. 澳门开埠以前葡萄牙人的东方贸易——15—16世纪景德镇青花瓷外销调查之二 [J]，文物，2011（12）：61—71

[138]George D. Winius. *Portugal the Pathfinder—Journeys from the Medieval toward the Modern*

World 1300-ca.1600[M]，Madison，1995:270.

[139]Joao Baros. *Da Asia, Decada III*[M]，1vol, Chapters I: 3-13.

[140] 张天泽 . 中葡早期通商史 [M]，香港，中华书局香港分局，1988：43—44.

[141]Joao Baros. *Da Asia, Decada III*[M]，2vol, Chapters Ⅷ : 220.

[142] 胡宗宪 . 筹海图编 [M]，卷十三 .

[143] 张天泽 . 中葡早期通商史 [M]，香港：中华书局香港分局，1988：46.

[144] 地理大发现第 69 篇 . 安德拉德访问广州——近代中国与欧洲接触的开端 [OL]，https:// www. sohu.com/a/299831399_100023059.

[145] 陈乐民 . 十六世纪葡萄牙通华系年 [M]，沈阳：辽宁教育出版社，2000：49.

[146]Ljun Steat. *A historic Sketch of the Portuguese Settlements in China*[M]，Boston, 1836: 9.

[147] 黄佐 . 泰泉集 [M]，卷四十九 .

[148] 谈迁 . 国榷 [M]，卷五十一 .

[149] 徐阶、张居正等 . 明世宗实录 [M]，卷四 . 正德十六年七月己卯条 .

[150] 田昭林 . 中国战争史（第三卷）[M]，南京：江苏人民出版社，2019：269.

[151] 周景濂 . 中葡外交史 [M]，北京：商务印书馆，1991：27—28.

[152] 张天泽 . 中葡早期通商史 [M]，香港：中华书局香港分局，1988：47.

[153] 廖大珂 . 早期葡萄牙人在福建的通商与冲突 [J]，东南学术，2000（4）.71—78.

[154]Donald Ferguson. *Letters from Portuguese Captives in Canton*[M]，Byculla, Educ. Steam Press, 1902: 92-152.

[155] 明嘉靖实录 [M]，卷一百〇六 .

[156]Ptak Roderich. *The Fujianese, Ryukyuans and Portuguese (c. 1511 to 1540s): Allies or Competitors? In: Anais de história de Além-Mar*[J], AHA, Vol. 3，2002: S. 447-467.

[157] 王茹芹 . 中国商路 [M]，北京：高等教育出版社，2017：8.

[158] 巴布尔 . 巴布尔回忆录 [M]，北京：商务印书馆，1998：v—vii.

[159] 巴布尔 . 巴布尔回忆录 [M]，北京：商务印书馆，1998：203.

[160] 巴布尔 . 巴布尔回忆录 [M]，北京：商务印书馆，1998：220—518.

[161] 张星烺 . 中西交通史料汇编（4）[M]，北京：华文出版社，1930：1411.

[162] 房建昌 . 近代西藏麝香之路考——兼论印度大三角测量局班智达、日本僧人河口慧海和侵藏英军噶大克考察团在沿路的活动等 [J]，西藏研究，2015（4）：17—37.

[163] 张云 . 上古西藏与波斯文明 [M]，北京：中国藏学出版社，2005：275.

[164] 地图出版社编辑部.世界地图集 [M]，北京：地图出版社，1972：24—25.

[165] 木仕华."茶马古道"文化概念的当下意义 [J]，中国社会科学报，2019（7）：31—39..

[166] 李宗俊.唐敕使王玄策使印度事迹新探 [J]，西域研究，2010（4）：11—22.

[167] 陈塘镇简介 [OL]，https://baike.baidu.com/item/ 陈塘镇 /5498305?fr=aladdin.

[168] 亚东县简介 [OL]，https://baike.baidu.com/item/ 亚东县 /940627?fromtitle= 亚东 &fromid =4413&fr=aladdin.

[169]Berthold Laufer. *Tobacco and Its Use in Asia*[M], Chicago, Field Museum of Natural History, 1924: 26-27.

[170] 朱孟震.西南夷风土 [M]，卷一.

[171]George D. Winius. *Portugal the Pathfinder—Journeys from the Medieval toward the Modern World 1300-ca.1600*[M], Madison, 1995: 195.

[172] 多默·皮列士.东方志 [M]，北京：中国人民大学出版社，2012：256.

[173] 多默·皮列士.东方志 [M]，北京：中国人民大学出版社，2012：116..

[174] 王茹芹.中国商路 [M]，北京：高等教育出版社，2017：51—52.

[175] 王茹芹.中国商路 [M]，北京：高等教育出版社，2017：49—50.

[176] 地图出版社编辑部.世界地图集 [M]，北京：地图出版社，1972：6.

[177]Lopez de Castanheda. *Historia do Defcobrimento & Conquifta da India Pelos Portuguetes*[M], 4 vol, Chapter 4: 6.

[178]Joao Baros. *Da Asia, Decada III*[M], 2 vol, Chapters Ⅷ: 223.

[179]Joao Baros. *Da Asia, Decada III*[M], 6 vol, Chapters Ⅱ: 18-19.

[180] 张天泽.中葡早期通商史 [M]，香港：中华书局香港分局，1988：60.

[181]Joao Baros. *Da Asia, Decada III*[M], 6 vol, Chapters Ⅷ :22-25.

[182] 张天泽.中葡早期通商史 [M]，香港：中华书局香港分局，1988：62—63.

[183] 周景濂.中葡外交史 [M]，北京：商务印书馆，1991：30—31.

[184] 戴裔煊.明史弗朗机传笺正 [M]，北京：中国社会科学出版社，1984：19.

[185] 严从简.殊域周咨录 [M]，卷九.

[186] 中国中外关系史学会.东西初识二编 [M]，郑州：大象出版社，2002：154—155.

[187] 漳州金融志编撰委员会.漳州金融志 [M]，北京：东方出版社，1993：1—5.

[188] 明实录 [M]，嘉靖三年四月壬寅.刑部覆.

[189] 明实录 [M]，嘉靖四年八月甲辰，浙江巡按御史潘仿言.

[190] 张廷玉等. 明史 [M]，卷九十三.

[191] 徐阶、张居正等. 明世宗实录 [M]，卷 108.

[192] 明实录 [M]，嘉靖十二年九月辛亥，兵部言.

[193] 明实录 [M]，嘉靖二年（六月）甲寅.

[194] 明实录 [M]，嘉靖二年（六月）戊辰.

[195] 明实录 [M]，嘉靖四年（六月）己亥.

[196] 张廷玉等. 明史 [M]，卷八十一.

[197] 张廷玉等. 明史 [M]，卷七十五.

[198] 明实录 [M]，嘉靖六年（九月）丙戌.

[199] 郑舜功. 日本一鉴 [M]，卷六.

[200] 陆钺. 次韵答刘郎中席上之作 [OL]，http://www.iyangzhi.com/shi_detail/311267.html.

[201] 明实录 [M]，嘉靖十九年（二月）丙戌.

[202] 明实录 [M]，嘉靖二十七年（六月）戊申.

[203] 多默·皮列士. 东方志 [M]，北京：中国人民大学出版社，2012：257.

[204] 林希元. 林次崖先生文集（上）[M]，厦门：厦门大学出版社，2015.200—204.

[205] 伊本·白图泰. 伊本·白图泰游记 [M]，北京：华文出版社，2015：399.

[206] 王福昌. 明清以来闽粤赣边的农业变迁与山区环境 [M]，北京：中国社会科学出版社，2016：344—364.

[207] 五十二方 [M]，卷一.

[208] 王焘. 外台秘要方 [M]，卷九

[209] 孙思邈. 备急千金要方 [M]，卷十八. 大肠腑方（凡七类）. 咳嗽第五.

[210] 李时珍. 本草纲目 [M]，草部.

[211] 崔学履. 昌平州志（隆庆版）[M].

[212] 王圻. 三才图会·地理. 卷十三.

[213] 张廷玉等. 明史 [M]，卷三百二十五.

[214] 陈仕贤. 经验（济世）良方 [M]..

[215] 于慎行. 乌栖曲. 第四首 [OL]，http://www.taixiangla.com/gushi/237262.html.

[216] 倪朱谟. 本草汇言 [M]，卷五.

[217] 陈继儒. 缺题 [OL]，https://www.gushiciju.com/shici/853b4e3.

[218] 陈继儒. 同辰玉过澹圃 [OL]，http://www.taixiangla.com/gushi/373546.html.

[219] 袁宗道.题司选君寒玉轩卷 [OL], https://so.gushiwen.org/search.aspx?value= 题司选君寒玉轩卷 .

[220] 张景岳.景岳全书 [M], 隰草部 .

[221] 张燮.东西洋考 [M], 卷九 .

[222] 彭巨彦.青城水烟 [M], 兰州：甘肃人民出版社, 2012: 24.

[223] 明缅战争：明朝向缅甸割让大片领土求和而结束的战争 [OL], http://www .qulishi.com/article/201805/284199.html

[224] 王茹芹.中国商路 [M], 北京：高等教育出版社, 2017: 105—117.

[225] 王茹芹.中国商路 [M], 北京：高等教育出版社, 2017: 25—31.

[226] 屈小玲.中国西南与境外古道—南方丝绸之路及其研究述略 [J], 西北民族研究, 2011（1）：172—179.

[227] 杜韵红.南方丝绸之路的变迁与 [J], 文化遗产, 2015（2）：148—156.

[228] 和靖.西藏茶马古道文化线路遗产的认定与价值评估（节录）[C], 中国文化遗产保护无锡论坛——文化线路遗产的科学保护, 2009: 276—280.

[229] 陆离.唐宋与吐蕃间的西北茶叶之路 [J], 陕西师范大学学报（哲学社会科学版）, 2018（3）：34—41.

[230] 陈保亚、张刚、罗家宽等.征服垂直极限：从横断山走廊到茶马古道川藏线——词与物的证据 [J], 科学中国人, 2020（5）：44—51.

[231] 李贵平、小仙.汉地的茶藏区的马川藏线上的茶马古道 [J], 环球人文地理, 2019（2）：16—27.

[232] 王丽萍.文化线路与滇藏茶马古道文化遗产的整体保护 [J], 西南民族大学学报（人文社科版）, 2010（7）：26—29.

[233] 王丽萍.文化遗产廊道构建的理论与实践——以滇藏茶马古道为例 [J], 贵州民族研究, 2011（5）：61—66.

[234] 地图出版社编辑部.世界地图集 [M], 北京：地图出版社, 1972: 7.

[235] 王茹芹.中国商路 [M], 北京：高等教育出版社, 2017: 169—170..

[236] 张晓莉.淮盐运输沿线上的聚落与建筑研究——以清四省行盐图为蓝本 [D], 建筑学, 华中科技大学, 2018.

[237] 王雪萍.扬州盐商文化线路 [J], 扬州大学学报（人文社会科学版）, 2012（5）：93—98.

[238] 朱道清.中国水系辞典 [M], 青岛：青岛出版社, 2007: 221—255.

[239] 王茹芹 . 中国商路 [M]，北京：高等教育出版社，2017：172—173.

[240] 王茹芹 . 海盐商路 [J]，时代经贸，2019（8）：70—86.

[241] 朱道清 . 中国水系辞典 [M]，青岛：青岛出版社，2007：221—255.509—558.

[242] 王茹芹 . 中国商路 [M]，北京：高等教育出版社，2017：247—256.

[243] 高元杰 . 试析明清时期阻碍漕粮海运恢复的因素 [J]，国家航海，2016（4）：73—94.

[244] 王茹芹、李德楠 . 运河粮路 [J]，时代经贸，2018（9）.61—80.

[245] 耿元骊 . 五代十国时期南方沿海五城的海上丝绸之路贸易 [J]，陕西师范大学学报（哲学社会科学版），2018（4）：79—88.

[246] 杨国桢 . 明代东南沿海与东亚贸易网络 [J]，文史知识，2017（8）：9—15.

[247] 郑云 . 明代漳州月港对外贸易考略 [J]，福建文博，2013（2）：14—19.

[248] 陈良学 . 明清大移民与川陕开发 [M]，西安，陕西人民出版社，2015：18—22，59—72.

[249] 中国烟草史 . 明清时期烟草被看作是一种中药 [0L]. https://www.zkxblog.com/lab/read-3292530.html.

[250] 朱震亨 . 格致余论 [M]，阳有余阴不足论 .

[251] 朱震亨 . 格致余论 [M]，相火论 .

[252] 朱震亨 . 格致余论 [M]，治病必求其本论 .

[253] 朱震亨 . 格致余论 [M]，养老论 .

[254] 薛己 . 内科摘要 [M]，饮食劳倦亏损元气等症 .

[255] 内科摘要简介 [0L]，https://baike.baidu.com/item/ 内科摘要 /931530.

[256] 王纶 . 明医杂著 [M]，补阴丸论 .

[257] 名医杂著简介 [0L]，http://www.zysj.com.cn/lilunshuji/mingyizazhe/index.html.

[258] 张景岳 . 景岳全书 [M]，阴阳篇 .

[259] 张景岳 . 景岳全书 [M]，命门余义 .

[260] 刘方成 . 李时珍 [M]，北京：中国和平出版社，1990：1—100.

[261] 王世贞 .《本草纲目》序 .

[262] 杨士聪 . 玉堂荟记 [M]，卷下 .

[263] 吴伟业 . 绥寇纪略 [M]，卷十二 .

[264] 李王逋 . 蚓庵琐语 [M]，卷一 .

[265] 徐世溥 . 江变纪略 [M]，卷一 .

[266] 陈恒庆 . 谏书稀庵笔记 [M]，烟卷条 .

[267] 宋建忠、罗万东.江口沉宝——四川彭山江口明末战场遗址出水文物选粹 [M]，北京：文物出版社，2018.35.

[268] 王士祯.分甘余话 [M]，卷二.韩苂嗜烟酒.

[269] 袁枚.随园诗话补遗 [M]，卷十.第四十三.

[270] 陈其元.庸闲斋笔记 [M]，卷三.圣祖不喜吸烟.

[271] 陈元.烟草诗四首 [OL].https://www.hyhhgroup.com/htmlnew/culture /newsarc.php?id=44411.

[272] 陈康祺.郎潜纪闻 [M]，卷八.圣祖悯三等人.

[273] 袁枚.随园诗话 [M]，卷四.第二十六条.

[274] 陈琮（黄浩然笺注）.烟草谱笺注 [M]，北京：中国农业出版社，2017：222.

[275] 马齐、朱轼等.清圣祖仁皇帝实录.卷二百三十.

[276] 沈宜.声声慢·效旧人作韵用八声字 [OL]，https://so.gushiwen.org/ shiwenv_ cc06dd3001d1. aspx.

[277] 叶小鸾.菩萨蛮·春日 [OL]，https://shiwens.com/detail_152526.html.

[278] 钮王秀.觚剩 [M]，卷一，言觚.

[279] 刘耘华.烟草与文学——清人笔下的"淡巴菰"[J]，上海师范大学学报（哲学社会科学版），2012（3）：83—93.

[280] 厉鹗.樊榭山文集 [M]，卷十.天香

[281] 袁枚.随园诗话 [M]，卷五.西湖竹枝词.

[282] 袁枚.随园诗话补遗 [M]，卷十.四十三.

[283] 赵吉士.寄园寄所寄 [M]，卷七.器用.

[284] 何南凤.述怀用石屋山居韵.其二 [OL]，https://www.shiwens.com/detail_206882.html.

[285] 张岱.陶庵梦忆补 [M]，苏州白兔条.

[286] 程正揆.遇变纪略 [M]，沧州纪事.

[287] 巴泰等.大清世祖章皇帝实录 [M]，卷四十四.

[288] 陈琮（黄浩然笺注）.烟草谱笺注 [M]，北京：中国农业出版社，2017：250.

[289] 吴伟业.新翻子夜歌其二 [OL]，http://www.haoshici.com/969roiu.html.

[290] 陈琮（黄浩然笺注）.烟草谱笺注 [M]，北京：中国农业出版社，2017：306.

[291] 陈琮（黄浩然笺注）.烟草谱笺注 [M]，北京：中国农业出版社，2017：402.

[292] 叶梦珠.阅世编 [M]，卷七.

[293] 陈琮（黄浩然笺注）.烟草谱笺注 [M]，北京：中国农业出版社，2017：243.

[294] 王先谦. 东华录 [M], 雍正一年一月至雍正二年一月.

[295] 方式济. 龙沙纪略 [M], 经制.

[296] 施鸿. 康熙辽阳州志 [M], 卷十六（1681 年抄本）.

[297] 王士禛. 香祖笔记 [M], 卷五.

[298] 嵇璜、刘墉等. 皇朝通典 [M], 卷六十. 外国朝贡.

[299] 沈穆. 本草洞诠 [M], 草部. 烟草.

[300] 汪昂. 本草备要 [M], 草部. 烟草.

[301] 张璐. 本经逢原 [M], 火部.

[302] 徐大椿. 药性切用 [M], 草部. 毒草类.

[303] 吴仪洛. 本草从新 [M], 卷四. 草部. 毒草类.

[304] 释函可. 重和堡中八. 其六. 耕烟 [OL], http://www.ahcykj.com/shici_list /1_23780_n_n. html

[305] 王士禛. 香祖笔记 [M], 卷三.

[306] 叶梦珠. 阅世编 [M], 卷七. 烟叶.

[307] 谢旻等. 江西地方志（雍正版）[M], 卷二十七.

[308] 郝玉麟等. 广东地方志（雍正版）[M], 卷七.

[309] 佟世男修、郑轼等纂. 恩平县志（康熙版）[M], 卷七.

[310] 施闰章. 矩济杂记 [M], 卷二. 烟害.

[311] 曹庭栋. 养生随笔 [M], 卷一.

[312] 王先谦. 东华录 [M], 卷二.

[313] 任乃强. 张献忠（下）[M], 成都: 巴蜀书社, 2017: 627—628.

[314] 杨国安. 中国烟草文化集林 [M], 西安: 西北大学出版社, 1990: 192.

[315] 查慎行. 自汶上至济宁田间多种蓝及烟草 [OL], http://www.haoshici.com/98brgrm.html.

[316] 乾隆二十九年奉敕撰. 钦定大清会典则例 [M], 卷三十五.

[317] 郝玉麟、卢焯等. 福建通志（乾隆版）[M], 卷二.

[318] 方苞. 方望溪先生全集 [M], 上海涵芬楼藏戴氏刊本, 集外文卷一.

[319] 孙嘉淦. 孙文定公集 [M], 卷八. 禁酒情形疏.

[320] 庆桂、董诰等. 大清高宗纯皇帝实录 [M], 卷一百九十四.

[321] 张居正. 明穆宗实录 [M], 卷二十. 隆庆二年五月.

[322] 张居正. 明穆宗实录 [M], 卷六十. 隆庆五年八月.

[323] 温体仁、张至发、张贞运等. 明熹宗实录 [M], 卷四十一. 天启三年十一月.

[324] 申时行.赐闲堂集 [M]，卷四.

[325] 程开祐.筹辽硕画 [M]，卷二十.

[326] 徐中行.天目先生集 [M]，卷二十.

[327] 韩佳岐.明朝后期对南兵的征发 [D]，华东师范大学，2018.63—66.

[328] 张惟贤等.明神宗实录 [M]，卷一百八十二.万历十五年正月.

[329] 张惟贤等.明神宗实录 [M]，卷二百五十三.万历二十年十月.

[330] 以应昌.经略复国要编 [M]，卷二.

[331] 以应昌.经略复国要编 [M]，卷三.

[332] 韩佳岐.明朝后期对南兵的征发 [D]，华东师范大学，2018.40—41.

[333] 张惟贤等.明神宗实录 [M]，卷三百十一.万历二十五年六月.

[334] 温体仁、张至发、张贞运等.明熹宗实录 [M]，卷八.天启元年三月.

[335] 程开祐.筹辽硕画 [M]，卷二十八.

[336] 温体仁、张至发、张贞运等.明熹宗实录 [M]，卷六十八.天启六年二月.

[337] 邢玠.经略御倭奏议 [M]，卷九.参处回兵殴伤将官疏.

[338] 田昭林.中国战争史（第三卷）[M]，南京：江苏人民出版社，2019：276—279.

[339] 田昭林.中国战争史（第三卷）[M]，南京：江苏人民出版社，2019：280—281.

[340] 田昭林.中国战争史（第三卷）[M]，南京：江苏人民出版社，2019：282—283.

[341] 田昭林.中国战争史（第三卷）[M]，南京：江苏人民出版社，2019：284—286.

[342] 额尔德尼、达海等.满文老档 [M]，太祖，卷二.

[343] 温体仁、张至发、张贞运等.明熹宗实录 [M]，卷二十.

[344] 清太祖武皇帝实录 [M]，卷四.

[345] 谈迁.国榷 [M]，卷九十.

[346] 谷应泰.明史纪事本末 [M]，李自成之乱.

[347] 田昭林.中国战争史（第三卷）[M]，南京：江苏人民出版社，2019：288.

[348] 田昭林.中国战争史（第三卷）[M]，南京：江苏人民出版社，2019：289—292.

[349] 张廷玉等.明史 [M]，卷三百六十三.列传第一百九十七.李自成.

[350] 田昭林.中国战争史（第三卷）[M]，南京：江苏人民出版社，2019：299—307.

[351] 张廷玉等.明史 [M]，卷三百六十三.列传第一百九十七.张献忠.

[352] 田昭林.中国战争史（第三卷）[M]，南京：江苏人民出版社，2019：344—345.

[353] 徐鼒.小腆纪传 [M]，卷七.

[354] 王先谦. 东华录 [M]，顺治十七年四月.

[355] 田昭林. 中国战争史（第三卷）[M]，南京：江苏人民出版社，2019：339—356.

[356] 杨鸿基 周及徐. 蜀难纪实 [J]，语言历史论丛，2012（1）：345—357.

[357] 陈良学. 明清大移民与川陕开发 [M]，西安：陕西人民出版社，2015：14—16.

[358] 屈大均. 广东新语 [M]，卷二.

[359] 姚文燮. 无异堂文集 [M]，卷七. 圈占记.

[360] 马齐、朱轼等. 大清圣祖仁皇帝实录 [M]，卷一百零八.

[361] 庆桂、董诰等. 清高宗纯皇帝实录 [M]，卷一百四十六.

[362] 陈良学. 明清大移民与川陕开发 [M]，西安：陕西人民出版社，2015：86—88.

[363] 胡奇涛. 烟斗时光（下）[M]，北京：中国书籍出版社，2016：77.

[364] 陈琮（黄浩然笺注）. 烟草谱笺注 [M]，北京：中国农业出版社，2017：79.

[365] 陆耀. 烟谱 [M]，器具第三.

[366] 吴卫鸣. 世纪回眸. 澳门艺术博物馆.3.

[367] 仇英. https：//baike.baidu.com/item/ 仇英 /18027?fr=aladdin.

[368] 华夏地理杂志社. 华夏地理——狂欢时代生活在明代，北京：华夏地理出版社.

[369] 刘军. 明清时期白银流入量分析，东北财经大学学报，2009（6）：3—9.

[370]*Tobacco History and Its Associations, F. W. Fairholt, Chatto and Windus Piccadilly,*1876: 41.

[371]*Tobacco History and Its Associations, F.W.Fairholt, Chatto and Windus Piccadilly,*1876: 57.

[372]Jean Nieuhoff. L'ambassade de la compagnie orientale des Provinces Unies vers l'empereur de la Chine, Meurs, 1665.

[373] 张廷玉等. 明史 [M]. 卷二百十三.

[374] 庄国土. 16—18 世纪白银流入中国数量估算，中国钱币，1995（3）：3—10.

[375]Tobacco History and Its Associations, F.W.Fairholt, Chatto and Windus Piccadilly[M], 1876: 68.

[376] 王远. 古代生活图卷——古人如何过日子，长沙：湖南人民出版社，2020：57.

[377] 田昭林. 中国战争史（第三卷）[M]，南京：江苏人民出版社，2019：438—439.

[378] 田昭林. 中国战争史（第三卷）[M]，南京：江苏人民出版社，2019：523—535.

[379] 秦风. 西洋铜版画与近代中国 [M]，福州：福建教育出版社，2008：32.

[380] 秦风. 西洋铜版画与近代中国 [M]，福州：福建教育出版社，2008：46.

[381] 赵省伟. 西洋镜（第一辑）[M]，北京：中国书画出版社，2015：84.

[382] 陈琮. 墨稼堂稿. 卷五.

[383] 陈琮 . 墨稼堂稿 . 卷六 .

[384] 陈琮（黄浩然笺注）. 烟草谱笺注 [M]，北京：中国农业出版社，2017:220.

[385] 鄂尔泰、张廷玉等 . 大清世宗宪皇帝实录 [M]. 卷四十 .

[386] 钦定大清会典则例 [M]，卷四十四 .

[387] 陶土烟斗 . http://book.kongfz.com/24038/261712287/.

[388] 普洱市烟草学会 . 普洱烟俗文化 [M]，香港：中国书画出版社，2008：79.

[389] 徐华铛 . 中国根雕艺 [M]，北京：中国林业出版社，2007：65.

[390] 陈琮（黄浩然笺注）. 烟草谱笺注 [M]，北京：中国农业出版社，2017：220.

[391] 爱新觉罗·昭梿 . 啸亭杂录 . 卷十

[392] 陈琮（黄浩然笺注）. 烟草谱笺注 [M]，北京：中国农业出版社，2017：411.

[393] 杨国安 . 中国烟草文化集林 [M]，西安：西北大学出版社，1990：197.

[394] 陈琮（黄浩然笺注）. 烟草谱笺注 [M]，北京：中国农业出版社，2017：388.

[395] 陈琮（黄浩然笺注）. 烟草谱笺注 [M]，北京：中国农业出版社，2017：452.

[396] 徐华铛 . 中国根雕艺 [M]，北京：中国林业出版社，2007：24.

[397] 陈琮（黄浩然笺注）. 烟草谱笺注 [M]，北京：中国农业出版社，2017：263.

[398] 陈琮（黄浩然笺注）. 烟草谱笺注 [M]，北京：中国农业出版社，2017：424.

[399] 尤侗 . 苏幕遮 . 其一 . 塞上 . https://www.shiwens.com/detail_345575.html.

[400] 阮葵生 . 茶余客话 . 卷二十 . 烟草条 .

[401] 王次澄、吴芳思等 . 中国清代外销画精粹（大英图书馆特藏）（第一卷）[M]. 广州：广东人民出版社，2011：154.

[400] 王次澄、吴芳思等 . 中国清代外销画精粹（大英图书馆特藏）（第一卷）[M]. 广州：广东人民出版社，2011：170.

[403] 王次澄、吴芳思等 . 中国清代外销画精粹（大英图书馆特藏）（第二卷）[M]. 广州：广东人民出版社，2011：56.

[404] 王次澄、吴芳思等 . 中国清代外销画精粹（大英图书馆特藏）（第二卷）[M]. 广州：广东人民出版社，2011：170.

[405] 王次澄、吴芳思等 . 中国清代外销画精粹（大英图书馆特藏）（第二卷）[M]. 广州：广东人民出版社，2011：195.

[406] 王次澄、吴芳思等 . 中国清代外销画精粹（大英图书馆特藏）（第七卷）[M]. 广州：广东人民出版社，2011：228.

[407] 王次澄、吴芳思等. 中国清代外销画精粹（大英图书馆特藏）（第一卷）[M]. 广州：广东人民出版社，2011：152.

[408] 王次澄、吴芳思等. 中国清代外销画精粹（大英图书馆特藏）（第三卷）[M]. 广州：广东人民出版社，2011：112.

[409] 王次澄、吴芳思等. 中国清代外销画精粹（大英图书馆特藏）（第六卷）[M]. 广州：广东人民出版社，2011：205.

[410] 王次澄、吴芳思等. 中国清代外销画精粹（大英图书馆特藏）（第八卷）[M]. 广州：广东人民出版社，2011：66.

[411] 赵省伟. 西洋镜（第三辑）[M]，北京：中国书画出版社，2015：001—002.

[412] 赵省伟. 西洋镜（第三辑）[M]，北京：中国书画出版社，2015：7—9.

[413] 赵省伟. 西洋镜（第三辑）[M]，北京：中国书画出版社，2015：17.

[414] 赵省伟. 西洋镜（第三辑）[M]，北京：中国书画出版社，2015：117.

[415]] 赵省伟. 西洋镜（第三辑）[M]，北京：中国书画出版社，2015：47.

[416] 赵省伟. 西洋镜（第三辑）[M]，北京：中国书画出版社，2015：137.

[417] 赵省伟. 西洋镜（第三辑）[M]，北京：中国书画出版社，2015：135.

[418] 赵省伟. 西洋镜（第三辑）[M]，北京：中国书画出版社，2015：93.

[419] 赵省伟. 西洋镜（第三辑）[M]，北京：中国书画出版社，2015：191.

[420] 赵省伟. 西洋镜（第三辑）[M]，北京：中国书画出版社，2015：155.

[421] 赵省伟. 西洋镜（第三辑）[M]，北京：中国书画出版社，2015：181.

[422] 赵省伟. 西洋镜（第三辑）[M]，北京：中国书画出版社，2015：149.

[423] 赵省伟. 西洋镜（第三辑）[M]，北京：中国书画出版社，2015：125.

[424] 外销通草画. 费城艺术博物馆藏品.

[425] 赵省伟. 西洋镜（第三辑）[M]，北京：中国书画出版社，2015：183.

[426] 赵省伟. 西洋镜（第三辑）[M]，北京：中国书画出版社，2015：200.

[427]John Macgowan. *Lights And Shadows Of Chinese Life. Shanghai*[M]，Shanghai North China Daily News & Herald Ltd, 1909: 230.

[428] 洛文希尔. 世相与映像 [M]，北京：清华大学出版社，2018：87.

[429] 约翰. 汤姆逊（许家宁译）. 中国与中国人影像 [M]，桂林：广西师范大学出版社，2015：503.

[430] 洛文希尔. 世相与映像 [M]，北京：清华大学出版社，2018：64.

[431] 吴友如等．点石斋画报（下册）[M]，上海：上海文艺出版社，1998：1410.

[432]J. Dyer Ball. *The Chinese At Home*[M], London, London The Religious Tract Society, 1911. The Performing Monkey.

[433] 红船口．中国精品木版画 [M]，堂信记刊，光绪二十年（甲午1894）.

[434] 中国历史博物馆．中国陶瓷发展简史 [M]，1982：18—19.

[435] 江婷婷．浅析中国原始社会的彩陶艺术——以仰韶文化和马家窑文化为例 [J]，青年文学家，2015，（32）：148—152.

[436] 中国历史博物馆．中国陶瓷发展简史 [M]，1982：22—23.

[437] 中国历史博物馆．中国陶瓷发展简史 [M]，1982：37.

[438] 中国历史博物馆．中国陶瓷发展简史 [M]，1982：32—34.

[439] 竹 [OL]，https：//baike.baidu.com/item/ 竹 /2233570?fr=aladdin.

[440] 朱才美．竹烟斗艺术作品 [OL]，https：//www.sohu.com/a/401169396_120134130.

[441] 唐奇泉．烟斗圣经 [M]，上海：上海文化出版社，2011：10.

[442]14k 金烟斗 [OL]，https：//auction.artron.net/paimai—art5059890162.

[443] 南宁三岸明代窑址发现大量瓷烟斗 出土物令人惊叹 [OL]，https://www.sohu.com/a/51077474_115402.

[444] 费伦茨·勒瓦迪．世界烟斗发展溯源 [M]，北京：华夏出版社，2021：插图XXXI.

[445] 云南烟草学会．云南烟俗文化 [M]，昆明：云南民族出版社，2005：22.

[446] 普洱市烟草学会．普洱烟俗文化 [M]，香港：中国书画出版社，2008：76.

[447] 何伯英（张官林译）．旧日影像 [M]，上海：东方出版中心，2008：65.

[448] 唐奇泉．烟斗圣经 [M]，上海：上海文化出版社，2011：42—43.

[449] 唐奇泉．烟斗圣经 [M]，上海：上海文化出版社，2011：46.

[450] 唐奇泉．烟斗圣经 [M]，上海：上海文化出版社，2011：49—50.

[451] 陈琮（黄浩然笺注）．烟草谱笺注 [M]，北京：中国农业出版社，2017：307.

[452] 赵学敏．本草纲目拾遗．卷二．火部.

[453] 陆耀．烟谱 [M]，生产第一.

[454] 瞿朝祯．语文学刊 [J]，2011（1）：40—41，61.

[455] 陈琮（黄浩然笺注）．烟草谱笺注 [M]，北京：中国农业出版社，2017：40.

[456] 洪亮吉．对月 [OL]，https://so.gushiwen.org/shiwenv_99e760a04ad9.aspx.

[457] 李斗．扬州画舫录 [M]，卷十一.

[458] 徐珂. 清稗类钞 [M]，饮食类. 舒钱云吸水烟.

[459] 梁章钜. 退庵随笔 [M]，卷八. 政事三.

[460] 陈其元. 庸闲斋笔记 [M]，卷五. 婺州斗牛俗.

[461] 无名氏. 梼杌近志 [M]，卷一. 李长寿李巧玲.

[462] 方濬师. 蕉轩随录 [M]，卷六. 烟草.

[463] 徐珂. 清稗类钞 [M]，饮食类. 吸水烟.

[464] 袁庭栋. 中国吸烟史话 [M]，济南：山东画报出版社，2007：69—70.

[465] 徐珂. 清稗类钞 [M]，饮食类. 水烟纸煤.

[467] 老照片见证中国——贵族篇 [OL]，https://www.meipian.cn/ixlv5ef?from=groupmessage.

[468] 清外销画. 广州博物馆藏品.

[469] 清外销画. 费城艺术博物馆藏品.

[470]Carol Benedict. *Golden-Silk Smoke—A History of Tobacco in China*（*1550-2010*）[M]，London University of California Press, 2011: 59.

[471] 孟庆国、康平. 中国烟具 [M]，西安：陕西旅游出版社，2005：38.

[472] 约翰. 汤姆逊（许家宁译）. 中国与中国人影像 [M]，桂林：广西师范大学出版社，2015：79.

[473] 洛文希尔. 世相与映像 [M]，北京：清华大学出版社，2018：7.

[474] 桑德尔. 吉尔曼等. 吸烟史 [M]，北京：九州出版社，2008：58.

[475] 吴卫鸣. 世纪回眸 [M]，澳门艺术博物馆. 祖孙三代合影.

[476] 洛文希尔. 世相与映像 [M]，北京：清华大学出版社，2018：66.

[477]J. R. Chitty. *Things Seen In China*[M]，London, Seely, Service & Co. Limted, 1909: 18.

[478]Hon.Mrs.C G Bruce. *Peeps at Many Lands China*[M]，London, A. and C. Black 1909.

[479] 孟庆国、康平. 中国烟具 [M]，西安：陕西旅游出版社，200：40.

[480] 云南烟草学会. 云南烟俗文化 [M]，昆明：云南民族出版社，2005：76.

[481]Berthold Laufer. *Tobacco and Its Use in Asia*[M]，Chicago, Field Museum of Natural History, 1924: Leaflet18, Plate IV.

[482]Berthold Laufer. *Tobacco and Its Use in Asia*[M]，Chicago, Field Museum of Natural History, 1924: Leaflet18, Plate V.

[483]Berthold Laufer. *Tobacco and Its Use in Asia*[M]，Chicago, Field Museum of Natural History, 1924: Leaflet18, Plate VI.

[484] 马卫东.益德诚闻药 [M],北京:中国医药科技出版社,2018:63—134.

[485] 彭巨彦等.青城水烟 [M],甘肃人民出版社,2012:43—58.

[486] 杨国安.中国烟草文化集林 [M],西安:西北大学出版社,1990:247.

[487] 吴组缃.烟 [M],时与潮文艺,1944,第四卷第三期.

[488] 陈琮(黄浩然笺注).烟草谱笺注 [M],北京:中国农业出版社,2017:219—220.

[489] 陆耀.烟谱 [M],好尚第四.

[490] 李调元.南越笔记 [M],卷五.鼻烟.

[491] 杨国安.中国烟草文化集林 [M],西安:西北大学出版社,1990:199.

[492] 方薰.山静居诗稿 [M],鼻烟次某阁学韵.

[493] 陈琮(黄浩然笺注).烟草谱笺注 [M],北京:中国农业出版社,2017:117.

[494] 杨国安.中国烟草文化集林 [M],西安:西北大学出版社,1990:194.

[495] 欧阳兆熊、金安清.水窗春呓 [M],卷上.

[496] 无名氏.梼杌近志 [M],卷一.崇文门兵役苛索.

[497] 唐景星.清代之竹头木屑 [M],耆英.

[498] 杨国安.中国烟业史汇典,北京:光明日报出版社,2002:104—130.

[499] 唐宗海.本草问答 [M],卷下二.

[500] 唐晏.天咫偶闻 [M],卷七.

[501] 杨国安.中国烟草文化集林 [M],西安:西北大学出版社,1990:106—107.

[502] 费伦茨·勒瓦迪.世界烟斗发展溯源 [M],北京:华夏出版社,2021:21.

[503] 利玛窦、金泥阁(盒高济等译).利玛窦中国札记 [M],北京:中华书局,2010:11—28.

[504] 朱维铮.利玛窦中文著译集 [M],上海:复旦大学出版社,2007:232—235.

[505] 王先谦.东华录 [M],崇德六年二月.

[506] 乾隆二十九年奉敕撰.钦定大清会典则例 [M],卷九十三.

[507] 高士奇.蓬山密记 [M],卷一.

[508] 故宫博物院.故宫鼻烟壶选粹 [M],北京:紫禁城出版社,1995:1—2.

[509] 约翰.汤姆逊(许家宁译).中国与中国人影像 [M],桂林:广西师范大学出版社,2015:95.

[510] 洛文希尔.世相与映像 [M],北京:清华大学出版社,2018:34.

[511] 胡果存.冯敏昌咏鼻烟壶诗 [J],收藏.拍卖,2010(1):62—63.

[512] 故宫博物院.故宫鼻烟壶选粹 [M],北京:紫禁城出版社,1995:12—13.

[513] 故宫博物院.故宫鼻烟壶选粹 [M]，北京：紫禁城出版社，1995：3—11..

[514] 洪亮吉.七招 [M]，卷一.

[515] 袁枚.续子不语 [M]，卷八.烟龙.

[516] 姚澜.本草分经 [M]，不循经络杂品.烟.

[517] 凌奂.本草害利 [M]，肺部药队.温肺.

[518] 毛对山.对山医话 [M]，卷四.

[519] 许莉、丁平等.烟草烟油抗水痘——带状疱疹病毒的药学研究 [J]，当代化工研究，2020，(21)：167—168.

[520] 龚金龙.烟草可用于治疗疾病 [J]，烟草科技，2000（11）：32—33.

[521] 陈琮（黄浩然笺注）.烟草谱笺注 [M]，北京：中国农业出版社，2017：157—159.

[522] 陈琮（黄浩然笺注）.烟草谱笺注 [M]，北京：中国农业出版社，2017：208—209.

[523] 陈琮（黄浩然笺注）.烟草谱笺注 [M]，北京：中国农业出版社，2017：211—212.

[524] 张潮.虞初新志 [M]，卷十六.

[525] 蒲松龄.聊斋志异 [M]，卷八.梦狼.

[526] 袁枚.子不语 [M]，卷十二.

[527] 和邦额.夜谈随录 [M]，卷烟.谭九.

[528] 朱翊清.埋忧集 [M]，卷九.

[529] 梁以壮.烟筒 [OL]，https://www.gushici.com/t_242203.

[530] 爱新觉罗·弘历.驻跸吉林将军署复得诗三首·其三 [OL]，https://so.gushiwen. org/shiwenv_5fbdcaafc995.aspx.

[531] 赵庆熹.沁园春 [OL]，https://www.mingmingde.net/shici/d73e1372c2ec71.

[532] 陈琮（黄浩然笺注）.烟草谱笺注 [M]，北京：中国农业出版社，2017：128.

[533] 黄遵宪.己亥杂诗.其三 [OL]，https://shiwens.com/detail_257522.html.

[534] 许南英.竹烟筒其一 [OL]，https://www.shicishijie.com/shici/167436.html.

[535] 许南英.竹烟筒其二 [OL]，https://www.shicishijie.com/shici/290644.html.

[536] 姚华.天香·咏石涛贝多树子鼻烟壶 [OL]，https://shici.com.cn/poetry/0x26a69a0b.

[537] 李汝珍.镜花缘 [M]，第七十回.

[538] 惜红居士.李公案 [M]，第十四回.

[539] 李伯元.官场现形记 [M]，第三回.

[540] 李伯元.官场现形记 [M]，第四十五回.

[541] 李伯元.官场现形记 [M]，第二十六回.

[542] 王先谦.东华录 [M]，天聪九年.

[543] 陈琮（黄浩然笺注）.烟草谱笺注 [M]，北京：中国农业出版社，2017：118.

[544] 庆桂、董诰等.大清高宗纯皇帝实录 [M]，卷一百二十三.

[545] 陆耀.烟谱 [M]，宜忌第五.

[546] 戴圣.礼记 [M]，大传.

[547] 孙静庵.栖霞阁野乘 [M]，卷上.

[548] 清末重臣罕见老照片 [OL]，https://baijiahao.baidu.com/s?id=1599953790758697324
&wfr=spider&for=pc.

[549]Édouard Charton. *Le Tour Du Monde Nouveau Journal Des Voyages*[M]，Paris, Libraie Hachette
Et C, 1876: 360.

[550] 中国烟草工作编辑部.中国烟草史话 [M]，北京：中国轻工业出版社，1993：321.

[551] 杨国安.中国烟草文化集林 [M]，西安：西北大学出版社，1990：265.

[552] 金受申.老北京的生活 [M]，北京：北京出版社，1989：217—230.

[553] 戴圣.礼记 [M]，曲礼上.

[554] 马鸣（真谛三藏译）.大乘起信论 [M]，卷一.

[555] 诗经 [M]，国风·卫风·木瓜.

[556] 陈琮（黄浩然笺注）.烟草谱笺注 [M]，北京：中国农业出版社，2017：231.

[557] 陈琮（黄浩然笺注）.烟草谱笺注 [M]，北京：中国农业出版社，2017：350.

[558] 陈琮（黄浩然笺注）.烟草谱笺注 [M]，北京：中国农业出版社，2017：404.

[559] 戴圣.礼记 [M]，乡饮酒义.

[560] 周仲瑄主修、陈梦林总纂.诸罗县志（康熙版）[M]，卷八.

[561] 杨国安.中国烟草文化集林 [M]，西安：西北大学出版社，1990：257.

[562] 杨国安.中国烟草文化集林 [M]，西安：西北大学出版社，1990：260.

[563] 陈琮（黄浩然笺注）.烟草谱笺注 [M]，北京：中国农业出版社，2017：435.

[564] 李伯元.庄谐词话 [M]，鹊桥仙.

[565] 杨国安.中国烟草文化集林 [M]，西安：西北大学出版社，1990：191.

[566] 陈琮（黄浩然笺注）.烟草谱笺注 [M]，北京：中国农业出版社，2017：376.

[567] 聂树楷.金缕曲 [OL]，https://www.shiwens.com/detail_37866.html.